应用型本科信息大类专业"十三五"规划教材

# 计算机组成原理教程

主　审　聂　聪

主　编　尹艳辉　王海文　邢　军

副主编　姜志明　肖　鹏　王继鹏　邬美林

　　　　张西红　刘　菊　车　玮

参　编　王智伟　苏　明　肖　念　柴西林

華中科技大学出版社
http://www.hustp.com
中国 · 武汉

# 内 容 简 介

计算机硬件组成包括运算器、控制器、存储器、输入设备和输出设备五大部件，本书即围绕这五大部件展开讨论。全书共分 9 章：第 1 章为计算机系统概论；第 2 章为计算机中的数制及编码；第 3 章为总线系统；第 4 章为中央处理器；第 5 章为指令系统；第 6 章为运算方法和运算器；第 7 章为存储器系统及其层次结构；第 8 章为输入/输出系统；第 9 章为计算机外部设备。

为了方便教学，本书还配有教学课件等教学资源包，任课教师和学生可以登录"我们爱读书"网（www.ibook4us.com）注册并浏览，任课教师还可以发邮件至 hustpeiit@163.com 免费索取。

本书概念清楚，通俗易懂，既可作为高等院校本科生、专科生的教材用书，又可作为自学者学习计算机硬件知识的参考用书。

**图书在版编目(CIP)数据**

计算机组成原理教程/尹艳辉，王海文，邢军主编. —武汉：华中科技大学出版社，2013.9(2021.8 重印)
ISBN 978-7-5609-8937-2

Ⅰ.①计… Ⅱ.①尹… ②王…③邢… ①Ⅲ.计算机组成原理-高等学校-教材 Ⅳ.①TP301

中国版本图书馆 CIP 数据核字(2013)第 102727 号

**计算机组成原理教程** 尹艳辉 王海文 邢军 主编

策划编辑：康 序
责任编辑：张 琼
责任校对：封力煊
责任监印：朱 玢
出版发行：华中科技大学出版社(中国·武汉) 电话：(027)81321913
武汉市东湖新技术开发区华工科技园 邮编：430223
录 排：武汉三月禾文化传播有限公司
印 刷：武汉邮科印务有限公司
开 本：787mm×1092mm 1/16
印 张：19
字 数：493 千字
版 次：2021 年 8 月第 1 版第 6 次印刷
定 价：45.00 元

**只有无知，没有不满。**

*Only ignorant, no resentment.*

……………………迈克尔·法拉第(Michael Faraday)

迈克尔·法拉第（1791—1867）：英国著名物理学家、化学家，在电磁学、化学、电化学等领域都作出过杰出贡献。

## 应用型本科信息大类专业“十二五”规划教材

### 编审委员会名单

PREFACE



“计算机组成原理”是计算机相关专业的核心课程之一，是目前计算机专业本科生考研的专业课统考科目之一，该课程主要介绍计算机硬件的组成以及各组成部件的工作原理。本课程在计算机学科中处于承上启下的地位，其先修课程应包括计算机基础、数字电路等。本课程的参考教学时数为 56 ～72 学时。

全书共 9 章。第 1 章介绍计算机的发展、组成及应用，使读者对计算机有一个整体的认识，重点是使读者了解计算机的硬件组成的五大功能部件；第 2 章介绍数制和编码，使读者能够对计算机世界里如何表示现实世界里的信息有直观和清楚的认识；第 3 章介绍连接五大功能部件的总线，使读者清楚地认识到五大功能部件只有通过总线连接起来，才能构成一个协调配合和高效运行的整体。第 4 章和第 5 章介绍 CPU 和其运行的指令系统，使读者深刻理解 CPU 的功能和组成，重点是介绍控制器的工作原理，使读者深刻理解其“指挥官”的核心作用；第 6 章介绍运算器，使读者对计算机里的数据加工处理过程和原理能有底层的专业级的认识和理解。第 7 章介绍存储器，详细讨论了存储器的功能，不同类存储器存储信息的原理，重点介绍了内存储器的构成和工作原理，以及 CPU 如何同内存进行连接，使读者清楚地认识到内存的“仓库”作用以及如何想办法更好地提升其作用。第 8 章和第 9 章介绍的是输入/输出系统，介绍常见的输入/输出设备的种类和工作原理，CPU 和外围设备进行通信的方式和原理，使读者更深入地理解外围设备存在的价值以及它们的工作原理，更好地建立起计算机的整机概念。

本书由大连工业大学尹艳辉、王海文、邢军担任主编，由大连科技学院姜志明、大连工业大学肖鹏、武汉工程大学邮电与信息工程学院王继鹏、新疆石河子职业技术学院邬美林、燕京理工学院张西红、哈尔滨远东理工学院刘菊、西北师范大学知行学院车玮担任副主编，由哈尔滨石油学院王智伟、燕山大学里仁学院苏明、武汉信息传播职业技术学院肖念、西北师范大学知行学院柴西林担任参编，最后全书由大连工业大学聂聪主审。其中，第 2 章由尹艳辉编写，第 1 章由王海文编写，第 3 章由邢军编写，第 6 章由姜志明、张西红编写，第 5 章由肖鹏编写，第 8 章由王继鹏编写，第 7 章由邬美林编写、第 4 章由刘菊编写、第 9 章由车玮编写。

为了能充分地因地制宜、因材施教，满足新时期对计算机人才培养的需要，编者结合自己多年教学和工作过程中对计算机硬件方面的理解，并尽量集百家之长来编写此书，使该书具有知识点明确、条理清晰、讲述语言通俗易懂的特点。该书既可作为高校计算机相关专业的教材，也可作为自学者学习计算机硬件相关知识的参考用书。

为了方便教学，本书还配有教学课件等教学资源包，任课教师和学生可以登录“我们爱读书”网(www.ibook4us.com)注册并浏览，任课教师还可以发邮件至 hustpeiit@163.com 免费索取。

由于编者水平有限，加之成书仓促，书中错误之处在所难免，还请广大读者批评指正，使该书能早日走向完美和成熟。

编　者

2019 年 1 月

# 目录
CONTENTS

# 第1章 计算机系统概论



##  1.1 计算机的发展、应用及展望

电子计算机的诞生和发展是20世纪伟大的科学技术成就之一。回顾20世纪的科技发展史，人们会深刻地体会到计算机的诞生和广泛应用给工作和生活所带来的巨大变化。

计算机，顾名思义就是用于计算的工具。但是，本书中所说的计算机(computer)实际上是指电子数字计算机(digital computer)。计算机的一个比较确切的定义是：计算机是一种以电子器件为基础的，不需要人的直接干预的，能够对各种数字化信息进行快速算术和逻辑运算的工具，是一个由硬件、软件组成的复杂的自动化设备。

与其他机器设备一样，计算机首先是一个工具。但和其他用于增强人的体力的机器设备不一样，计算机是增强人的脑力的工具，故俗称“电脑”。计算机主要用于增强人的记忆、计算、逻辑判断和信息处理的能力，而人类所独有的智慧水平，计算机是远远达不到的。掌握计算机首先应该熟练地掌握它的使用方法，然后才进一步掌握其工作原理。

### 1.1.1 计算机的发展简史

世界上第一台真正的全自动电子数字式计算机是1946年在美国宾夕法尼亚大学研制成功的ENIAC (Electronic Numerical Integrator and Computer)。这台计算机共用了18 000多个电子管，占地约170 $m^2$，总重量约为30 t，耗电量超过140 kW，每秒能做5 000次加减运算。ENIAC虽然有许多明显的不足，它的功能也远不及现在的一台普通微型计算机，但它的诞生宣告了电子计算机时代的到来。在随后的几十年中，计算机的发展突飞猛进，经历了电子管、晶体管、集成电路、超大规模集成电路、甚大规模集成电路五个阶段，在这个发展过程中计算机的体积越来越小，功能越来越强，价格越来越低，应用越来越广泛。

第一代计算机是电子管计算机(1946—1958)，这一时期计算机的主要特征是使用电子管作为电子器件，软件还处于初始阶段，使用机器语言与汇编语言编制程序。该时代计算机是计算机发展的初级阶段，其体积比较大，运算速度比较慢，存储容量不大。为了解决某一问题，所编制的程序往往很复杂。这一代计算机主要用于进行科学计算。

第二代计算机是晶体管计算机(1958—1964)，这一时期计算机的主要特征是使用晶体管作为电子器件，在软件方面则开始使用计算机高级语言，这为更多的人学习和使用计算机铺平了道路。这一代计算机的体积大大减小，具有质量小、寿命长、耗电少、运算速度快和存储容量比较大等优点。因此，这一代计算机不仅用于科学计算，还用于数据处理和事务处理，并逐渐用于工业控制。

第三代计算机是集成电路计算机(1964—1970)，这一时期计算机的主要特征是使用中、小规模集成电路(MSI、SSI)作为电子器件。在这一时期，操作系统的出现使计算机的功能越来越强，应用范围越来越广。使用中、小规模集成电路制成的计算机，其体积与功耗都进一步减小，运算速度加快，可靠性等指标也得到了进一步的提高，并且为计算机的小型化、微型化提供了良好的条件。在这一时期，计算机不仅用于科学计算，还用于文字处理、企业管理和自动控制等领域，出现了计算机技术与通信技术相结合的管理信息系统，可用于生产管

理、交通管理和情报检索等领域。

第四代计算机是指用大规模与超大规模集成电路(LSI,VLSI)作为电子器件制成的计算机(1971—1990)。这一代计算机的各种性能都有了大幅度的提高,应用软件也越来越丰富,应用涉及国民经济的各个领域,已经在办公自动化、数据库管理、图像识别、语音识别和专家系统等众多领域大显身手,并且进入了家庭。从1971年到1990年,作为第四代计算机重要产品的微型计算机得到了飞速的发展,对计算机的普及起到了决定性的作用。

第五代计算机是指用甚大规模集成电路(ULSI)作为电子器件制成的计算机。1990年后计算机进入第五代,其主要标志有两个:一个是单片集成电路规模达100万晶体管以上;另一个是超标量技术的成熟和广泛应用。

### 1.1.2 计算机的特点

计算机的主要特点表现在以下几个方面。

**1. 运算速度快**

运算速度是计算机的一个重要性能指标,计算机的运算速度通常用每秒钟执行定点加法的次数或平均每秒钟执行指令的条数来衡量。运算速度快是计算机的一个突出特点,计算机的运算速度已由早期的每秒几千次发展到现在的最高可达每秒万亿次甚至更高。

**2. 计算精度高**

科学研究和工程设计,对计算结果的精度有很高的要求。一般的计算工具只能达到几位有效数字(如过去常用的4位数学用表、8位数学用表等),而计算机处理计算结果的精度可达到十几位、几十位有效数字,甚至根据需要可达到任意的精度。

**3. 存储容量大**

计算机的存储器可以存储大量数据,这使计算机具有“记忆”功能。目前计算机的存储容量越来越大,已高达千吉数量级的容量。计算机具有“记忆”功能,是其与传统计算工具的一个重要区别。

**4. 具有逻辑判断功能**

计算机的运算器除了能够完成基本的算术运算外,还具有进行比较、判断等逻辑运算的功能。这种能力是计算机处理逻辑推理问题的前提。

**5. 自动化程度高,通用性强**

由于计算机的工作方式是将程序和数据先存放在机内,工作时按程序预先规定的操作,一步一步地自动完成,一般无须人工干预,因而自动化程度高。这一特点是一般计算工具所不具备的。计算机通用性的特点,表现在其几乎能求解自然科学和社会科学中一切类型的问题,能广泛地应用于各个领域。



### 1.1.3 计算机的应用

由于计算机具有高速、自动化和存储大量信息的优势,还具有很强的推理和判断能力,因此,计算机已经被广泛应用于各个领域,并且仍然呈上升和扩展趋势。通常,计算机的应用可概括为以下几个方面。

**1. 科学计算**

早期的计算机主要用于科学计算。目前,科学计算仍然是计算机的一个重要应用领域。

由于计算机具有很高的运算速度和运算精度，使得过去用手工无法完成的计算变为可能。随着计算机技术的发展，计算机的计算能力将越来越强，计算速度会越来越快，计算精度也会越来越高。利用计算机进行数值计算，可以节省大量的时间、人力和物力。

**2. 过程检测与控制**

利用计算机自动地对工业生产过程中的某些信号进行检测，并把检测到的数据存入计算机中，再根据需要对这些数据进行处理，这样的系统称为计算机检测系统。但一般来说，实际的工业生产过程是一个连续的过程，往往既需要用计算机进行检测，又需要用计算机进行控制。例如，在化工、电力和冶金等生产过程中，用计算机自动采集各种参数，监测并及时控制生产设备的工作状态；在导弹、卫星的发射中，用计算机随时精确地控制飞行轨道与姿态；在热处理加工中，用计算机随时检测与控制炉窑的温度；在对人有害的工作场所，用计算机来监控机器人自动工作等。特别是微处理器进入仪器仪表领域后所产生的智能化仪器仪表，将工业自动化推向了一个更高的水平。利用计算机进行控制，可以节省劳动力、降低劳动强度、提高劳动生产效率，并且还可以节省生产原料、减少能源消耗、降低生产成本。

**3. 信息管理**

信息管理是目前计算机应用最广泛的一个领域。所谓信息管理，是指利用计算机来加工、管理和操作任何形式的数据资料，如企业管理、物资管理、报表统计、账目计算和信息情报检索等。当今社会是一个信息化的社会，随着计算机技术、网络技术及通信技术的日益成熟并用于信息管理，为办公自动化、管理自动化和社会自动化创造了越来越有利的条件。国内外大量的机构已经建立了自己的管理信息系统（MIS）；一些生产企业开始采用制造资源规划软件（MRP）；商业流通领域则逐步使用电子信息交换系统（EDI），即所谓的无纸贸易。

**4. 计算机辅助系统**

计算机应用于辅助设计、辅助制造和辅助教学等方面，统称为计算机辅助系统。计算机辅助设计（Computer Aided Design，CAD）利用计算机来帮助设计人员进行工程设计，以提高设计工作的自动化程度，节省人力和物力。用计算机进行辅助设计，不仅速度快，而且质量高。计算机辅助制造（Computer Aided Manufacturing，CAM）利用计算机进行生产设备的管理、控制与操作，从而提高产品质量、降低生产成本以及缩短生产周期，并且还大大改善了工作人员的工作条件。计算机辅助教学（Computer Aided Instruction，CAI）利用计算机帮助学习的系统，它将教学内容、教学方法以及学习情况等信息存储在计算机中，使学生能够轻松自如地从中学到所需要的知识。

### 1.1.4 计算机的展望

从1946年ENIAC问世以来，计算机技术的进步推动了计算机的发展和广泛应用，使计算机在人类的全部活动领域中占有极为重要的地位。从超级计算机到心脏起搏器，从电话网络到汽车的燃油喷射系统，它几乎无处不在、无所不及，完全可以填补甚至取代各类信息处理器，成为人类得力的助手。

世界上不少科学家预言，到了2046年人类社会几乎所有的知识和信息将全部融入于计算机空间，而任何人在任何地方任何时间都可以通过网络，对所有的知识和信息进行在线获取。这个预测是大家所希望的，也是极有可能成为现实的。计算机空间将为崭新的信息方式、娱乐方式和教育方式提供基础，并将提供新层次的个人服务和健康保健，最大的受益将是人们可以在远距离与他人进行全感知的交流。这种计算机应该具有类似人脑的一些超级智能,即具有类似人脑的自组织、自适应、自联想、自修复的能力。要达到类似人脑的这种功能,要求进行信息处理的计算机速度至少达每秒 $10^{15}$ 次,存储容量至少为 $10^{13}$ B,当然还需要相应的软件支持。倘若计算机的计算速度和存储容量达不到这个指标,那么所谓的超级智能计算机只能是一种幻想。因此,尽管在 20 世纪 70—80 年代,人工智能的研究曾一度出现高潮,特别是日本投入了大量的资金,做了很大的努力,但超级计算机的实现远比想象的要艰难得多。

显然,欲实现上述目标,首当其冲的应该是努力提高处理器的主频。硅芯片微处理器主频与其集成度紧密相关,但实现起来并非易事。其一,硅芯片的集成度受其物理极限的制约,集成度不可能无止境地提高,当集成电路的线宽达到仅为单个分子大小的物理极限时,意味着硅芯片的集成度已到了穷途末路的境地。其二,由于硅芯片集成度提高时,其制作成本也在不断提高,即在微电子工艺发展中还遵循另一规律:"新一代芯片的研发成本大约为前一代芯片的 2 倍"。一般来说,建造一个生产 0.25 μm 工艺芯片的车间需 20 亿～25 亿美元,而使用 0.18 μm 工艺时,费用将跃升为 30 亿～40 亿美元。按几何级数递增的制作成本,使得数年内该费用将达 100 亿美元,致使企业无法承受。其三,随着集成度的提高,微处理器内部的功耗、散热、线延迟等一系列问题将难以解决。因此,Intel 公司的工程师保罗·帕肯曾发表的认为硅片技术 10 年后将走到尽头的那个大胆的预测,绝不是空穴来风。

尽管如此,人类对美好愿望的追求是无止境的,绝不会因硅芯片的终结而放弃超级智能计算机的研制。

那么究竟谁能接过传统硅芯片发展的接力棒呢?多年来,科学家们把眼光都聚集在光计算机、生物计算机和量子计算机上,而量子计算机被寄托了极大的希望。

光计算机利用光子取代电子进行运算和存储,用不同波长的光代表不同数据,可快速完成复杂计算。然而要想制造光计算机,需开发出可用一条光束控制另一条光束变化的光学晶体管。现有的光学晶体管庞大而笨拙,用其制造台式计算机将有一辆汽车那么大。因此,光计算机短期内难以进入实用阶段。

DNA(脱氧核糖核酸)生物计算机是美国南加州大学阿德拉曼博士 1994 年提出的奇思妙想,它通过控制 DNA 分子间的生化反应完成运算。但目前的 DNA 计算技术必须将 DNA 溶于试管液体中。这种计算机由一堆装有有机液体的试管组成,虽然看起来很神奇,但却很笨拙。这个问题得不到解决,DNA 计算机在可预见的未来将难以取代硅芯片计算机。

与前二者相比,量子计算机的前景尤为光明。量子具有的常人难以理解的特性,使得具有 5 000 个量子位的量子计算机能在 30 s 内解决传统硅芯片超级计算机要在 100 亿年才能解决的大数因子分解问题。

量子计算机是利用原子所具有的量子特性进行信息处理的一种全新概念的计算机。原子会旋转,而且不是向上就是向下,正好与数位科技的"0"与"1"完全吻合。既然原子可以同时向上或向下旋转,如果把一群原子聚在一起,它们就可以不像现在的计算机那样进行线性运算,而是同时进行所有可能的运算。只要有 40 个原子一起运算,就可达到相当于现在一部超级计算机的同等性能。专家们认为,如果有一个包含全球电话号码的资料库,则找出一个特定的电话号码,一部量子计算机数分钟就可完成,而同样工作交付给 10 台 IBM"深蓝"超级计算机同时运作,至少也需要数月才能完成。量子计算机以处于量子状态的原子作为中央处理器和内存,其运算能力比目前的硅芯片为电路基础的传统计算机要快几亿倍。

利用高速运行的量子计算机,再结合现代计算机采用的高并行度的体系结构,通过将大量高速处理器用高带宽局域网进行连接，它就可以具备类似于人脑的高并行性的特质。预计实现人类级的智能计算机所需的硬件可能在21世纪的前1/4的时间内实现，与20世纪70年代只够得上“昆虫级”智能的计算机硬件能力相比，显然人们对超级智能计算机的研制更充满信心。

超级智能计算机不仅需要有硬件支撑，而且还必须有软件支持。模拟大脑功能创建超级计算机，除了具备足够的硬件能力和适应计算机学习的软件外，还需要有足够的初始体系结构和丰富的感官输入流。当前的技术对感官输入已经很容易满足，而足够的初始体系则较难实现，因为大脑并非一开始就是一片空白。它有一个遗传可编码的初始结构，存在着神经皮层可塑性、大脑皮层的相似性及进化的特点。这些问题的解决必须随着神经科学的进一步发展，在对人脑的神经结构和它的学习算法了解得足够多的前提下，才有可能在具有很强计算能力的计算机上实现复制。科学家估计在今后十多年内，采用当前的设备支持输入/输出渠道，对人脑继续研究，发现新的计算机学习方法和对新神经科学的深入研究，超级智能计算机的出现只是时间问题。

21世纪人们除了继续追求超级智能计算机的研究外，更引起人们注目的是价格低廉、使用方便、体积更小、外形多变，具有个性化的计算机的研究和应用。

虽然计算机强大的功能使它能处理相当多的事务，但至今还存在不尽如人意的缺点。因此，普及面仍未达到应有的程度。其原因主要在于对绝大多数人而言，还不能非常方便地对它进行操作，而且很难适应各种场合的需要。因此，除了继续提高芯片主频外，在输入/输出方式上应有更多的性能突破。输入/输出方式将更多样化和更人性化。除了进一步提高手写分辨率和速度外，语音输入/输出将随时可见，包括汽车、家电、电话、电视、玩具、手表等。而且还可用人的手势、表情、眼睛瞳孔的位置，甚至利用人体的气味、体温来控制输入。三维图像输出将能实时地合成真实的视频图像，包括完整的喜剧电影，还允许计算机合成的图像与人面对面交谈。显示器将可以像眼镜一样戴在脸上，构成可移动的计算机。

计算机的外形及尺寸大小将随着不同的对象和环境而变化，甚至朝着个性化量体定做的方向发展。特别是嵌入式的计算机，可以遍及汽车、房间、车站、机场及各种建筑场地，使用者利用随身携带的信息操作器具，无须做任何连接，利用红外线传输方式，随时从公共场所服务器主机上接收所需的信息，包括个人的电子邮件等。尤其是个人身上穿戴的计算机连同身体网络，可以随时随地照顾用户健康、安全，并帮助用户在复杂的物理空间环境中工作，如飞机驾驶等。

在普及型的计算机发展的同时，大型计算机系统也将获得巨大发展，将来将会由低价、通用的多处理机组成的群机系统来代替单一的大型系统。在这个群机系统中，每个计算机通过快速的系统级网络(SAN)和其他计算机通信。群机系统可以扩展到上千个节点，对于数据库和即时事务处理(OLTP)的应用，群机能像单机一样运转。群机能开发隐含在处理并行多用户或处理包含在多个存储设备的大型查询中的并行性。一个具有几十个节点的PC群机系统，每天可执行10亿多次事务处理，比目前最大的大型机的吞吐量还大。科学计算将在高度专用、类似Cray的多向量结构的计算机上运行。

不久的将来，光纤新技术将大幅提升网络带宽，预计可达几十吉位每秒，可提供电话、可视电话、电视、网络访问、安全监控、家庭能源管理以及其他各种设备服务。

虽然不能对未来的计算机的发展预知得那么清晰、准确，但是，仅就以上的描述，也就可以想象几十年后，计算机将给人们的生活带来更多的便利。

## 1.2 计算机系统的基本组成及层次结构

这里说的计算机系统(computer system),是指电子数字通用计算机系统,三个定语分别表达了计算机系统的特性。“电子”一词表明使用电子线路(不同于机械、继电器等)来实现计算机硬件的关键逻辑功能;“数字”一词表明使用的电子线路是数字式电路(不同于模拟电路),运算和处理的数据是二进制的离散数据(不同于连续的电压或电流量);“通用”一词表明计算机本身的功能是多样的(不是专用于某种特殊应用的特定功能),具有完成各种运算或事务处理的能力。

完整的计算机系统是由硬件( hardware)和软件(software)两大部分(即两类资源)组成的。计算机的硬件系统是计算机系统中看得见、摸得着的物理设备,是一种高度复杂的、由多种电子线路及精密机械装置等构成的、能自动并且高速地完成数据计算与处理的装置或者工具。计算机的软件系统是计算机系统中的程序和相关数据,包括完成计算机资源管理、方便用户使用的系统软件(一般由厂家提供)和完成用户预期处理的应用软件(一般由用户设计并自己使用)这样两大部分。硬件与软件二者相互依存,分工协作,缺一不可,硬件是计算机软件运行的物质基础,软件则为硬件完成预期功能提供智力支持,若进一步深入分析,还可以通过如图 1.1 所示的六个层次来认识计算机硬件和软件系统的组成关系。图 1.1 中最下面的两层属于硬件内容,最上面的三层属于软件内容,中间的指令系统层用于连接硬件和软件两部分,与两部分都有密切关系。

从图 1.1 可以看出,计算机系统具有六层结构,不同层次之间的关系如下。

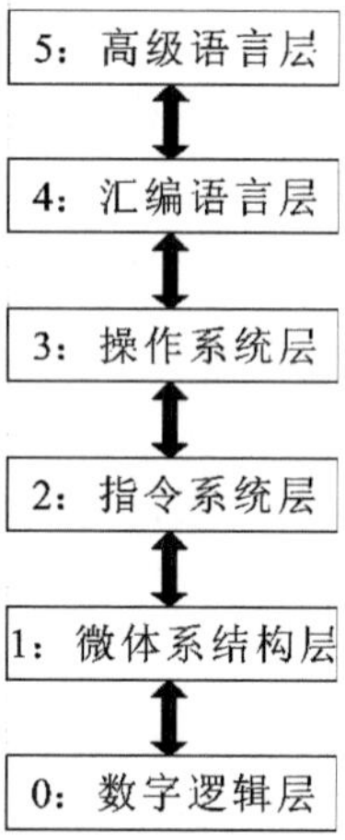

5：高级语言层

4：汇编语言层

3：操作系统层

2：指令系统层

1：微体系结构层

0：数字逻辑层

**图 1.1 计算机系统层次结构**

(1) 处在上面的一层是在下一层的基础上实现的,其功能更强大,也就是说,层级越高越接近于人解决问题的思维方式和处理问题的具体过程,对于使用人员来说更方便。使用本层提供的功能时,使用者不必关心其下一层的实现细节。

(2) 处在下面的一层是上一层实现的基础,更接近于计算机硬件的实现细节,其功能相对简单,人们使用这些功能时会感到更困难。

(3) 实现本层功能时,可能尚无法了解其上一层的最终目标和将要解决的问题,也不必理解其更下一层实现中的有关细节问题,只要使用下一层所提供的功能来完成本层的功能即可。

采用这种分层次的方法来分析和解决某些问题,有利于简化待处理问题的难度。在一段时间内,处理某一层中的问题时,只需集中精力解决当前最需要关心的核心问题即可,而不必牵扯相关上下层中的其他问题。例如,在用高级语言设计程序时,无须深入了解底层的实现细节。各层的具体功能介绍如下。

第 0 层是数字逻辑层,着重体现实现计算机硬件的最重要的物质材料——电子线路,能够直接处理离散的数字信号。设计计算机硬件组成的基础是数字逻辑和数字门电路,解决的基本问题包括使用何种器件存储信息、使用何种线路传送信息、使用何种器件运算与加工信息等。

第 1 层是微体系结构(micro architecture)层,也称其为计算机裸机。众所周知,计算机的核心功能是执行程序,程序是按一定规则和顺序组织起来的指令序列。这一层次着重体现的是:为了执行指令,需要在计算机中设置哪些功能部件(例如,存储、运算、输入和输出接口和总线等部件，当然还有更复杂一些的控制器部件），每个部件如何组成和怎样运行，这些部件如何实现相互连接并协同工作等方面的知识和技术。计算机硬件系统通常由运算器部件、控制器部件、存储器部件、输入设备和输出设备这五个部分组成，这些部分是计算机组成原理课程学习的主要内容。

第 2 层是指令系统(instruction set)层，该层介于硬件和软件之间。它涉及确定提供哪些指令，包括指令能够处理的数据类型和对各种类型数据可以执行的运算，每一条指令的格式和实现的功能，指出如何进行存储单元的读/写操作，如何执行外围设备的输入/输出操作，对哪些数据进行运算，执行哪一种运算，如何保存计算结果等。指令系统层的功能是计算机硬件系统设计、实现的最基本和最重要的依据，与计算机硬件实现的复杂程度、程序设计的难易程度、程序占用硬件资源的多少、程序运行的效率等都直接相关。也就是说，硬件系统的功能就是要实现每一条指令的功能，能够直接识别和执行由指令代码组成的程序。当然，指令系统与计算机软件的关系也十分密切，指令是用于程序设计的。方便程序设计、节省硬件资源、有利于提高程序运行效率是对指令系统的主要要求。一台计算机的指令系统对于计算机厂家和用户来说都是很重要的事情，需要非常认真、仔细地分析和对待。指令系统设计属于计算机系统结构的范围，合理选择可用的电子元件和线路来实现每一条指令的功能则是计算机组成的主要任务(详细内容见 1.4 节)。

第 3 层是操作系统(operating system)层。操作系统是计算机系统中最重要的系统软件，主要负责计算机系统中的资源管理与分配，以及向使用者提供简单、方便、高效的服务。计算机系统中包含许多复杂的硬件资源和软件资源，不仅对于普通用户，就是水平很高的专业人员有时也难以直接控制和操作，因此由操作系统承担计算机系统的资源管理和调度执行，会使系统的运行更可靠、更高效。同时操作系统还为用户提供了编程支持，它与程序设计语言相结合，使得程序设计更简单，创建用户的应用程序和操作计算机也更方便。操作系统是依据(直接或者间接)计算机指令系统所提供的指令设计出来的程序。它把一些常用功能以操作命令或者系统调用的方式提供给使用人员，可以说，操作系统进一步扩展了原来的指令系统，提供了新的可用命令，从而构成了一台比纯硬件系统(计算机裸机)功能更加强大的计算机系统。

第 4 层是汇编语言(assembly language)层。计算机是由人指挥控制、供人来使用的电子设备。使用计算机的人员要想办法把自己的意图传递给计算机，为了完成这种“对话”，就需要使用某种语言。如果人和计算机能直接用自然语言对话当然是最好的了，但遗憾的是，到目前为止计算机还不能真正听懂人类的自然语言，更不可能执行人类自然语言的全部命令。最简单的解决办法是让计算机使用其硬件可以直接识别、理解的，用电子线路容易处理的一种语言，这就是计算机的机器语言，又称为二进制代码语言，也就是计算机的指令，一台计算机的全部指令的集合构成了该计算机的指令系统。由此可以看出，计算机的基础硬件实质是在机器语言的层次上设计与实现的，并且可以直接识别和执行的只能是由机器语言构成的程序。这样做的结果是计算机一方的矛盾是解决了，但是使用计算机的人员却很难接受并使用这种语言。为此，必须找出一种折中方案，使得人们使用计算机和计算机实现都相对容易，这就要用到汇编语言、高级程序设计语言以及各种专用目标语言。

汇编语言( assembly language)大体上可看做是由对计算机机器语言符号化处理的结果，再增加一些为方便程序设计及实现的扩展动能组成的。与机器语言相比，汇编语言至少有两大优点。首先，用英文单词或其缩写形式代替二进制指令代码，使其更容易被人们记忆和理解；其次，选用含义明确的英文单词来表示程序中用到的数据(常量和变量)，可以避免程序设计人员直接为这些数据分配存储单元，这些工作由汇编程序完成。汇编语言是面向计算机硬件本身的、程序设计人员可以使用的一种计算机语言。汇编语言程序必须经过一个称为汇编程序的系统软件的翻译，将其转换为计算机机器语言后，才能在计算机的硬件系统上予以执行。

第 5 层是高级语言层，高级语言又称算法语言(algorithm language)，它的实现思路不再是过分地向计算机指令系统"靠拢"，而是着重面向解决实际问题所用的算法，更多的是考虑如何方便程序设计人员写出能解决问题的处理方案和解题过程。目前常用的高级语言有C、C＋＋、VC＋＋、Java、VB、Delphi 等。用这些语言设计出来的程序通常需要经过一个称为编译程序的软件将其编译成机器语言程序，或者首先编译成汇编程序后，再经过汇编编程得到机器语言程序，才能在计算机的硬件系统上予以执行。

人们通常把没有配备软件的纯硬件系统称为"裸机"，这是计算机系统的根基或"内核"，它的设计目标更多地集中在方便硬件实现和有利于降低成本这两个方面，因此提供的功能相对较弱，只能执行由机器语言编写的程序。为此，人们期望能开发出功能更强、更接近人的思维方式和使用习惯的语言，这是通过在裸机上配备适当的软件来完成的。每加一层软件就构成新的"虚拟计算机"，功能更强大，使用也更加方便。例如，配备了操作系统，就可以通过操作系统的命令(command)或者窗口上的图标方便地操作这个新的虚拟机系统；再配备汇编语言，用户就可以用它来编写用户程序，实现用户预期的处理功能；配备了高级语言之后，用户就可以使用高级语言更方便、更高效地编写程序，解决规模更为庞大、逻辑关系更为复杂的问题。由此，可以把前面说明的计算机系统中的第 1 层至第 5 层分别称为裸机、L1 虚拟机(支持机器语言)、L2 虚拟机(增加了操作系统)、L3 虚拟机(支持汇编语言)、L4 虚拟机(支持高级语言)。

总之，我们强调要把计算机系统当做一个整体。它既包含硬件，也包含软件，软件和硬件在逻辑功能上是等效的，即某些操作由软件可以实现，也可由硬件实现。故软、硬件之间没有固定的界线，主要受实际需要及系统性能价格比所支配。随着组成计算机的基本元器件的发展，其性能不断提高，价格不断下降，因此硬件成本下降。与此同时，随着应用不断发展，软件成本在计算机系统中所占的比例上升。这就造成了软、硬件之间的界线推移，即某些本来由软件完成的工作由硬件去完成(即软件硬化)，同时也提高了计算机的实际运行速度。

## 1.3 计算机硬件的五个功能部件及其功能

计算机系统的核心功能是执行程序。为此，首先必须有能力把要运行的程序和用到的原始数据输入到计算机内部并存储起来，接下来应该有办法逐条执行这个程序中的指令以完成数据运算并得到运算结果，最后还要输出运算结果供人检查和使用。为此，一套计算机的硬件系统至少需要五个相互连接在一起的部件或设备组成，如图 1.2 所示。

图 1.2 所示五个方框表示了计算机硬件的五个基本功能部件。其中，数据输入设备完成把程序和原始数据输入计算机；数据存储部件用于实现程序和数据的保存；数据运算部件承担数据的运算和处理功能；数据输出设备完成把运算及处理结果从计算机输出，供用户查看或长期保存；而计算机控制部件则负责首先从存储部件取出指令并完成指令译码，然后根据每条指令运行功能的要求，向各个部件或设备提供它们所需要的控制信号，它在整个硬件系统中起着指挥、协调和控制的作用。

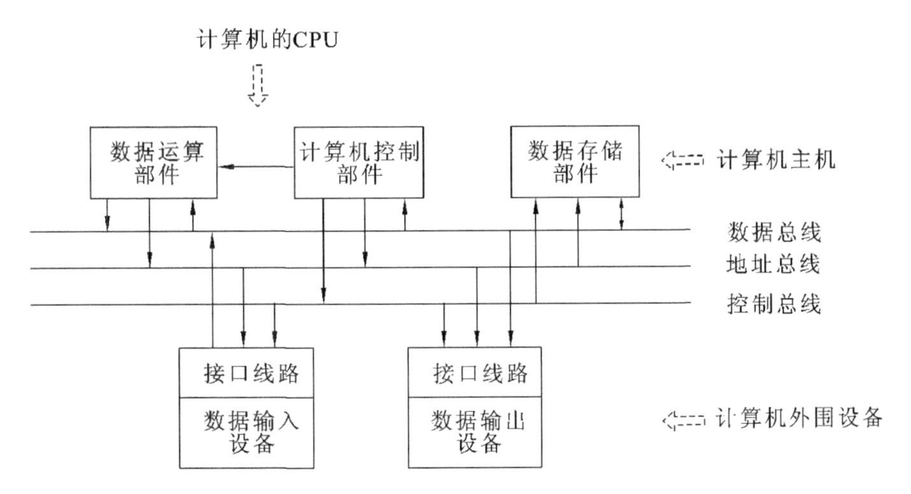


**图 1.2　计算机硬件系统的组成示意图**

可以把计算机想象为一个处理数据的工厂，那么数据运算部件就是数据加工车间，数据存储部件就是存放原材料、半成品和最终产品的库房，数据输入设备相当于运送原材料的运货卡车，数据输出设备相当于发出最终产品的运货卡车，计算机控制部件则相当于承担领导、指挥功能的厂长和各个职能办公室。在领导的正确指挥下，如果能够源源不断地获得原材料，工厂内又有存放的场所，车间能够对这些原材料进行指定的加工处理，加工后的产品可以畅通地运送出去并销售，如果这些硬件资源能协调工作，则这个工厂（计算机）就进入正常运行轨道了。

在图 1.2 中，被称为部件的三个组成部分通常是使用电子线路来实现的，安装在一个金属机柜内或者印制电路板上，称为计算机的主机。数据运算部件（运算器）和计算机控制部件（控制器）合称为计算机的中央处理器（center processing unit，CPU）。

在图 1.2 中，被称为设备的两个组成部分通常是使用精密机械装置和电子线路共同制造出来的，也可以合称为输入/输出设备，又称为计算机的外围设备。

图 1.2 中间的是计算机中三种类型的总线。数据总线用于在这些部件或设备之间传送属于数据信息（指令和数据）的电气信号；地址总线用于在这些部件或设备之间传送属于地址信息的电气信号，用于选择数据存储部件中的一个存储单元，或者外围设备中的一台设备；控制总线用于向存储部件和外围设备传送起控制作用的电气信号，也就是指定在 CPU 和这些部件或者设备之间数据传送的方向以及操作的性质（读操作还是写操作）等。可以看出，计算机的五个功能部件正是通过这三种类型的总线被有机地连接在一起的，从而构成一台完整的、可以协调运行（执行程序）的计算机硬件系统。

计算机，普遍采用的体系结构是冯·诺依曼提出来的、被称为存储程序的计算机体系结构。早期的计算机中，各个部件都是围绕着运算器来组织的，如图 1.3(a)所示，其特点是，在存储器和输入/输出设备之间传送数据都需要经过运算器。在当前流行的计算机系统结构中，更常用的方案则是围绕着存储器来组织的，如图 1.3(b)所示。这两种方案并无实质性的区别，只是在一些小的方面做了部分改进，使输入/输出操作尽可能地绕过 CPU，直接在输入/输出设备和存储器之间完成，以提高系统的整体运行性能。

前面介绍的内容还只限于“工厂的硬件组成”，也就是人员和厂房、设备等。只有这些，工厂还是运转不起来的，至少是很难运转。要想成功运转，还需要有一系列的规章制度、管理策略和经营办法等“软件”部分。计算机系统也一样，在硬件组成的基础之上，还必须有软件部分才能运转，软件部分主要包括操作系统、程序设计语言及其支持软件等。

## 1.4 计算机的体系结构、组成和实现

计算机的组成结构如图 1.3 所示。

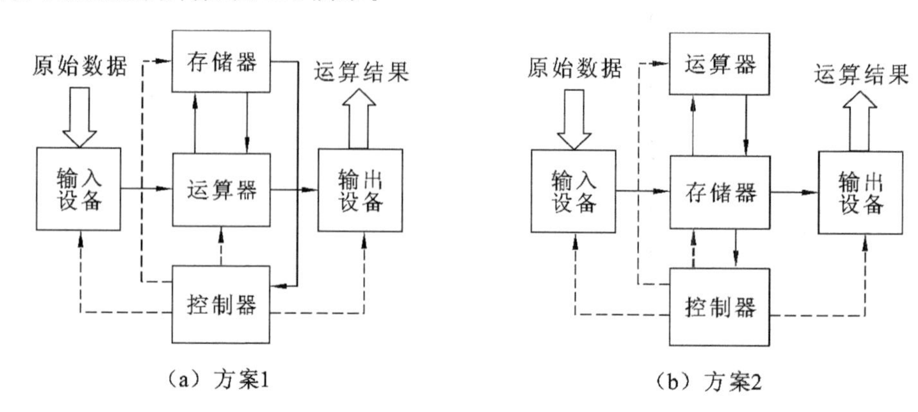


图 1.3 计算机的组成结构

### 1.4.1 计算机系统结构的定义

计算机系统结构(computer architecture)也称为计算机体系结构。这是 1964 年 Amdahl 在介绍 IBM 360 系列时提出的,在 20 世纪 70 年代被广泛采用。由于器件技术的迅速发展,计算机硬、软件界面在动态变化,因此,对计算机系统结构定义的理解也不尽一致。

Amdahl 提出:计算机系统结构是从程序设计者角度所看到的计算机的属性,即概念性结构和功能特性,这实际上是计算机系统的外特性。然而,从计算机系统的层次结构概念出发,不同级的程序设计者所看到的计算机属性显然是不一样的,因此,所谓"系统结构"就是指计算机系统中对各级之间界面的定义及其上、下的功能分配。所以,各级都有其自己的系统结构,各级之间存在"透明"性,所谓"透明"性,一是指确实存在,二是指无法监测和设置。在计算机系统中,低层的概念性结构和功能特性,对高层来说是"透明"的。计算机系统结构的研究对象是计算机物理系统的抽象和定义,具体包括以下几部分。

- 数据表示:定点数、浮点数编码方式,硬件能直接识别和处理的数据类型和格式等。
- 寻址方式:最小寻址单位,寻址方式种类,地址计算等。
- 寄存器定义:通用寄存器、专用寄存器等的定义、结构、数量和作用等。
- 指令系统:指令的操作类型和格式,指令间排序和控制(微指令)等。
- 存储结构:最小编址单位,编址方式,主存和辅存容量,最大编址空间等。
- 中断系统:中断种类,中断优先级和中断屏蔽,中断响应,中断向量等。
- 机器工作状态定义和切换:管态、目态等定义及切换。
- I/O 系统:I/O 接口访问方式,I/O 数据源、目的、传送量,I/O 通信方式,I/O 操作结束和出错处理等。
- 总线结构:总线通信方式,总线仲裁方式,总线标准等。
- 系统安全与保密:检错、纠错,可靠性分析,信息保护,系统安全管理等。

### 1.4.2 计算机组成与实现

计算机组成(computer organization)是指计算机系统结构的逻辑实现,包括机器级内的

数据通道和控制信号的组成及逻辑设计，它着眼于机器级内各事件的时序方式与控制机构、各部件功能及相互联系。

计算机组成还应包括：数据通路宽度；根据速度、造价、使用状况设置专用部件，如是否设置乘法器、除法器、浮点运算协处理器、I/O处理器等；部件共享和并行执行；控制器结构（组合逻辑、PLA、微程序）、单处理机或多处理机、指令预取技术和预估、预判技术应用等组成方式的选择；可靠性技术；芯片的集成度和速度的选择。

计算机实现（computer implementation）是指计算机组成的物理实现，包括处理机、主存等部件的物理结构，芯片的集成度和速度，芯片、模块、插件、底板的划分与连接，专用芯片的设计，微组装技术、总线驱动，电源、通风降温，整机装配技术等。它着眼于芯片技术和组装技术，其中，芯片技术起着主导作用。

### 1.4.3 计算机系统结构、组成和实现之间的关系

计算机系统结构、组成和实现是三个不同的概念。系统结构是计算机物理系统的抽象和定义，计算机组成是计算机系统结构的逻辑实现，计算机实现是计算机组成的物理实现。它们各自有不同的内容，但又有紧密的关系。

例如，指令系统功能的确定属于系统结构，而指令的实现，如取指、取操作数、运算、送结果等具体操作及其时序属于组成，而实现这些指令功能的具体电路、器件设计及装配技术等属于实现。

又如，是否需要乘、除指令属于系统结构，而乘、除指令是用专门的乘法器、除法器实现，还是用加法器累加配上右移或左移操作实现则属于组成。乘法器、除法器或加法器的物理实现，如器件选择及所用的微组装技术等属于实现。

由此可见，具有相同系统结构（如指令系统相同）的计算机可以因为速度要求不同等因素而采用不同的组成。例如，取指、译码、取数、运算、存结果可以顺序执行，也可以采用时间上重叠的流水线技术并行执行以提高执行速度。又如乘法指令可以采用专门的乘法器实现，也可以采用加法器通过累加、右移实现，这取决于机器要求的速度、程序中乘法指令出现的频度及所采用的乘法算法等因素。如出现频度高、速度快，可用乘法器；如出现频度低，则用后种方法对机器整体速度下降影响不大，却可显著降低价格。

同样，一种计算机组成可以采用多种不同的计算机实现。例如：主存可用TTL芯片，也可用MOS芯片；可用LSI工艺芯片，也可用VLSI工艺芯片，这取决于器件的技术和性能价格比。

总而言之，系统结构、组成和实现之间的关系应符合下列原则：系统结构设计不应对组成、实现有过多和不合理的限制；组成设计应在系统结构的指导下，以目前能实现的技术为基础；实现应在组成的逻辑结构指导下，以目前的器件技术为基础，以性能价格比的优化为目标。

## 1.5 计算机系统的特性

计算机系统从功能和结构两方面看都具有明显的多层次性质，此外，从不同角度看，计算机系统，还具有许多其他重要特性。

### 1.5.1 计算机等级

计算机系统按其性能与价格的综合指标通常分为巨型、大型、中型、小型、微型等若干

级。但是，随着技术进步，各个等级的计算机性能指标都在不断地提高，以至于 30 年前的一台大型机的性能甚至比不上如今的一台微型计算机的性能。可见，用于划分计算机等级的绝对性能标准是随着时间变化而变化的。如果以不变的绝对价格标准来划分计算机等级，便可得到如图 1.4 所示的计算机等级与价格、性能关系示意图。

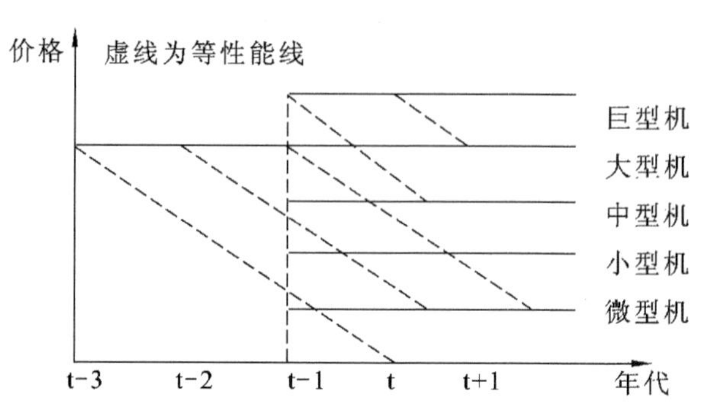


**图 1.4　计算机等级与价格、性能关系示意图**

计算机等级的发展遵循以下三种不同的设计思想。

(1) 在本等级范围内以合理的价格获得尽可能好的性能，逐渐向高档机发展，称为最佳性能价格比设计。

(2) 只求保持一定的可用的性能而争取最低的价格，称为最低价格设计，其结果往往是从低档向下分化出新的计算机等级。

(3) 以获取最高性能为主要目标而不惜增加价格，称为最高性能设计，于是产生最高等级计算机。

第(1)类设计主要针对大、中型计算机用户需要，生产主计算机以及超级小型机；第(2)类设计以普及应用计算机为目标，生产数量众多的微、小型计算机；第(3)类设计只满足少数用户的特殊需要，在数量上不占主流。图 1.4 所示的斜虚线为等性能线，它反映了较高等级的计算机技术向较低等级计算机推广及转移的趋势。

### 1.5.2　计算机系列

系列机概念指的是先设计好一种系统结构，而后就按这种系统结构设计它的系统软件，按器件状况和硬件技术研究这种结构的各种实现方法，并按照速度、价格等不同要求，分别提供不同速度、不同配置的各档机器。系列机必须保证用户看到的机器属性一致。例如，IBM AS400 系列，数据总线有 16、32、64 位之分，而数据表示方式一致，系统的软件必须兼容。系列机软件兼容，指的是同一个软件(目标程序)可以不加修改地运行于系统结构相同的各台机器中，而且所得的结果一致。软件兼容有向上兼容和向下兼容两个含义：向上兼容指的是低档机器的目标程序(机器语言级)不加修改就可以运行于高档机器；向下兼容指的是高档机器的目标程序(机器语言级)不加修改就可以运行于低档机器中。

## 1.6　计算机的工作过程和主要性能指标

### 1.6.1　计算机的工作过程

为了使计算机按预定要求工作，首先要编制程序。程序是一个特定的指令序列，它告诉计算机要做哪些事，按什么步骤去做。指令是一组二进制信息的代码，用于表示计算机所能完成的基本操作。编制好的程序放在主存中，由控制器控制逐条取出指令执行，下面通过一个例子来加以说明。

例如：计算 a＋b－c＝？（设 a、b、c 为已知的三个数，分别存放在主存的 5～7 号单元中，结果将存放在主存的 8 号单元中），如果采用单累加寄存器结构的运算器，完成上述计算至少需要 5 条指令，这 5 条指令依次存放在主存的 0～4 号单元中，参加运算的数也必须存放在主存指定的单元中，主存中有关单元的内容如图 1.5(a)所示。运算器的简单框图如图 1.5(b)所示，参加运算的两个操作数一个来自累加寄存器，一个来自主存，运算结果则放在累加寄存器中。图 1.5(b)所示的存储器数据寄存器用来暂存从主存中读出的数据或写入主存的数据，它本身不属于运算器的范畴。

计算机的控制器将控制指令逐条执行，最终得到正确的结果，步骤如下。

(1) 执行取数指令，从主存 5 号单元取出数 a，送入累加寄存器中。

(2) 执行加法指令，将累加寄存器中的内容 a 与从主存 6 号单元取出的数 b 一起送到 ALU 中相加，结果 a＋b 保留在累加寄存器中。

(3) 执行减法指令，将累加寄存器中的内容 a＋b 与从主存 7 号单元取出的数 c 一起送到 ALU 中相减，结果 a＋b－c 保留在累加寄存器中。

(4) 执行存数指令，把累加寄存器的内容 a＋b－c 存至主存 8 号单元中。

(5) 执行停机指令，计算机停止工作。

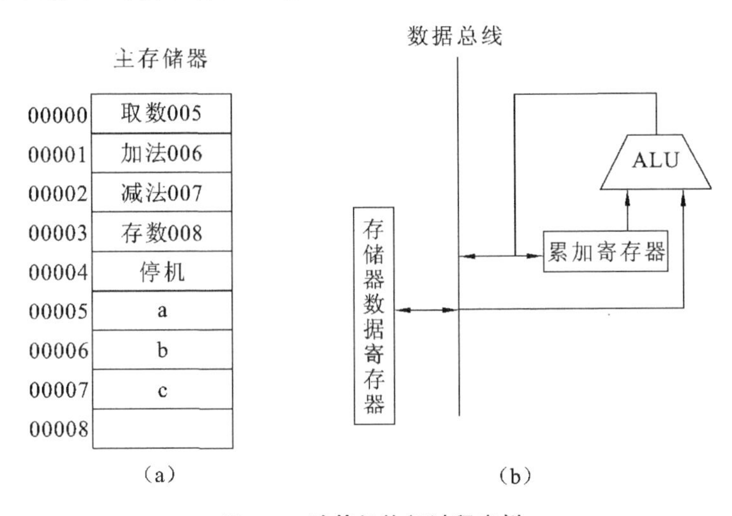


**图 1.5 计算机执行过程实例**

## 1.6.2 计算机的主要性能指标

为了进一步了解计算机的特性，全面衡量一台计算机的性能，下面介绍计算机的主要性能指标。

### 1. 机器字长

机器字长是指参与运算的数的基本位数，它是由加法器、寄存器的位数决定的，所以机器字长一般等于内部寄存器的大小。字长标志着精度，字长越长，计算的精度就越高。

在计算机中为了更灵活地表达和处理信息，又以字节(Byte)为基本单位，用大写字母 B 表示。1 个字节等于 8 位二进制位(bit)。

不同的计算机，字(word)的长度可以不相同，但对于系列机来说，在同一系列中字的长度应该是固定的。如：Intel 80x86 系列中，一个字等于 16 位；IBM 303x 系列中，一个字等于 32 位。

**2. 数据通路宽度**

数据总线一次所能并行传送信息的位数，称为数据通路宽度。它影响着信息的传送能力，从而影响计算机的有效处理速度。这里所说的数据通路宽度是指外部数据总线的宽度，它与 CPU 内部的数据总线宽度(内部寄存器的大小)有可能不同。有些 CPU 的内、外数据总线宽度相等，如 Intel 8086、80286、80486 等；有些 CPU 的外部数据总线宽度小于内部，如 8088、80386SX 等；也有些 CPU 的外部数据总线宽度大于内部数据宽度，如 Pentium 等。所有的 Pentium 都有 64 位外部数据总线和 32 位内部寄存器，这一结构看起来似乎有问题，其实这是因为 Pentium 有两条 32 位流水线，它就像两个合在一起的 32 位芯片，64 位数据总线可以高效地满足多个寄存器的需要。

**3. 主存容量**

一个主存储器所能存储的全部信息量称为主存容量。通常以字节数来表示存储容量，这样的计算机称为字节编址的计算机。也有一些计算机是以字为单位编址的，它们用字数乘以字长来表示存储容量。表示容量大小时，经常用到 K、M、G、T、P 之类的字符，它们与通常意义上的 K、M、G、T、P 有些差异，如表 1.1 所示。

**表 1.1　K、M、G、T、P 的定义**

| 单位 | 通常意义 | 实际表示 |
| --- | --- | --- |
| K(Kilo) | $10^3$ | $2^{10}=1\ 024$ |
| M(Mega) | $10^6$ | $2^{20}=1\ 048\ 576$ |
| G(Giga) | $10^9$ | $2^{30}=1\ 073\ 741\ 824$ |
| T(Tera) | $10^{12}$ | $2^{40}=1\ 099\ 511\ 627\ 776$ |
| P(Peta) | $10^{15}$ | $2^{50}=1\ 125\ 899\ 906\ 842\ 624$ |

1 024B 称为 1 KB，1 024 KB 称为 1 MB，1 024 MB 称为 1 GB……计算机的主存容量越大，存放的信息就越多，处理问题的能力就越强。

**4. 运算速度**

计算机的运算速度与许多因素有关，如机器的主频、执行什么样的操作以及主存本身的速度等。对运算速度的衡量有多种不同的方法。

(1) 根据不同类型指令在计算过程中出现的频繁程度，乘上不同的系数，求得统计平均值，这时所指的运算速度是平均运算速度。

(2) 以每条指令执行所需时钟周期数(cycles per instruction，CPI)来衡量运算速度。

(3) 以 MIPS 和 MFLOPS 作为计量单位来衡量运算速度。

MIPS(million instructions per second)表示每秒执行多少百万条指令。对于一个给定的程序，MIPS 定义为

$$\text{MIPS}=\frac{\text{指令条数}}{\text{执行时间}\times 10^6} \tag{1-1}$$

这里所说的指令一般是指加、减运算这类短指令。

MFLOPS(million floating-point operations per second)表示每秒执行多少百万次浮点运算。对于一个给定的程序,MFLOPS定义为

$$\text{MFLOPS}=\frac{\text{浮点操作次数}}{\text{执行时间}\times 10^6} \tag{1-2}$$

## 思考题和习题

1. 单项选择题

(1) 完整的计算机系统应包括________。

A. 运算器、存储器和控制器　　B. 外部设备和主机

C. 主机和实用程序　　D. 配套的硬件设备和软件系统

(2) 计算机系统中的存储器系统是指________。

A. RAM存储器　　B. ROM存储器

C. 主存储器　　D. 主存储器和外存储器

(3) 冯·诺依曼机工作方式的基本特点是________。

A. 多指令流单数据流　　B. 按地址访问并顺序执行指令

C. 堆栈操作　　D. 存储器按内容选择地址

(4) 计算机高级程序语言一般分为编译型和解释型两类,在Java、BASIC和C语言中,属于解释型语言的是________。

A. 全部　　B. Java　　C. BASIC　　D. C

(5) 下列说法中不正确的是________。

A. 高级语言的命令用英文单词来表示

B. 高级语言的语法很接近人类语言

C. 高级语言的执行速度比低级语言快

D. 同一高级语言可在不同形式的计算机上执行

2. 简答题

(1) 什么是“计算机”?怎样理解“计算机”这个术语?

(2)计算机发展了几代?各代的基本特征是什么?

(3) 计算机的应用主要分为哪几个方面?请举出熟悉的例子。

(4) 冯·诺依曼型计算机的基本特点是什么?

(5) 计算机硬件有哪些部件,各部件的作用是什么?

(6) 什么是总线?以总线组成计算机有哪几种组成结构?

(7) 什么是硬件、软件和固件?什么是软件和硬件的逻辑等价?在什么意义上软件和硬件是不等价的?

(8) 计算机中运行的软件有哪些?举例说明。

(9) 说明高级语言、汇编语言和机器语言三者的区别。

(10) 计算机系统按程序设计语言划分为哪几个层次?

(11) 怎样理解计算机中的“兼容”特性?

(12) 解释如下概念:ALU,CPU,主机和字长。

(13) 计算机硬件实体的五个基本组成部分是否缺一不可?

(14) 常用的计算机性能指标有哪些?

(15) 简单描述计算机的层次结构,说明各层次的主要特点。

# 第2章 计算机中的数制及编码

##  2.1 计算机中的数制及数的转换

迄今为止，所有计算机都以二进制形式进行算术运算和逻辑操作，因此，对于用户在键盘上输入的十进制数字和符号命令，计算机必须先把它们转换成二进制形式后再进行识别、运算和处理，然后再把运算结果还原成十进制数字和符号，并在显示器上显示出来。

虽然上述过程十分烦琐，但都由计算机自动完成。为了使读者最终弄清计算机的这一工作机理，先对计算机中常用的数制和数制间数的转换进行讨论。

### 2.1.1 计算机中的数制

所谓数制是指数的制式，是人们利用符号计数的一种科学方法。数制是人类在长期的生存斗争和社会实践中逐步形成的。数制有很多种，微型计算机中常用的数制有十进制、二进制、八进制和十六进制等。现对十进制、二进制和十六进制等三种数制讨论如下。

**1. 十进制**

十进制(decimal)是大家很熟悉的进位计数制，它共有 0、1、2、3、4、5、6、7、8 和 9 十个数字符号。这十个数字符号又称为“数码”，每个数码在数中最多可有两个值的概念，一个是数字符号的数值，另一个是该数字符号的权。例如，十进制数 45 中的数码 4，其本身的值为 4，它的权为 $10^1$，所以它实际代表的值为 40。在数学上，数制中数码的个数定义为基数，故十进制的基数为 10。

十进制是一种科学的计数方法，它所能表示的数的范围很大，可以从无限小到无限大。十进制数的主要特点如下。

(1) 它有 0～9 十个不同的数码，这是构成所有十进制数的基本符号。

(2) 它是逢十进位的。十进制数在计数过程中，当它的某位计满十时就要向它邻近的高位进一。

因此，任何一个十进制数不仅与构成它的每个数码本身的值有关，而且还与这些数码在数中的位置有关。这就是说，任何一个十进制数都可以展开成幂级数形式。例如：

$$123.45=1\times10^2+2\times10^1+3\times10^0+4\times10^{-1}+5\times10^{-2}$$

其中，指数 $10^2$、$10^1$、$10^0$、$10^{-1}$ 和 $10^{-2}$ 在数学上称为权，10 为它的基数，整数部分中每位的幂是该位位数减 1，小数部分中每位的幂是该位小数的位数。

一般任意一个十进制数 $N$ 均可表示为如下形式。

$$\begin{aligned}N&=\pm(a_{n-1}\times10^{n-1}+a_{n-2}\times10^{n-2}+\cdots+a_0\times10^0+a_{-1}\times10^{-1}+\cdots+a_{-m}\times10^{-m})\\&=\pm\sum_{i=-m}^{n-1}a_i\times10^i\qquad(2\text{-}1)\end{aligned}$$

式中：$i$ 表示数中任一位，是一个变量；$a_i$ 表示第 $i$ 位的数码；$n$ 为该数整数部分的位数；$m$ 为小数部分的位数。

**2. 二进制**

二进制(binary)比十进制更为简单，它是随着计算机的诞生而发展起来的。二进制数的

主要特点如下。

(1) 它共有 0 和 1 两个数码,任何二进制数都由这两个数码组成。

(2) 二进制数的基数为 2,做加法时它奉行逢 2 进 1 的进位原则。

因此,二进制数同样也可以展开成幂级数形式,不过内容有所不同罢了。例如:

$$\begin{aligned}10110.11 &= 1\times2^4+0\times2^3+1\times2^2+1\times2^1+0\times2^0+1\times2^{-1}+1\times2^{-2}\\ &= 1\times2^4+1\times2^2+1\times2^1+1\times2^{-1}+1\times2^{-2}\\ &= 22.75\end{aligned}$$

其中,指数 $2^4$、$2^3$、$2^2$、$2^1$、$2^0$、$2^{-1}$ 和 $2^{-2}$ 为权,2 为基数,幂的表示方法和十进制的相同。

因此,任何二进制数 N 的通式为:

$$\begin{aligned}N &= \pm(a_{n-1}\times2^{n-1}+a_{n-2}\times2^{n-2}+\cdots+a_0\times2^0+a_{-1}\times2^{-1}+a_{-2}\times2^{-2}+\cdots+a_{-m}\times2^{-m})\\ &= \pm\sum_{i=-m}^{n-1}a_i\times2^i \qquad (2\text{-}2)\end{aligned}$$

式中:$a_i$ 表示第 $i$ 位的数码,可取 0 或 1;$n$ 为该二进制数整数部分的位数;$m$ 为小数部分的位数。

**3. 十六进制**

十六进制(hexadecimal)是人们学习和研究计算机中二进制数的一种工具,它是随着计算机的发展而广泛应用的。十六进制数的主要特点如下。

(1) 它有 0、1、2、…、9、A、B、C、D、E、F 等 16 个数码,任何一个十六进制数都是由其中的一些或全部数码构成。

(2) 十六进制数的基数为 16,进位计数为逢 16 进 1。

十六进制数也可展开成幂级数形式。例如:

$$70F.B1H=7\times16^2+F\times16^0+B\times16^{-1}+1\times16^{-2}=1\,807.6914$$

其通式为:

$$\begin{aligned}N &= \pm(a_{n-1}\times16^{n-1}+a_{n-2}\times16^{n-2}+\cdots+a_0\times16^0+a_{-1}\times16^{-1}+\cdots+a_{-m}\times16^{-m})\\ &= \pm\sum_{i=-m}^{n-1}a_i\times16^i \qquad (2\text{-}3)\end{aligned}$$

式中:$a_i$ 为第 $i$ 位数码,取值为 0~9 及 A 至 F 中的一个;$n$ 为该数整数部分位数:$m$ 为该数的小数部分位数。

为了方便起见,现将部分十进制、二进制和十六进制数的对照表列于表 2.1 中。

表 2.1 部分十进制、二进制和十六进制数对照表

| 整数 | | | 小数 | | |
|---|---|---|---|---|---|
| 十进制 | 二进制 | 十六进制 | 十进制 | 二进制 | 十六进制 |
| 0 | 0000 | 0 | 0 | 0 | 0 |
| 1 | 0001 | 1 | 0.5 | 0.1 | 0.8 |
| 2 | 0010 | 2 | 0.25 | 0.01 | 0.4 |
| 3 | 0011 | 3 | 0.125 | 0.001 | 0.2 |
| 4 | 0100 | 4 | 0.0625 | 0.0001 | 0.1 |
| 5 | 0101 | 5 | 0.03125 | 0.00001 | 0.08 |

续表

| 整数 | | | 小数 | | |
| --- | --- | --- | --- | --- | --- |
| 十进制 | 二进制 | 十六进制 | 十进制 | 二进制 | 十六进制 |
| 6 | 0110 | 6 | 0.015625 | 0.000001 | 0.04 |
| 7 | 0111 | 7 | | | |
| 8 | 1000 | 8 | | | |
| 9 | 1001 | 9 | | | |
| 10 | 1010 | A | | | |
| 11 | 1011 | B | | | |
| 12 | 1100 | C | | | |
| 13 | 1101 | D | | | |
| 14 | 1110 | E | | | |
| 15 | 1111 | F | | | |
| 16 | 10000 | 10 | | | |

在计算机内部，数的表示形式是二进制。这是因为二进制数只有 0 和 1 两个数码，采用晶体管的导通和截止、脉冲的高电平和低电平等都很容易表示。此外，二进制数运算简单，便于用电子线路实现。

采用十六进制可以大大减轻阅读和书写二进制数时的负担。例如：

$$11011011=DBH$$

$$1001001111110010B=93F2H$$

显然，采用十六进制数描述一个二进制数特别简短，尤其是当被描述的二进制数位数较长时，更令计算机工作者感到方便。

当阅读和书写不同数制的数时，如果不在每个数上外加一些辨认标记，就会混淆，从而无法分清。通常采用的标记方法有两种：一种是把数加上方括号，并在方括号右下角标注数制代号，如$[101]_{16}$、$[101]_2$和$[101]_{10}$分别表示十六进制数、二进制数和十进制数；另一种是用英文字母标记，加在被标记数的后面，分别用 B、D 和 H 大写字母表示二进制数、十进制数和十六进制数，如 89H 为 16 进制数、101B 为二进制数等，其中十进制数中的 D 标记可以省略。

### 2.1.2 不同数制间数的转换

计算机采用二进制数操作，但人们习惯于使用十进制数，这就要求计算机能自动对不同数制的数进行转换。下面暂且不讨论计算机怎样进行这种转换，先来看看在数学中如何进行上述三种数制间数的转换，如图 2.1 所示。

**1. 二进制数和十进制数间的转换**

（1）二进制数转换成十进制数只要把欲转换数按权展开后相加即可，例如：

$$11010.01B=1\times2^4+1\times2^3+1\times2^1+1\times2^{-2}=26.25$$

（2）十进制数转换成二进制数的转换过程是上述转换过程的逆过程，但十进制整数转换成二进制整数和十进制小数转换成二进制小数的方法是不相同的，下面分别进行介绍。

① 十进制整数转换成二进制整数的方法有很多种，但最常用的是除 2 取余法，就是首先用 2 去除要转换的十进制数，得到一个商和一个余数，然后继续用 2 去除上次所得的商，

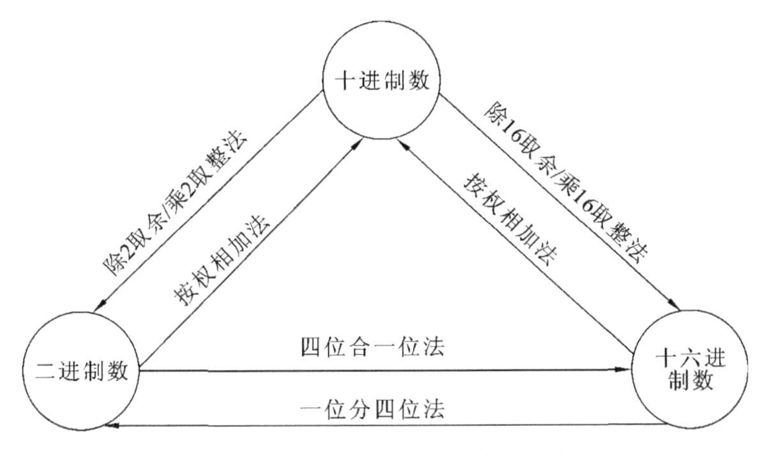


**图 2.1　三种数制间数的转换方法示意图**

直到商为 0 为止，最后把各次余数按最后得到的为最高位、最早得到的为最低位，依次排列起来便得到所求的二进制数。

**【例 2.1】** 试求出十进制数 215 所对应的的二进制数。

**【解】** 把 215 连续除以 2，直到商 0 为止，相应的竖式为：

```
2|215 ………………… 余1  最低位
 2|107 ………………… 余1    ↑
  2|53 ………………… 余1
   2|26 ………………… 余0
    2|13 ………………… 余1
     2|6 ………………… 余0
      2|3 ………………… 余1
         1 ………………… 余1  最高位
```

把所得余数按箭头方向从高到低排列起来便可得到：

215＝11010111B

② 十进制小数转换成二进制小数通常采用乘 2 取整法，就是首先用 2 去乘要转换的十进制小数，将乘积结果的整数部分提出来，然后继续用 2 去乘上次乘积的小数部分，直到所得积的小数部分为 0 或满足所需精度为止，最后把各次整数按最先得到的为最高位、最后得到的为最低位，依次排列起来便得到所求的二进制小数。

**【例 2.2】** 试把十进制小数 0.6879 转换为二进制小数（要求转换完成的二进制数小数点后有 4 位）。

**【解】** 把 0.6879 不断地乘以 2，取每次所得乘积的整数部分，直到乘积的小数部分满足所需精度为止，相应的竖式为：

```
  0.6879
×      2
  1.3758………………… 取得整数1 最高位
  0.3758
×      2                          │
  0.7516………………… 取得整数0      │
×      2                          │
  1.5032………………… 取得整数1      │
  0.5032                          │
×      2                          ↓
  1.0064………………… 取得整数1 最低位
```

把所得整数按箭头方向从高位到低位排列后得到：

0.6879D≈0.1011B

③ 对同时有整数和小数两部分的十进制数，其转换成二进制数的方法是：对整数和小数部分分开转换后，再合并起来。例如，把例 2.1 和例 2.2 合并起来便可得到：

215.6879≈11010111.1011B

应当指出：任何十进制整数都可以精确转换成一个二进制整数，但任何十进制小数却不一定可以精确转换成一个二进制小数，例 2.2 中的情况便是一例。

**2. 十六进制数和十进制数间的转换**

1）十六进制数转换成十进制数

十六进制数转换成十进制数的方法和二进制数转换成十进制数的方法类似，即把十六进制数按权展开后相加。例如：

$$3FEAH=3\times16^3+15\times16^2+14\times16^1+10\times16^0=16\ 362$$

2）十进制数转换成十六进制数

（1）十进制整数转换成十六进制整数的方法与十进制整数转换成二进制整数的方法类似，十进制整数转换成十六进制整数可以采用除 16 取余法，就是用 16 连续去除要转换的十进制整数，直到商数小于 16 为止，然后把各次余数按逆序排列起来所得的数，便是所求的十六进制数。

**【例 2.3】** 求 3901 所对应的十六进制数。

**【解】** 把 3901 连续除以 16，直到商数为 15 为止，相应的竖式为：

```
16 | 3901 ······················ 余13  写作D  最低位
   16 | 243 ····················· 余3   写作3    ↑
         15 ····················· 余15  写作F  最高位
```

所以，3901=F3DH。

（2）十进制小数转换成十六进制小数的方法类似于十进制小数转换成二进制小数的方法，常采用乘 16 取整法。乘 16 取整法则是把欲转换的十进制小数连续乘以 16，直到所得乘积的小数部分为 0 或达到所需精度为止，最后把各次整数按最先得到的为最高位、最后得到的为最低位，依次排列起来便得到所求的十六进制小数。

**【例 2.4】** 求 0.76171875 所对应的十六进制数。

**【解】** 将 0.76171875 连续乘以 16，直到所得乘积的小数部分为 0，相应的竖式为：

```
  0.76171875
×         16
------------
 12.18750000 ·················· 取整数12  写作C
  0.18750000                      |
×         16                      ↓
------------
  3.00000000 ·················· 取整数3   写作3
```

所以，0.76171875=0.C3H。

**3. 二进制数和十六进制数的转换**

二进制数和十六进制数间的转换十分方便，这就是为什么人们要采用十六进制形式对二进制数加以表达的内在原因。

1）二进制数转换成十六进制数

二进制数转换成十六进制数可采用四位合一位法，就是从二进制数的小数点开始，或左或右每四位一组，不足四位以0补足之，然后分别把每组用十六进制数码表示，并按序相连。

**【例2.5】** 把1101111100011.10010100B转换为十六进制数。

**【解】** 采用四位合一位法，有

| 0001 | 1011 | 1110 | 0011 | . | 1001 | 0100 |
| --- | --- | --- | --- | --- | --- | --- |
| 1 | B | E | 3 | | 9 | 4 |

所以，1101111100011.10010100B＝1BE3.94H。

2）十六进制数转换成二进制数

转换方法是把十六进制数的每位分别用四位二进制数码表示，然后把它们连成一体。

**【例2.6】** 把十六进制数3AB.7A5转换为一个二进制数。

**【解】** 采用一位分四位法，有

| 3 | A | B | . | 7 | A | 5 |
| --- | --- | --- | --- | --- | --- | --- |
| 0011 | 1010 | 1011 | . | 0111 | 1010 | 0101 |

所以，3AB.7A5H＝1110101011.011110100101B。

##  2.2 二进制数的运算

二进制数的运算可分为二进制整数运算和二进制小数运算两种类型，但运算法则完全相同。由于大部分计算机中数的表示方法均采用定点整数表示法，故这里仅介绍二进制整数运算方法，二进制小数运算方法与整数的运算方法相同，留给读者思考。

在计算机中，经常遇到的运算分为两类，即算术运算和逻辑运算。算术运算包括加、减、乘、除运算，逻辑运算有逻辑乘、逻辑加、逻辑非和逻辑异或等，下面分别进行介绍。

### 1. 算术运算

1）加法运算

二进制加法法则为：

0＋0＝0

1＋0＝0＋1＝1

1＋1＝0 （向邻近高位有进位）

1＋1＋1＝1 （向邻近高位有进位）

两个二进制数的加法过程和十进制加法过程类似，下面举例加以说明。

**【例2.7】** 设有两个八位二进制数X＝10011110B，Y＝01011001B，试求出X＋Y的值。

**【解】** X＋Y可写成如下竖式：

| | |
| --- | --- |
| 被加数 X | 10011110B |
| 加数 Y | 01011001B |
| 和 X＋Y | 11110111B |

所以，X＋Y＝10011110B＋01011001B＝11110111B。

2）减法运算

二进制减法法则为：

0－0＝0

1－1＝0

1－0＝1

0－1＝1 （向邻近高位借1当做2）

两个二进制数的减法运算过程和十进制减法运算过程类似，现举例说明。

**【例2.8】** 设两个8位二进制数X＝10010111B，Y＝11011001B，试求X－Y之值。

**【解】** 由于Y＞X，故有X－Y＝－（Y－X），相应的竖式为：

| | |
|---|---|
| 被减数 Y | 11011001B |
| 减数 X | 10010111B |
| 差数 Y－X | 01000010B |

所以，X－Y＝－01000010B。

两个二进制数相减时先要判断它们的大小，把大数作为被减数，小数作为减数，差的符号由两数关系决定。此外，在减法过程中还要注意低位向高位借1应当做2。

3）乘法运算

二进制乘法法则为：

0×0＝0

1×0＝0×1＝0

1×1＝1

两个二进制数相乘的运算方法与两个十进制数相乘的运算方法类似，可以用乘数的每一位分别去乘被乘数，所得结果的最低位与相应乘数位对齐，最后把所有结果加起来，便得到积，这些中间结果又称为部分积。

**【例2.9】** 设有两个四位二进制数X＝1101B和Y＝1001B，试用手工算法求出X×Y之值。

**【解】** 二进制乘法运算竖式为：

```
被乘数      1101B
乘数       ×1001B
─────────────────
            1101
           0000
          0000
         1101
─────────────────
乘积     1110101B
```

所以，X×Y＝1101B×1001B＝1110101B。

上述人工算法可总结为：先对乘数最低位判断，若是“1”就把被乘数写在和乘数位对齐的位置上（若是“0”，就写下全“0”）；然后逐次从低位向高位对乘数其他位判断，每判断一位就把被乘数或“0”（相对于前次被乘数位置）左移一位后写下来，直至判断完乘数的最高位；最后全部相加。这种乘法算法复杂，用电子线路实现较困难，故计算机中通常不采用这种算法。

在计算机中，部分积左移和部分积右移是普遍采用的两种乘法算法。前者从乘数最低位向高位逐位进行，后者从乘数最高位向低位进行，其本质是相同的。部分积右移法具体步骤为:先使部分积为“0”,若乘数最低位为“1”,则部分积与被乘数相加(若乘数最低位是“0”,则该部分积与“0”相加);然后将得到的部分积右移一位,用同样的方法对乘数的次低位进行处理,直至处理到乘数的最高位为止。这就是说:部分积右移法采用了边相乘边相加的方法,每次加被乘数或“0”时总要先使部分积右移(相当于人工算法中的被乘数左移),而被乘数的位置可保持不变。

上述算法很难为人们所理解,但它却有利于计算机采用硬件或软件的方法来实现。通常,计算机内部只有一个加法器,乘法指令由加法、移位和判断电路利用上述算法来完成。有的微型计算机无乘法指令,乘法问题是通过用加法指令、移位指令和判断指令按部分积左移或部分积右移的算法编成的乘法程序来实现的(详见本书第6章相关内容)。

4) 除法运算

除法是乘法的逆运算。与十进制除法类似,二进制除法也是从被除数最高位开始,查找出其够减除数的位数,并在其最低位处上商1和完成它对除数的减法运算,然后把被除数的下一位移到余数位置上。若余数不够减除数,则上商0,并把被除数的再下一位移到余数位置上;若余数够减除数,则上商1并进行余数减除数。这样重复进行,直到全部被除数的各位都下移到余数位置上为止。

**【例2.10】** 设X=10101011B,Y=110B,试求X÷Y的值。

**【解】** X÷Y的竖式是:

```
          11100
      ----------
110 ) 10101011
      110
      ----------
       1001
        110
      ----------
         110
         110
      ----------
          11
```

所以,X÷Y=10101011B÷110B=11100B…余11B。

归根到底,上述手工除法由判断、减法和移位等步骤组成。也就是说,只要有了减法器,外加判断和移位就可实现除法运算。在计算机中,除法常采用恢复余数法和不恢复余数法两种方法来处理,但基本原理和手工除法相同,详见第6章相关内容。

**2. 逻辑运算**

计算机处理数据时常常要用到逻辑运算。逻辑运算由专门的逻辑电路完成。下面介绍几种常用的逻辑运算。

1) 逻辑乘运算

逻辑乘又称逻辑与,常用∧算符表示。逻辑乘运算法则为:

0∧0=0

1∧0=0∧1=0

1∧1=1

两个二进制数进行逻辑乘,其运算方法类似于二进制乘法运算。

**【例2.11】** 已知X=01100110B,Y=11110000B,试求X∧Y的值。

**【解】** X∧Y的运算竖式为:

$$\begin{array}{r} 01100110B \\ \wedge \quad 11110000B \\ \hline 01100000B \end{array}$$

所以，$X \wedge Y = 01100000B$。

逻辑乘运算通常可用于从某数中取出某几位。由于例 2.11 中 Y 的取值为 F0H，因此逻辑乘运算结果中高四位可看做是从 X 的高四位中取出来的。若要把 X 中最高位取出来，则 Y 的取值显然应为 80H。

2）逻辑加运算

逻辑加又称逻辑或，常用算符 ∨ 表示。逻辑加的运算规则为：

$0 \vee 0 = 0$

$1 \vee 0 = 0 \vee 1 = 1$

$1 \vee 1 = 1$

**【例 2.12】** 已知 X=00110101B，Y=00001111B，试求 $X \vee Y$ 的值。

**【解】** $X \vee Y$ 的运算竖式为：

$$\begin{array}{r} 00110101B \\ \vee \quad 00001111B \\ \hline 00111111B \end{array}$$

所以，$X \vee Y = 00110101B \vee 00001111B = 00111111B$。

逻辑加运算通常可用于使某数中某几位添加“1”。由于例 2.12 中 Y 的取值为 0FH，因此逻辑加运算结果中低四位可看做是给 X 低四位添加“1”的结果。若要使 X 的高四位加“1”，则 Y 的取值显然应取 F0H。

3）逻辑非运算

逻辑非运算又称逻辑取反，常采用“-”运算符表示。逻辑非的运算规则为：

$\overline{0} = 1$

$\overline{1} = 0$

**【例 2.13】** 已知 X=11000011B，试求 $\overline{X}$ 的值。

**【解】** 因为　X=11000011B

所以　$\overline{X} = 00111100B$

4）逻辑异或运算

逻辑异或又称为半加，是不考虑进位的加法，常采用⊕算符表示。逻辑异或的运算规则为：

$0 \oplus 0 = 1 \oplus 1 = 0$

$1 \oplus 0 = 0 \oplus 1 = 1$

**【例 2.14】** 已知 X=10110110B，Y=11110000B，试求 $X \oplus Y$ 的值。

**【解】** $X \oplus Y$ 的运算竖式为：

$$\begin{array}{r} 10110110B \\ \oplus \quad 11110000B \\ \hline 01000110B \end{array}$$

所以，$X \oplus Y = 10110110B \oplus 11110000B = 01000110B$。

异或运算可用于把某数的若干位取反。由于例 2.14 中 Y 的取值为 F0H，因此异或运算结果中高四位可看做是X高四位取反的结果。若要使X中最高位取反，则Y的取值应为80H。异或运算还可用于乘除法运算中的符号位处理。

## 2.3 计算机中数和字符的编码

在日常生活中，编码问题是经常会遇到的。例如，电话号码、房间编号、班级号和学号等。这些编码问题的共同特点是采用十进制数字作为用户、房间、班级和学生等的编号，编码位数和用户数的多少有关。例如，一个两位十进制数字的电话编码最多容许100家用户装电话。

在计算机中，由于机器只能识别二进制数，因此键盘上所有数字、字母和符号也必须事先为它们进行二进制编码，以便机器对它们加以识别、存储、处理和传送。与日常生活中的编码问题一样，所需编码的数字、字母和符号越多，二进制数字的位数也就越长。

下面介绍几种计算机中常用的编码。

### 2.3.1 BCD码和ASCII码

BCD码(Binary Coded Decimal，十进制数的二进制编码)和ASCII码(American Standard Code for Information Interchange，美国信息交换标准码)是计算机中两种常用的二进制编码。前者称为十进制数的二进制编码，后者是对键盘上输入字符的二进制编码。计算机对十进制数的处理过程是：键盘上输入的十进制数字先被替换成一个个ASCII码送入计算机，然后通过程序替换成BCD码，并对BCD码直接进行运算；也可以先把BCD码替换成二进制码进行运算，并把运算结果再变为BCD码，最后还要把BCD码形式的输出结果变换成ASCII码才能在屏幕上加以显示，这是因为BCD码形式的十进制数是不能直接在键盘/屏幕上输入/输出的。

**1. BCD码**

BCD码是一种具有十进制权的二进制编码。BCD码的种类较多，常用的有8421码、2421码、余3码和格雷码等。现以8421码为例进行介绍。

1) 8421码的定义

8421码也是BCD码中的一种，因组成它的四位二进制数码的权为8、4、2、1而得名。8421码是一种采用四位二进制数来代表十进制数码的代码系统，在这个代码系统中，10组四位二进制数分别代表了0～9中的10个数字符号，如表2.2所示。

四位二进制数字共有16种组合，其中0000B至1001B为8421的基本代码系统，1010B至1111B未被使用，称为非法码或冗余码。10以上的所有十进制数至少需要两位8421码字(即八位二进制数字)来表示，而且不应出现非法码，否则就不是真正的BCD数。因此，BCD数是由BCD码构成的，是以二进制形式出现的，是逢十进位的，但它并不是一个真正的二进制数，因为二进制数是逢二进位的。例如：十进制数45的BCD形式为01000101B(即45H)，而它的等值二进制数为00101101B(即2DH)。

**表2.2 8421 BCD编码表**

| 十进制数 | 8421码 | 十进制数 | 8421码 |
|---|---|---|---|
| 0 | 0000B | 8 | 1000B |

续表

| 十进制数 | 8421 码 | 十进制数 | 8421 码 |
|---|---|---|---|
| 1 | 0001B | 9 | 1001B |
| 2 | 0010B | 10 | 00010000B |
| 3 | 0011B | 11 | 00010001B |
| 4 | 0100B | 12 | 00010010B |
| 5 | 0101B | 13 | 00010011B |
| 6 | 0110B | 14 | 00010100B |
| 7 | 0111B | 15 | 00010101B |

2）BCD 加法运算

所谓 BCD 加法是指两个 BCD 数按逢十进一原则相加，其和也是一个 BCD 数。BCD 加法应由计算机自动完成，但计算机只能进行二进制加法，它在两个相邻 BCD 码之间只能按逢 16 进位，不可能进行逢十进位。因此，计算机进行 BCD 加法时，必须对二进制加法的结果进行修正，使两个紧邻的 BCD 码之间真正能够做到逢十进一。

在进行 BCD 加法运算过程中，计算机对二进制加法结果进行修正的原则是：若和的低四位大于 9 或低四位向高四位发生了进位，则低四位加 6 修正；若高四位大于 9 或高四位的最高位发生进位，则高四位加 6 修正。这种修正由微处理器内部的十进制调整电路自动完成。

**【例 2.15】** 已知 X=48，Y=69，试分析 BCD 的加法过程。

**【解】** 根据 BCD 数的定义，有如下竖式成立：

```
     (48)   0100  1000B
   + (69)   0110  1001B
  ---------------------
    (117)   1011  0001B
               +  0110B  ——→ 低四位加6修正（因为低四位有进位）
           ------------
            1011  0111B
          + 0110         ——→ 高四位加6修正（因为高四位大于9）
           ------------
      [1]   0001  0111B
```

显然，人工算法和机器算法的结果一致。

3）BCD 减法运算

与 BCD 加法运算类似，BCD 减法运算中也要修正。在 BCD 减法运算过程中，若本位被减数大于减数（即低四位二进制数的最高位无借位），则减法是正确的；若本位被减数小于减数，则减法运算时就需要借位，由于 BCD 运算规则是借 1 当做 10，二进制在两个 BCD 码间的运算规则是借 1 当做 16，而机器是按二进制规则运算的，故必须进行减 6 修正。

在 BCD 减法运算过程中，计算机对二进制运算结果修正的原则是：若低四位大于 9 或低四位向高四位有借位，则低四位减 6 修正；若高四位大于 9 或高四位最高位有借位，则高四位减 6 修正。和 BCD 加法运算类似，这个修正也由机器内部的十进制调整电路自动完成。

**【例 2.16】** 已知 X=53，Y=27，试分析 BCD 减法的原理。

**【解】** 按二进制数运算规则，X－Y 的竖式为：

```
  (53)    0101  0011B
- (27)    0010  0111B
─────────────────────
  (26)    0010  1100B
                0110B  ——→  减6修正（因为低四位有借位）
          ─────────────
          0010  0110B
```

所以，X－Y＝53－27＝00100110B。

> **注意：**
> 在计算机中，两个数的减法被转换成被减数的补码加上减数相反数的补码来完成，也就是说在计算机中不存在减法电路。

BCD码的乘、除运算同样也需要调整，对于BCD码的加、减运算以及乘法运算都是先进行运算，然后调整的，但对于除法来说，却要先调整，后运算。关于BCD码的乘、除运算，本书不再讲解，感兴趣的读者可查阅相关书籍。

**2. ASCII码（字符编码）**

现代微型计算机不仅要处理数字信息，而且还需要处理大量字母和符号：这就需要人们对这些数字、字母和符号进行二进制编码，以供微型计算机识别、存储和处理。这些数字、字母和符号统称为字符，故字母和符号的二进制编码又称为字符的编码。ASCII码（American Standard Code for Information Interchange，美国信息交换标准码）诞生于1963年，是一种比较完整的字符编码，现已成为国际通用的标准编码，广泛应用于微型计算机中。

通常，ASCII码由七位二进制数码构成，共可为128个字符编码，这128个字符共分两类：一类是图形字符，共96个；另一类是控制字符，共32个。96个图形字符包括十进制数符10个、大小写英文字母52个以及其他字符34个，这类字符有特定形状，可以显示在显示器上或打印在打印纸上，其编码可以存储、传送和处理。32个控制字符包括回车符、换行符、退格符、设备控制符和信息分隔符等，这类字符没有特定形状，其编码虽然可以存储、传送和起某种控制作用，但字符本身是不能在显示器上显示或在打印机上打印的。

字符0～9所对应的ASCII码是在其数字的基础上加30H得到的。例如，字符9对应的ASCII码为30H＋09H＝39H；字符A所对应的ASCII码，是在其对应的十六进制数的基础上加37H，A在十六进制里面代表数字10，则有37H＋0AH＝41H。由于字符A至Z的ASCII码是顺序排列的，所以任意一个大写字母的ASCII码都能通过字符A的ASCII码计算出来。例如，字符Z所对应的ASCII码应比字符A所对应的ASCII码大25（19H），所以字符Z所对应的ASCII码为41H＋19H＝5AH。由于小写字母所对应的ASCII码比其大写字母所对应的ASCII码大32（20H），所以小写字母a所对应的ASCII码为41H＋20H＝61H。由于小写字母a至z所对应的ASCII码也是顺序排列的，所以任意一个小写字母的ASCII码也可参照字符a的ASCII码计算出来。

在八位微型计算机中，信息通常是按字节存储和传送的，一个字节有八位。ASCII码共有七位，用一个字节表示还多出一位。多出的这位是最高位，常常用做奇偶校验，故称为奇偶校验位。奇偶校验位在信息发送中用处很大，它可以用来校验信息传送过程是否有错。

### 2.3.2 汉字的编码

西文是拼音文字，只需用几十个字母（英文为26个字母，俄文有33个字母）就可写出西文资料。因此,计算机只要对这些字母进行二进制编码就可以对西文信息进行处理。汉字是表意文字,每个汉字都是一个图形。计算机要对汉字文稿进行处理(例如编辑、删改、统计等)就必须对所有汉字进行二进制编码,建立一个庞大的汉字库,以便计算机进行查找。

据统计,历史上使用过的汉字有 60 000 多个。虽然目前大部分已成为不再使用的"死字",但有用汉字仍有 1.6 万个。1974 年,人们对书刊上大约 2 100 万份汉字文献资料进行统计,共用到汉字 6 347 个。其中,使用频度达到 90%的汉字只有 2 400 个,其余汉字的使用频度只占 10%。

汉字的编码方法通常分为两类:一类称为汉字输入法编码,例如五笔字型编码、拼音编码等,现已多达数百种;另一类是计算机内部对汉字处理时所用的二进制编码,通常称为机内码,如电报码、国标码和区位码等。

**1. 国标码**

国标码(GB 2312—1980)是《信息交换用汉字编码字符集(基本集)》的简称,是我国国家标准总局于 1980 年颁布的国家标准,编号为 GB 2312—1980。

在国标码中,共收集汉字 6 763 个,分为两级。第一级收集汉字 3 755 个,按拼音排序。第二级收集汉字 3 008 个,按部首排序。除汉字外,该标准还收集一般字符 201 个(包括间隔符、标点符号、运算符号、单位符号和制表符等)、序号 60 个、数字 22 个、拉丁字母 66 个、汉语拼音符号 26 个、汉语注音字母 37 个等。因此,这张表很大,连同汉字一共是 7 445 个图形字符。

为了给 7 445 个图形字符编码,采用 7 位二进制编码显然是不够的。因此,国标码采用 14 位二进制来给 7 445 个图形字符编码。14 位二进制中的高 7 位占一个字节(最高位不用),称为第一字节;低 7 位占另一个字节(最高位不用),称为第二字节。

国标码中的汉字和字符分为字符区和汉字区。21H 至 2FH(第一字节)和 21H 至 7EH(第二字节)为字符区,用于存放非汉字图形字符;30H 至 7EH(第一字节)和 21H 至 7EH(第二字节)为汉字区。在汉字区中,30H 至 57H(第一字节)和 21H 至 7EH(第二字节)为一级汉字区;58H 至 77H(第一字节)和 21H 至 7EH(第二字节)为二级汉字区,其余为空白区,可供使用者扩充。因此,国标码是采用四位十六进制数来表示一个汉字的。例如,"啊"的国标码为 3021H(30H 为第一字节,21H 为第二字节),"厂"的国标码为 3327H(33H 为第一字节,27H 为第二字节)。

**2. 区位码及其向国标码的替换**

其实区位码和国标码的区别并不大,它们共用一张编码表。国标码用 4 位十六进制数来表示一个汉字,区位码是用 4 位十进制区号和位号来表示一个汉字,只是在编码的表示形式上有所区别。具体来讲,区位码把国标码中第一字节的 21H 至 7EH 映射成 1~94 区,把第二字节的 21H 至 7EH 映射成 1~94 位。区位码中的区号决定对应汉字位于哪个区(每区 94 位,每位一个汉字),位号决定相应汉字的具体位置。例如,"啊"的区位码为 1601(十进制),16 是区号,01 是位号;"厂"的区位码为 1907(十进制),19 是区号,07 是位号。

国标码是计算机赖以处理汉字的最基本编码,区位码在输入过程中比较容易记忆。计算机最终还是要把区位码替换成国标码,替换方法是先把十进制形式的区号和位号替换成二进制形式,然后分别加上 20H。例如,"啊"的区位码为 1601,替换成十六进制形式为 1001H,区号和位号分别加上 20H 后变为 3021H。这就是"啊"的国标码。同理,"厂"的区位码为 1907,国标码为 3927H。

**3. 汉字机内码**

国标码作为一种国家标准,是所有汉字编码都必须遵循的统一标准,但由于国标码每个字节的最高位都是“0”，与国际通用的标准 ASCII 码无法区分。例如，“天”字的国标码是 01001100 01101100，这两个字节分别对应十六进制数的 4CH、6CH。而英文字符“L”和“l”的 ASCII 码也恰好是 4CH 和 6CH，因此，如果存储器中有连续两个字节 4CH 和 6CH，就难以确定到底是汉字“天”字，还是英文字符“L”和“l”。显然，国标码必须进行某种变换才能在计算机内部使用。因此，我国的做法是将每个汉字所对应的国标码的两个字节的最高位分别设定为 1，作为该字的机内码。例如汉字“天”的机内码就是 11001100 11101100，写成十六进制数是 CCH ECH。

### 2.3.3 校验码编码和解码

在计算机中，信息在存入磁盘、磁带或其他存储器中常常会由于某种干扰而发生错误，信息在传输过程中也会因为传输线路上的各种干扰而使接收端接收到的数据和发送端发送的数据不相同。为了确保计算机可靠工作，人们常常希望计算机能对从存储器中读出信息或从接收端接收到的信息自动做出判断，并加以纠错。由此，引出了计算机对校验码的编码和解码问题。校验码编码发生在信息发送（或存储）之前，校验码解码则在信息被接收（或读出）后进行。这就是说：欲发送信息应首先按照某种约定规律编码成校验码，使这些有用信息加载在校验码上进行传送；接收端对接收到的校验码按约定规律的逆规律进行解码和还原，并在解码过程中去发现和纠正因传输过程中的干扰所引起的错误码位。

校验码编码采用冗余校验的编码思想。所谓冗余校验编码是指在基本的有效信息代码位上再扩充若干位校验位。增加的若干位校验位对编码前的信息来说是多余的，故又称为冗余位。冗余位对于信息的查错和纠错是必需的，而且冗余位越多，其查错和纠错的能力就越强。

下面详细介绍一下奇偶校验码编码、海明码编码、循环冗余校验码编码，让读者对信息的编码和校验原理有更深刻的理解和认识。

**1. 奇偶校验码编码**

奇偶校验码编码和解码又称奇偶校验，是一种只有 1 位冗余位的校验码编码方法，常用于主存校验和信息传送。奇偶校验分为奇校验和偶校验两种。奇校验的约定编码规律是，要求编码后的校验码中“1”的个数（包括有效信息位和奇校验位）为奇数，偶校验则要求编码后的校验码中“1”的个数（包括有效信息位和偶校验位）为偶数。

一个 8 位奇偶校验码，有效信息位通常位于奇偶校验码中的低 7 位（$D_6$ 至 $D_0$），一位奇偶校验位处于校验码中的最高位（$D_7$）。奇偶校验位状态常由发送端的奇偶校验电路自动根据发送字节低 7 位中“1”的个数来确定。奇偶检验电路通常采用异或电路实现，如果采用偶检验，发送端将所有信息位经过异或后所得的结果就是偶校验位，若采用奇校验，所有信息位异或后取反就是奇校验位。接收端将接收到的全部信息（包括校验信息位）进行异或运算，若采用的是偶校验，异或运算的结果为 0，则认为接收到的信息正确；如果采用奇校验，全部信息位异或后结果为 1，则认为传输正确，否则得到的就是错误信息。对于采用奇偶校验的信息传输线路，奇偶校验位的状态取决于其余 7 位信息中“1”的奇偶性。对于偶校验，若其他 7 位中“1”的个数为偶数，则奇偶校验电路自动在校验位上补 0；若“1”的个数为奇数，则校验位上为 1，以保证所传信息字节中“1”的个数为偶数。例如，字符 C 的 ASCII 码为 01000011B，采用偶校验，校验位形成过程为：校验位$=D_6\oplus D_5\oplus D_4\oplus D_3\oplus D_2\oplus D_1\oplus D_0=1$

$\oplus 0 \oplus 0 \oplus 0 \oplus 0 \oplus 1 \oplus 1 = 1$，校验位占 $D_7$ 位，最后形成含有偶检验位的信息编码为 11000011。这样，接收端奇偶校验电路只要判断每个字节中是否有偶数个“1”(包括奇偶校验位)就可以知道信息在传输中是否出错。

奇偶校验的缺点：一是无法检验每个字节中同时发生偶数个错码的通信错误；二是当检验出错误时，无法确定到底是哪一位出错。

**2. 海明码编码**

海明码是一种既能发现错误又能纠正错误的校验码，由理查德·海明(Richard Hamming)于 1950 年提出。海明码的码位有 n＋k 位，n 为有效信息的位数，k 为奇偶校验位位数。k 个奇偶校验位有 $2^k$ 种组合，除采用一种组合指示信息在传送或读出过程中有无错误外，尚有 $2^k-1$ 种组合可以用来指示出错的码位。因此，若要能指示海明码中任意一位是否有错，则校验码的位数 k 必须满足如下关系：

$$2^k \geqslant n+k+1 \tag{2-4}$$

由此可以计算出 n 与 k 的关系，如表 2.3 所示。

表 2.3 有效信息位与所需校验位的关系

| k(最小) | n | k(最小) | n |
|---|---|---|---|
| 2 | 1 | 5 | 12～26 |
| 3 | 2～4 | 6 | 27～57 |
| 4 | 5～11 | 7 | 58～120 |

在 n 和 k 的值确定以后，还要进一步确定哪些位为有效信息位以及哪些位作为奇偶校验位。在海明码编码中规定：位号恰好等于 2 的权值的那些位，即第 $1(2^0)$ 位、第 $2(2^1)$ 位、第 $4(2^2)$ 位、第 $8(2^3)$ 位……均可用做奇偶校验位，并命名为 $P_0$、$P_1$、$P_2$、$P_3$，…，$P_k$ 位，余下各位则是有效信息位。下面举例说明对 ASCII 码进行海明码编码和解码的原理。

*1) 海明码的结构形式*

ASCII 码有 7 位有效信息位(n＝7)，由表 2.3 可得 k＝4，故海明码码长为(n＋k)＝11 位。根据海明码对奇偶校验位位号的上述规定，第 1、2、4、8 位应为奇偶校验位，其余各位为有效信息位。分配关系如下。

| 1 | 2 | 3 | 4 | 5 | 6 | 7 | 8 | 9 | 10 | 11 |
|---|---|---|---|---|---|---|---|---|---|---|
| $P_0$ | $P_1$ | $D_6$ | $P_2$ | $D_5$ | $D_4$ | $D_3$ | $P_3$ | $D_2$ | $D_1$ | $D_0$ |

其中：$P_0$、$P_1$，$P_2$ 和 $P_3$ 为奇偶校验位；$D_6$ 至 $D_0$ 为有效数据位；最上面一排数字为海明码的位号。

在海明码中，奇偶校验位 $P_0$ 至 $P_3$(海明码位号为 1、2、4、8)负责对各有效信息位的校验。检验位和被校验的信息位之间的关系为：海明码的位号可看做是 $\sum_{i=0}^{n} 2^i$。例如，信息位 $D_6$ 的海明码位号为 $3(2^0+2^1)$，信息位 $D_2$ 的海明码位号为 $9(2^0+2^3)$。校验位 $P_i$ 所占的海明码位号为 $2^i$(i＝0，1，2，…)，如果信息位的海明码位号对应的二进制累加求和中含有 $2^i$，则该位信息位就被对应的 $P_i$ 校验，所以海明码位号为 3 的 $D_6$ 信息位应该被校验位 $P_0$ 和 $P_1$ 所校验，海明码码号为 9 的 $D_2$ 信息位应被 $P_0$ 和 $P_3$ 所校验。按此关系推出，$P_0$ 负责对第 3、5、7、9、11 位的校验；$P_1$ 负责对第 3、6、7、10 和 11 位的校验，其余如表 2.4 所示。

表 2.4　奇偶校验位表

| 奇偶校验位 | 被校(海明码)位号 | 奇偶校验位 | 被校(海明码)位号 |
|---|---|---|---|
| $P_0$(1) | 3、5、7、9、11 | $P_2$(4) | 5、6、7 |
| $P_1$(2) | 3、6、7、10、11 | $P_3$(8) | 9、10、11 |

2) *海明码的编码原理*

海明码编码过程在发送端一侧进行，其主要任务是要根据有效信息位确定 $P_0$、$P_1$、$P_2$ 和 $P_3$ 的值，并填入相应海明码的码位。下面以字符 A 的海明码编码为例进行分析。

字符 A 的 ASCII 码为 41H(1000001B)，填入海明码的相应位号后变为：

| 1 | 2 | 3 | 4 | 5 | 6 | 7 | 8 | 9 | 10 | 11 |
|---|---|---|---|---|---|---|---|---|---|---|
| $P_0$ | $P_1$ | 1 | $P_2$ | 0 | 0 | 0 | $P_3$ | 0 | 0 | 1 |

确定奇偶校验位 $P_0$ 至 $P_3$ 的值必须按表 2.4 进行。方法是按偶校验或奇检验规则统计相应被校海明码位号中"1"的个数。对于偶校验编码的方法是：若被校位号中"1"的个数为奇数，则相应奇偶校验位为"1"；若被校验位号中"1"的个数为偶数，则相应偶校验位为"0"。例如，$P_0$ 的所校位号为 3、5、7、9、11(见表 2.4)，其中只有第 3 位和第 11 位为"1"(偶数个"1")，故 $P_0=3\oplus5\oplus7\oplus9\oplus11=0$；$P_3$ 的所校位号为 9、10、11(见表 2.4)，其中只有第 11 位为"1"(奇数个"1")，故 $P_3=9\oplus10\oplus11=1$；同理可得 $P_1=0$ 和 $P_2=0$。最后，海明码编码电路只要把求得的 $P_0$、$P_1$、$P_2$ 和 $P_3$ 的值填入上述第 1、2、4、8 位中便可得到字符 A 的 11 位海明码 00100001001B。

3) *海明码的纠错*

海明码纠错是在海明码解码过程中完成的。纠错很简单，只要把错位取反就行了。问题的关键是要弄清海明码中究竟错在哪一位上。

海明码的出错指示码 $E_3E_2E_1E_0$ 又称为指误字。指误字不仅可以指出数据在读出或传送过程中有无错误，而且可以指示究竟错在哪一位上。例如，若 $E_3E_2E_1E_0=0000B$，则表明数据在读出或传送过程中没有发生错误；若 $E_3E_2E_1E_0=0001B$，则表明海明码的第 1 位(奇偶校验位 $P_0$)有错；若 $E_3E_2E_1E_0=0011B$，则表明海明码的第 3 位有错……因此，海明码解码的主要问题可以归结为如何求取出错标志位 $E_3$、$E_2$、$E_1$ 和 $E_0$。

出错标志位的求取规则是按照表 2.5 进行的。偶校验解码的方法是，若被检测所有海明码位号中"1"的个数为奇数，则相应出错标志位的值为"1"；若被检测所有海明码位号中"1"的个数为偶数，则相应出错标志位的值为"0"。

表 2.5　出错标志位和所检测的位号表

| 出错标志位 | 被检海明码的位号 | 出错标志位 | 被检海明码的位号 |
|---|---|---|---|
| $E_0$ | 1,3,5,7,9,11 | $E_2$ | 4,5,6,7 |
| $E_1$ | 2,3,6,7,10,11 | $E_3$ | 8,9,10,11 |

例如，若接收端接收到的字符 A 的海明码中第 11 位错成"0"，则海明码变成如下形式。

| 1 | 2 | 3 | 4 | 5 | 6 | 7 | 8 | 9 | 10 | 11 |
|---|---|---|---|---|---|---|---|---|---|---|
| 0 | 0 | 1 | 0 | 0 | 0 | 0 | 1 | 0 | 0 | 0 |

则有：

$$\begin{aligned}
&\quad\ \ 1 \quad\ 3 \quad\ 5 \quad\ 7 \quad\ 9 \quad 11\\
E_0 &= 0 \oplus 1 \oplus 0 \oplus 0 \oplus 0 \oplus 0 = 1\\
&\quad\ \ 2 \quad\ 3 \quad\ 6 \quad\ 7 \quad 10 \quad 11\\
E_1 &= 0 \oplus 1 \oplus 0 \oplus 0 \oplus 0 \oplus 0 = 1\\
&\quad\ \ 4 \quad\ 5 \quad\ 6 \quad\ 7\\
E_2 &= 0 \oplus 0 \oplus 0 \oplus 0 = 0\\
&\quad\ \ 8 \quad\ 9 \quad 10 \quad 11\\
E_3 &= 1 \oplus 0 \oplus 0 \oplus 0 = 1
\end{aligned}$$

故指误字为 $E_3E_2E_1\ E_0$＝1011B，指示第 11 位出错。将它取反，则错误码得到纠正。

**3. 循环冗余校验码编码**

循环冗余校验(cyclic redundancy check，CRC)码可以发现并纠正信息存储或传输过程中连续出现的多位错误，这在辅助存储器(如磁表面存储器)和计算机通信方面得到了广泛的应用。

CRC 码是一种基于模 2 运算(即以按位模 2 相加为基础的四则运算，运算时不考虑进位和借位)建立编码规律的校验码，可以通过模 2 运算来建立有效信息位和校验位之间的约定关系。这种约定关系为：假设 n 是有效数据信息位位数，r 是校验位位数，则 n 位有效息位与 r 位校验位所拼接的数(k＝n＋r，位长)，能被某一约定的数除尽。

所以应用 CRC 码的关键是如何从 n 位有效信息位简便地得到 r 位校验位(编码)，以及如何从 n＋r 位信息码判断是否出错。

*1) CRC 码的编码方法*

设待编码的有效信息以多项式 M(x)表示，将 M(x)左移 r 位得到多项式 $M(x)\times x^r$，使低 r 位二进制位全为零，以便与随后得到的 r 位校验位相拼接。那怎样求得校验位呢？方法是使用多项式 $M(x)\times x^r$ 除以生成多项式 G(x)，求得的余数即为校验位。为了得到 r 位余数(校验位)，G(x)必须是 r＋1 位的。

假设 $M(x)\times x^r$ 除以生成多项式 G(x)所得的余数用表达式 R(x)表示，商的表达式用 Q(x)表示，则它们之间的关系如下。

$$\frac{M(x)\times x^r}{G(x)}=Q(x)+\frac{R(x)}{G(x)}$$

这时将 r 位余数 R(x)与左移 r 位的 $M(x)\times x^r$ 相加，就得到 n＋r 位的 CRC 编码。

$$M(x)\times x^r+R(x)=Q(x)\times G(x)+R(x)+R(x)$$

因为两个相同数据的模 2 和为零，即 R(x)＋R(x)＝0，所以有

$$M(x)\times x^r+R(x)=Q(x)\times G(x)$$

可以看出，所求得的 CRC 码是一个可被用 G(x)表示的数码除尽的数码。

*2) 模 2 运算*

模 2 运算是不考虑借位和进位的运算。

(1) 模 2 加减：可用异或门实现，即

0+0=0;0+1=1;1+0=1;1+1=0;

0−0=0;0−1=1;1−0=1;1−1=0;

(2) 模 2 乘法:用模 2 加求部分积之和。

(3) 模 2 除法:用模 2 减求部分余数,每上一位商,部分余数要减少一位。上商规则是:余数最高位为 1,就商 1,否则商 0。当部分余数的位数小于除数时,该余数为最后余数。

**【例 2.17】** 设四位有效信息位是 1100,选用生成多项式 G(x)=1011,试求有效信息位 1100 的 CRC 编码。

**【解】**

① 将有效信息位 1100 表示为多项式 M(x)。

$$M(x)=x^3+x^2=1100$$

② M(x)左移 3 位,得 $M(x)\times x^3$。

$$M(x)\times x^3=x^6+x^5=1100000$$

③ 用 r+1 位的生成多项式 G(x),对 $M(x)\times x^3$ 作"模 2 除"。

$$\frac{M(x)\times x^3}{G(x)}=\frac{1100000}{1011}=1110+\frac{010}{1011} \quad (模 2 除)$$

④ $M(x)\times x^3$ 与 r 位余数 R(x)作"模 2 加",即可求得它的 CRC 码。

$$M(x)\times x^3+R(x)=1100000+010=1100010 \quad (模 2 加)$$

因为 k=7、n=4,所以编好的 CRC 码又称为(7,4)码。

3) CRC 码的译码及纠错

CRC 码传输到目标部件时,用约定的多项式 G(x)对收到的 CRC 码进行"模 2 除",若余数为 0,则表明该 CRC 校验码正确,否则表明有错,不同的出错位,其余数是不同的。由余数指出是哪一位出了错,然后加以纠正。

不同的出错位,其余数是不同的。表 2.6 给出了(7,4)CRC 码的出错模式。

**表 2.6 G(x)=1011 时,(7,4)循环码出错模式表**

| 序号 | $N_7$ $N_6$ $N_5$ $N_4$ $N_3$ $N_2$ $N_1$ | 余数 | 出错位 |
|---|---|---|---|
| 正确 | 1 1 0 0 0 1 0 | 0 0 0 | 无 |
| 出错 | 1 1 0 0 0 1 1 | 0 0 1 | 1 |
| | 1 1 0 0 0 0 0 | 0 1 0 | 2 |
| | 1 1 0 0 1 1 0 | 1 0 0 | 3 |
| | 1 1 0 1 0 1 0 | 0 1 1 | 4 |
| | 1 1 1 0 0 1 0 | 1 1 0 | 5 |
| | 1 0 0 0 0 1 0 | 1 1 1 | 6 |
| | 0 1 0 0 0 1 0 | 1 0 1 | 7 |

可以证明:更换不同的有效信息位,余数与出错位的对应关系不会发生变化,它只与码制和生成多项式 G(x)有关。

由表 2.6 可知,若 CRC 码有一位出错,用 G(x)作"模 2 除"运算,则得到一个不为零的余数,若对余数补零,继续作"模 2 除"运算,会得到一个有趣的结果,即各次余数会按表 2.6

中的顺序循环。例如，第一位 $N_1$ 出错，余数将为 1，补零后再除，得到余数为 010，以后依次为 100、011、…，反复循环。这就是循环码的由来，这个特点正好可用于纠错。当余数不为零时，一边对余数补零继续作“模 2 除”运算，一边将被检测的 CRC 码循环左移。由表 2.6 可以看出，当出现余数为 101 时，出错位也移到了 $N_7$ 位，可通过“异或门”将它们纠正，再在下次移位时送回 $N_7$。然后继续移位，直至移满一个循环（对 7，4 码，共移 7 次），就得到一个纠正后的码字。

4）关于生成多项式

不是任何一个 r+1 位多项式都能作为生成多项式，从检错、纠错的要求来看，生成多项式应满足下列要求。

（1）任何一位发生错误，都应使余数不为零。

（2）不同位发生错误，都应使余数不同。

（3）对余数补零，继续作“模 2 除”，应使余数循环。

反映这些要求的数学关系是比较复杂的，读者若有兴趣可以参考有关书籍。

## 思考题和习题

1. 单项选择题

（1）在下列数中最小的数为________。

A. $(101001)_2$　B. $(52)_8$　C. $(101001)_{BCD}$　D. $(233)_{16}$

（2）在下列数中最大的数为________。

A. $(10010101)_2$　B. $(227)_8$　C. $(143)_5$　D. $(96)_{16}$

（3）在机器中，________的零的表示形式是唯一的。

A. 原码　B. 补码　C. 反码　D. 原码和反码

（4）在计算机系统中采用补码运算的目的是________。

A. 与手工运算方式保持一致　B. 提高运算速度

C. 简化计算机的设计　D. 提高运算的精度

（5）假定下列字符码中有奇偶校验位，但没有数据错误，采用偶校验的字符码是________。

A. 11001011　B. 11010110　C. 11000001　D. 11001001

（6）若某数 X 的真值为−0.1010，在计算机中该数表示为 1.0110，则该数所用的编码方法是________码。

A. 原　B. 补　C. 反　D. 移

2. 简答题

（1）试比较下列各数对中的两个数的大小。

① $(2001)_{10}$ 和 $(2001)_8$

② $(4095)_{10}$ 和 $(7776)_8$

③ $(0.115)_{10}$ 和 $(0.115)_{16}$

④ $(0.625)_{10}$ 和 $(0.505)_8$

（2）若采用奇偶校验，下列数据的奇偶校验位分别是什么？

① 0101011　② 1011011

（3）已知下列补码，求真值 X。

① $[X]_{补}=10000000$　　② $[X]_{补}=(600)_8$

③ $[X]_{补}=(FB)_{16}$　　④ $[-X]_{补}=(725)_8$

(4) 试求下列8421BCD码的和,并按法则进行二-十进制调整。

① 97+68　② 39+87　③ 26+62　④ 369+963

(5) 试计算:采用32×32点阵字形的一个汉字字形占多少字节,存储6763个16×16点阵以及24×24点阵字形的汉字库各需要多少存储容量。

(6) 海明校验码的编码规则有哪些?

(7) 假定被校验的数据M(x)=1100B(注:B代表二进制),生成多项式为$G(x)=x^3+x+1$,则其CRC校验码是什么?

# 第3章 总线系统

数字计算机是由若干系统功能部件构成的，这些系统功能部件只有连接在一起协调工作才能形成一个完整的计算机硬件系统。这个起到连接和信息传输的功能部件就是总线。各个功能部件只有通过总线进行有效连接，才可能实现彼此之间的相互通信和资源共享。本章首先讲述总线系统的一些基本概念，然后具体介绍一些当前实用的总线技术。

## 3.1 总线的概念和结构形态

### 3.1.1 总线的基本概念

总线是连接多个部件的信息传输线，是各部件共享的传输介质。当多个部件与总线相连时，如果出现两个或两个以上部件同时向总线发送信息，势必导致信号冲突，传输无效。因此，在某一时刻，只允许一个部件向总线发送信息，而多个部件可以同时从总线上接收相同的信息。

**1. 总线的特点**

总线具有两个明显的特点。

1）共享性

总线是供所有部件通信共享的，任何两个部件之间的数据传输都是通过共享的公共总线进行的。

2）独占性

一旦有一个部件占用总线与另一个部件进行数据通信，其他部件就不能再占用总线，也就是说一个部件对总线的使用是独占的。

**2. 总线的分类**

总线的应用很广泛，从不同角度可以有不同的分类方法。总线按数据传送方式可分为并行传输总线和串行传输总线两类。总线按连接部件的不同可分为片内总线、系统总线和通信总线三类，片内总线是指芯片内部的总线，如在CPU芯片内部，寄存器与寄存器之间、寄存器与运算逻辑单元ALU之间都用片内总线连接；系统总线是指CPU、主存、I/O设备（通过I/O接口）各大部件之间的信息传输线；通信总线是指计算机系统之间或计算机系统与其他系统之间的连线。按照总线上传输信号的不同，总线可分为地址总线、控制总线、数据总线三类，下面重点介绍这三类总线。

1）地址总线

地址总线(address bus，AB)上传送的是从CPU等主设备发往从设备的地址信号。当CPU对存储器或I/O端口进行读/写时，必须首先经地址总线送出所要访问的存储单元或I/O对口的地址，并在整个读/写周期一直保持有效。

2）控制总线

控制总线(control bus，CB)上传送的是一个部件对另一个部件的控制或状态信息，如CPU对存储器的读/写控制信号，外围设备向CPU发出的中断请求信号等。

3）数据总线

数据总线（data bus，DB）上传送的是各部件之间交换的数据信息。数据总线通常是双向的，即数据可以由从设备发往主设备（称为读或输入），也可以由主设备发往从设备（称为写或输出）。

以CPU读存储器为例简要说明一下三类总线的作用，CPU首先通过地址总线发出想要访问的存储单元的地址，即通过地址总线首先找到访问对象；然后通过控制总线发出读信号，即通过控制总线决定数据传输方向；最后通过数据总线把数据从存储器读到CPU，即通过数据总线完成真正的数据传输。

**3. 总线的特性**

1）物理特性

总线的物理特性是指总线的物理连接方式，包括总线的根数，总线的插头、插座的形状，引脚线的排列方式等等。

2）功能特性

功能特性是指总线中每根传输线的功能，例如：地址总线用于传输地址码，数据总线用于传递数据，控制总线用于传送控制信号。控制信号既有从CPU发出的，如存储器读/写、I/O设备的读/写；也有I/O设备向CPU发来的，如中断请求、DMA请求等。

3）电气特性

电气特性定义每一根线上信号的传输方向及有效电平范围。一般规定送入CPU的信号称为输入信号（IN），从CPU发出的信号称为输出信号（OUT）。例如，地址总线是单向输出线，数据总线是双向传输线，它们信号定义都是高电平为“1”，低电平为“0”。控制总线中各条线一般是单向的，有CPU发出的，也有进入CPU的。有高电平有效的，也有低电平有效的。大多数总线的电平都符合TTL电平的定义。

4）时间特性

时间特性定义了每根线在什么时间有效。也就是说，只有规定了总线上各信号有效的时序关系，整个计算机系统的各个功能部件才能有条不紊地协调工作。

**4. 总线的标准化**

当代的计算机系统即便具有相同的指令系统、相同的功能，可是不同厂家生产的各功能部件在实现方法上也可能不同，但这却不妨碍各厂家生产的相同功能部件之间的互换使用。其根本原因就在于它们都遵守了相同的总线标准的要求，也就是说，各厂家生产同一功能部件时，部件内部结构可以完全不同，但其外部的总线接口标准却一定要相同。

例如，微型计算机系统中采用的标准总线，从ISA总线（16位，带宽8 MB/s）发展到EISA总线（32位，带宽33.3 MB/s），又发展到VESA总线（32位，带宽132 MB/s）以及速度更快、功能更强的PCI总线（64位，带宽800 MB/s）。

### 3.1.2 总线的连接方式

任何数字计算机的用途很大程度上取决于它所能连接的外围设备的范围。但由于外围设备种类繁多，速度各异，所以不可能简单地把它们连到CPU，而必须寻找一种方法，以便将外围设备同CPU连接起来，使它们可以在一起正常工作。通常，这项任务用适配器部件来完成。适配器可以实现高速CPU与低速外围设备之间工作速度上的匹配和同步，并完成计算机和外围设备之间的所有数据传送和控制，也就是说，外围设备借助适配器通过总线与CPU实现互联，并可进行可靠通信。适配器通常也称为I/O接口。

根据连接方式不同，单处理机系统中采用的总线结构有两种基本类型，即单总线结构和多总线结构。

**1. 单总线结构**

许多单处理器的计算机使用单一的系统总线来连接CPU、主存和I/O设备，称为单总线结构，允许I/O设备之间、I/O设备与CPU之间、I/O设备与主存之间直接交换信息，如图3.1所示。

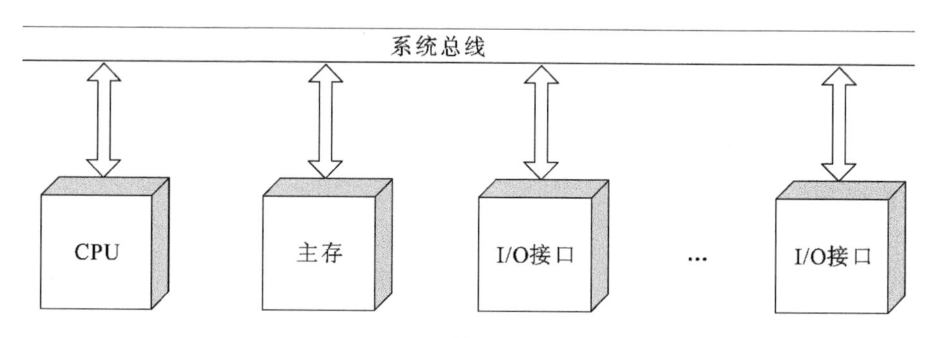


**图3.1 单总线结构**

这种结构简单，也便于扩充，但所有的传输都通过这组共享的总线，因此极易形成计算机系统的瓶颈。它也不允许两个以上的部件在同一时刻向总线传输信息，这就必然会影响系统工作效率的提高。这类总线多数被小型计算机或微型计算机所采用。

随着计算机应用范围的不断扩大，其外围设备的种类和数量也越来越多，它们对数据传输量和传输速率的要求也越来越高。倘若仍然采用单总线结构，那么，当I/O设备很多时，总线发出的控制信号要从一端逐个顺序地传递到另一端的最后一个设备，其传播的延迟时间就会严重影响系统的工作效率。在数据传输量和传输速率要求不太高的情况下，为克服系统瓶颈问题，尽可能采用增加总线宽度和提高传输率来解决；但当总线上的设备，如高速视频显示器、网络传输接口等，其数据量很大和传输速率要求相当高的时候，单总线则不能满足系统工作的需要。因此，为了根本解决数据传输速率，解决CPU、主存与I/O设备之间传输速率的不匹配，实现CPU与其他设备相对同步，不得不采用多总线结构。

**2. 多总线结构**

多总线系统结构如图3.2所示，CPU和缓存(cache)之间采用高速的CPU总线，主存连在系统总线上。通过桥，CPU总线、系统总线和高速总线彼此相连。桥实质上是一种具有缓冲、转换、控制功能的逻辑电路。

高速总线上可以连接高速LAN(100Mb/s局域网)、视频接口、图形接口、SCSI接口(支持本地磁盘驱动器和其他外围设备)、Firewire接口(支持大容量I/O设备)。

高速总线通过扩充总线接口与扩充总线相连，扩充总线上可以连接串行方式工作的I/O设备。

多总线结构实现了高速、中速、低速设备同时连接到不同的总线上进行工作，极大地提高了总线的效率和吞吐量。

### 3.1.3 总线的内部结构

早期总线的内部结构如图3.3所示，它实际上是处理器芯片引脚的延伸，是处理器与I/O设备适配器的通道。这种简单的总线一般也由50～100条线组成。

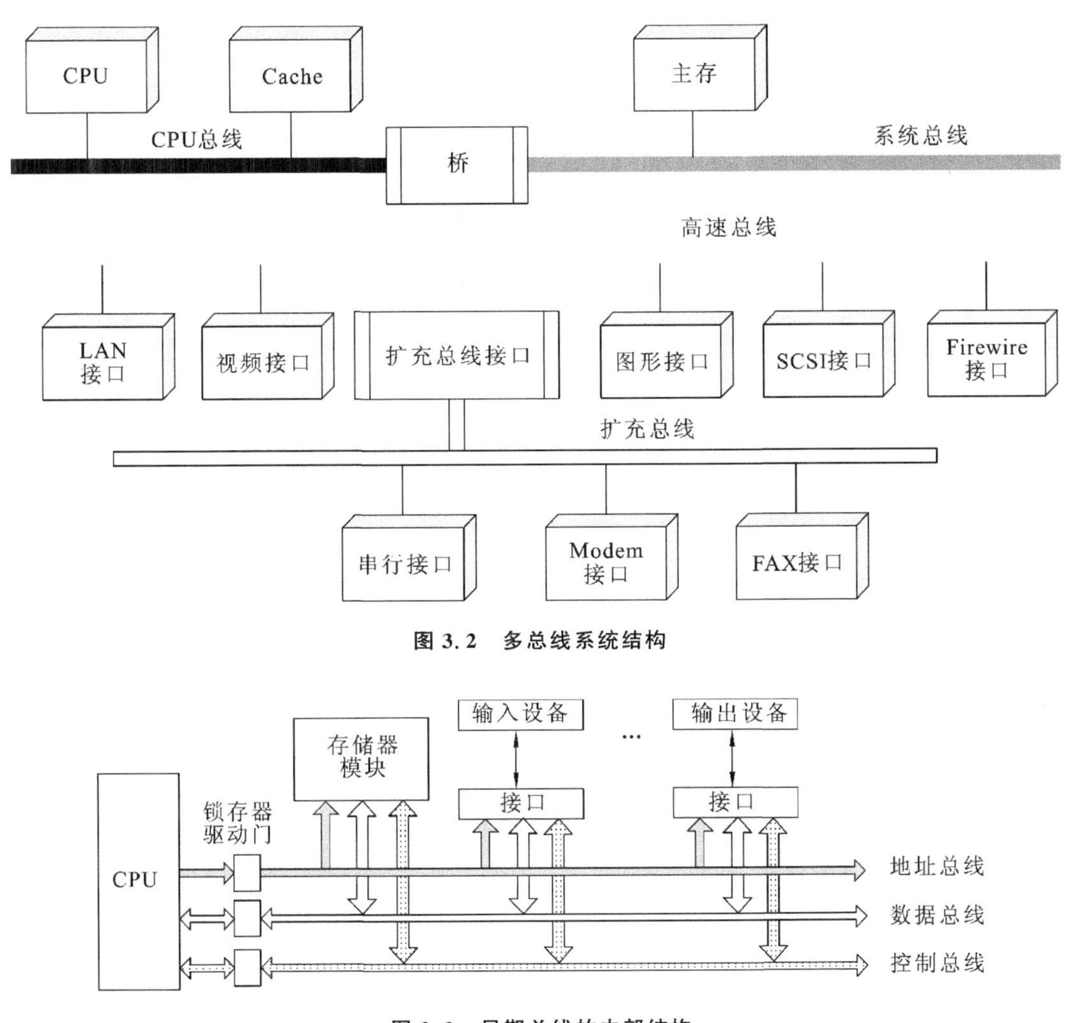


**图 3.2　多总线系统结构**

**图 3.3　早期总线的内部结构**

早期总线结构的不足之处在于：第一，CPU 是总线上唯一的主控者。即使后来增加了具有简单仲裁逻辑的 DMA 控制器以支持 DMA 传送，但仍不能满足多 CPU 环境的要求；第二，总线信号是 CPU 引脚信号的延伸，故总线结构与 CPU 紧密相关，通用性较差。

图 3.4 所示的是当代流行的总线内部结构，它是一种标准总线，追求的是与硬件结构、CPU、技术无关的开发标准，并满足包括多个 CPU 在内的主控者环境的需求。

在当代总线结构中，CPU 和片内 cache 一起作为一个模块与总线相连。系统中允许有多个这样的处理器模块。而总线控制器完成几个总线请求者之间的协调与仲裁。整个总线分成如下四部分。

(1) 数据传送总线：由地址线、数据线、控制线组成。为了减少布线，数据线常常和地址线采用多路复用方式。

(2) 仲裁总线：包括总线请求线和总线授权线。

(3) 中断和同步总线：用于处理带优先级的中断操作，包括中断请求线和中断认可线。

(4) 公用线：包括时钟信号线、电源线、地线、系统复位线以及加电或断电的时序信号线等。

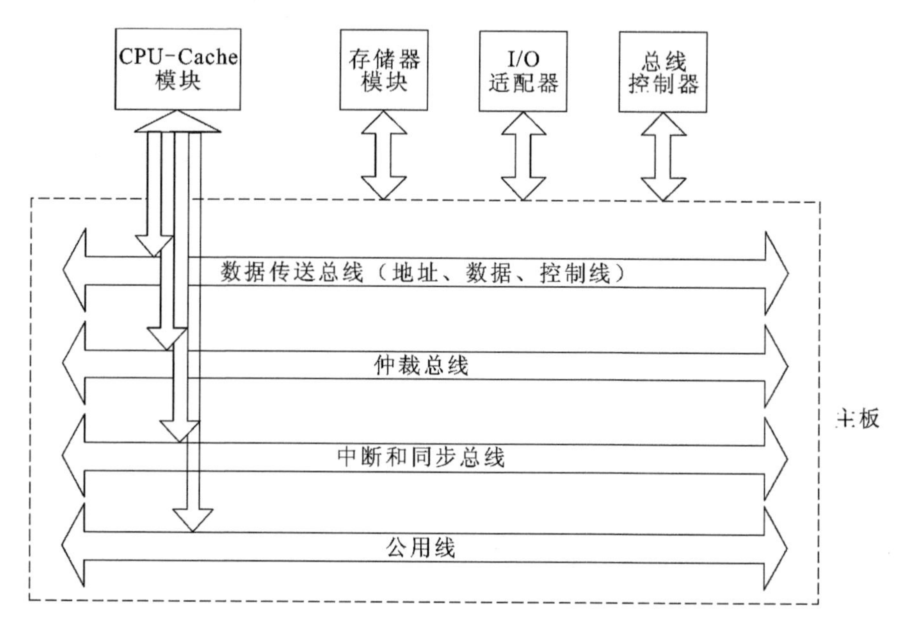


**图 3.4　当代总线的内部结构**

### 3.1.4　总线结构实例

大多数计算机采用了分层次的多总线结构。在这种结构中，速度差异较大的设备模块使用不同速度的总线，而速度相近的设备模块使用同一类总线。显然，这种结构的优点不仅解决了总线负载过重的问题，而且使总线设计简单，并能充分发挥每类总线的效能。

图 3.5 所示的是 Pentium 计算机主板的总线结构框图。可以看出，它是一个三层次的多总线结构，即 CPU 总线、PCI 总线和 ISA 总线。具体介绍如下。

(1) CPU 总线　也称 CPU-存储器总线，它是一个 64 位数据线和 32 位地址线的同步总线。总线时钟频率为 66.6 MHz(或 60 MHz)，CPU 内部时钟频率是此时钟频率的倍频。此总线可连接主存。主存扩充容量是以内存条形式插入主板有关插座来实现的。CPU 总线还接有 $L_2$ 级 Cache。主存控制器和 Cache 控制器芯片用来管理 CPU 对主存和 Cache 的存取操作。CPU 是这条总线的主控者，但必要时可放弃总线控制权。从传统的观点看，可以把 CPU 总线看成是 CPU 引脚信号的延伸。

(2) PCI 总线　用于连接高速的 I/O 设备模块，如图形显示器适配器、网络接口控制器、硬盘控制器等。通过“桥”芯片，PCI 总线上面与更高速的 CPU 总线相连，下面与低速的 ISA 总线相接。PCI 总线是一个 32 位(或 64 位)的同步总线，32 位(或 64 位)数据/地址线是同一组线，分时复用。总线时钟频率为 33. 3 MHz，总线带宽是 132 MB/s。PCI 总线采用集中式仲裁方式，有专用的 PCI 总线仲裁器。主板上一般有三个 PCI 总线扩充槽。

(3) ISA 总线　Pentium 计算机使用该总线与低速 I/O 设备连接。主板上一般留有 3～4 个 ISA 总线扩充槽，以便使用各种 16 位/8 位适配器卡。该总线支持七个 DMA 通道和 15 级可屏蔽硬件中断。另外，ISA 总线控制逻辑还通过主板上的片级总线与实时时钟/日历、ROM、键盘和鼠标控制器(8042 微处理器)等芯片相连接。

我们看到，CPU 总线、PCI 总线、ISA 总线通过两个“桥”芯片连成整体。桥芯片在此起到了信号速度缓冲、电平转换和控制协议的转换作用。有的资料将 CPU 总线-PCI 总线的桥称为北桥，将 PCI 总线-ISA 总线的桥称为南桥。其中，北桥芯片(north bridge)是主板芯片

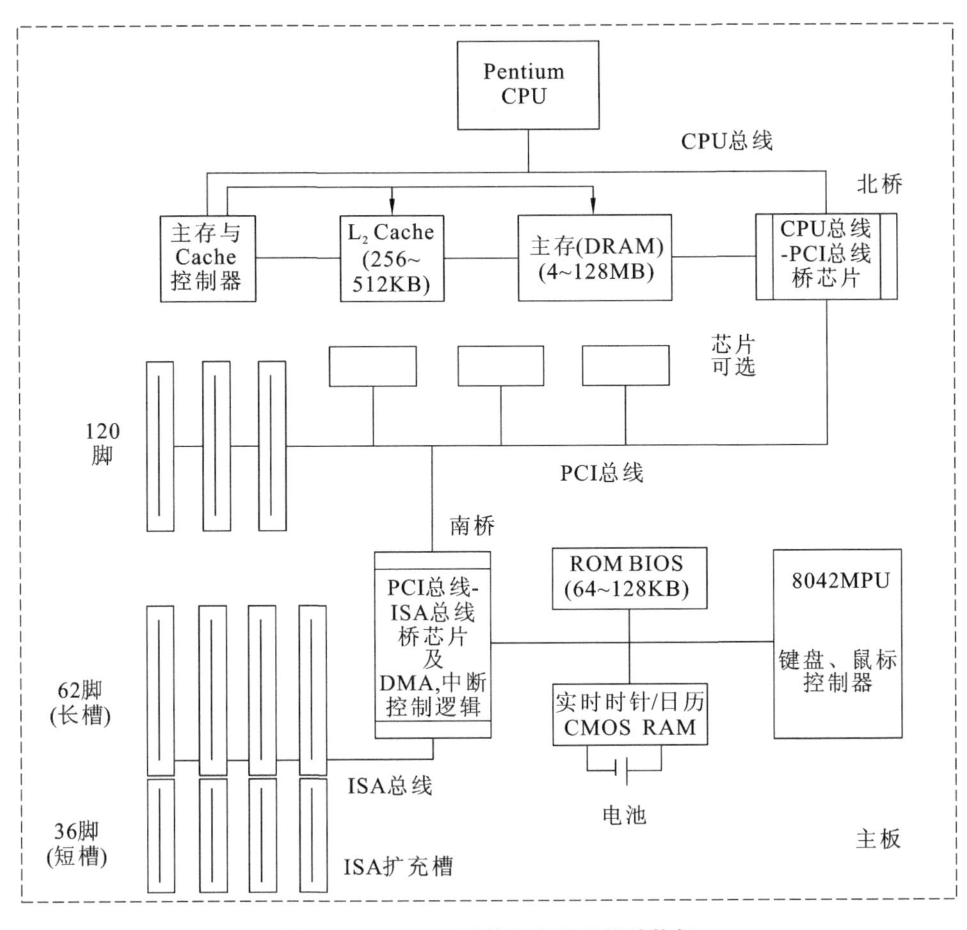


**图 3.5** Pentium **计算机主板总线结构框**

组最重要的组成部分,它负责与CPU联系并控制内存、AGP等数据在北桥内的传输,它与CPU的联系更紧密,所以空间位置距离CPU也最近,以便缩短通信距离,提高传输效率。南桥芯片负责I/O总线之间的通信,如PCI总线、USB、LAN、ATA、SATA、音频控制器、键盘控制器、实时时钟控制器、高级电源管理等。通过桥将两类不同的总线"黏合"在一起的技术特别适合于系统的升级换代。这样,每当CPU芯片升级时只需改变CPU总线和北桥芯片,全部原有的外围设备可自动继续工作。

Pentium机总线系统中有一个核心逻辑芯片组,简称PCI芯片组,它包括主存控制器和Cache控制器芯片、北桥芯片和南桥芯片。这个芯片组称为Intel 430系列、440系列,它们在系统中起着至关重要的作用。

## 3.2 总线接口

### 3.2.1 信息传送方式

数字计算机使用二进制数,它们或用电位的高、低来表示,或用脉冲的有、无来表示。在前一种情况下,如果电位高时表示数字"1",那么电位低时则表示数字"0"。在后一种情况下,如果有脉冲时表示数字"1",那么无脉冲时就表示数字"0"。

在计算机系统中，传输信息采用串行传送、并行传送和分时传送三种方式。但是出于速度和效率上的考虑，系统总线上传送的信息必须采用并行传送方式。

**1. 串行传送**

当信息以串行方式传送时，只有一条传输线，且采用脉冲传送。在串行传送过程中，按顺序来传送表示一个数码的所有二进制位(bit)的脉冲信号，每次一位，通常以第一个脉冲信号表示数码的最低有效位，最后一个脉冲信号表示数码的最高有效位。图 3.6(a)所示为串行传送的示意图。

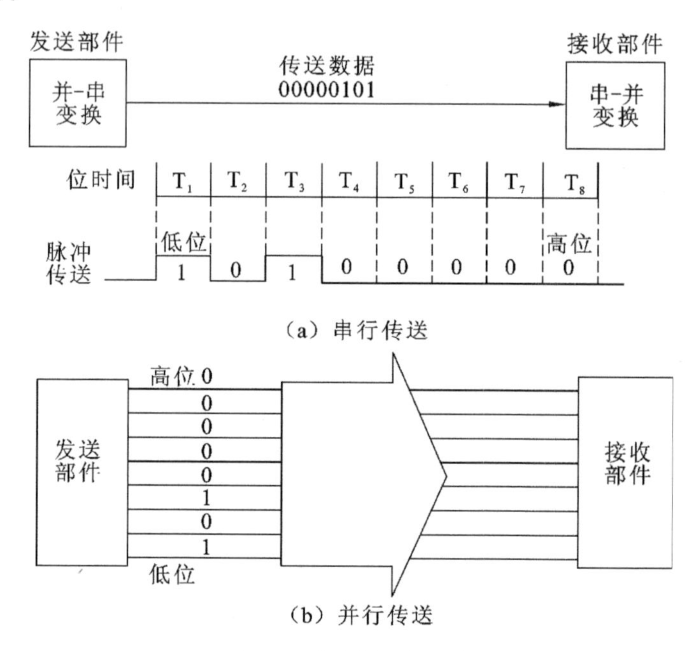


**图 3.6 信息的传输方式**

当串行传送时，有可能按顺序连续传送若干个"0"或若干个"1"。如果编码时用有脉冲表示二进制数"1"，无脉冲表示二进制数"0"，那么当连续出现几个"0"时，则表示某段时间间隔内传输线上没有脉冲信号。为了要确定传送了多少个"0"，必须采用某种时序格式，以便使接收设备能加以识别。通常采用的方法是指定位时间，即指定一个二进制位在传输线上占用的时间长度。显然，位时间是由同步脉冲来体现的。

假定串行数据是由位时间组成的，那么传送 8 比特需要 8 个位时间。例如，如果接收设备在第一个位时间和第三个位时间接收到一个脉冲，而其余的 6 个位时间没有收到脉冲，那么就会知道所收到的二进制信息是 00000101。注意，串行传送时低位在前、高位在后。

在串行传送过程中，发送部件需要把被传送的数据由并行格式变换成串行格式，而接收部件又需要把接收到的串行数据变换成并行数据。

串行传送的主要优点是，只需要一条传输线，这一点对长距离传输显得特别重要，不管传送的数据量有多少，只需要一条传输线，成本比较低廉。

**2. 并行传送**

用并行方式传送二进制信息时，每个数据位都需要单独一条传输线。信息有多少二进制位组成，就需要多少条传输线，从而使得二进制数"0"或"1"在不同的线上同时进行传送。

并行传送的过程如图 3.6(b)所示。如果要传送的数据也是 00000101，那么就要使用 8 条线组成的扁平电缆。每一条线分别传送一位二进制信息。例如，最上面的线代表最高有效位 0,最下面的线代表最低有效位 1。

并行传送一般采用电位传送。由于所有的位同时被传送,所以并行数据传送比串行数据传送快得多,例如,使用 32 条单独的地址线,可以从 CPU 的地址寄存器同时传送 32 位地址信息给主存。

**3. 分时传送**

分时传送有两种概念。一种是采用总线复用方式,某个传输线上既传送地址信息,又传送数据信息。为此必须划分时间片,以便在不同的时间间隔中完成传送地址和传送数据的任务。分时传送的另一种概念是共享总线的部件分时使用总线。

### 3.2.2 总线接口的基本概念

I/O 功能模块通常简称为 I/O 接口,也叫适配器。广义地讲,I/O 接口是指 CPU、主存和外围设备之间通过系统总线进行连接的标准化逻辑部件。I/O 接口在它动态连接的两个部件之间起着"转换器"的作用,以便实现彼此之间的信息传送。

图 3.7 所示的是 CPU、I/O 接口和外围设备之间连接关系。

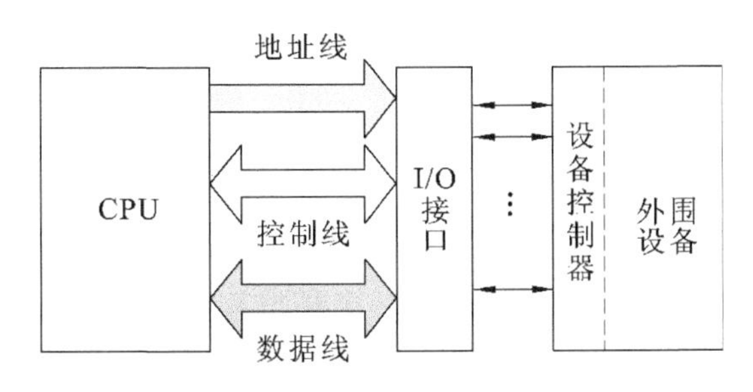


**图 3.7 连接关系图**

外围设备本身带有自己的设备控制器,它是控制外围设备进行操作的控制部件。它通过 I/O 接口接收来自 CPU 传送的各种信息,并根据设备的不同要求把这些信息传送到设备,或者从设备中读出信息传送到 I/O 接口,然后送给 CPU。由于外围设备种类繁多且速度不同,因而每种设备都有适应它自己工作特点的设备控制器。图 3.7 中将外围设备与它自己的控制电路画在一起,统称为外围设备。

为了使所有的外围设备能在一起正确地工作,CPU 规定了不同的信息传送控制方法。不管什么样的外围设备,只要选用某种数据传送控制方法,并按它的规定通过总线和主机连接,就可进行信息交换。通常在总线和每个外围设备的设备控制器之间使用一个适配器(接口)电路来解决这个问题,以保证外围设备用计算机系统特性所要求的形式发送和接收信息。因此接口逻辑必须标准化。

一个标准 I/O 接口可能连接一台设备,也可能连接多台设备。图 3.8 所示的是 I/O 接口模块的一般结构框图。

它通常具有如下功能。

(1) 控制　接口模块靠指令信息来控制外围设备的动作,如启动、关闭设备等。

(2)缓冲　接口模块在外围设备和计算机系统其他部件之间用做一个缓冲器,以补偿各种设备在速度上的差异。

(3) 状态　接口模块监视外围设备的工作状态并保存状态信息。状态信息包括数据"准备就绪"、"忙"、"错误"等等,供 CPU 询问外围设备时进行分析之用。

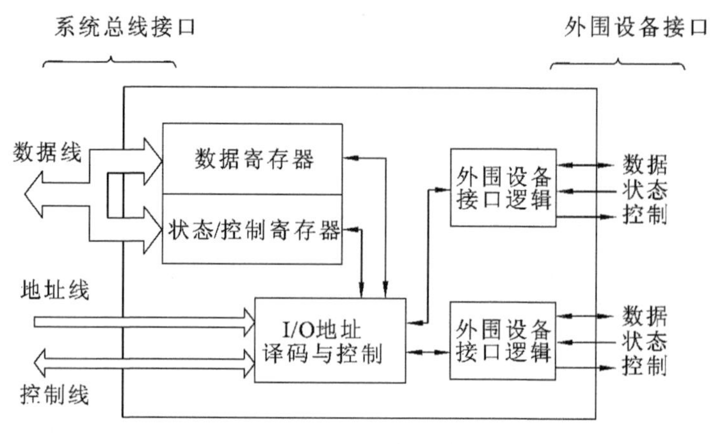


**图 3.8　I/O 接口模块框图**

(4) 转换　接口模块可以完成任何要求的数据转换，例如并-串转换或串-并转换，因此数据能在外围设备和 CPU 之间正确地进行传送。

(5) 整理　接口模块可以完成一些特别的功能，例如，当需要时可以修改字计数器或当前内存地址寄存器。

(6) 程序中断　如果外围设备与 CPU 以中断控制的方式进行通信，则当外围设备向 CPU 请求某种动作时，接口模块即发生一个中断请求信号到 CPU。例如，如果设备完成了一个操作或设备中存在着一个错误状态，接口即发出中断。

事实上，一个 I/O 接口模块有两个接口：一个是与系统总线的接口，CPU 和 I/O 接口模块的数据交换一定是并行方式进行的；另一个是和外设的接口，I/O 接口模块和外围设备的数据交换可能是并行方式进行的，也可能是串行方式进行的。因此，根据外围设备供求串行数据或并行数据的方式不同，I/O 接口模块分为串行数据接口和并行数据接口两大类。

##  3.3　总线的仲裁

连接到总线上的功能模块有主动和被动两种形态，部分功能模块可以在不同时间段分时具有这两种形态，例如：CPU 模块在某一时间段内可以用做主模块，而在另一段时间内用做从模块；而存储器模块只能用做从模块。主模块可以启动一个总线周期，而从模块只能响应主模块的请求。每次总线操作，只能有一个主模块占用总线控制权，但同一时间里可以有一个或多个从模块。

我们知道，除 CPU 模块外，其他主模块也可提出总线请求。为了解决多个主模块同时竞争总线控制权的问题，必须具有总线仲裁部件，以某种方式选择其中一个模块作为总线的下一次主模块。

对多个主模块提出的占用总线请求，一般采用优先级或公平策略进行仲裁。例如，在多处理器系统中对各 CPU 模块的总线请求采用公平的原则来处理，而对 I/O 模块的总线请求则采用优先级策略。被授权的主模块在当前总线业务一结束，即接管总线控制权，开始新的信息传送。主模块持续控制总线的时间称为总线占用期。

按照总线仲裁电路的位置不同，仲裁分为集中式仲裁和分布式仲裁两类。

### 3.3.1 集中式仲裁

集中式仲裁中每个功能模块有两条线连到总线控制器：一条是送往仲裁器的总线请求信号线 BR，另一条是仲裁器送出的总线授权信号线 BG。具体的实现方式有链式查询方式、计数器定时查询方式和独立请求方式三种。

**1. 链式查询方式**

为减少总线授权线数量，采用了图 3.9(a)所示的菊花链查询方式，其中 A 表示地址线，D 表示数据线。BS 线为 1，表示总线正被某外围设备使用。

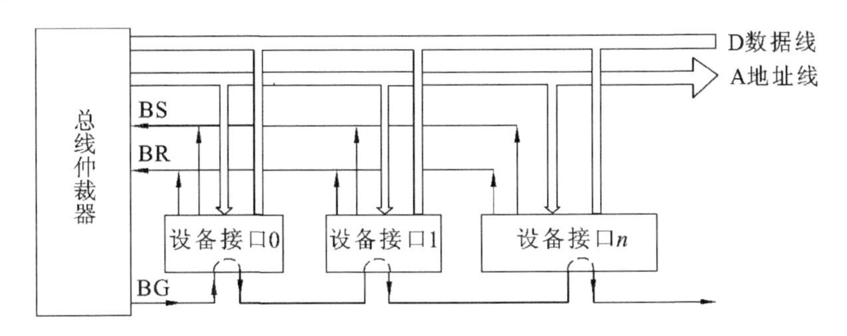


(a) 菊花链查询方式

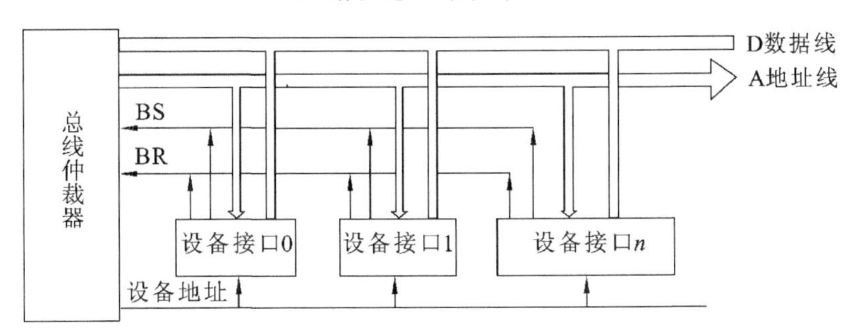


(b) 计数器定时查询方式

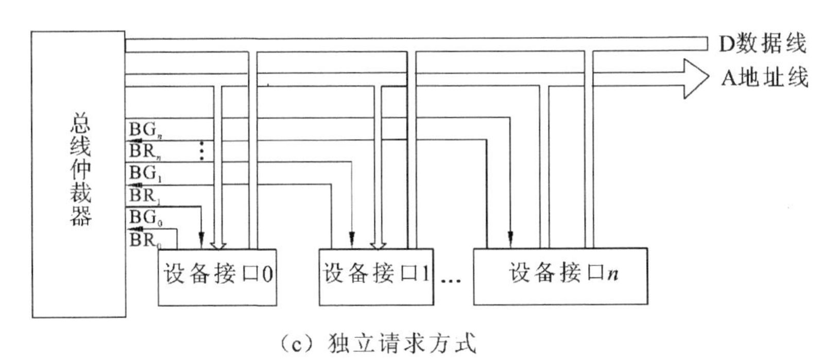


(c) 独立请求方式

**图 3.9 集中式总线仲裁方式**

链式查询方式的主要特点是，总线授权信号 BG 串行地从一个 I/O 接口传送到下一个 I/O 接口。假如 BG 到达的接口无总线请求，则继续往下传送有效信号；假如 BG 到达的接口有总线请求，BG 信号便不再往下传送有效信号。这意味着该 I/O 接口就获得了总线控制权。

显然，在查询链中离总线仲裁器最近的设备具有最高优先级，离总线仲裁器越远，优先级越低。因此，链式查询是通过接口的优先级排队电路来实现的。

链式查询方式的优点是，只用很少几根线就能按一定优先次序实现总线仲裁，并且这种链式结构很容易扩充设备。

链式查询方式的缺点是，对询问链的电路故障很敏感，如果第 i 个设备的接口中有关链的电路有故障，那么第 i 个以后的设备都不能进行工作。另外查询链的优先级是固定的，如果优先级高的设备出现频繁的请求，那么优先级较低的设备可能长期不能使用总线。

**2. 计数器定时查询方式**

计数器定时查询方式原理如图 3.9(b)所示。总线上的任一设备要求使用总线时，通过 BR 线就发出总线请求。总线仲裁器接到请求信号以后，在 BS 线为“0”的情况下让计数器开始计数，计数值通过一组地址线发向各设备。每个设备接口都有一个设备地址判别电路，当地址线上的计数值与请求总线的设备地址相一致，则该设备把 BS 线置“1”，同时获得了总线使用权，此时中止计数查询。

每次计数可以从“0”开始，也可以从终止点开始。如果从“0”开始，各设备的优先次序与链式查询法相同，优先级的顺序是固定的。如果从终止点开始，则每个设备使用总线的优先级相等。计数器的初值也可用程序来设置，这就可以方便地改变优先次序，显然这种灵活性是以增加线数为代价的。

**3. 独立请求方式**

独立请求方式原理如图 3.9(c)所示。在独立请求方式中，每一个共享总线的设备均有一对总线请求线 $BR_i$ 和总线授权线 $BG_i$。当设备要求使用总线时，便发出该设备的请求信号。总线仲裁器有一个排队电路，它根据一定的优先次序决定首先响应哪个设备的请求，给设备以授权信号。

独立请求方式的优点是响应速度快，即确定优先响应的设备所花费的时间短，用不着一个设备接一个设备地查询。其次，对优先次序的控制相当灵活。它可以预先固定，例如 $BR_0$ 优先级最高，$BR_1$ 次之，…，$BR_n$ 最低；也可以通过程序来改变优先次序；还可以用屏蔽(禁止)某个请求的办法，不响应来自无效设备的请求。因此当代总线标准普遍采用独立请求方式。

对于单处理器系统总线而言，总线仲裁器又称为总线控制器，它是 CPU 的一部分。一般是一个单独的功能模块。

### 3.3.2 分布式仲裁

分布式仲裁不需要集中的总线仲裁器，每个潜在的主功能模块都有自己的仲裁号和仲裁器。当它们有总线请求时，把它们唯一的仲裁号发送到共享的仲裁总线上，每个仲裁器将仲裁总线上得到的号与自己的号进行比较。如果仲裁总线上的号大，则它的总线请求不予响应，并撤销它的仲裁号。最后，获胜者的仲裁号保留在仲裁总线上。显然，分布式仲裁是以优先级仲裁策略为基础的。

图 3.10 所示为分布式仲裁器的逻辑结构示意图。其要点如下。

(1) 所有参与本次竞争的各主设备(此处共 8 台)将设备竞争号 CN 取反后打到仲裁总线 AB 上，以实现“线或”逻辑。AB 线低电平时表示至少有一个主设备的 $CN_i$ 为 1，AB 线高电平时表示所有主设备的 $CN_i$ 为 0。

(2) 竞争时 CN 与 AB 逐位比较，从最高位($b_7$)至最低位($b_0$)以一维菊花链方式进行，只有上一位竞争得胜者 $W_{i+1}$ 位为 1。当 $CN_i=1$，或 $CN_i=0$ 且 $AB_i$ 为高电平时，$W_i$ 位才为 1。

若 $W_i=0$,则将一直向下传递,使其竞争号后面的低位不能送上 AB 线。

(3) 竞争不到的设备自动撤除其竞争号。在竞争期间,由于 W 位输入的作用,各设备在其内部的 CN 线上保留其竞争号并不破坏 AB 线上的信息。

(4) 由于参加竞争的各设备速度不一致,这个比较过程反复(自动)进行,才有最后稳定的结果。竞争期的时间要足够,保证最慢的设备也能参与竞争。

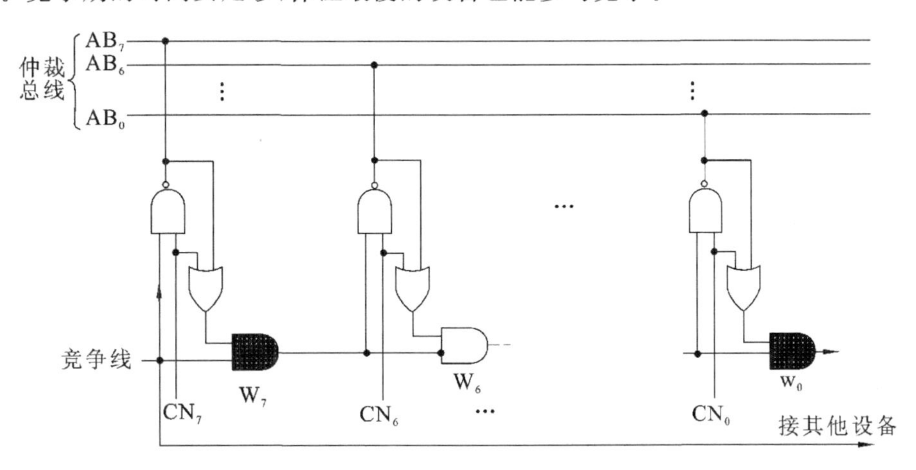


图 3.10　分布式仲裁方式示意图

## 3.4　总线的通信控制和数据传送模式

### 3.4.1　总线通信控制

众多部件共享总线,争夺总线使用权时,使用权应按各部件的优先等级来解决。在通信时间上,则应按分时方式来处理,即以获得总线使用权的先后顺序分时占用总线,即哪一个部件获得使用权,此刻就由它传送,下一部件获得使用权,接着下一时刻传送。这样一个接一个地轮流交替传送。

通常完成一次总线操作的时间称为总线周期,可分为四个阶段。

① 申请分配阶段,由需要使用总线的主模块(或主设备)提出申请,经总线仲裁机构决定下一传输周期的总线使用权授予某一申请者。

② 寻址阶段,取得了总线使用权的主模块通过总线发出本次要访问的从模块(或从设备)的地址及有关命令,启动参与本次传输的从模块。

③ 传输阶段,主模块和从模块进行数据交换,数据由源模块发出,经数据总线流入目的模块。

④ 结束阶段,主模块的有关信息均从系统总线上撤除,让出总线使用权。

对于仅有一个主模块的简单系统,无须申请、分配和撤除,总线使用权始终归它占有。对于包含中断、DMA 控制器或多处理器的系统,还需要有其他管理机构来参与。

总线的通信控制主要解决通信双方如何获知传输开始和传输结束,以及通信双方如何协调、如何配合,通常用同步通信、异步通信、半同步通信和分离式通信四种方式。

**1. 同步通信**

通信双方由统一时标控制数据的传送称为同步通信。时标通常由 CPU 的总线控制部件发出，送到总线上的所有部件；也可以由每个部件各自的时序发生器发出，但必须由总线控制部件发出的时钟信号对它们进行同步。图 3.11 所示为某个输入设备向 CPU 传输数据的同步通信过程。

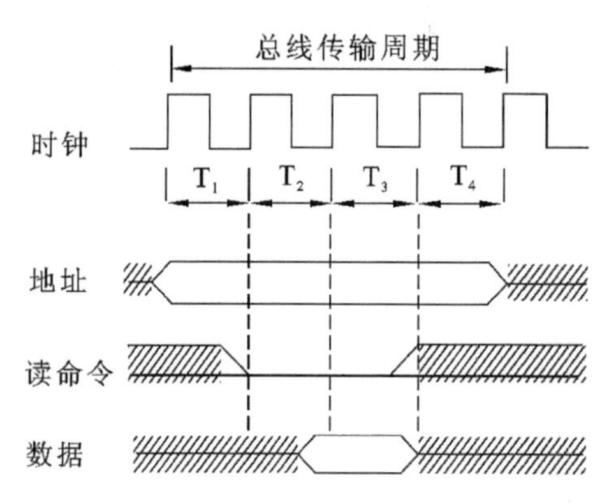


**图 3.11　同步式数据输入传输**

图 3.11 中总线传输周期是连接在总线上的两个部件完成一次完整且可靠的信息传输的时间，它包含四个时钟周期 $T_1$、$T_2$、$T_3$、$T_4$。

CPU 在 $T_1$ 上升沿发出地址信息；在 $T_2$ 的上升沿发出读命令；与地址信号相符合的输入设备按命令进行一系列内部操作，并且必须在 $T_3$ 的上升沿到来之前将 CPU 所需的数据送到数据总线上；CPU 在 $T_3$ 时钟周期内，将数据线上的信息传送到内部寄存器中；CPU 在 $T_4$ 的上升沿撤销读命令，输入设备不再向数据总线上传送数据，撤销它对数据总线的驱动。如果总线采用三态驱动电路，则从 $T_4$ 起，数据总线呈浮空状态。

同步通信在系统总线设计时，对 $T_1$、$T_2$、$T_3$、$T_4$ 都有明确、唯一的规定。

对于读命令，其传输周期如下。

- $T_1$ 主模块发地址。
- $T_2$ 主模块发读命令。
- $T_3$ 从模块提供数据。
- $T_4$ 主模块撤销读命令，从模块撤销数据。

对于写命令，其传输周期如下。

- $T_1$ 主模块发地址。
- $T_{1.5}$ 主模块提供数据。
- $T_2$ 主模块发写命令，从模块接收到命令后，必须在规定的时间内将数据总线上的数据写到地址总线所指明的单元中。
- $T_4$ 主模块撤销写命令和数据等信号。

写命令传输周期的时序如图 3.12 所示。

这种通信的优点是规定明确、统一，模块间的配合简单一致。其缺点是主、从模块时间配合属于强制性“同步”，必须在限定时间内完成规定的要求，并且对所有从模块都用同一时限，这就势必导致不同速度的部件必须按照最慢速度的部件来设计公共时钟，从而会严重影响总线的工作效率，也给设计带来了局限性，缺乏灵活性。

同步通信一般用于总线长度较短、各部件存取时间比较一致的场合。

在同步通信的总线系统中，总线传输周期越短，数据线的位数越多，总线的数据传输速率就会越高。

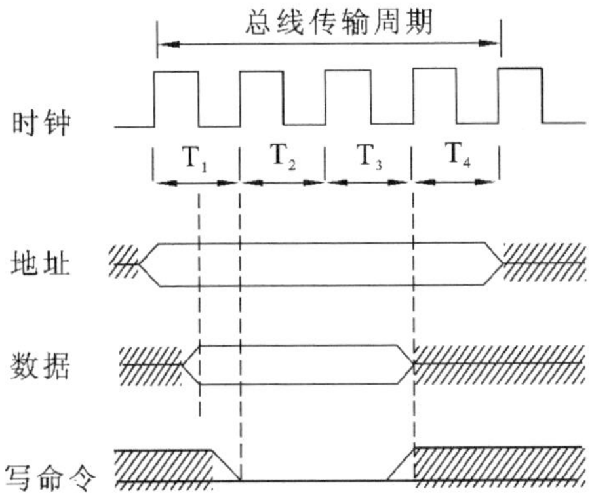

图 3.12　同步式数据输出传输

【例 3.1】　假设总线的时钟频速率为 100 MHz，总线的传输周期为四个时钟周期，总线的宽度为 32 位，试求总线的数据传输速率。若想提高一倍数据传输速率，则可采取什么措施？

【解】　根据总线时钟频率为 f=100 MHz，得

一个时钟周期 t 为：　$t=1/f$

总线传输周期　$T=4t=4/f$

由于总线的宽度　$D=32$ 位$=4B$

故总线的数据传输速率 $D_r$ 为：$D_r=D/T=4B/(4/f)=100$ MB/s

若想提高一倍数据传输速率，可以在不改变总线时钟频率的前提下，将数据线的宽度改为 64 位；也可以保持数据宽度为 32 位，但总线的时钟频率须增加到 200 MHz。

### 2. 异步通信

异步通信克服了同步通信的缺点，允许各模块速度的不一致性，给设计者充分的灵活性和选择余地。它没有公共的时钟标准，不必要求所有部件具备统一严格的操作时间，是采用应答方式（又称握手方式），即当主模块发出“请求”信号时，一直等待到从模块反馈回来“响应”信号，才开始通信。当然，这就要求主、从模块之间增加两条应答线（握手交互信号线）。

异步通信的应答方式又可以分为不互锁、半互锁和全互锁三种类型。

1）不互锁方式

主模块发出请求信号后，不必等待接到从模块的回答信号，而是经过一段时间，确认从模块已收到请求信号，便撤销其请求信号；从模块接到请求信号后，在条件允许时发出应答信号，并且经过一段时间（这段时间的设置对不同设备来说是不同的）确认主模块已收到回答信号，自动撤销回答信号。可见通信双方并无互锁关系。例如，CPU 向主存写信息，CPU 要先后给出地址信号、写命令以及写入数据，即采用此方式。

2）半互锁方式

主模块发出请求信号后，必须等接收到从模块发来的应答信号，才能撤销其请求信号，有互锁关系；而从模块在接收到请求信号后会发出回答信号，但不必等待获知主模块的请求信号已经撤销，而是隔一段时间后自动撤销其回答信号，而无互锁关系。由于一方存在互锁关系，一方不存在互锁关系，故称半互锁方式。例如，在多机系统中，某个 CPU 需访问共享存储器（供所有 CPU 访问的存储器）时，该 CPU 发出访存命令后，必须收到存储器未被占用的回答信号，才能真正进行访存操作。

3）全互锁方式

主模块发出请求信号后，必须等接收到从模块发来的回答信号后才能撤销其请求信号；从模块发出回答信号后，也必须等获知主模块请求信号已撤销后，再撤销其回答信号。双方存在互锁关系，故称为全互锁方式。例如，在网络通信中，通信双方采用的就是全互锁方式。

异步通信可用于并行传送或串行传送。异步串行通信时，没有同步时钟，也不需要在数据传送中传送同步信号。为了确认被传送的字符，约定字符格式为1个起始位（低电平）、5～8个数据位、1个奇偶校验位、1或1.5或2个终止位（高电平）。传送时起始位后面紧跟的是要传送字符的最低位，每个字符的传输结束是高电平的终止位。包括起始位至终止位之间的所有信息构成一帧，两帧之间的间隔可以是任意长度的。异步串行通信的数据传输速率用波特率来衡量。波特率是指单位时间内传送二进制数据的位数，单位用位/秒（b/s）表示，记作波特。

由于异步串行通信中包含若干附加位，如起始位、终止位，可用比特率来衡量异步串行通信的有效数据传输速率，即单位时间内传送二进制有效数据的位数，单位用位/秒（b/s）表示。

**【例3.2】** 在异步串行传输系统中，假设每秒传输120个数据帧，其字符格式规定包含一个起始位、七个数据位、一个奇偶检验位、一个终止位，试计算波特率和比特率。

**【解】** 根据题目给出的字符格式，一帧包含10（1＋7＋1＋1）位，其中7位为有效信息位。

故波特率为：120×10 b/s＝1200 b/s＝1200波特

比特率为：120×7 b/s＝840 b/s＝840波特

**【例3.3】** 画图说明用异步串行传输方式发送十六进制数据53H。要求字符格式为一个起始位、七个数据位、一个偶校验位、一个终止位。

**【解】** 将要发送的十六进制数据53H转化为七位二进制数据为1010011B，发送时起始位之后是数据位的最低位$D_0$（1010011的最低位$D_0$为1），然后依次是$D_1$至$D_6$，接着是偶校验位（本例中为0），最后是高电平的终止位，其波形如图3.13所示。

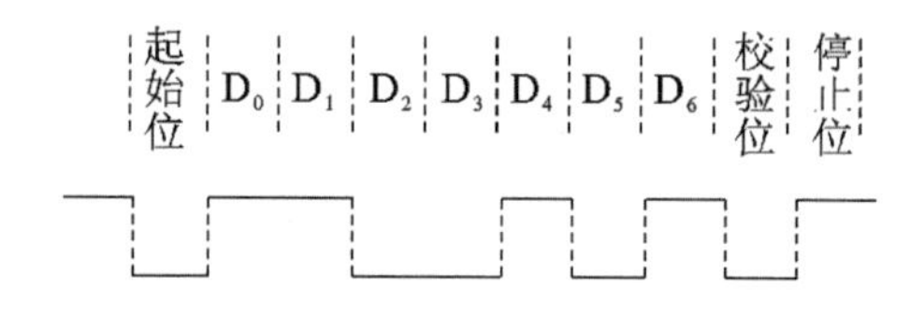


**图3.13 数据53H的传送波形**

由于异步串行通信每个字符都需发送若干位的附加位，势必影响单位时间内有效信息的发送，为了提高传输效率，减少额外附加位的位数，可采用多个字符共用若干个字符（一个或两个字符）作为附加位的办法，这种方式就是同步传输方式。

用同步串行方式通信时，发方首先要发送同步字符，然后才能发送一个数据块（若干个字符），不发送有效字符时，传输线上传输的是同步字符。比如，要传送100个字符，每个字符为8位二进制，用同步方式传送时，先发送一个同步字符，接着就可以把100个字符全部发送完毕，发送这800位（100个字符）有效信息，只发送了8位（1个同步字符）的附加位；如果用异步方式传送，每个字符都必须至少包含3位附加位（有奇偶校验位），则发送这100个字符，至少需发送300位的附加位。显然同步串行传输速率要高于异步串行的传输速度，可高达64 K波特，而异步的最高为19.2 K波特。

**3. 半同步通信**

半同步通信既保留了同步通信的基本特点，如所有的地址、命令、数据信号的发出时间，都严格参照系统时钟的某个前沿开始，而接收方都采用系统时钟后沿时刻来进行识别判断；同时又像异步通信那样，允许不同速度的模块和谐地工作。为此增设了一条"等待"($\overline{WAIT}$)响应信号线，采用插入时钟(等待)周期的措施来协调通信双方的配合问题。

仍以输入为例，在同步通信中，主模块在 $T_1$ 发出地址，在 $T_2$ 发出命令，在 $T_3$ 传输数据，在 $T_4$ 结束传输。倘若从模块工作速度较慢，无法在 $T_3$ 时刻提供数据，则必须在 $T_3$ 到来之前通知主模块，给出$\overline{WAIT}$(低电平)信号。若主模块在 $T_3$ 到来时刻测得$\overline{WAIT}$为低电平，就插入一个等待周期 $T_W$(其宽度和时钟周期一致)，不立即从数据线上取数。若主模块在下一个时钟周期到来时刻又测得$\overline{WAIT}$为低，就再插入一个 $T_W$ 等待，这样一个时钟周期、一个时钟周期地等待，直到主模块测得$\overline{WAIT}$为高电平时，主模块即把此刻的下一个时钟周期 $T_3$ 当做正常周期，即时获得数据，$T_4$ 结束传输。

插入等待周期的半同步通信数据输入过程如图 3.14 所示。

由图 3.14 可见，半同步通信时序可为以下形式。

$T_1$　主模块发出地址信息。

$T_2$　主模块发出命令。

$T_W$　当$\overline{WAIT}$为低电平时，进入等待。

⋮

$T_3$　从模块提供数据。

$T_4$　主模块撤销读命令，从模块撤销数据。

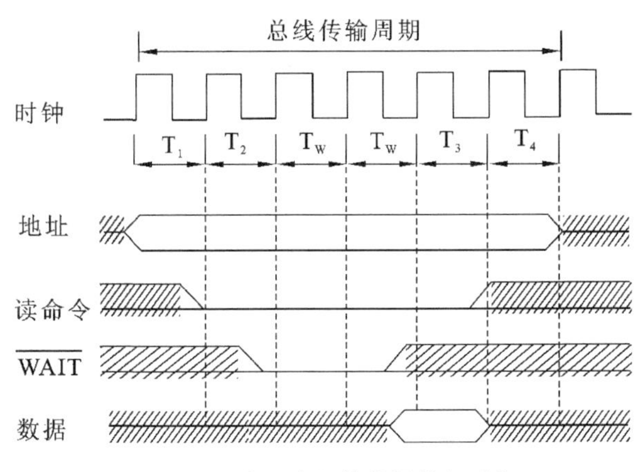


**图 3.14　半同步通信数据输入过程**

半同步通信适用于系统工作速度不快但又包含了许多工作速度差异较大的各类设备组成的简单系统。半同步通信控制方式比异步通信简单，在全系统内各模块又在统一的系统时钟控制下同步工作，可靠性较高，同步结构较方便。其缺点是，对系统时钟频率不能要求太高，故从整体上来看，系统的工作速度还不是很快。

**4. 分离式通信**

以上三种方式都是从主模块发出地址和读命令开始，直到数据传输结束为止。在整个传输周期中，系统总线的使用权完全由占用使用权的主模块和由它选中的从模块占据。进一步分析读命令传输周期，发现除了申请总线这一阶段外，其余时间主要花费在如下三个方面：①主模块通过传输总线向从模块发送地址和命令；②从模块按照命令进行读数据的必要准备；③从模块经数据总线向主模块提供数据。

由②可见，对系统总线而言，从模块内部读数据过程并无实质性的信息传输，总线纯属空闲等待。尤其在大型计算机系统中，总线的负载已处于饱和状态，为了克服这种消极等待，充分挖掘出系统总线每瞬间的潜力，对提高系统性能将起到极大作用。为此，人们又提出了分离式的通信方式，其基本思想是将一个传输周期（或总线周期）分解为两个子周期。在第一个子周期中，主模块A在获得总线使用权后将命令、地址以及其他有关信息，包括该主模块编号（当有多个主模块时，此编号尤为重要）发到系统总线上，经总线传输后，由有关的从模块B接收下来，主模块A向系统总线发布这些信息只占用总线很短的时间，一旦发送完，立即放弃总线使用权，以便其他模块使用。在第二个子周期中，当B模块收到A模块发来的有关命令信息后，经选择、译码、读取等一系列内部操作，将A模块所需的数据准备好，便由B模块申请总线使用权，一旦获准，B模块便将A模块的编号，B模块的地址、A模块所需的数据等一系列信息送到总线上，供A模块接收。很明显，上述两个传输子周期都只有单方向的信息流，每个模块都变成了主模块。

这种通信方式的特点如下。

(1) 各模块欲占用总线使用权都必须提出申请。

(2) 在得到总线使用权后，主模块在限定的时间内向对方传送信息，采用同步方式传送，不再等待对方的回答信号。

(3) 各模块在准备数据的过程中都不占用总线，使总线可接受其他模块的请求。

(4) 总线被占用时都在做有效工作，或者通过它发送命令，或者通过它传送数据，不存在空闲等待时间，充分利用了总线的有效占用，从而实现了总线在多个主、从模块间进行信息交叉重叠并行式传送，这对大型计算机系统是极为重要的。

当然，这种方式控制比较复杂，一般在普通的微型计算机系统中很少采用。

### 3.4.2 总线的数据传送模式

当代的总线标准大都能支持以下四种模式的数据传送：读/写操作，块传送操作，写后读/读后写操作，广播/广集操作。

**1. 读/写操作**

读操作是由从模块到主模块的数据传送，写操作是由主模块到从模块的数据传送。一般主模块先以一个总线周期发出命令和从模块地址，经过一定的延时再开始数据传送总线周期。为了提高总线利用率，减少延时损失，主模块完成寻址操作后可让出总线控制权，以便其他主模块完成更紧迫的操作。然后再重新竞争总线，完成数据传送总线周期。

**2. 块传送操作**

块传送操作只需给出块的起始地址，然后对固定块长度的数据一个接一个地读出或写入。对于CPU（主模块）和存储器（从模块）而言的块传送，常称为猝发式传送，其块长一般固定为数据线宽度（存储器字长）的4倍。

**3. 写后读/读后写操作**

这是两种操作的组合操作。只给出地址一次（表示同一地址），或进行先写后读操作，或进行先读后写操作。前者用于校验目的，后者用于多道程序系统中对共享存储资源的保护。这两种操作和猝发式操作一样，主模块掌控总线直至整个操作完成。

**4. 广播/广集操作**

一般而言，数据传送只在一个主模块和一个从模块之间进行。但有的总线允许一个主模块对多个从模块进行写操作，这种操作称为广播。与广播相反的操作称为广集。

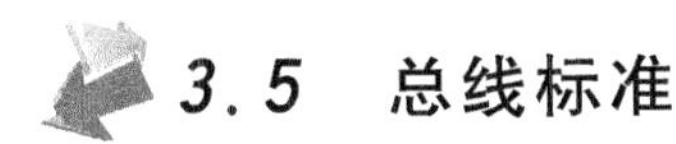

## 3.5 总线标准

总线是在计算机系统模块化的发展过程中产生的，随着计算机应用领域的不断扩大，计算机系统中各类模块（特别是I/O设备所带的各类接口模块）品种极其复杂，往往一种模块要配一种总线，很难在总线上更换、组合各类模块或设备。20世纪70年代末，为了使系统设计简化，模块生产批量化，确保其性能稳定，质量可靠，实现可移化，便于维护等，人们开始研究如何使总线建立标准，在总线的统一标准下，完成系统设计、模块制作。这样，系统、模块、设备与总线之间不适应、不通用及不匹配的问题就迎刃而解了。

所谓总线标准，可视为系统与各模块、模块与模块之间的一个互连的标准界面。这个界面对它两端的模块都是透明的，即界面的任一方只需根据总线标准的要求完成自身一方接口的功能要求，而无须了解对方接口与总线的连接要求。因此，按总线标准设计的接口可视为通用接口。采用总线标准可以为计算机接口的软硬件设计提供方便。对硬件设计而言，各个模块的接口芯片设计相对独立；对软件设计而言，更有利于接口软件的模块化设计。

### 3.5.1 PC机的局部总线

**1. 局部总线 ISA**

ISA总线是在早期IBM PC/XT总线基础上发展起来的，IBM PC/XT总线具有62条引线，分为A、B两面，其中包括20位地址总线、8位数据总线、四个DMA通道的联络信号线和六个中断请求输入端，还有存储器读/写信号线、I/O读/写信号线、时钟信号线、地址锁存信号线、电源线和地线等众多信号线。

ISA总线也称为AT总线，产生于20世纪80年代初，最初是为16位的AT系统设计的。当前，微机系统中已经不再采用单一的ISA总线，但是，为了和大量的ISA适配卡兼容，当代的微机系统是通过“桥”电路来扩展出ISA总线的。

ISA由主槽和附加槽两部分组成，每个槽都有正反两面插脚。主槽有$A_1$至$A_{31}$、$B_1$至$B_{31}$共62脚，这就是IBM PC/XT系统的62芯总线槽；附加槽有$C_1$至$C_{18}$、$D_1$至$D_{18}$共36脚。两个槽一共98脚。A面和C面主要连接数据线和地址线，B面和D面则主要连接包括+12V、+5V电源、地、中断输入线和DMA信号线等。这种设计使数据线和地址线尽量和其他线分开，以减少干扰。

ISA总线在62芯主槽基础上增加了36芯附加槽，使得数据宽度扩展为16位，地址线扩展为24位，寻址能力达16MB，工作频率为8.33MHz，数据传输速率高达16MB/s，而且具有11个外部中断输入端和7个DMA通道。62芯的主槽仍然能够独立使用，但只能限于8位数据宽度和20位地址。

**2. 局部总线 EISA**

EISA总线是在ISA基础上于1989年由Compaq等9家计算机著名公司推出的，对ISA改进的同时，保持了和ISA完全兼容，从而得到迅速推广，即使在目前的最高档微机中，为了容纳ISA和EISA标准的各种适配卡，仍保持了多个EISA总线槽。

EISA 是基于 ISA 的扩展，主要是从提高寻址能力、增加总线宽度和增加控制信号三方面扩展。EISA 的数据宽度为 32 位，能够根据需要自动进行 8 位、16 位、32 位数据转换，这种机制使主机能够访问不同总线宽度的存储器和外围设备。时钟频率为 8.3 MHz，所以，传输速率为 8.3 MHz×32 b/8 b=33. 2 Mb/s。地址线为 32 条，直接寻址范围可达 4 GB。

为了和 ISA 总线兼容，EISA 总线在物理结构上进行了很精巧的设计。它将信号引脚分为上下两层，上面一层即 $A_1$ 至 $A_{31}$、$B_1$ 至 $B_{31}$、$C_1$ 至 $C_{18}$、$D_1$ 至 $D_{18}$，这些引脚和 ISA 总线的信号名称、排列次序和距离完全对应，下面一层即 $E_1$ 至 $E_{31}$、$F_1$ 至 $F_{31}$、$G_1$ 至 $G_{19}$、$H_1$ 至 $H_{19}$，这些引脚就是在 ISA 基础上扩展的 EISA 信号引脚，两层信号互相错开。此外，在扩展槽下层的位置上加了几个卡键，这样，ISA 适配器往下插入时，会被卡键卡住，不会与下面的 EISA 引线相连。而 EISA 适配卡上有凹槽和扩展槽中的卡键相对应，可以一直插到下层，从而可同时和上下两层信号线相连。这样，使得 ISA 板只能和 ISA 的 98 条信号线相连接，而 EISA 板则和所有 198 条信号线相连接。

**3. 局部总线** VESA

80486 和 Pentium 的推出使 CPU 的性能有很大加强，尤其是这两个 CPU 芯片内部集成了高速缓存和浮点运算处理器 FPU，使得微处理器的速度大大增快；另一方面，多媒体技术的迅速发展对大信息量高速传输提出越来越高的要求，这样，对于总线的传输速率自然又提出新的期望。为此，一些厂商设法在保留 EISA 总线基础上增添了一种特殊的高速插槽，通过这种插槽，高速外围设备的适配器，如图像卡、网卡等可直接和 CPU 总线相连，使其与高速 CPU 总线匹配，从而支持高速外围设备的运行。这种局部总线一方面保持 ISA 和 EISA 总线标准，另一方面又支持一些外围设备的高速性能，1992 年视频电子标准协会 VESA(video electronics standard association)推出的 VESA 总线正是适应了这种需求。

VESA 总线也称为 VL 总线。其主要特点如下。

(1) 数据宽度为 32 位，但也支持 16 位传输，并可扩展为 64 位，频率为 33 MHz，传输速率可达 132 MB/s。

(2) 允许外围设备适配器直接连到 CPU 总线上，以 CPU 的速度运行，这是其最大的特点。

(3) 支持回写式 Cache，由此，可在 VL 总线上连接外部二级 Cache。

VESA 总线也有不足之处，最重要是它没有设置缓冲器，一旦 CPU 速度高于 33 MHz，就会导致延迟。此外，它只能连接三个扩展卡。

随着图形用户接口和多媒体技术在 PC 系统中的广泛应用，对总线提出了更高的要求，于是出现了功能更强、传输速度更快的 PCI 总线。



**4. 局部总线** PCI

PCI(peripheral component interconnect)总线是 Intel 公司 1991 年提出并联合 IBM、Compaq、HP 等 100 多家公司成立 PCI 集团以后确立的总线，这是当前高档微机系统中广泛采用的局部总线。PCI 总线的特点如下。

1) 高传输速率

PCI 用 32 位数据传输，也可扩展为 64 位。用 32 位数据宽度时，以 33 MHz 的频率运行，传输速率达 132 MB/s；用 64 位数据宽度时，以 66 MHz 的频率运行，传输速率达 528 MB/s。PCI 的高传输速率为多媒体传输和高速网络传输提供了良好支持。

2）高效率

PCI 总线控制器中集成了高速缓冲器，当 CPU 要访问 PCI 总线上的设备时，可把一批数据快速写入 PCI 缓冲器，此后，PCI 缓冲器中的数据写入外围设备时，CPU 可执行其他操作，从而使外围设备和 CPU 并发运行，所以效率得到很大提高。此外，PCI 总线控制器支持突发数据传输模式，用这种模式，可以实现从一个地址开始，通过地址加 1 连续快速传输大量数据，减少了地址译码环节，从而有效利用总线的传输速率，这个功能特别有利于高分辨率彩色图像的快速显示以及多媒体传输。

3）即插即用功能

即插即用功能是由系统和适配器两方面配合实现的。

在适配器角度，为了实现即插即用功能，制造商都要在适配器中增加一个小型存储器存放按照 PCI 规范建立的配置信息。配置信息中包括制造商标识码、设备标识码以及适配器的分类码等，还含有向 PCI 总线控制器申请建立配置表所需要的各种参数，比如，存储空间的大小、I/O 地址、中断源等。

在系统角度，PCI 总线控制器能够自动测试和调用配置信息中的各种参数，并为每个 PCI 设备配置 256B 的空间来存放配置信息，支持其即插即用功能。当系统加电时，PCI 总线控制器通过读取适配器中的配置信息，为每个卡建立配置表，并对系统中的多个适配器进行资源分配和调度，实现即插即用功能。当添加新的扩展卡时，PCI 控制器能够通过配置软件自动选用空闲的中断号，确保 PCI 总线上的各扩展卡不会冲突，从而为新的扩展卡提供即插即用环境。

4）独立于 CPU

PCI 控制器用独特的与 CPU 结构无关的中间连接件机制设计，这一方面使 CPU 不再需要对外围设备直接控制，另一方面由于 PCI 总线机制完全独立于 CPU，从而支持当前的和未来的各种 CPU，使其能够在未来有长久的生命期。

5）负载能力强、易于扩展

PCI 的负载能力比较强，而且 PCI 总线上还可以连接 PCI 控制器，从而形成多级 PCI 总线，每级 PCI 总线可以连接多个设备。

6）兼容各类总线

PCI 总线设计中考虑了和其他总线的配合使用，能够通过各种“桥”兼容，连接以往的多种总线。所以，在 PCI 总线系统中，往往还有其他总线共存。

### 3.5.2 外部总线

外部总线用于计算机之间、计算机和一部分外围设备之间的通信，也称为通信总线。

常用的通信方式有两种，即并行方式和串行方式。对应这两种通信方式，通信总线也有两类，即并行通信总线和串行通信总线。它们不仅用于微机系统中，还广泛用于计算机网络、远程检测系统、远程控制系统及各种电子设备。在微机系统中，外部总线主要用于主机和打印机、硬盘、光驱以及扫描仪等外围设备的连接。

对于微机系统来说，外部总线中除了最简单的 RS-232-C 和打印机专用的 Centronics 总线外，最常用的外部总线是 IDE（EIDE）总线、SCSI 总线、IEEE 1394 总线和 USB 总线。

IDE（EIDE）和 SCSI 都是并行外部总线，IDE（EIDE）总线价格价廉，但速度较慢，SCSI 速度快，但价格高。二者均用于主机和硬盘子系统的连接，前者普遍用于微机系统中，后者主要用于小型机、服务器和工作站中。IEEE 1394 总线和 USB 总线是当前通用的串行总线，广泛用于微机系统中。

**1. 外部总线** IDE **和** EIDE

IDE 总线是 Compaq 公司联合 Western Digital 公司专门为主机和硬盘子系统连接而设计的外部总线，也适用于和软盘、光驱的连接，IDE 也称为 ATA(AT Attachable)接口。当前，在微机系统中，主机和硬盘子系统之间都采用 IDE 或 EIDE 总线连接。

在早期的微机系统中，硬盘子系统中的控制器是以插在总线扩展槽上的适配卡形式提供的，适配卡再通过扁平电缆连接硬盘驱动器。采用 IDE 接口以后，硬盘控制器和驱动器组合在一起，主机和硬盘子系统之间用扁平电缆连接。这样，不但省下了一个插槽，而且使驱动器和控制器之间传输距离大大缩短，从而提高了可靠性，并有利于速度的提高。

IDE 通过 40 芯扁平电缆将主机和磁盘子系统或光盘子系统相连，采用 16 位并行传输方式，其中，除了数据线外，还有一组 DMA 请求和应答信号、一个中断请求信号、I/O 读信号、I/O 写信号，以及复位信号和地信号等。同时，IDE 另用一个 4 芯电缆将主机的电源送往外围设备子系统。

在通常情况下，IDE 的传输速率为 8.33 MB/s，每个硬盘的最高容量为 528 MB。

一个 IDE 接口可以连接两个硬盘，这样，一个硬盘在这种连接方式中有三种模式。当只接一个硬盘时为 Spare，即单盘模式，当接两个硬盘时，其中一个为 Master，即主盘模式，另一个为 Slave，即从盘模式。硬盘出厂时已设置为默认方式 Spare 或 Master 模式。具体使用时，模式可以随需要而改变，这只要按盘面上的指示图改变跨接线就可实现。主机和硬盘之间的数据传输可用 PIO(Programming Input and Output)方式，也可用 DMA 方式。

由于一个 IDE 接口最多连接两台设备(硬盘、光驱或软驱)，为此，当前大多数微机系统中设置了两个 IDE 接口，可连接四台设备。

多媒体技术的发展使 IDE 不能适应信息量大、传输速率快的要求，于是，出现了 EIDE (Enhanced IDE)，EIDE 在 IDE 的基础上通过多方面的技术改进，尤其是双沿触发 DT (double transition)技术的采用，使性能得到很大提高。DT 技术的思路和要点是在时钟信号的上升沿和下降沿都触发数据传输，从而获得 DDR(double data rate)效率。EIDE 各方面性能均比 IDE 有了加强。EIDE 的传输速率达 18MB/s，传输带宽为 16 位，并可扩展到 32 位，支持最大盘容量为 8.4GB。

EIDE 后来称为 ATA-2，此后又在此基础上改进为 ATA-3，采用 SMART (self monitoring analysis and reporting technology)技术，能够对硬盘可能发生的故障向用户预先发警告。

在 ATA-3 的基础上，不久又推出了传输速率更高的 ATA 33 和 ATA 66。前者传输速率为 33 MB/s；后者传输速率为 66 MB/s，而且硬盘容量允许达到 40 GB 甚至 70 GB。



**2. 外部总线** SCSI

1) SCSI 的概况

IDE 即 ATA 硬盘接口随着 EIDE(即 ATA-2/ATA-3/ATA 33/ATA 66)的推出不断改进性能，但是，在服务器和高性能并行计算机系统中，由于数据传输量增加，速度要求提高，ATA 的最新版本仍然不能满足要求，而 SCSI(small computer system interface)由于其高速度和可连接众多外围设备而高出一筹。

SCSI 是一种并行通信总线，也是当今最流行的用于小型机、工作站和服务器中的外部设备接口，在微机系统中应用也越来越多。它不仅用来连接硬盘，还用来连接其他设备，

SCSI 需要软件支持，所以，必须安装专用驱动程序。其特点是传输速度快，可靠性好，并且可以连接众多外围设备。这些设备可以是硬盘阵列、光盘、激光打印机、扫描仪等。

SCSI 已有 SCSI-1、SCSI-2、Ultra3 SCSI 等多个版本，当主机和外围设备之间通信时，可用 8 位或 16 位传输。SCSI-1 采用 8 位传输，用 50 芯电缆和设备连接，可连接 7 台外围设备。从 SCSI-2 开始采用 16 位传输，除了 50 芯电缆外，还有一个 68 芯的附加电缆。信号线中，除了数据线以外，其余为奇偶校验信号线、总线联络应答信号线、设备选择信号线、复位信号线、电源线和地线。

进行数据传输时，SCSI 可采用单极和双极两种连接方式。单极方式就是普通的信号传输方式，最大传输距离可达 6 m。双极方式则通过两条信号线传送一个差分信号，有较高的抗干扰能力，最大传输距离可达 25 m，适用于较远距离的传输，比如，用于远距离终端和工业控制。

SCSI 在信号组织机制上，既可用异步方式，也可用同步方式。异步方式下，传输 8 位数据时，传输速率为 3 MB/s；同步方式下，传输 8 位数据时，传输速率为 5 MB/s。后来推出的 SCSI-2 采用 16 位数据传输，传输速率达 20 MB/s，而 Ultra3 SCSI 也用 16 位传输，并采用光纤连接，最高传输速率可达 40 MB/s，并使所连外围设备达 15 台之多。

SCSI 总线上的双方采用高层公共命令通信，最基本的命令有 18 条，共同构成 SCSI 规范。一小部分程序员编写设备驱动程序时，只要查阅 ECMA（European Computer Manufacturers Association）公布的 SCSI 标准手册，即可方便地调用这些命令。

所有命令都不涉及设备的物理参数，这使 SCSI 成为一种连接方便并且有一定智能特性的总线，在数据传输过程中，只需 CPU 作很少的参与。

2）SCSI 中的创新技术

SCSI 中采用了多种创新技术，这些技术对提高其性能起了很重要的作用。其中最重要的有如下几种。

首先，通过双沿触发 DT 技术使数据传输速率提高 1 倍。以前由于各种相关部件的工作频率都较低，所以，为提高传输速率，用较大的数据宽度进行并行传输成为首选方式。在工作频率有限的情况下，传输速率确实和数据宽度成正比。SCSI 将数据从 8 位扩展为 16 位时，的确使传输速率提高了 1 倍。但是，数据宽度的提高是通过增加信号线和连接器的插脚数量来实现的，这必然导致复杂度和成本的增加。实际上，随着工作频率的提高，并行传输的弊端在两方面显得很突出，一是同步控制和时序控制的难度越来越大；二是各传输线之间的相互干扰越来越严重。所以，靠增加数据宽度来提高传输速率受到限制。实际上，当前，外部总线靠提高并行度和数据宽度来提高传输速率的空间已经很小了。DT 技术最初是 EIDE，即 ATA-2 采用的，后来，SCSI 总线也采用了此技术，使得 SCSI 获得 40 MB/s 的实际传输速率，而在理论上，其传输速率可达到 160 MB/s。SCSI 在提高传输速率的同时，为了保证数据高速传输的可靠性，还增加了冗余校验（cyclic redundancy check，CRC）技术。

SCSI 采用的另一个重要技术是自适应机制。SCSI 通道中，往往有多台速度不同的设备并存，所以，加电之后，SCSI 适配器首先查询 SCSI 总线所连设备的最高传输速率，但这样获得的其实是理想环境下的值，没有考虑在高速传输过程中信号会受到电缆长度等外部干扰的影响。为此，SCSI 适配器会先按所获得的最高传输速率发送数据，再在数据写入设备的内部缓存器后读出，如二者不符，则将传输速率降低一档，再重复此过程，直到确定一个符合实际的可用的最高传输速率为止。这种自适应机制使 SCSI 的传输能力得到充分利用。

SCSI 还采用了一个重要技术即总线快速仲裁机制。由于 SCSI 一般连接多台设备，所以，会出现多台设备竞争总线的情况，传统的机制会根据优先级来分配总线控制权，实现总线的仲裁。在仲裁过程中，总线上不能传输数据，所以，仲裁本身也是一种开销，会降低总线利用率。总线快速仲裁机制采用减少仲裁次数来改善性能。具体来说，就是在大多数情况下，当前一个占用总线的设备释放总线以后，让任意一台等待总线的设备立即获得总线控制权，而不是重新进行一次彻底的裁决。如果将这种方式比喻为“小鸟抢食”，那确实比“论资排辈分食”会更快地实现控制权交接，并可避免低优先级设备在仲裁中总是得不到控制权的情况。快速仲裁机制在一定次数的“无序”仲裁后，仍会进行一次按优先级的仲裁。

此外，SCSI 还采用了封包传输技术。传统的 SCSI 是把数据、命令和状态分别发送的，数据用最高的同步方式传输，传输速率为 40 MB/s，命令和状态信息按异步方式传输，传输速率只有 5 MB/s。随着同步传输速率的提高，命令和状态信息的传输开销所占比例越来越大，从而使总体效率降低，封包传输方式将命令、状态信息和数据一起封包，组成信息块，再统一采用同步方式传输，从而大幅度降低了命令和状态信息传输的时间开销。

3）SCSI 和 ATA 的比较

SCSI 和 ATA 都是用于主机和硬盘子系统相接的总线技术，在发展过程中，二者一直并存互补。前者以高性能为主要目标，后者则以降低成本为主要目标。

SCSI 完全采用总线规范来设计，需要驱动程序支持。例如 Ultra3 SCSI 总线宽度为 16 位，可连接 15 台设备。而 ATA 严格说来只是一种通道，不太像总线，其使用简单，不用软件支持。ATA 的数据宽度也是 16 位，但是，一个 ATA 通道只能连接两台设备，一台为主设备，一台为从设备，即常说的主盘和从盘。

SCSI 的适配器有相当强的总线控制能力，所以，对 CPU 的占用率很小，但是 ATA 的每一个 I/O 操作几乎都是在 CPU 控制下进行的，所以对 CPU 的占用率非常高，当硬盘读/写数据时，整个系统几乎停止对其他操作的响应。当前的 ATA 技术多采用 DMA 方式传输数据，从而大幅度降低了对 CPU 的占用率。

ATA 最重要的一点是在 ATA-2 中率先采用了在时钟信号上升沿和下降沿都触发数据传输的双沿触发技术 DT，从而在频率不变的情况下使传输速率提高 1 倍。但是 1 年以后，SCSI 也采用了双沿触发技术。

ATA 对通道采用了独占使用方式，连接在通道上的主设备具有优先使用权，而且不管哪台设备占用通道，在它完成操作并释放通道控制权之前，另一台设备都不能使用，即使是通道上的主设备也不具备随时使用通道的特权。当然，如果通道上只连接一台设备，那是例外。

在多操作情况下，可以很明显地看到 SCSI 的优点。比如，SCSI 总线和 ATA 通道均连接两个硬盘，现在从 A 盘读大量数据写入 B 盘。这个过程执行时，就是数据从 A 盘的盘片读到 A 盘的缓存，然后，通过 SCSI 总线或 ATA 通道传输到主机内存，再通过总线或通道传输到 B 盘缓存，并写入 B 盘盘片。实际运行时，盘片到盘片缓存的速度明显低于盘片缓存通过总线到主机内存的速度，所以，不管是 SCSI 系统还是 ATA 系统，在总线上都不会形成持续的数据流。



对 SCSI 总线来说，A 盘缓存中的数据通过总线一次性传输到主机内存以后，总线就被释放。当 A 盘继续将数据从盘片传输到缓存时，已被读入主机内存的数据便可以通过总线进入 B 盘缓存，而 B 盘将数据从缓存写入盘片时，总线又被释放，从而此时 A 盘又可以使用总线。这种调度功能基本上避免了总线空闲又不能被其他设备使用的情况，所以效率相当高。

对 ATA 通道来说，A 盘一接到传输一批数据的指令，就会完全占用通道，直到这批数据全部传输到主机内存为止，所以，当盘片往硬盘缓存传输数据时，通道是空闲的，但也不会释放出来供B盘使用，而当主机内存经过通道往B盘写入数据时，通道也被独占，这样，一方面延长了传输时间，另一方面，由于操作系统与硬盘有非常密切的关联性，所以，会使整个主机系统的运行显得迟缓。

ATA和SCSI都凭借DT技术得以在时钟频率不变的情况下将传输速率提高一倍，但是，如果想再提高传输率，那就只有提高时钟频率了，而这样必然出现高频干扰问题。于是，ATA又采用了在40芯扁平电缆基础上增加了40根地线将信号线一一隔开的措施。

2000年2月，Intel公布了串行ATA(Serial ATA，SATA)开发计划，其众多特性中，最重要的是架构上的革新，SATA只用两对数据线进行串行通信，一对用于发送，一对用于接收，再加上3根地线，所以总共只有7根连线，大大节省了开销。

2001年11月，Compaq、IBM等公司成立Serial Attached SCSI工作组即SAS，目标是将并行SCSI和串行SATA的优点相结合，建立串行的SCSI接口。

SAS在设备的端口、命令集上兼备SCSI和ATA的相应概念，其电器规格则取自SATA，但点对点的连接的距离延长到10 m。在工作机制上，它定义了三个协议，即串行SCSI协议(Serial SCSI Protocol，SSP)、串行管道协议(Serial Tunneled Protocol，STP)和串行管理协议(Serial Management Protocol，SMP)。其中SSP是一个全双工协议，它用两对数据线同时发送和接收数据，同时从协议角度允许两台设备之间建立多条链路，从而实现全双工传输。而SATA由于没有协议支持故只能半双工传输。

**3. 外部总线** RS-232-C

RS-232-C是一种使用已久，但一直保持生命力的串行总线标准。早在1969年，美国工业电子学会EIA(Electronic Industries Association)和国际电报电话咨询委员会CCITT(Consultative Committee on International Telegraph and Telephone)共同制定了RS-232-C标准，其传输距离可达15 m。

当前微机系统中，RS-232-C接口用来连接调制解调器、串行打印机等设备。

RS-232-C标准对下述两方面作了规定：

(1) 信号电平标准；

(2) 控制信号的定义。

RS-232-C采用负逻辑规定逻辑电平，信号电平与通常的TTL电平也不兼容，RS-232-C将电平范围－15～－5 V规定为逻辑“1”，将＋5～＋15 V规定为逻辑“0”。

图3.15所示是TTL标准和RS-232-C标准之间的电平转换电路。从图3.15中可以看到，要从TTL电平转换成RS-232-C电平时，中间要用到MC1488器件，反过来，用MC1489器件，则将RS-232-C电平转换成TTL电平。

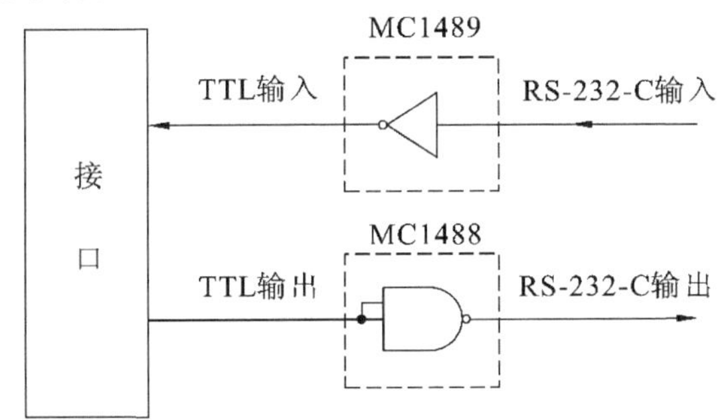


**图3.15** TTL和RS-232-C之间的电平转换

**4. 串行总线 IEEE 1394**

IEEE 1394 总线最初是由美国的苹果(Apple)公司在 20 世纪的 80 年代中期开始研发，当初苹果公司称它为火线(Firewire)。1994 年 9 月由 IEEE 成立了 IEEE 1394 行业协会，由 AMD、Apple、IBM、Microsoft、Philips、Sony 等公司组成执法委员会，制订了总线接口标准，即 IEEE 1394—1995 技术规范。

IEEE 1394 是一个高速串行的总线接口标准，既可作为总线标准应用于主板，也可作为外部接口标准应用于计算机和各种外设的连接，尤其是与现代一些数码产品的连接，实现与数码相机、数码摄像机以及各种数字音频/视频设备之间的高速数据传输等。它的主要特点如下。

(1) 速度快。

IEEE 1394—1995 规定标准的数据传输速率为 100～400 Mb/s，新的 IEEE 1394b 中具有更快的传输速率 800 Mb/s～3.2 Gb/s。

(2) 传输距离长。

虽然 IEEE 1394—1995 标准允许总线长度只有 4.5 m，但新的 IEEE 1394b 标准可以实现 100 m 范围内的设备互连。

(3) 支持热插拔和即插即用。

(4) 接口简单。

IEEE 1394—1995 标准规定包含 4 根信号线和 2 根电源线，使用细线连接，这使得连接和安装都十分简单。

(5) 支持对等传输。

两台 IEEE 1394 设备无须通过计算机即可实现点到点的直接相连和数据传输。这意味着只要设备支持，我们就能方便地将如数码相机等与具有 IEEE 1394 接口的硬盘连接起来，并直接将数码相机中的数据存储到硬盘中。

(6) 灵活的传输模式。

IEEE 1394 的传输模式主要有 Backplane 和 Cable 两种。Backplane 模式是一种基于主板的总线模式，其所实现的数据传输速率分别为 12.5 Mb/s、25 Mb/s、50 Mb/s，可以应用于多数带宽要求不是很高的环境，如 Modem(包括 ADSL、Cable Modem)、打印机、扫描仪等。Cable 模式是一种快速的接口模式，其所能达到的数据传输速率分别为 100 Mb/s、200 Mb/s、400 Mb/s 几种，主要应用于一些数码设备的数据传输。

**5. 通用串行总线 USB**

USB(universal serial bus)通用串行总线是 Compaq、DEC、IBM、Intel、Microsoft、NEC(日本)和 Northern Telecom(加拿大)等七大公司于 1994 年 11 月联合开发的计算机串行接口总线标准，1996 年 1 月颁布了 USB 1.0 版本。它基于通用连接技术，实现外围设备的简单快速连接，达到方便用户、降低成本、扩展 PC 接连外围设备范围的目的。用户可以将几乎所有的外围设备，包括显示器、键盘、鼠标、打印机、扫描仪、数码相机、U 盘、调制解调器等直接插入 USB 插口。还可以将一些 USB 外围设备进行串接，使多个外围设备共用 PC 上的端口。它的主要特点如下。

(1) 具有真正的即插即用特征。

用户可以在不关机的情况下很方便地对外围设备进行安装和拆卸，主机可按外围设备的增删情况自动配置系统资源，外围设备装置驱动程序的安装、删除均自动实现。

(2) 具有很强的连接能力。

使用USB HUB(USB集线器)实现系统扩展，最多可链接127个外围设备到同一系统。标准USB电缆长度为3 m，低速传输方式时可为5 m，通过HUB或中继器可使传输距离达30 m。

(3) 数据传输速率(USB 1.0版)有两种，即采用普通无屏蔽双绞线，传输速率可达1.5 Mb/s，若用带屏蔽的双绞线，传输速率可达12 Mb/s。USB 2.0版的数据传输率最高可达480 Mb/s。

(4) 标准统一。

USB的引入减轻了对目前PC中所有标准接口的需求，如串口的鼠标、键盘，并口的打印机、扫描仪，IDE接口的硬盘，都可以改成以统一的USB标准接入系统，从而减少了对PC插槽的需求，节省空间。

(5) 连接电缆轻巧，电源体积缩小。

USB使用的4芯电缆，2条用于信号连接，2条用于电源/地，可为外围设备提供+5 V的直流电源，方便用户。

(6) 生命力强。

USB是一种开放性的不具有专利版权的工业标准，它是由一个标准化组织"USB实施者论坛"(该组织由150多家企业组成)制定出来的，因此不存在专利版权问题，USB规范具有强大的生命力。

## 思考题和习题

1. 选择题

(1) 同步通信之所以比异步通信具有较高的传输频率，是因为同步通信________。

A. 不需要应答信号　　B. 总线长度较短

C. 用一个公共时钟信号进行同步　　D. 各部件存取时间比较接近

(2) 在集中式总线仲裁中，________方式响应时间最短，________方式对________最敏感。

A. 菊花链方式　　B. 独立请求方式

C. 电路故障　　D. 计数器定时查询方式

(3) 采用串行接口进行7位ASCII码传送，带有1位奇校验位、1位起始位和1位停止位，当波特率为9600波特时，字符传输速率为________ Mb/s。

A. 960　　B. 873　　C. 1371　　D. 480

(4) 系统总线中地址线的功能是________。

A. 选择主存单元地址　　B. 选择进行信息传输的设备

C. 选择外存地址　　D. 指定主存和I/O设备接口电路的地址

(5) 系统总线中控制线的功能是________。

A. 提供主存、I/O接口设备的控制信号和响应信号

B. 提供数据信息

C. 提供时序信号

D. 提供主存、I/O接口设备的响应信号

(6) PCI是一个与处理器无关的________，它采用________时序协议和________式仲裁策略，并具有________能力。

A. 集中　　B. 自动配置　　C. 同步　　D. 高速外围总线

(7) PCI 总线的基本传输机制是猝发式传送。利用________可以实现总线间的________传送,使所有的存取都按 CPU 的需要出现在总线上。PCI 允许________总线________工作。

A. 桥　　B. 猝发式　　C. 并行　　D. 多条

2. 简答题

(1) 比较单总线、多总线机构的性能特点。

(2) 说明总线结构对计算机系统性能的影响。

(3) 用异步通信方式传送字符“A”和“8”,数据有 7 位,偶校验 1 位,起始位 1 位,停止位 1 位,请分别画出波形图。

(4) 总线上挂两台设备,每台设备能收能发,还能从电气上和总线断开,画出逻辑图,并作简要说明。

(5) 画出菊花链方式的优先级判决逻辑电路图。

(6) 画出独立请求方式的优先级判决逻辑电路图。

(7) 画出分布式仲裁器逻辑电路图。

(8) 说明存储器总线周期与 I/O 总线周期的异同点。

(9) PCI 总线中桥的名称是什么?它们的功能是什么?

(10) 何谓分布式仲裁?画出逻辑结构示意图进行说明。

(11) 总线的一次信息传送过程大致分哪几个阶段?若采用同步定时协议,请画出读数据的同步时序图。

(12) 某总线在一个总线周期中并行传送八个字节的信息,假设一个总线周期等于一个总线时钟周期,总线时钟频率为 70 MHz,总线带宽是多少?

# 第4章 中央处理器



中央处理器(CPU)是整个计算机的核心,它包括运算器和控制器。本章着重讨论CPU的功能和组成,控制器的工作原理和实现方法,微程序控制原理,基本控制单元的设计以及先进的CPU系统设计技术。

## 4.1 中央处理器的功能和组成

CPU对整个计算机系统的运行起着决定性的作用,这里将从CPU的功能、内部结构和主要技术参数入手,为后面详细讨论CPU和存储器及外围设备的连接及通信打下基础。

### 4.1.1 CPU的功能

若用计算机来解决某个问题,首先要为这个问题编制解题程序,而程序又是指令的有序集合。按"存储程序"的概念,只要把程序装入主存储器后,即可由计算机自动地完成取指令和执行指令的任务。在程序运行过程中,在计算机的各部件之间流动的指令和数据形成了指令流和数据流。

需要指出,这里的指令流和数据流都是程序运行的动态概念,它不同于程序中静态的指令序列,也不同于存储器中数据的静态分配序列。指令流指的是CPU执行的指令序列,数据流指的是根据指令操作要求依次存取数据的序列。从程序运行的角度来看,CPU的基本功能就是对指令流和数据流在时间与空间上实施正确的控制。

对于冯·诺依曼结构的计算机而言,数据流是根据指令流的操作而形成的,也就是说数据流是由指令流来驱动的。

### 4.1.2 CPU中的主要寄存器

CPU中的寄存器是用来暂时保存运算和控制过程中的中间结果、最终结果以及控制、状态信息的,它可分为通用寄存器和专用寄存器两大类。

**1. 通用寄存器**

通用寄存器可用来存放原始数据和运算结果,有的还可以作为变址寄存器、计数器、地址指针等。现代计算机中为了减少访问存储器的次数、提高运算速度,往往在CPU中设置大量的通用寄存器,少则几个,多则几十个,甚至上百个。通用寄存器可以由程序编址访问。

累加寄存器Acc也是一个通用寄存器,它用来暂时存放ALU运算的结果信息。例如,在执行一个加法运算前,先将一个操作数暂时存放在Acc中,再从主存中取出另一操作数,然后同Acc的内容相加,所得的结果送回Acc中。运算器中至少要有一个累加寄存器。

**2. 专用寄存器**

专用寄存器是专门用来完成某一种特殊功能的寄存器。CPU中至少要有五个专用的寄存器。它们是程序计数器(PC)、指令寄存器(IR)、存储器数据寄存器(MDR)、存储器地址寄存器(MAR)、状态标志寄存器(PSWR)。

1）程序计数器

程序计数器又称指令计数器，用来存放正在执行的指令地址或接着要执行的下条指令地址。

对于顺序执行的情况，程序计数器的内容应不断地增量（加“1”），以控制指令的顺序执行。这种加“1”的功能，有些机器是程序计数器本身具有的，也有些机器是借助运算器来实现的。

当遇到需要改变程序执行顺序的情况时，将转移的目标地址送往程序计数器，即可实现程序的转移。

2）指令寄存器

指令寄存器用来存放从存储器中取出的指令。当指令从主存取出存于指令寄存器之后，在执行指令的过程中，指令寄存器的内容不允许发生变化，以保证实现指令的全部功能。

3）存储器数据寄存器

存储器数据寄存器用来暂时存放由主存储器读出的一条指令或一个数据字；反之，当向主存写入一条指令或一个数据字时，也暂时将它们存放在存储器数据寄存器中。

4）存储器地址寄存器

存储器地址寄存器用来保存当前CPU所访问的主存单元的地址。由于主存和CPU之间存在着操作速度上的差别，所以必须使用地址寄存器来保持地址信息，直到主存的读/写操作完成为止。

CPU和主存进行信息交换，无论是CPU向主存写数据，还是CPU从主存中读出指令，都要使用存储器地址寄存器和数据寄存器。

5）状态标志寄存器

状态标志寄存器用来存放程序状态字（PSW）。程序状态字的各位表征程序和机器运行的状态，是参与控制程序执行的重要依据之一。它主要包括两部分内容：一是状态标志位，如进位标志位（CF）、结果为零标志位（ZF）等，大多数指令的执行将会影响到这些标志位；二是控制标志，如中断标志位、陷阱标志位等。状态标志寄存器的位数往往等于机器字长，各类机器的状态标志寄存器的位数和设置位置不尽相同。例如：8086微处理器的状态标志寄存器有16位，如图4.1所示，一共包括九个标志位，其中六个为状态标志位，三个为控制标志位。

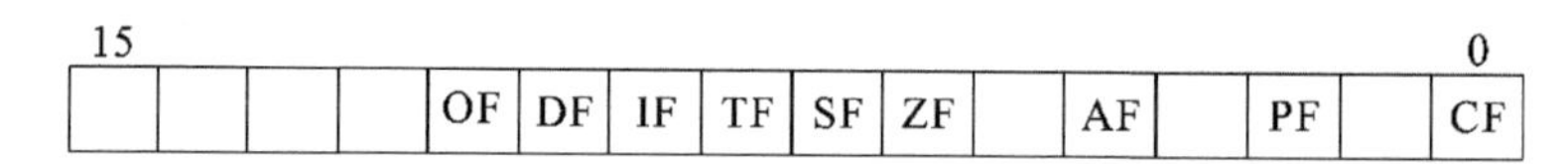


**图4.1　8086的状态标志寄存器**

六个状态标志位为：①进位标志位（CF）；②辅助进位标志位（AF）；③溢出标志位（OF）；④零标志位（ZF）；⑤符号标志位（SF）；⑥奇偶校验标志位（PF）。

三个控制标志位为：①方向标志（DF），表示串操作指令中字符串操作的方向；②中断允许标志位（IF），表示CPU是否能够响应外部的可屏蔽中断请求；③陷阱标志位（TF），为了方便程序的调试，使处理器的执行进入单步方式而设置的控制标志位。

### 4.1.3　CPU的组成

CPU由运算器和控制器两大部分组成，图4.2给出了CPU的模型。在图4.2中，ID表示指令译码器，CU表示控制单元，其作用将在稍后介绍。

控制器的主要功能有：①从主存中取出一条指令，并指出下一条指令在主存中的位置；

②对指令进行译码或测试，产生相应的操作控制信号，以便启动规定的动作；③指挥并控制CPU、主存和输入/输出设备之间的数据流动方向。

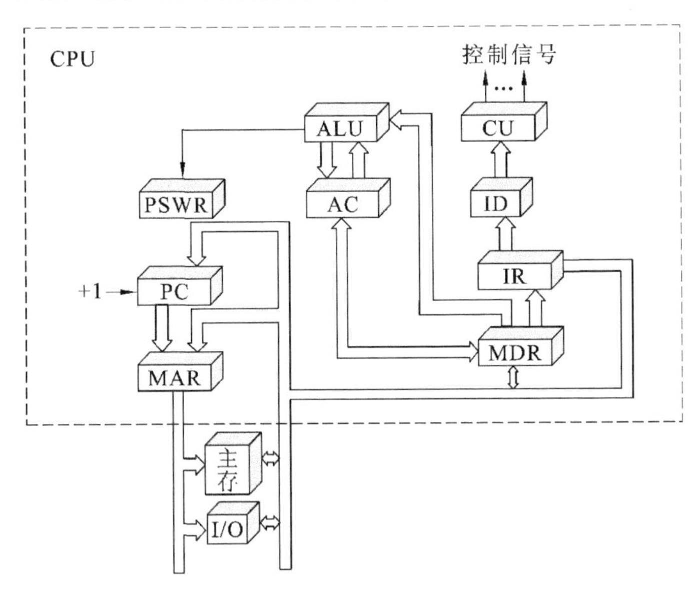


图 4.2 CPU 模型

运算器的主要功能有：①执行所有的算术运算；②执行所有的逻辑运算，并进行逻辑测试。

### 4.1.4 CPU 的主要技术参数

CPU 性能的高低直接决定了一个计算机系统的档次，而 CPU 的主要技术参数可以反映出 CPU 的大致性能。

**1. 字长**

CPU 的字长是指在单位时间内同时处理的二进制数据的位数。CPU 按照其处理信息的字长可以分为 8 位 CPU、16 位 CPU、32 位 CPU 以及 64 位 CPU 等类型。

**2. 内部工作频率**

内部工作频率又称为内频或主频，它是衡量 CPU 速度的重要参数。CPU 的主频表示在 CPU 内数字脉冲信号振荡的速度，主频仅是 CPU 性能表现的一个方面，不代表 CPU 整体性能的全部。

内部时钟频率的倒数是时钟周期，这是 CPU 中最小的时间元素。每个动作至少需要一个时钟周期。

以 PC 系列微处理器为例，最初的 8086 和 8088 执行一条指令平均需要 12 个时钟周期；80286 和 80386 的速度提高，执行一条指令大约要 4.5 个时钟周期；80486 的速度进一步提高，执行一条指令大约要 2 个时钟周期；Pentium 具有双指令流水线，使得每个时钟周期执行 1～2 条指令；而 Pentium pro、PentiumⅡ、Pentium Ⅲ每个时钟周期可以执行 3 条或更多的指令。

**3. 外部工作频率**

CPU 除了主频之外，还有另一种工作频率，称为外部工作频率，它是由主板为 CPU 提供的基准时钟频率。

在早期,CPU 的内频就等于外频。例如:80486DX-33 的内频是 33 MHz,它的外频也是 33 MHz。也就是说,80486DX-33 以 33 MHz 的速度在内部进行运算,也同样以 33 MHz 的速度与外界沟通。目前,CPU 的内频越来越高,相比之下其他设备的速度还很缓慢,所以现在外频跟内频不再只是一比一的同步关系,从而出现了所谓的内部倍频技术,导致了“倍频”的出现。内频、外频和倍频三者之间的关系是:内频=外频×倍频。

例如,80486DX2-66 的外频是 33 MHz,由于内部 2 倍频技术的关系,外频的值会自动乘上一个因数 2,而成为内频(66 MHz)。到了 Pentium 时代,由于 CPU 支持多种倍频,因此在设定 CPU 的频率时,不仅要设定外频,也要指定倍频。

目前 CPU 的内频已高达数吉赫兹,而外频才发展为 266 MHz、400 MHz 等,与 CPU 的差距很大,最高的倍频可达到 9 倍频甚至更高。理论上倍频是从 1.5 倍频一直到无限,以 0.5倍频为一个间隔单位。

#### 4. 前端总线频率

前端总线(front side bus),通常用 FSB 表示,它是 CPU 和外界交换数据的最主要通道,主要连接主存、显卡等数据吞吐率高的部件,因此前端总线的数据传输能力对计算机整体性能作用很大。

在 Pentium 4 出现之前,前端总线频率与外频是相同的,因此往往直接称前端总线频率为外频。随着计算机技术的发展,需要前端总线频率高于外频,因此采用了 QDR(quad date rate)技术或者其他类似的技术,使得前端总线频率成为外频的 2 倍、4 倍甚至更高。

#### 5. 片内 Cache 的容量

片内 Cache 又称 CPU Cache,它的容量和工作速率对提高计算机的速度起着关键的作用。CPU Cache 可以分为一级 Cache($L_1$Cache)、二级 Cache($L_2$Cache),部分高端 CPU 还具有三级 Cache($L_3$ Cache)。$L_1$Cache 的容量基本在 4~64 KB 之间,$L_2$ Cache 的容量则从 128 KB~2 MB 不等。$L_2$Cache 是影响 CPU 性能的关键因素之一,在 CPU 核心不变化的情况下,增加 $L_2$Cache 的容量能使性能大幅度提高,而同一核心 CPU 的高低端之分往往也是在 $L_2$ Cache 上有差异。

#### 6. 工作电压

工作电压指的是 CPU 正常工作所需的电压。早期 CPU 的工作电压一般为 5 V,以至于 CPU 的发热量太大,使得其寿命缩短。随着 CPU 的制造工艺与内频的提高,近年来各种 CPU 的工作电压有逐步下降的趋势,以解决发热的问题,目前一般台式机用 CPU 工作电压已低于 3 V,有的已低于 2 V;而笔记本专用 CPU 的工作电压就更低了,甚至达到 1.2 V。这使得其功耗大大减少,但生产成本却会相应提高。

#### 7. 地址总线宽度

地址总线宽度决定了 CPU 可以访问的最大的物理地址空间,简单地说,就是 CPU 到底能够使用多大容量的主存。例如,Pentium 有 32 位地址线,可寻址的最大容量为 $2^{32}$=4 096 MB(4GB),Itanium 有 44 位地址线,可寻址的最大容量为 $2^{44}$=16TB。

#### 8. 数据总线宽度

数据总线宽度则决定了 CPU 与外部 Cache、主存以及输入/输出设备之间进行一次数据传输的信息量。如果数据总线为 32 位,每次最多可以读/写主存中的 32 位;如果数据总线为 64 位,每次最多可以读/写主存中的 64 位。

数据总线宽度指明了芯片间的信息传递能力,而地址总线宽度表明了 CPU 可以访问多少个主存单元。

**9. 制造工艺**

线宽是指芯片内电路与电路之间的距离，可以用线宽来描述制造工艺。线宽越小，意味着芯片上包括的晶体管数目越多。PentiumⅡ的线宽是 0.35 μm，晶体管数达到 7.5 兆个；Pentium Ⅲ的线宽是 0.25 μm，晶体管数达到 9.5 兆个；Pentium 4 的线宽是 0.18 μm，晶体管数达到 42 兆个。近年来线宽已由 0.15 μm、0.13 μm、90 nm 、65 nm、45 nm，一直发展到目前的 32 nm。

## 4.2 控制器的组成和实现方法

控制器是计算机系统的指挥中心，它把运算器、存储器、输入/输出设备等部件组成一个有机的整体，然后根据指令的要求指挥全机协调工作。

### 4.2.1 控制器的基本组成

各种不同类型计算机的控制器会有不少差别，但其基本组成是相同的，图 4.3 给出了控制器的基本组成框图，控制器主要由以下几部分组成。

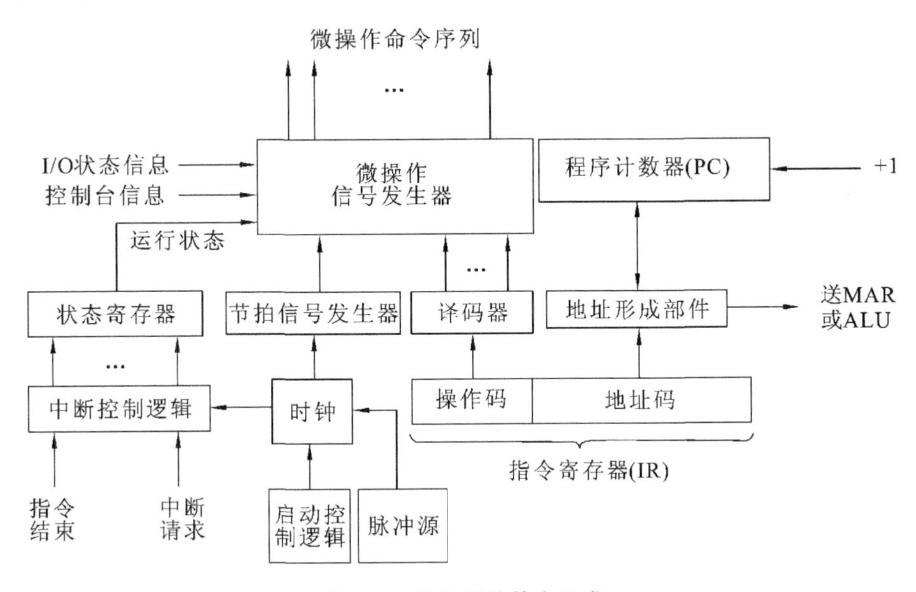


**图 4.3 控制器的基本组成**

**1. 指令部件**

指令部件的主要任务是完成取指令并分析指令。指令部件包括以下几个。

1) 程序计数器

程序计数器说明见 4.1.2 小节。

2) 指令寄存器

指令寄存器说明见 4.1.2 小节。

3) 指令译码器

指令译码器又称操作码译码器或指令功能分析解释器。暂存在指令寄存器中的指令只有在其操作码部分经过译码之后才能识别出这是一条什么样的指令，并产生相应的控制信号提供给微操作信号发生器。

4）地址形成部件

地址形成部件根据指令的不同寻址方式，形成操作数的有效地址。在微、小型机中，可以不设专门的地址形成部件，而利用运算器来进行有效地址的计算。

**2. 时序部件**

时序部件能产生一定的时序信号，以保证机器的各功能部件有节奏地进行信息传送、加工及信息存储。时序部件包括以下几个。

1）脉冲源

脉冲源用来产生具有一定频率和宽度的时钟脉冲信号，为整个机器提供基准信号。为使主脉冲的频率稳定，一般都使用石英晶体振荡器做脉冲源。当计算机的电源一接通，脉冲源立即按规定的频率重复发出具有一定占空比的时钟脉冲序列，直至关闭电源为止。

2）启停控制逻辑

只有通过启停控制逻辑将计算机启动后，主时钟脉冲才允许进入，并启动节拍信号发生器开始工作。启停控制逻辑的作用是根据计算机的需要，可靠地开放或封锁脉冲，控制时序信号的发生或停止，实现对整个机器的正确启动或停止。启停控制逻辑保证启动时输出的第一个脉冲和停止时输出的最后一个脉冲都是完整的脉冲。

3）节拍信号发生器

节拍信号发生器又称脉冲分配器。脉冲源产生的脉冲信号，经过节拍信号发生器后产生出各个机器周期中的节拍信号，用于控制计算机完成每一步微操作。

**3. 微操作信号发生器**

一条指令的取出和执行可以分解成很多最基本的操作，这种最基本的不可再分割的操作称为微操作。微操作信号发生器也称为控制单元(CU)。不同的机器指令具有不同的微操作序列。

**4. 中断控制逻辑**

中断控制逻辑是用来处理当CPU和外围设备之间采用中断的控制方式进行通信时完成处理的硬件逻辑。

### 4.2.2 控制器的硬件实现方法

控制器的核心是微操作信号发生器(控制单元CU)，图4.4所示的是反映控制单元外特性的框图。微操作控制信号是由指令部件提供的译码信号、时序部件提供的时序信号和被控制功能部件所反馈的状态及条件综合形成的。



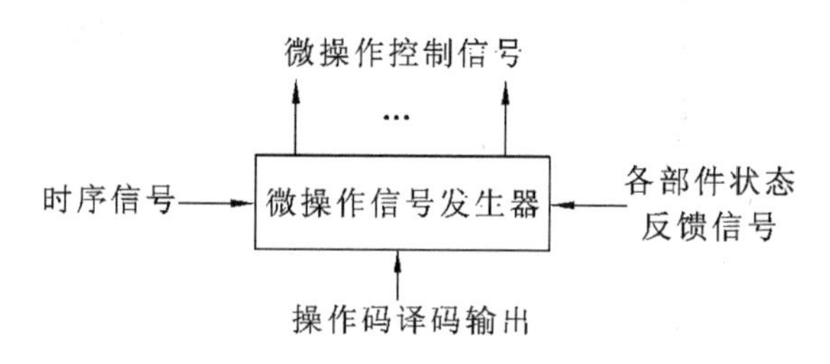


图4.4 控制单元外特性

控制单元的输入包括时序信号、机器指令操作码的译码、各部件状态反馈信号等，输出的微操作控制信号又可以细分为 CPU 内的控制信号和送至主存或外围设备的控制信号。根据产生微操作控制信号的方式不同，控制器可分为组合逻辑型、存储逻辑型、组合逻辑与存储逻辑结合型三种，它们的根本区别在于控制单元的实现方法不同，而控制器中的其他部分基本上是大同小异的。

**1. 组合逻辑型**

这种控制器称为常规控制器或硬连线控制器，是采用组合逻辑技术来实现的，其控制单元是由门电路组成的复杂树形网络。这种方法是分立元件时代的产物，以使用最少器件数和取得最高操作速度为设计目标。

组合逻辑控制器的最大优点是速度快。但是控制单元的结构不规整，使得设计、调试、维修较困难，难以实现设计自动化；一旦控制单元构成之后，要想增加新的控制功能是不可能的。因此，它受到微程序控制器的强烈冲击。目前仅有一些巨型机和 RISC 机为了追求较快速度仍采用组合逻辑控制器。

**2. 存储逻辑型**

这种控制器称为微程序控制器，是采用存储逻辑来实现的，也就是把微操作信号代码化，使每条机器指令转化成为一段微程序并存入一个专门的存储器（控制存储器）中，微操作控制信号由微指令产生。

微程序控制器的设计思想和组合逻辑设计思想截然不同。它具有设计规整、调试和维修方便以及更改、扩充指令容易等优点，易于实现自动化设计，但是，由于它增加了一级控制存储器，所以指令的执行速度比组合逻辑控制器的慢。

**3. 组合逻辑和存储逻辑结合型**

这种控制器称为可编程逻辑阵列（PLA）控制器，是吸收前两种方法的设计思想来实现的。PLA 控制器实际上也是一种组合逻辑控制器，但它又与常规的组合逻辑控制器的硬联结构不同；它是可编程序的，某一微操作控制信号由 PLA 的某一输出函数产生。

PLA 控制器是组合逻辑技术和存储逻辑技术结合的产物，克服了二者的缺点，是一种较有前途的方法。

## 4.3 时序系统与控制方式

由于计算机高速地进行工作，每一个动作的时间是非常严格的，不能有任何差错，时序系统是控制器的心脏，其功能就是为指令的执行提供各种定时信号。

### 4.3.1 时序系统

**1. 指令周期和机器周期**

指令周期是指从取指令、分析指令到执行完该指令所需的全部时间。由于各种指令的操作功能不同，有的简单，有的复杂，因此各种指令的指令周期不尽相同。

机器周期又称 CPU 周期。通常把一个指令周期划分为若干个机器周期，每个机器周期完成一个基本操作。一般机器的 CPU 周期有取指周期、取数周期、执行周期和中断周期等。所以有：

$$指令周期=i\times 机器周期 \tag{4-1}$$

不同的指令周期中所包含的机器周期数差别可能很大。一般情况下，一条指令所需的最短时间为两个机器周期，即取指周期和执行周期。

通常，每个机器周期都有一个与之对应的周期状态触发器。机器运行在不同的机器周期时，其对应的周期状态触发器被置“1”。显然，在机器运行的任何时刻只能处于一种周期状态，因此，有一个且仅有一个触发器被置“1”。

由于 CPU 内部的操作速度较快，而 CPU 访问主存所花的时间较长，所以许多计算机系统往往以主存的工作周期（存取周期）为基础来规定 CPU 周期，以便二者的工作能配合协调。CPU 访问主存也就是一次总线传送，故在微机中称为总线周期。

**2. 节拍**

在一个机器周期内，要完成若干个微操作。这些微操作有的可以同时执行，有的需要按先后次序串行执行。因而应把一个机器周期分为若干个相等的时间段，每一个时间段对应一个电位信号，称为节拍电位信号。

节拍的宽度取决于 CPU 完成一次微操作的时间，例如：ALU 一次正确的运算，寄存器间的一次传送等。

由于不同的机器周期内需要完成的微操作内容和个数是不同的，因此，不同机器周期内所需要的节拍数也不相同。节拍的选取一般有以下几种方法。

1）统一节拍法

以最复杂的机器周期为准，定出节拍数，每一个节拍时间的长短也以最繁的微操作作为标准。这种方法采用统一的、具有相等时间间隔和相同数目的节拍，使得所有的机器周期长度都是相等的，因此称为定长 CPU 周期。

2）分散节拍法

按照机器周期的实际需要安排节拍数，需要多少节拍，就发出多少节拍，这样可以避免浪费，提高时间利用率。由于各机器周期长度不同，故称为不定长 CPU 周期。

3）延长节拍法

在照顾多数机器周期要求的情况下，选取适当的节拍数，作为基本节拍。如果在某个机器周期内统一的节拍数无法完成该周期的全部微操作，则可以延长一或两个节拍。

4）时钟周期插入

在一些微机中，时序信号中不设置节拍，而直接使用时钟周期信号。一个机器周期中含有若干个时钟周期，时钟周期的数目取决于机器周期内完成微操作数目的多少及相应功能部件的速度。一个机器周期的基本时钟周期数确定之后，还可以不断插入等待时钟周期。如 8086 的一个总线周期（即机器周期）中包含四个基本时钟周期 $T_1$ 至 $T_4$，在 $T_2$ 和 $T_3$ 之间可以插入任意一个等待时钟周期 $T_w$，以等待速度较慢的存储部件或外围设备完成读/写操作。



**3. 工作脉冲**

在节拍中执行的有些微操作需要同步定时脉冲，如将稳定的运算结果打入寄存器，又如机器周期状态切换等。为此，在一个节拍内常常设置一个或几个工作脉冲，作为各种同步脉冲的来源。工作脉冲的宽度只占节拍电位宽度的 1/n，并处于节拍的末尾部分，以保证所有的触发器都能可靠、稳定地翻转。

在只设置机器周期和时钟周期的微机中，一般不再设置工作脉冲，因为时钟周期既可以作为电位信号，其前、后沿又可以作为脉冲触发信号。

**4. 多级时序系统**

图 4.5 为小型机每个指令周期中常采用的机器周期、节拍、工作脉冲三级时序系统。图中每个机器周期 M 中包括四个节拍 $T_1$ 至 $T_4$，每个节拍内有一个脉冲 P。在机器周期间、节拍电位间、工作脉冲间既不允许有重叠交叉，也不允许有空隙，应该是一个接一个的准确连接。

微机中常用的时序系统与小型机的略有不同，称为时钟周期时序系统。一个指令周期包含若干个机器周期，一个机器周期又包含若干个时钟周期。

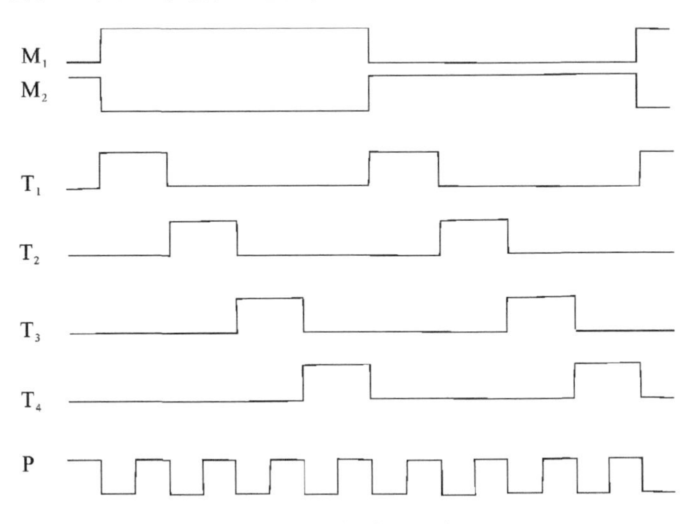


**图 4.5 三级时序系统**

**5. 节拍电位和工作脉冲的时间配合关系**

在计算机中，节拍电位和工作脉冲所起的控制作用是不同的。电位信号是信息的载体，即控制信号，它在数据通路传输中起着开门或关门的作用；工作脉冲则作为打入脉冲加在触发器的脉冲输入端，起到定时触发的作用。通常，触发器使用电位-脉冲工作方式，节拍电位控制信息送到 D 触发器的 D 输入端，工作脉冲送到 CP 输入端。节拍电位和工作脉冲配合关系如图 4.6 所示。

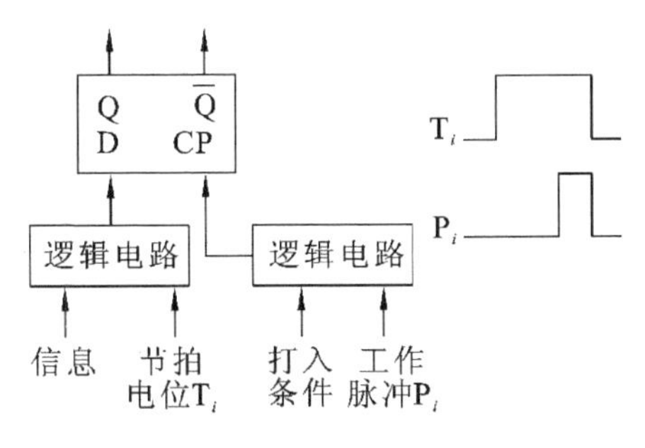


**图 4.6 节拍电位和工作脉冲的配合关系**

## 4.3.2 控制方式

CPU 的控制方式可以分为同步控制、异步控制、联合控制三种方式，下面分别加以介绍。

**1. 同步控制方式**

同步控制方式即固定时序控制方式，各项操作都由统一的时序信号控制，在每个机器周期中产生统一数目的节拍电位和工作脉冲。由于不同的指令操作时间长短不一致，所以同步控制方式应以最复杂指令的操作时间作为统一的时间间隔标准。

这种控制方式设计简单，容易实现；但是对于许多简单指令来说会有较多的空闲时间，造成较多的时间浪费，从而影响指令的执行速度。

在同步控制方式中，各指令所需的时序由控制器统一发出，所有微操作都与时钟同步，所以又称为集中控制方式或中央控制方式。

**2. 异步控制方式**

异步控制方式即可变时序控制方式，各项操作不采用统一的时序信号控制，而根据指令或部件的具体情况决定，需要多少时间，就占用多少时间。

这是一种"应答"方式，各操作之间的衔接是由"结束-起始"信号来实现的。由前一项操作已经完成的"结束"信号，或由下一项操作的"准备好"信号来作为下一项操作的起始信号，在未收到"结束"或"准备好"信号之前不开始新的操作。例如，存储器读操作时，CPU 向存储器发一个读命令（起始信号），启动存储器内部的时序信号，以控制存储器读操作，此时 CPU 处于等待状态。在存储器操作结束后，存储器向 CPU 发出结束信号，以此作为下一项操作的起始信号。

异步控制采用不同时序，没有时间上的浪费，因而提高了机器的效率，但控制比较复杂。

由于这种控制方式没有统一的时钟，而是由各功能部件本身产生各自的时序信号自我控制，故又称为分散控制方式或局部控制方式。

**3. 联合控制方式**

这是同步控制和异步控制相结合的方式。实际上现代计算机中几乎没有完全采用同步或完全采用异步的控制方式，大多数是采用联合控制方式。通常的设计思想是：在功能部件内部采用同步方式或以同步方式为主的控制方式，在功能部件之间采用异步方式。

例如，在一般小、微型计算机中，CPU 内部基本时序采用同步方式，按多数指令的需要设置节拍数。对于某些复杂指令如果节拍数不够，可采取延长节拍等方法，以满足指令的要求。当 CPU 通过总线向主存或其他外围设备交换数据时，就转入异步方式。CPU 只需给出起始信号，主存和外围设备按自己的时序信号去安排操作；一旦操作结束，则向 CPU 发结束信号，以便 CPU 再安排它的后继工作。

### 4.3.3 指令运行的基本过程

一条指令运行过程可以分为三个阶段，即取指令阶段、分析取数阶段和执行阶段。



**1. 取指令阶段**

取指令阶段完成的任务是将现行指令从主存中取出来并送至指令寄存器中去，具体的操作如下。

(1) 将程序计数器(PC)中的内容先送至存储器地址寄存器(MAR)，然后送至地址总线(AB)。

(2) 由控制单元(CU)经控制总线(CB)向存储器发读命令。

(3) 从主存中取出的指令通过数据总线(DB)送到存储器数据寄存器(MDR)。

(4) 将 MDR 的内容送至指令寄存器(IR)中。

(5) 将 PC 的内容递增,为取下一条指令做好准备。

以上这些操作对任何一条指令来说都是必须要执行的操作,所以称为公共操作。完成取指令阶段任务的时间称为取指周期,图 4.7 给出了在取指周期中 CPU 各部分的工作流程。

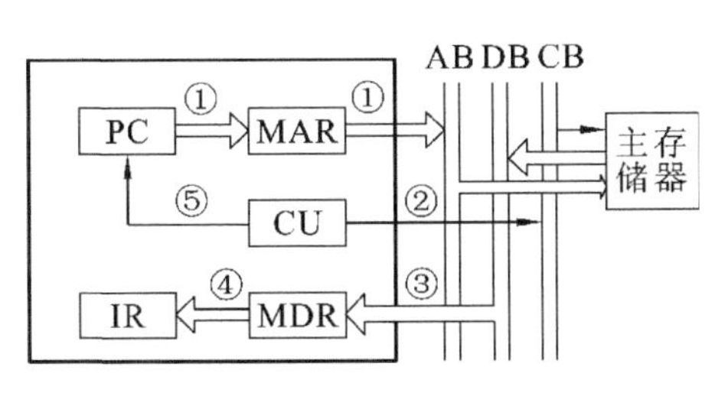


图 4.7 取指周期的工作流程

**2. 分析取数阶段**

取出指令后,指令译码器(ID)可识别和区分出不同的指令类型。此时计算机进入分析取数阶段,以获取操作数。由于各条指令功能不同,寻址方式也不同,所以分析取数阶段的操作是各不相同的。

对于无操作数指令,只要识别出是哪条具体的指令即可以直接转至执行阶段,所以无须进入分析取数阶段。而对于带操作数指令,为读取操作数首先要计算出操作数的有效地址。如果操作数在通用寄存器中,则不需要再访问主存;如果操作数在主存中,则要到主存中去取数。对于不同的寻址方式,有效地址的计算方法是不同的,有时要多次访问主存才能取出操作数来(间接寻址)。另外单操作数指令和双操作数指令由于需要的操作数的个数不同,分析取数阶段的操作也不同。

完成分析取数阶段任务的时间又可以细分为间址周期、取数周期等类别。

**3. 执行阶段**

执行阶段完成指令规定的各种操作,形成稳定的运算结果,并将其存储起来。完成执行阶段任务的时间称为执行周期。

计算机的基本工作过程就是取指令、取数、执行指令,然后再取下一条指令……如此周而复始,直至遇到停机指令或外来的干预为止。

### 4.3.4 指令的微操作序列

控制器在实现一条指令的功能时,总要把每条指令分解成为一系列时间上先后有序的最基本、最简单的微操作,即微操作序列。微操作序列是与 CPU 的内部数据通路密切相关的,不同的数据通路就有不同的微操作序列。

假设某计算机的数据通路如图 4.8 所示。规定各部件用大写字母表示,字母加下标 in 表示该部件的接收控制信号,实际上就是该部件的输入开门信号;字母加下标 out 表示该部件的发送控制信号,实际上就是该部件的输出开门信号。例如:$MAR_{in}$、$PC_{out}$ 等就是这类微操作信号。下面分析具体指令发出的微操作控制信号。

**1. 加法指令** ADD @ $R_0$,$R_1$

这条指令完成的功能是把 $R_0$ 的内容作为主存地址取得一个操作数,再与 $R_1$ 中的另一个操作数相加,最后将结果送回主存中。即实现:

$$((R_0))+(R_1)\rightarrow(R_0)$$

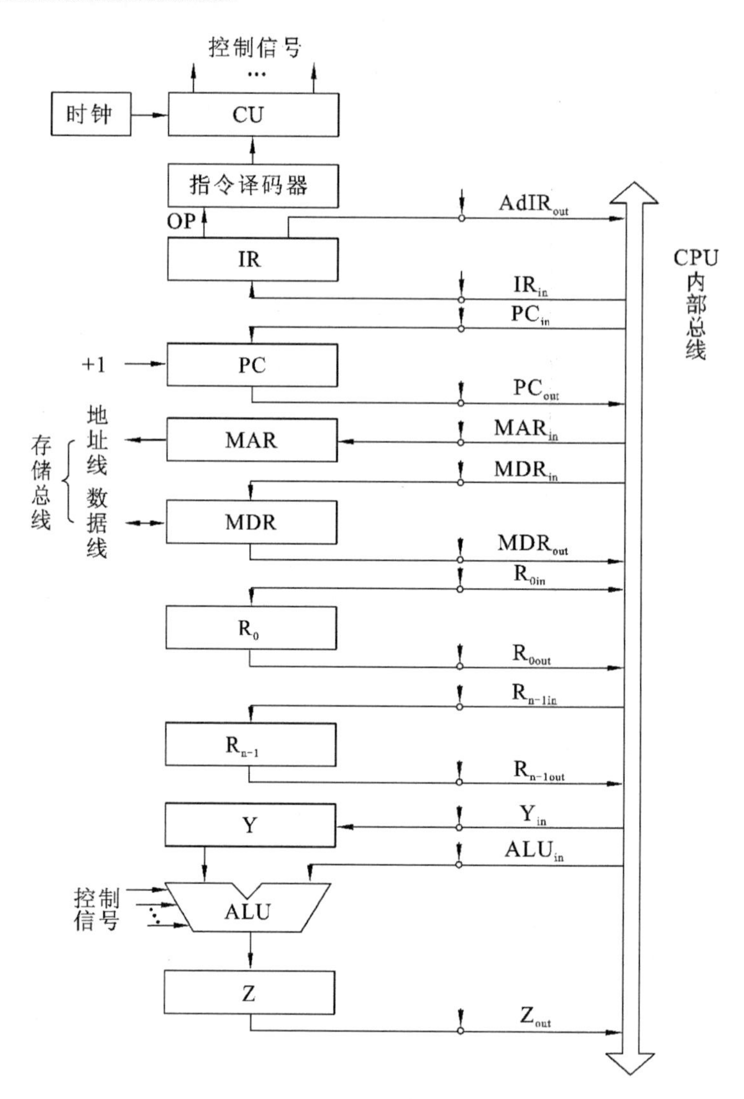


**图 4.8　CPU 的数据通路**

1) 取指周期

取指周期完成的微操作序列是公共的操作，与具体指令无关。

(1) $PC_{out}$ 和 $MAR_{in}$ 有效，完成 PC 经 CPU 内部总线送至 MAR 的操作，记作(PC)→MAR。

(2) 通过控制总线(图 4.8 中未画出)向主存发读命令，记作 Read。

(3) 存储器通过数据总线将 MAR 所指单元的内容(指令)送至 MDR，记作 M(MAR)→MDR。

(4) $MDR_{out}$ 和 $IR_{in}$ 有效，将 MDR 的内容送至指令寄存器，记作(MDR)→IR。至此，指令被从主存中取出，其操作码字段开始控制 CU。

(5) 使 PC 内容加 1，记作(PC)+1→PC。

2) 取数周期

取数周期要完成取操作数的任务，被加数在主存中，加数已放在寄存器 $R_1$ 中。

(1) $R_{0out}$ 和 $MAR_{in}$ 有效，完成将被加数地址送至 MAR 的操作，记作($R_0$)→MAR。

(2) 向主存发读命令，记作 Read。

(3) 存储器通过数据总线将 MAR 所指单元的内容(即数据)送至 MDR，同时 $MDR_{out}$ 和

$Y_{in}$有效，记作 M(MAR)→MDR→Y。

3）执行周期

执行周期完成加法运算的任务，并将结果写回主存。

(1) $R_{1out}$和 $ALU_{in}$有效，同时 CU 向 ALU 发“ADD”控制信号，使 $R_1$的内容和 Y 的内容相加，结果送寄存器 Z，记作$(R_1)+Y→Z$。

(2) $Z_{out}$和 $MDR_{in}$有效，将运算结果送 MDR，记作(Z)→MDR。

(3) 向主存发写命令，记作 Write。将运算结果送内存，记作 MDR→$(R_0)$。

**2. 转移指令** JC　A

这是一条条件转移指令，若上次运算结果有进位(CF=1)，就转移；若上次运算结果无进位(CF=0)，就顺序执行下一条指令。设 A 为位移量，转移地址等于 PC 的内容加位移量。相应的微操作序列如下。

1）取指周期

与上条指令的微操作序列完全相同。

2）执行周期

如果有进位(CF=1)，则完成(PC)+A→PC 的操作，否则跳过以下几步。

(1) $PC_{out}$和 $Y_{in}$有效，记作(PC)→Y(CF=1)。

(2) $AdIR_{out}$和 $ALU_{in}$有效，同时 CU 向 ALU 发“ADD”控制信号，使 IR 中的地址码字段 A 和 Y 的内容相加，结果送寄存器 Z，记作 Ad(IR)+Y→Z(CF=1)。

(3) $Z_{out}$和 $PC_{in}$有效，将转移地址送 PC，记作(Z)→PC(CF=1)。

## 4.4　微程序控制原理

微程序设计技术的实质是将程序设计技术和存储技术相结合，即用程序设计的思想方法来组织设计控制逻辑，将微操作控制信号按一定规则进行信息编码(代码化)，形成控制字(微指令)，再把这些微指令按时间先后排列起来构成微程序，存放在一个只读的控制存储器中。

### 4.4.1　微程序控制的基本概念

**1. 微程序设计的提出与发展**

微程序设计的概念和原理最早是由英国剑桥大学的 M. V. Wilkes 教授于 1951 年提出来的。他在《设计自动化计算机的最好方法》一文中指出：一条机器指令可以分解为许多基本的微命令序列，并且首先把这种思想用于计算机控制器的设计。但是由于当时还不具备制造专门存放微程序的控制存储器的技术，所以在十几年时间内实际上并未真正使用。直到 1964 年，IBM 公司在 IBM360 系列机上成功地采用了微程序设计技术，解决了指令系统的兼容问题。20 世纪 70 年代以来，由于 VLSI 技术的发展，推动了微程序设计技术的发展和应用，目前，大多数计算机都采用微程序设计技术。

**2. 基本术语**

1）微命令和微操作

前面已经提到，一条机器指令可以分解成一个微操作序列，这些微操作是计算机中最基本的、不可再分解的操作。在微程序控制的计算机中，将控制部件向执行部件发出的各种控制命令叫做微命令，它是构成控制序列的最小单位。例如，打开或关闭某个控制门的电位信号、某个寄存器的打入脉冲等。因此，微命令是控制计算机各部件完成某个基本微操作的命令。

微命令和微操作是一一对应的。微命令是微操作的控制信号，微操作是微命令的操作过程。

微命令有兼容性和互斥性之分。兼容性微命令是指那些可以同时产生，共同完成某一个微操作的微命令；而互斥性微命令是指在机器中不允许同时出现的微命令。兼容和互斥都是相对的，一条微命令可以和一些微命令兼容，却可能和另一些微命令互斥。对于单独一条微命令，谈论其兼容和互斥都是没有意义的。

2）微指令、微地址

微指令是指控制存储器中的一个单元的内容，即控制字，是若干条微命令的集合。存放控制字的控制存储器的单元地址就称为微地址。

一条微指令通常至少包含两大部分信息。

（1）操作控制字段，又称微操作码字段，用以产生某一步操作所需的各微操作控制信号。

（2）顺序控制字段，又称微地址码字段，用以控制产生下一条要执行的微指令地址。

微指令有垂直型和水平型之分。垂直型微指令接近于机器指令的格式，每条微指令只能完成一个基本微操作；水平型微指令则具有良好的并行性，每条微指令可以完成较多的基本微操作。

3）微周期

从控制存储器中读取一条微指令并执行相应的微命令所需的全部时间称为微周期。

4）微程序

一系列微指令的有序集合就是微程序。每一条机器指令都对应一个微程序。

**注意：**

微程序和程序是两个不同的概念。微程序是由微指令组成的，用于描述机器指令，微程序实际上是机器指令的实时解释器，是由计算机的设计者事先编制好并存放在控制存储器中的，一般不提供给用户。对于程序员来说，计算机系统中微程序一级的结构和功能是透明的，无须知道。而程序最终由机器指令组成，是由软件设计人员事先编制好并存放在主存或辅存中的。所以说，微程序控制的计算机涉及两个层次：一个是机器语言或汇编语言程序员所看到的传统机器层，包括机器指令、工作程序和主存储器；另一个是机器设计者看到的微程序层，包括微指令、微程序和控制存储器。

### 4.4.2 微指令编码法



微指令可以分成操作控制字段和顺序控制字段两大部分。这里所说的微指令编码法指的就是操作控制字段的编码方法。各类计算机从各自的特点出发，设计了各种各样的微指令编码法。例如：大型机强调速度，要求译码过程尽量快；微、小型机则更多地注意经济性，要求更大限度地缩短微指令字长；而中型机介于这二者之间，兼顾速度和价格，要求在保证一定速度的情况下，能尽量缩短微指令字长。下面从基本原理出发，对几种基本的微指令编码方法进行讨论。

**1. 直接控制法**

直接控制法（不译码法），顾名思义是操作控制字段中的各位分别可以直接控制计算机，无须进行译码。在这种形式的微指令字中，操作控制字段的每一个独立的二进制位代表一条微命令，该位为“1”表示这条微命令有效，为“0”则表示这条微命令无效。每条微命令对应控制数据通路中的一个微操作。

这种方法结构简单，并行性强，操作速度快，但是微指令字太长。若微命令的总数为N个，则微指令字的操作控制字段就要有N位。在某些计算机中。微命令的总数可能会多达三四百个，甚至更多，这使微指令的长度达到难以接受的地步。另外，在N个微命令中，有许多是互斥的，不允许并行操作，将它们安排在一条微指令中是毫无意义的，只会使信息的利用率下降。所以这种方法在复杂的系统中很少单独采用，往往与其他编码方法混合起来使用。

**2. 最短编码法**

直接控制法使微指令字过长，而最短编码法则走向另一个极端，使得微指令字最短。这种方法将所有的微命令统一编码，每条微指令只定义一条微命令。若微命令的总数为N，操作控制字段的长度为L，则最短编码法应满足下列关系式：$L \geqslant \log_2 N$。

最短编码法的微指令字长最短，但要通过一个微命令译码器译码以后才能得到需要的微命令。微命令数目越多，译码器就越复杂。这种方法在同一时刻只能产生一条微命令，不能充分利用机器硬件所具有的并行性，使得机器指令对应的微程序变得很长，而且对于某些要求在同一时刻同时动作的组合型微操作将无法实现。因此，这种方法也只能与其他方法混合使用。

**3. 字段编码法**

这是前述两种编码法的一个折中的方法，既具有二者的优点，又克服了它们的缺点，这种方法将操作控制字段分为若干个小段，每段内采用最短编码法，段与段之间采用直接控制法。这种方法又可进一步分为字段直接编码法和字段间接编码法两类。

1）字段直接编码法

图4.9为字段直接编码法的微指令结构，各字段都可以独立地定义本字段的微命令，而与其他字段无关，因此又称为显式编码或单重定义编码方法。这种方法缩短了微指令字，因此得到了广泛的应用。

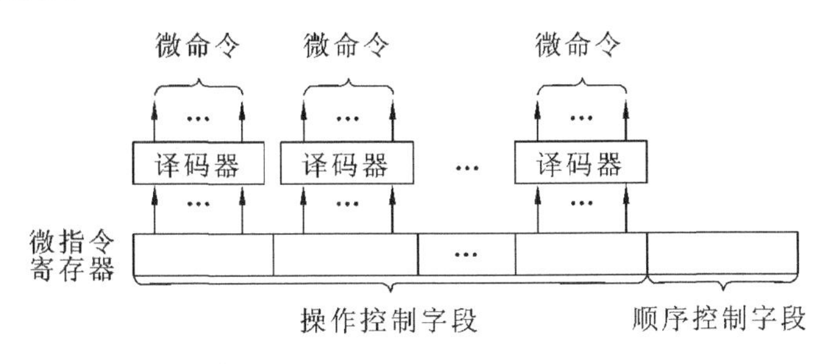


**图4.9 字段直接编码法**

2）字段间接编码法

字段间接编码法是在字段直接编码法的基础上，用来进一步缩短微指令字长的方法。间接编码的含义是，一个字段的某些编码不能独立地定义某些微命令，而需要与其他字段的编码来联合定义，因此又称为隐式编码或多重定义编码方法，如图4.10所示。

图4.10中字段A（3位）所产生的微命令还要受到字段B的控制。当字段B发出$b_1$微命令时，字段A与其合作产生$a_{1.1}$、$a_{2.1}$、…、$a_{7.1}$中的一条微命令；而当字段B发出$b_2$微命令

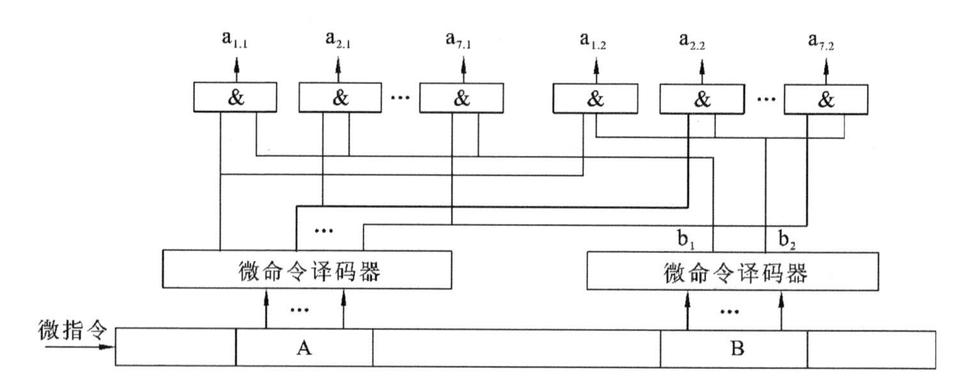


图 4.10 字段间接编码法

时,字段 A 与其合作产生 $a_{1.2}$、$a_{2.2}$、…、$a_{7.2}$ 中的另一条微命令。这种方法进一步缩短了微指令的长度,但通常可能会削弱微指令的并行控制能力,且译码电路相应的较复杂,因此,它只作为字段直接编码法的一种补充。

字段编码法中操作控制字段的分段并非是任意的,必须要遵循如下的原则。

(1) 把互斥性的微命令分在同一段内,兼容性的微命令分在不同段内。这样不仅有助于提高信息的利用率,缩短微指令字长,而且有助于充分利用硬件所具有的并行性,加快执行的速度。

(2) 应与数据通路结构相适应。

(3) 每个小段中包含的信息位不能太多,否则将增加译码线路的复杂性和译码时间。

(4) 一般每个小段还要留出一个状态位,表示本字段不发出任何微命令。因此当某字段的长度为 3 位时,最多只能表示七条互斥的微命令,通常用 000 表示不操作。

例如,运算器的输出控制信号有直传、左移、右移、半字交换等四个。这四条微命令是互斥的。它们可以安排在同一字段编码内。同样,存储器的读/写命令也是一对互斥的微命令。还有像 A→C、B→C(假设 A、B、C 都是寄存器)这样一类的微命令也是互斥的微命令,不允许它们在同一时刻出现。

假设某计算机共有 256 条微命令,如果采用直接控制法,微指令的操作控制字段就要有 256 位;而如果采用最短编码法,操作控制字段只需要 8 位就可以了。如果采用字段直接编码法,若 4 位为一个段,每段可表示 15 条互斥的微命令,则操作控制字段只需 72 位,分成 18 个段,在同一时刻可以并行发出 18 条不同的微命令。

除上述几种基本的编码方法外,另外还有一些常见的编码技巧,如可采用微指令译码与部分机器指令译码的复合控制、微地址参与解释微指令译码等。对于实际机器的微指令系统,通常可同时采用几种不同的编码方法。如在一条微指令中,可以有些位采用直接控制法,有些字段采用直接编码法,另一些字段采用间接编码法。总之,要尽量减少微指令字长,增强微操作的并行性,提高机器的控制性能并降低成本。



### 4.4.3 微程序控制器的组成和工作过程

#### 1. 微程序控制器的基本组成

图 4.11 给出了一个微程序控制器基本结构的简化框图在图 4.11 中主要画出了微程序控制器比组合逻辑控制器多出的部件,包括控制存储器、微指令寄存器、微地址形成部件和微地址寄存器等。

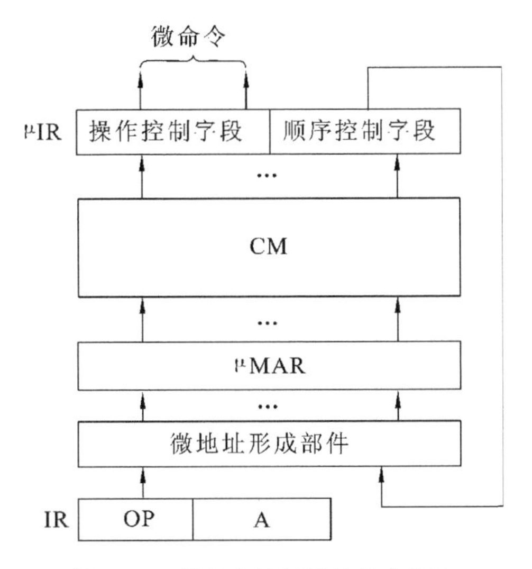


**图 4.11　微程序控制器的基本结构**

1) 控制存储器(CM)

控制存储器是微程序控制器的核心部件，用来存放微程序，其性能(包括容量、速度、可靠性等)与计算机的性能密切相关。

2) 微指令寄存器(μIR)

微指令寄存器用来存放从 CM 中取出的微指令，它的位数同微指令字长相等。

3) 微地址形成部件

微地址形成部件用来产生初始微地址和后继微地址，以保证微指令的连续执行。

4) 微地址寄存器(μMAR)

微地址寄存器接受微地址形成部件送来的微地址，为在 CM 中读取微指令做准备。

**2. 微程序控制器的工作过程**

微程序控制器的工作过程实际上就是在微程序控制器的控制下计算机执行机器指令的过程，这个过程可以描述如下。

(1) 执行取指令公共操作。取指令的公共操作通常由一个取指微程序来完成，这个取指微程序也可能仅由一条微指令组成。具体的执行是：当机器开始运行时，自动将取指微程序的入口微地址送 μMAR，并从 CM 中读出相应的微指令送入 μIR。微指令的操作控制字段产生有关的微命令，用来控制计算机实现取机器指令的公共操作。取指微程序的入口地址一般为 CM 的 0 号单元，取指微程序执行完后，从主存中取出的机器指令就已存入指令寄存器中了。

(2) 由机器指令的操作码字段通过微地址形成部件产生该机器指令所对应的微程序的入口地址，并送入 μMAR。

(3) 从 CM 中逐条取出对应的微指令并执行之。

(4) 执行完对应于一条机器指令的一个微程序后又回到取指微程序的入口地址，继续第(1)步，以完成取下一条机器指令的公共操作。

以上是一条机器指令的执行过程，如此周而复始，直到整个程序执行完毕为止。

**3. 机器指令对应的微程序**

通常，一条机器指令对应一个微程序。由于任何一条机器指令的取指令操作都是相同的，因此可以将取指令操作抽出来编成一个独立的微程序，这个微程序只负责将指令从主存中取出送至指令寄存器。此外，也可以编出对应间址周期的微程序和中断周期的微程序。这样，控制存储器中的微程序个数应等于指令系统中的机器指令数再加上对应取指、间址和中断周期等公用的微程序数。若指令系统中具有 n 种机器指令，则控制存储器中的微程序数至少有 n+1 个。

### 4.4.4 微程序入口地址的形成

公用的取指微程序从主存中取出机器指令之后，由机器指令的操作码字段指出各个微程序的入口地址（初始微地址）。这是一种多分支（或多路转移）的情况。由机器指令的操作码转换成初始微地址的方式主要有三种。

**1. 一级功能转换**

如果机器指令操作码字段的位数和位置固定，可以直接使操作码与入口地址码的部分位相对应。例如，某计算机系统有 16 条机器指令，指令操作码由 4 位二进制数表示，分别为 0000、0001……1111。现在字母 $\theta$ 表示操作码，令微程序的入口地址为 $\theta$11B，比如：MOV 指令的操作码为 0000，则 MOV 指令的微程序入口地址为 000011B；ADD 指令的操作码为 0001，则 ADD 指令的微程序入口地址为 000111B……由此可见，相邻两个微程序的入口地址相差四个单元，如图 4.12 所示。也就是说，每个微程序最多可以由 4 条微指令组成，如果不足四条就让有关单元空闲着。

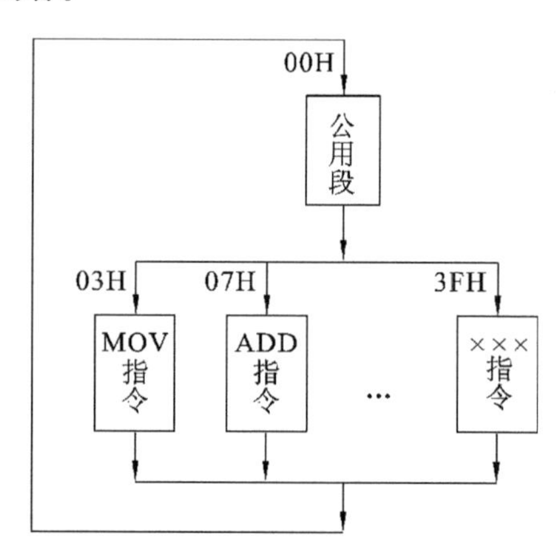


图 4.12 指令操作码与微程序入口地址

**2. 二级功能转换**

当同类机器指令的操作码字段的位数和位置固定，而不同类机器指令的操作码字段的位数和位置不固定时，就不能再采用一级功能转换的方法。所谓二级功能转换是指第一次先按指令类型标志转移，以区分出指令属于哪类，如：是单操作数指令，还是双操作数指令等。因为每类机器指令中操作码字段的位数和位置是固定的，所以第二次即可按操作码区分出具体是哪条指令，以便找出相应微程序的入口微地址。

**3. 通过 PLA 电路实现功能转换**

当机器指令的操作码位数和位置都不固定时，可以采用 PLA 电路将每条机器指令的操作码翻译成对应的微程序入口地址。这种方法对于变长度、变位置的操作码显得更有效，而且转换速度较快。

### 4.4.5 后继微地址的形成

找到初始微地址之后，可以开始执行微程序，每条微指令执行完毕都要根据要求形成后继微地址。后继微地址的形成方法对微程序编制的灵活性影响很大，它主要有两大基本类型，即增量方式和断定方式。

**1. 增量方式（顺序-转移型微地址）**

这种方式和机器指令的控制方式很类似，它也有顺序执行、转移和转置之分。顺序执行时后继微地址就是现行微地址加上一个增量（通常为“1”）；转移或转置时，由微指令的顺序控制字段产生转移微地址。因此，在微程序控制器中应当有一个微程序计数器（μPC）。为了降低成本，一般情况下都是将微地址寄存器（μMAR）改为具有计数功能的寄存器，以代替 μPC。

增量方式的优点是：简单，易于掌握，编制微程序容易，每条机器指令所对应的一段微程序一般安排在 CM 的连续单元中。其缺点是：这种方式不能实现两路以上的并行微程序转移，因而不利于提高微程序的执行速度。

**2. 断定方式**

断定方式的后继微地址可由微程序设计者指定，或者根据微指令所规定的测试结果直接决定后继微地址的全部或部分值。

这是一种直接给定与测试断定相结合的方式，其顺序控制字段一般由两部分组成，即非测试段和测试段。

(1) 非测试段：可由设计者指定，一般是微地址的高位部分，用来指定后继微地址在 CM 中的某个区域内。

(2) 测试段：根据有关状态的测试结果确定其地址值，一般对应微地址的低位部分。这相当于在指定区域内断定具体的分支。所依据的测试状态可能是指定的开关状态、指令操作码和状态字等。

测试段如果只有一位，则微地址将产生两个分支；若有两位，则最多可产生四个分支；依此类推，测试段为 n 位最多可产生 $2^n$ 个分支。

断定方式的优点是实现多路并行转移容易，有利于提高微程序的执行效率和执行速度，且微程序在 CM 中不要求必须连续存放，缺点是后继微地址的生成机构比较复杂。

### 4.4.6 微程序设计

**1. 微程序设计方法**

在实际进行微程序设计过程中，应考虑尽量缩短微指令字长，减少微程序长度，提高微程序的执行速度。这几项指标是互相制约的，应当全面地进行分析和权衡。

1) 水平型微指令及水平型微程序设计

水平型微指令是指一次能定义并能并行执行多条微命令的微指令。它的并行操作能力强，效率高，灵活性强，执行一条机器指令所需微指令的数目少，执行时间短；但微指令字较长，增加了控存的横向容量，同时微指令和机器指令的差别很大，设计者只有熟悉了数据通路，才有可能编制出理想的微程序，一般用户不易掌握。由于水平型微程序设计是面对微处理器内部逻辑控制的描述，所以把这种微程序设计方法称为硬方法。

2）垂直型微指令及垂直型微程序设计

垂直型微指令是指一次只能执行一条微命令的微指令。它的并行操作能力差，一般只能实现一个微操作，控制一两条信息传送通路，效率低，执行一条机器指令所需的微指令数目多，执行时间长；但是微指令与机器指令很相似，所以容易掌握和利用，编程比较简单，不必过多地了解数据通路的细节，且微指令字较短。由于垂直型微程序设计是面向算法的描述，所以把这种微程序设计方法称为软方法。

3）混合型微指令

综合前述两者特点的微指令称为混合型微指令，它具有不太长的微指令字，又具有一定的并行控制能力，可高效地去实现机器的指令系统。

**2. 微指令的执行方式**

执行一条微指令的过程与执行机器指令的过程很类似。第一步将微指令从控存中取出，称为取微指令。对于垂直型微指令还应包括微操作码的译码时间。第二步执行微指令所规定的各个操作。微指令的执行方式可分为串行和并行两种方式。

1）串行方式

在这种方式中，取微指令和执行微指令是顺序进行的，在一条微指令取出并执行之后，才能取下一条微指令。图 4.13 是微指令串行执行的时序图。

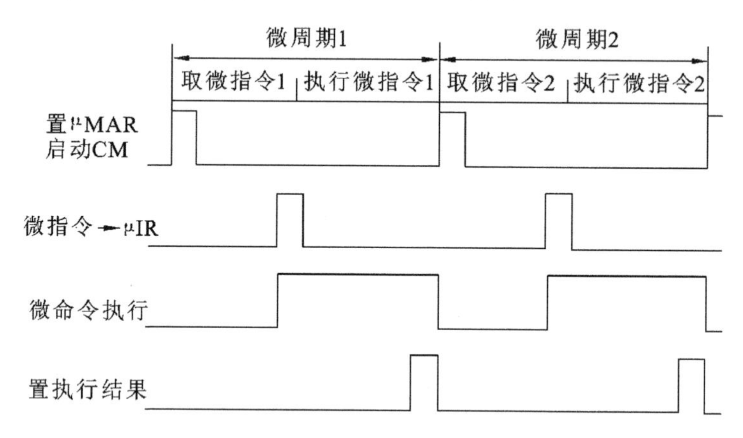


**图 4.13　微指令的串行执行方式时序图**

在一个微周期中，在取微指令阶段，CM 工作，数据通路等待；而在执行微指令阶段，CM 空闲，数据通路工作。

串行方式的微周期较长，但控制简单，形成后继微地址所用的硬件设备较少。

2）并行方式

为了提高微指令的执行速度，可以将取微指令和执行微指令的操作重叠起来，从而缩短微周期。因为这两个操作是在两个完全不同的部件中执行的，所以这种重叠是完全可行的。

在执行本条微指令的同时，预取下一条微指令。假设取微指令的时间比执行微指令的时间短，就以较长的执行时间作为微周期，并行方式的时序如图 4.14 所示。

由于执行本条微指令与预取下一条微指令是同时进行的，若遇到某些需要根据本条微指令处理结果而进行条件转移的微指令，就不能并行地取出来。最简单的办法就是延迟一个微周期再取微指令。

除以上两种控制方式外，还有串、并行混合方式，即当待执行的微指令地址与现行微指令处理无关时，采用并行方式；当其受现行微指令操作结果影响时，则采用串行方式。

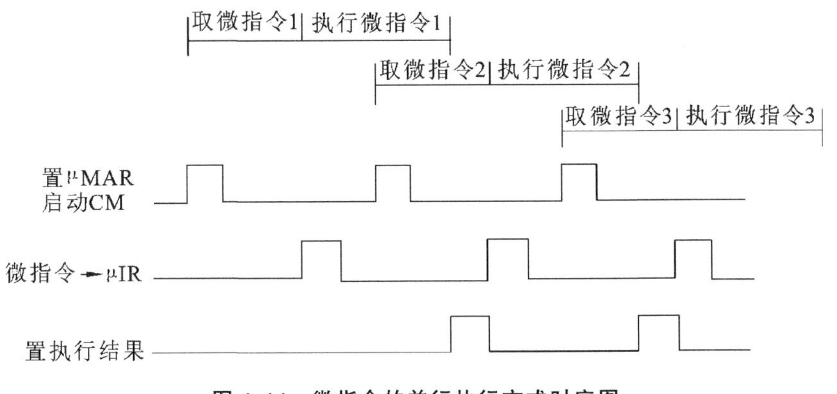


**图 4.14 微指令的并行执行方式时序图**

### 3. 微程序仿真

所谓微程序仿真，一般是指用一台计算机的微程序去模仿另一台计算机的指令系统，使本来不兼容的计算机之间具有程序兼容的能力。用来进行仿真的计算机称为宿主机，被仿真的计算机称为目标机。

假设 $M_1$ 为宿主机，$M_2$ 为目标机，在 $M_1$ 机上要能使用 $M_2$ 的机器语言编制程序并执行，就要求 $M_1$ 的主存储器和控制存储器中除含有 $M_1$ 的有关程序外，还要包含 $M_2$ 的有关程序，如图 4.15 所示。

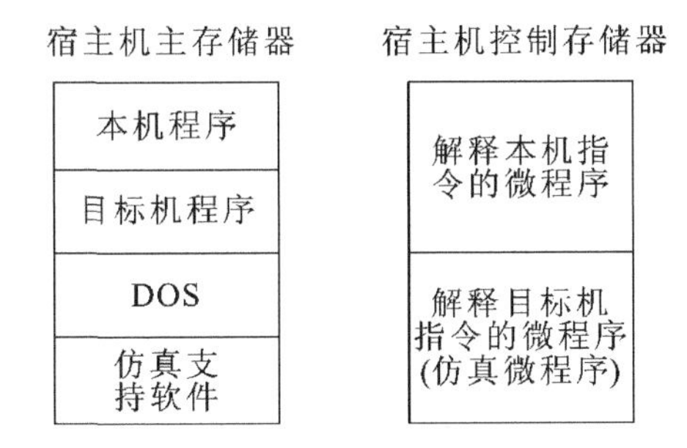


**图 4.15 系统仿真时宿主机的主存和控存**

$M_1$ 提供两种工作方式，本机方式和仿真方式。采用本机方式时，$M_1$ 通过本机微程序解释执行本机的程序；采用仿真方式时，$M_1$ 通过仿真微程序解释执行 $M_2$ 的程序。

### 4. 动态微程序设计

通常，对应于一台计算机的指令系统有一系列固定的微程序。微程序设计好之后，一般不允许改变而且也不便于改变，这样的设计叫做静态微程序设计。若一台计算机能根据不同应用目标的要求改变微程序，则这台计算机就具有动态微程序设计功能。

动态微程序设计的出发点是为了使计算机能更灵活、更有效地适应各种不同的应用目标。例如，在不改变硬件结构的前提下，如果计算机配备了两套可供切换的微程序，一套是用来实现科学计算的指令系统，另一套是用来实现数据处理的指令系统，这样该计算机就能根据不同的应用需要随时改变和切换相应的微程序，以保证高效率地实现科学计算或数据处理。

动态微程序设计需要可写控制存储器(WCM)的支持，否则难以改变微程序的内容。由于动态微程序设计要求对计算机的结构和组成非常熟悉，所以这类改变微程序的方案也是由计算机的设计人员实现的。

**5. 用户微程序设计**

用户微程序设计是指用户可借助于可写控制存储器进行微程序设计，通过本机指令系统中保留的供扩充指令用的操作码或未定义的操作码，来定义用户扩充指令，然后编写扩充指令的微程序，并存入可写控制存储器。这样用户可以如同使用本机原来的指令一样去使用扩充指令，从而大大提高计算机系统的灵活性和适应性。但是，事实上真正由用户来编写微程序是很困难的。

## 4.5 控制单元的设计

前面几节介绍了控制器的基本功能和CPU的总体结构，为了加深对这些内容的理解，这节将以一个简单的CPU为例来讨论控制器中控制单元的设计。为了突出重点，缩短篇幅，故选择的CPU模型比较简单，指令系统中仅具有最常见的基本指令和寻址方式，在逻辑结构、时序安排、操作过程安排等方面尽量规整、简单，使初学者比较容易掌握，以帮助大家建立整机概念。

### 4.5.1 简单的CPU模型

控制单元的主要功能是根据需要发出各种不同的微操作控制信号。微操作控制信号是与CPU的数据通路密切相关的，图4.16给出了一个单累加器结构的简单CPU模型。

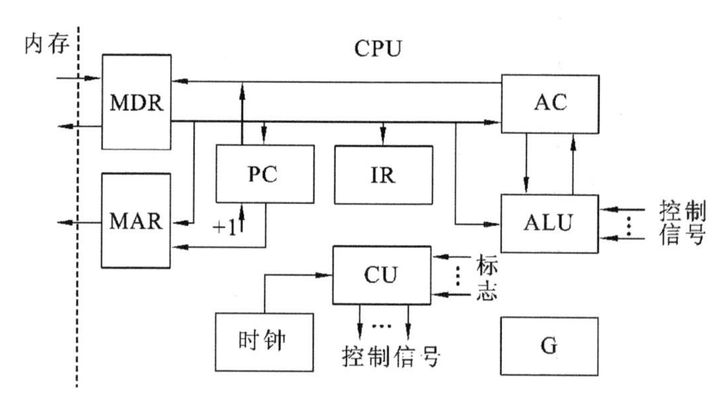


**图4.16 一个简单的CPU模型**

图4.16中MAR和MDR分别直接与地址总线和数据总线相连。考虑到从存储器取出的指令或有效地址都先送至MDR再送至IR，故这里省去IR送至MAR的数据通路，凡是需从IR送至MAR的操作均由MDR送至MAR代替。

计算机中有一运行标志触发器G，当G=1时，表示机器运行；当G=0时，表示停机。

这个CPU的指令系统中包含下列指令。

**1. 非访存指令**

这类指令在执行周期不访问存储器。

1）清除累加器指令CLA

该指令完成清除累加器操作，记作0→AC。

2）累加器取反指令COM

该指令完成累加器内容取反，结果送累加器的操作，记作$\overline{AC}$→AC。

3）累加器加1指令INC

该指令完成累加器内容+1，结果送累加器的操作，记作(AC)+1→AC。

4) 算术右移1位指令 SAR

该指令完成累加器内容算术右移1位的操作，记作 R(AC)→AC，$AC_n$→$AC_n$。

5) 循环左移1位指令 CSL

该指令完成累加器内容循环左移1位的操作，记作 L(AC)→AC，$AC_n$→$AC_0$。

6) 停机指令 STP

该指令将运行标志触发器置“0”，记作 0→G。

**注意：**

累加寄存器 AC 共 n+1 位，其中 $AC_n$ 为最高位(符号位)，$AC_0$ 为最低位。$AC_n$→$AC_n$ 表示算术右移时符号位保持不变。

**2. 访存指令**

这类指令在执行周期需访问存储器。

1) 加法指令 ADD

该指令完成累加器内容与对应主存单元的内容相加，结果送累加器的操作，记作：

$$(AC)+(MDR)\rightarrow AC$$

2) 减法指令 SUB

该指令完成累加器内容与对应主存单元的内容相减，结果送累加器的操作，记作：

$$(AC)-(MDR)\rightarrow AC$$

3) 与指令 AND

该指令完成累加器内容与对应主存单元的内容相与，结果送累加器的操作，记作：

$$(AC)\land(MDR)\rightarrow AC$$

4) 取数指令 LDA

该指令将对应主存单元的内容取至累加器中，记作(MDR)→AC。

5) 存数指令 STA

该指令将累加器的内容存于对应主存单元中，记作(AC)→MDR。

**3. 转移指令**

转移指令在执行周期也不访问存储器。

1) 无条件转移指令 JMP

该指令完成将指令的地址码部分(即转移地址)送至 PC 的操作，记作(MDR)→PC。

2) 零转移指令 JZ

该指令根据上一条指令运行的结果决定下一条指令的地址，若运算结果为零(标志位 Z=1)，则指令的地址码部分(即转移地址)送至 PC，否则程序按原顺序执行。由于在取指阶段已完成了(PC)+1→PC，所以当运算结果不为零时，就按取指阶段形成的 PC 执行。

记作：$Z\cdot(MDR)+\overline{Z}\cdot(PC)\rightarrow PC$。

3) 负转移指令 JN

若结果为负(标志位 N=1)，则指令的地址码部分送至 PC，否则程序按原顺序执行。

记作：$N\cdot(MDR)+\overline{N}\cdot(PC)\rightarrow PC$

4) 进位转移指令 JC

若结果有进位(标志位 C=1)，则指令的地址码部分送至 PC，否则程序按原顺序执行。记作：$C\cdot(MDR)+\overline{C}\cdot(PC)\rightarrow PC$。

上述三大类指令的指令周期如图 4.17 所示，其中访存指令又被细分为直接访存和间接访存两种。

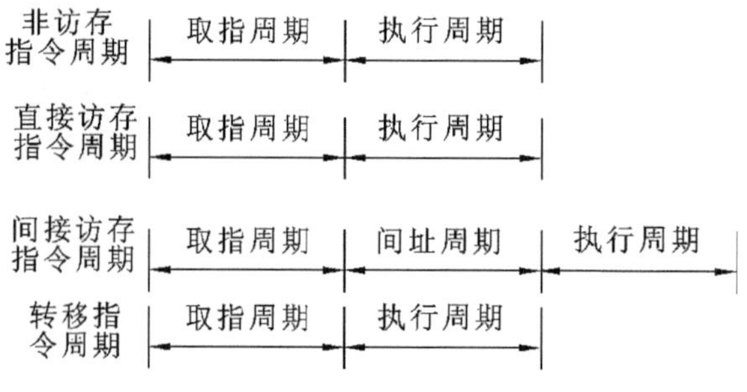


**图 4.17　三类指令的指令周期**

在简单的 CPU 模型中，把一个完整的指令周期分为取指、间址、执行和中断四个机器周期。这四个机器周期中都有 CPU 访存操作，只是访存的目的不同。取指周期是为了取指令，间址周期是为了取有效地址，执行周期是为了取操作数(当指令为访存指令时)，中断周期是为了保存程序断点。这四个周期又可称为 CPU 工作周期，为了区别它们，在 CPU 内可设置四个标志触发器，如图 4.18 所示。哪个触发器处于"1"状态，就表示机器正处于哪个周期运行。因此，同一时刻有一个且仅有一个触发器处于"1"状态。

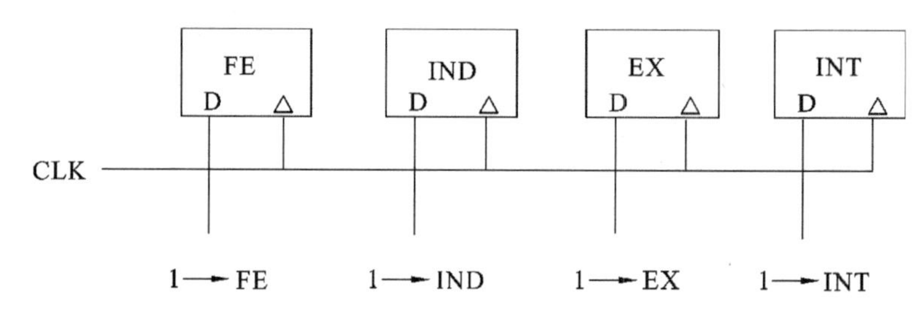


**图 4.18　CPU 工作周期的标志**

图 4.18 所示的 FE、IND、EX 和 INT 分别对应取指、间址、执行和中断四个周期，它们分别由 1→FE、1→IND、1→EX 和 1→INT 四个信号控制。

### 4.5.2　组合逻辑控制单元设计

**1. 微操作的节拍安排**

假设机器采用同步控制，每个机器周期包括三个节拍，安排微操作节拍时应注意以下几点。

- 有些微操作的次序是不容改变的，故安排微操作节拍时必须注意微操作的先后顺序。
- 凡是被控制对象不同的微操作，若能在一个节拍内执行，应尽可能安排在同一个节拍内执行，以节省时间。
- 如果有些微操作所占的时间不长，应该将它们安排在一个节拍内完成，并且允许这些微操作有先后次序。

1) 取指周期微操作的节拍安排

取指周期的操作是公共操作，其完成的任务已在前面进行过描述，在此不再重复，这些操作可以安排在三个节拍中完成。

$T_0$　(PC)→MAR，Read

$T_1$　M(MAR)→MDR，(PC)+1→PC

$T_2$　(MDR)→IR

考虑到指令译码时间短，可将指令译码 OP(IR)→ID 也安排在 $T_2$ 节拍内。

2）间址周期微操作的节拍安排

间址周期完成取操作数有效地址的任务，具体操作如下。

(1) 将指令的地址码部分(形式地址)送至存储器地址寄存器，记作(MDR)→MAR。

(2) 向主存发读命令，启动主存读操作，记作 Read。

(3) 将 MAR 所指的主存单元中的内容(有效地址)经数据总线读至 MDR，记作：M(MAR)→MDR。

(4) 将有效地址送至存储器地址寄存器 MAR，记作(MDR)→MAR。此操作在有些机器中可省略。

这些操作可以安排在三个节拍中完成。

$T_0$　(MDR)→MAR，Read

$T_1$　M(MAR)→MDR

$T_2$　(MDR)→MAR

3）执行周期微操作的节拍安排

(1) 非访存指令。

非访存指令在执行周期只有一个微操作，按同步控制的原则，此操作可安排在 $T_0$ 至 $T_2$ 的任一节拍内，其余节拍空。

① 清零指令 CLA。

$T_0$

$T_1$

$T_2$　0→AC

② 取反指令 COM。

$T_0$

$T_1$

$T_2$　AC→AC

③ 加 1 指令 INC。

$T_0$

$T_1$

$T_2$　(AC)+1→AC

④ 算术右移指令 SAR。

$T_0$

$T_1$

$T_2$　R(AC)→AC，$AC_n$→$AC_n$

⑤ 循环左移指令 CSL。

$T_0$

$T_1$

$T_2$　L(AC)→AC，$AC_n$→$AC_0$

⑥ 停机指令 STP。

$T_0$

$T_1$

$T_2$　0→G

(2) 访存指令。

① 加法指令 ADD　X。

$T_0$　(MDR)→MAR,Read

$T_1$　M(MAR)→MDR

$T_2$　(AC)+(MDR)→AC　(该操作包括(AC)→ALU,(MDR)→ALU,+,ALU→AC)

② 减法指令 SUB　X。

$T_0$　(MDR)→MAR,Read

$T_1$　M(MAR)→MDR

$T_2$　(AC)−(MDR)→AC

③ 与指令 AND　X。

$T_0$　(MDR)→MAR,Read

$T_1$　M(MAR)→MDR

$T_2$　(AC)∧(MDR)→AC

④ 取数指令 LDA　X。

$T_0$　(MDR)→MAR,Read

$T_1$　M(MAR)→MDR

$T_2$　(MDR)→AC

⑤ 存数指令 STA　X。

$T_0$　(MDR)→MAR

$T_1$　AC→MDR,Write

$T_2$　MDR→M(MAR)

(3) 转移指令。

① 无条件转移 JMP　X。

$T_0$

$T_1$

$T_2$　(MDR) →PC

② 结果为零转 JZ　X。

$T_0$

$T_1$

$T_2$　$Z\cdot(MDR)+\overline{Z}\cdot(PC)\rightarrow PC$

③ 结果有进位转 JC　X。

$T_0$

$T_1$

$T_2$　$C\cdot(MDR)+\overline{C}\cdot(PC)\rightarrow PC$

④ 结果为负转 JN　X。

$T_0$

$T_1$

$T_2$　$N\cdot(MDR)+\overline{N}\cdot(PC)\rightarrow PC$

**2. 组合逻辑设计步骤**

组合逻辑设计控制单元时,首先根据上述微操作的节拍安排,列出微操作命令的操作时间表，然后写出每一个微操作命令(控制信号)的逻辑表达式，最后根据逻辑表达式画出相应的组合逻辑电路图，在此不详细说明。



### 4.5.3 微程序控制单元设计

微程序控制单元设计的主要任务是编写对应各条机器指令的微程序，具体步骤是首先写出对应机器指令的全部微操作节拍安排，然后确定微指令格式，最后编写出每条微指令的二进制代码。

**1. 确定微程序控制方式**

根据计算机系统的性能指标(主要是速度)确定微程序控制方式。如：是采用水平微程序设计还是采用垂直微程序设计，微指令是按串行方式执行还是按并行方式执行等。

**2. 拟定微命令系统**

初步拟定微命令系统，并同时进行微指令格式的设计，包括微指令字段的划分、编码方式的选择、初始微地址和后继微地址的形成等。

**3. 编制微程序**

对微命令系统、微指令格式进行反复的核对和审查，并进行适当的修改；对重复和多余的微指令进行合并和精简，直至编制出全部机器指令的微程序为止。

**4. 微程序代码化**

将修改完善的微程序转换成二进制代码，这一过程称为代码化或代真。代真工作可以用人工实现，也可以在机器上用程序实现。

**5. 写入控制存储器**

将一串串二进制代码按地址写入控制存储器的对应单元。

## 4.6 流水线技术

对于指令的执行，可有顺序方式、重叠方式、先行控制及流水线控制方式几种控制方式。顺序方式指的是各条机器指令之间顺序串行执行，即执行完一条指令后，方可取出下一条指令来执行。这种方式控制简单，但速度慢，机器各部件的利用率低。为了加快指令的执行速度，充分利用计算机系统的硬件资源，提高机器的吞吐率，计算机中常采用重叠方式、先行控制方式，以及流水线控制方式。

### 4.6.1 重叠控制

通常，一条指令的运行过程可以分为三个阶段，即取指、分析、执行。假定每个阶段所需的时间为 t，那么在无重叠(顺序)的情况下，需要 3t 才能得到一条指令的执行结果，如图 4.19(a)所示。故采用顺序方式执行 n 条指令所需的时间为：

$$T=3nt$$

如果每个阶段所需时间各为 $t_{取指}$、$t_{分析}$ 和 $t_{执行}$，则顺序执行 n 条指令所需时间为：

$$T=\sum(t_{取指}+t_{分析}+t_{执行})$$

最早出现的重叠是“取指 K+1”和“执行 K”在时间上的重叠，称为一次重叠，如图 4.19(b)

所示，这将使处理机速度有所提高，所需执行时间减少为：

$$T=3\times t+(n-1)\times 2t=(2\times n+1)t$$

一次重叠方式需要增加一个指令缓冲器，当执行第 K 条指令时，寄存取出第 K+1 条指令。如果进一步增加重叠，使“取指 K+2”、“分析 K+1”和“执行 K”重叠起来，称为二次重叠(见图 4.19(c))，则处理机速度还可以进一步提高，所需执行时间减少为：

$$T=3\times t+(n-1)t=(2+n)t$$

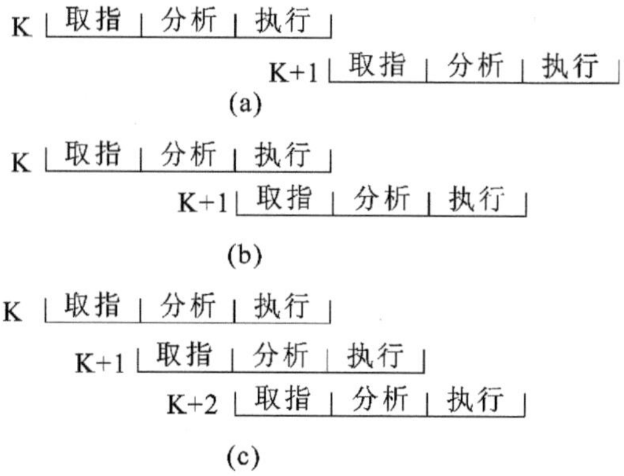

K | 取指 | 分析 | 执行 |
K+1 | 取指 | 分析 | 执行 |

(a)

K | 取指 | 分析 | 执行 |
K+1 | 取指 | 分析 | 执行 |

(b)

K | 取指 | 分析 | 执行 |
K+1 | 取指 | 分析 | 执行 |
K+2 | 取指 | 分析 | 执行 |

(c)

**图 4.19 重叠控制方式**

为了能在“执行 K”的同时，完成“分析 K+1”和“取指 K+2”的工作，就需要控制器同时发出三个阶段所需的控制信号。为此，应把 CPU 中原来集中的控制器，分解为存储控制器、指令控制器和运算控制器。

如果“分析 K+1”时需要访存取出操作数，而“取指 K+2”时也需访存取指令，此时就会出现访存冲突。为了解决这个问题，第一种方法是设置两个存储器，分别用来存放操作数和指令，即采用哈佛结构；第二种方法是主存采用多体交叉存储结构，指令和操作数仍混存于主存中，只要第 K+1 条指令的操作数和第 K+2 条指令本身不在同一存储体内，就能在一个存储周期内同时取出两者；第三种方法是设置指令缓冲器(指令预取队列)，预先将未执行到的下一条指令由主存中取到指令缓冲器去，这样，“取指 K+2”时只需将第 K+2 条指令由指令缓冲器中拿出来送到指令寄存器去，而无须访问主存了。

很明显，指令的重叠执行并不能缩短单条指令的执行时间，但可以缩短相邻两条、多条指令乃至整个程序段的执行时间。

指令的重叠执行对于大多数非分支程序来说可以提高执行速度；但如果遇到转移、转子指令和各种中断，或者遇到第 K 条指令的执行结果正巧是第 K+1 条的操作数的情况(数据相关)时，提前取出的指令将是无效的，此时重叠也就失败了。



### 4.6.2 先行控制原理

假设每次都可以在指令缓冲器中取得指令，则取指阶段就可合并到分析阶段中，指令的运行过程就变为分析和执行两个阶段了。如果所有指令的“分析”与“执行”的时间均相等，则重叠的流程是非常流畅的，机器的指令分析部件和执行部件功能均充分地发挥，机器的速度也能显著地提高。但是，现代计算机的指令系统很复杂，各种类型指令难于做到“分析”与“执行”时间始终相等，此时，各个阶段的控制部件就有可能出现间断等待的问题。在图 4.20 中，分析部件在“分析 K+1”和“分析 K+2”之间有一个等待时间 $\Delta t_1$，在“分析 K+2”和“分析 K+3”之间又有一个等待时间 $\Delta t_2$；执行部件在“执行 K+2”和“执行 K+3”之间有一个等待时间 $\Delta t_3$，指令的分析部件和执行部件都不能连续地、流畅地工作，从而使机器的整体速度受到影响。



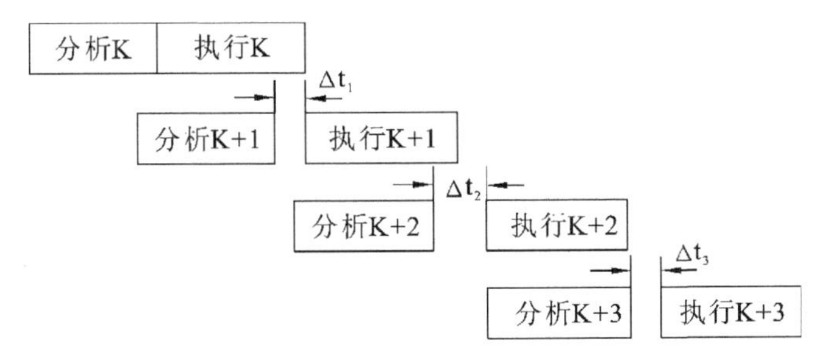


**图 4.20 “分析”和“执行”的时间不等的重叠**

由于分析和执行部件有时处于空闲状态，此时执行 n 条指令所需时间为：

$$T = t_{分析1} + \sum_{i=2}^{n}[\max(t_{分析i}, t_{执行i-1})] + t_{执行n}$$

为了使各部件能连续地工作，提出了先行控制的方式，如图 4.21 所示。虽然图 4.21 中“分析”和“执行”阶段之间有等待的时间间隔 $\Delta t_i$，但它们各自的流程中却是连续的。先行控制的主要目的是使各阶段的专用控制部件不间断地工作，以提高设备的利用率及执行速度。

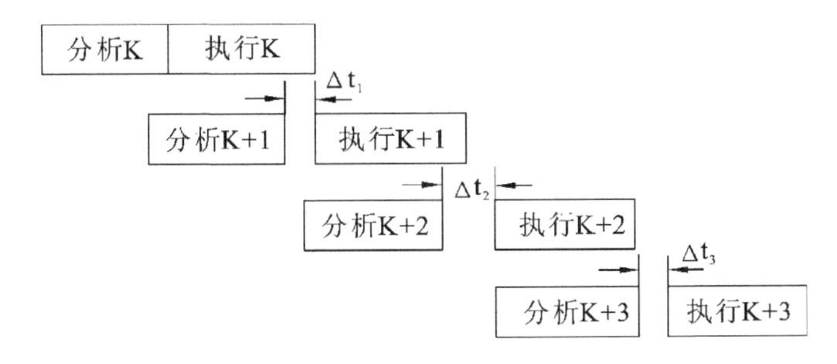


**图 4.21 先行控制方式的时序**

由于分析和执行部件能分别连续不断地分析和执行指令，此时执行 n 条指令所需时间为：

$$T_{先行} = t_{分析1} + \sum_{i=1}^{n} t_{执行i}$$

## 4.6.3 流水工作原理

流水处理技术是在重叠、先行控制方式的基础上发展起来的，它基于重叠的原理，但却是在更高程度上的重叠。

**1. 流水线**

流水线是将一个较复杂的处理过程分成 m 个复杂程度相当、处理时间大致相等的子过程，每个子过程由一个独立的功能部件来完成，处理对象在各子过程连成的线路上连续流动。在同一时间，m 个部件同时进行不同的操作，完成对不同对象的处理。这种方式类似于现代工厂的生产流水线，在那里每隔一段时间（$\Delta t$）从流水线上流出一个产品，而生产这个产品的总时间要比 $\Delta t$ 长得多。由于流水线上各部件并行工作，机器的吞吐率将大大提高。例如，将一条指令的执行过程分成取指令、指令译码、取操作数和执行四个子过程，分别由四个功能部件来完成，每个子过程所需时间为 $\Delta t$，四个子过程的流水线如图 4.22(a)所示。

图 4.22(b)是流水线工作的时空图。图 4.22(b)中横坐标为时间，纵坐标为空间(即各子过程)，标有数字的方格说明占用该空间与时间的任务号，此处表示机器处理的第一、二、三、四条指令，最多可以有四条指令在不同的部件中同时进行处理。若执行一条指令所需时间为 T，那么在理想情况下，当流水线充满后，每隔 $\Delta t=\frac{T}{4}$ 就完成了一条指令的执行。图 4.22中子过程数 $m=4$，任务数 $n=4$。

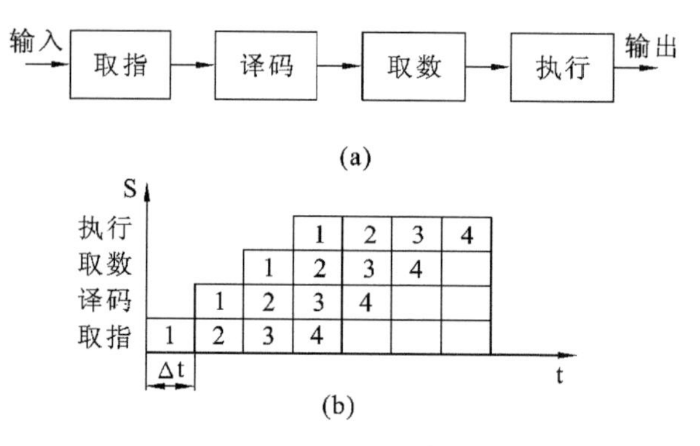


**图 4.22　四个子过程的流水处理**

### 2. 流水线分类

按照不同角度，流水线可有多种不同分类方法。

1) 按处理级别分类

流水线按处理级别可分为操作部件级、指令级和处理机级三种。操作部件级流水线是将复杂的运算逻辑运算组成流水线工作方式。例如，可将浮点加法操作分成求阶差、对阶、尾数相加以及结果规格化四个子过程。指令级流水线则是将指令的整个执行过程分成多个子过程，如前面提到的取指令、指令译码、取操作数和执行四个子过程。处理机级流水线又称为宏流水线，如图 4.23 所示。这种流水线由两个或两个以上处理机通过存储器串行连接起来，每个处理机对同一数据流的不同部分分别进行处理。各个处理机的输出结果存放在与下一个处理机所共享的存储器中。每个处理机完成某一专门任务。

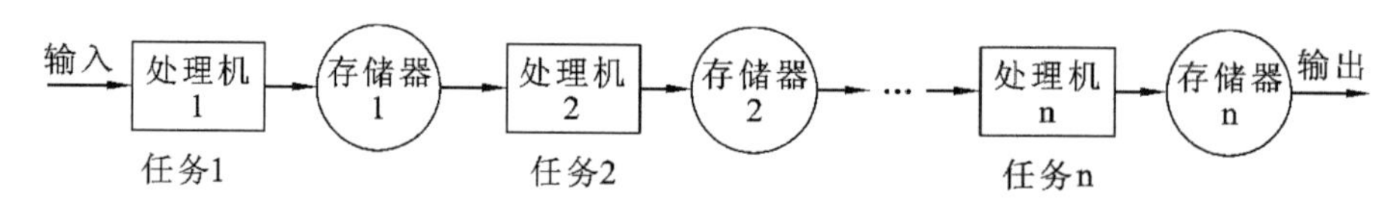


**图 4.23　处理机级流水线**



2) 按功能分类

流水线按功能可分成单功能流水线和多功能流水线两种。单功能流水线只能实现一种固定的功能，例如，浮点加法流水线专门完成浮点加法运算，浮点乘法流水线专门完成浮点乘法运算。多功能流水线则可有多种连接方式来实现多种功能，例如，美国 TI 公司生产的 ASC 计算机中的一个多功能流水线，共有八个功能段(见图 4.24(a))按需要它可将不同的功能段连接起来完成某一功能，以实现定点加法(见图 4.24(b))、浮点加法(见图 4.24(c))和定点乘法(见图 4.24(d))等功能。

3) 按工作方式分类

多功能流水线按工作方式可分为静态流水线和动态流水线两种。

**图 4.24** TI-ASC 计算机的多功能流水线

静态流水线在同一时间内各段只能以一种功能连接流水，当从一种功能连接变为另一种功能连接时，必须先排空流水线，然后为另一种功能设置初始条件后方可使用。显然，不希望这种功能的转换频繁发生，否则将严重影响流水线的处理效率。

动态流水线则允许在同一时间内将不同的功能段连接成不同的功能子集，以完成不同的功能。

4）按流水线结构分类

流水线按结构分为线性流水线和非线性流水线两种。在线性流水线中，从输入到输出，每个功能段只允许经过一次，不存在反馈回路。一般的流水线均属这一类。非线性流水线除有串行连接通路外，还有反馈回路，在流水过程中，某些功能段要反复多次使用。

## 4.7 精简指令系统计算机

精简指令系统计算机(RISC)是 20 世纪 80 年代提出的一种新的设计思想，目前运行中的许多计算机都采用了 RISC 体系结构或采用了 RISC 设计思想。

### 4.7.1 RISC 的特点和优势

**1. RISC 的主要特点**

目前，难以在 RISC 和 CISC 之间划出一条明显的分界线，但大部分 RISC 具有下列一些特点。

(1) 指令总数较少(一般不超过 100 条)。

(2) 基本寻址方式种类少(一般限制在 2～3 种)。

(3) 指令格式少(一般限制在 2～3 种)，而且长度一致。

(4) 除取数和存数指令(Load/Store)外,大部分指令在单周期内完成。

(5) 只有取数和存数指令能够访问存储器,其余指令的操作只限于在寄存器之间进行。

(6) CPU 中通用寄存器的数目应相当多(32 个以上,有的可达上千个)。

(7) 为提高指令执行速度,绝大多数采用硬连线控制实现,不用或少用微程序控制实现。

(8) 采用优化的编译技术,力求以简单的方式支持高级语言。

**2. RISC 的优势**

计算机执行一个程序所用的时间 t 可用式(4-2)表示。

$$t=I\times C\times T \tag{4-2}$$

式中:I 是高级语言编译后在机器上执行的机器指令总数;C 是执行每条机器指令所需的平均周期数;T 是每个周期的执行时间。

表 4.1 为 RISC 和 CISC 的统计数据。表 4.1 中 I、T 为比值,C 为实际周期数。

**表 4.1　RISC、CISC 的 I、C、T 统计**

| 指令集 | I | C | T |
|---|---|---|---|
| RISC | 1.2～1.4 | 1.3～1.7 | <1 |
| CISC | 1 | 4～10 | 1 |

由于 RISC 机器的指令比较简单,故完成同样的任务要比 CISC 机器使用更多的指令,因此 RISC 的 I 要比 CISC 的多 20%～40%。但是 RISC 的大多数指令只需单周期实现,所以 C 值要比 CISC 小得多。同时因为 RISC 结构简单,所以完成一个操作所经过的数据通路较短,使 T 值有所减少,根据上述统计折算下来,RISC 的处理速度要比相同规模的 CISC 提高 3～5 倍。

由于 RISC 的结构简化,降低了芯片的复杂程度,节约了芯片面积。若使 RISC 芯片保持与 CISC 芯片相同的面积和复杂程度的话,则 RISC 芯片可集成更多的功能部件,集成度大为提高,且功能也大大增强。

当然,RISC 也存在着某些局限性,因此实际上商品化的 RISC 机器并不是纯粹的 RISC。为了满足应用的需要,实用的 RISC 除了保持 RISC 的基本特色之外,还必须辅以一些必不可少的复杂指令,如浮点和十进制运算指令等。所以,这种机器实际上是在 RISC 基础上实现了 RISC 与 CISC 的完美结合。

## 4.7.2　RISC 基本技术

为了能有效地支持高级语言并提高 CPU 的性能,RISC 结构采用了一些特殊技术。

**1. RISC 寄存器管理技术**

在计算机中,和访问寄存器相比,访问存储器的操作是很慢的操作,因此在 RISC 中,为了减少访存的频度,通常在 CPU 芯片上设置大量寄存器,把常用的数据保存在这些寄存器中。例如,RISCⅡ有 138 个寄存器,AM 29000 有 192 个寄存器,Ry 公司的 9000 系列超级小型机,甚至设置了多达 528 个寄存器。

在 RISCⅡ中使用了重叠寄存器窗口技术,即设置一个数量比较大的寄存器堆,并把它划分成很多窗口。每个过程使用其中相邻的三个窗口和一个公共的窗口,而在这相邻的三个窗口中有一个窗口与前一个过程公用,还有一个窗口是与下一个过程公用的。

**2. 流水线技术**

一条指令通常可分为取指、译码、执行、写回等多个阶段，要想在一个周期内串行完成这些操作是不可能的，因此，采用流水线技术势在必行。

流水线的基本概念已在前面介绍过，各种 RISC 采用的流水线结构不完全相同。如 RISC Ⅰ采用两级流水线（取指、执行）；RISC Ⅱ采用三级流水线（取指、执行、写回）；AM29000 则采用四级流水线（取指、译码、执行、写回）。

当出现数据相关和程序转移情况时，流水线结构就可能发生断流的问题，这将会影响流水线的效率。

两级流水线不存在数据相关问题，而流水线级数越多，情况越复杂。RISC Ⅱ是采用内部推前的方法来解决数据相关的问题的。每当执行 Load/Store 指令时，就把流水线各级操作暂停一个周期，以完成存储器读/写，所有指令的读/写运算结果总是先放在结果暂存器中。当硬件检测到数据相关时，直接从结果暂存器取得源操作数，即将与第 i+1 条指令操作有关的第 i 条指令的数据预先推入一个暂存器中，所以第 i+1 条指令是从暂存器中取出操作数的，这样使流水线不至于阻塞。

**3. 延时转移技术**

在流水线中，取下一条指令是同上一条指令的执行并行进行的，当遇到转移指令时，流水线就可能断流。在 RISC 机器中，当遇到转移指令时，可以采用延迟转移方法或优化延迟转移方法。当采取延迟转移方法时，编译程序自动在转移指令之后插入一条（或几条，根据流水线情况而定）空指令，以延迟后继指令进入流水线的时间。所谓优化延迟转移方法，是将转移指令与前条指令对换位置，提前执行转移指令，可以节省一个机器周期。

## 4.8 微处理器中的新技术

### 4.8.1 超标量和超流水线技术

在 RISC 之后，出现了一些提高指令级并行性的技术，使得计算机在每个时钟周期里可以解释多条指令，这就是超标量技术和超流水线技术。

前面提到的流水线技术是指常规的标量流水线技术，每个时钟周期平均执行的指令的条数小于等于 1，即它的指令级并行度（instruction level parallelism，ILP）$\leqslant 1$。

超标量技术是通过重复设置多个功能部件，并让这些功能部件同时工作来提高指令的执行速度，实际上是以增加硬件资源为代价来换取处理器性能的。使用超标量技术的处理器在一个时钟周期内可以发射多条指令，假设每个时钟周期发射 m 条指令，则有 $1<ILP<m$。

超流水线技术仍然是一种流水线技术，可以认为它是将标量流水线的子过程（段）再进一步细分，使得子过程数（段数）大于或等于 8 的情况。也就是说只需要增加少量硬件，通过各部分硬件的充分重叠工作来提高处理器性能。采用超流水线技术的处理器在一个时钟周期内可以分时发射多条指令，假设每个时钟周期 $\Delta t$ 分时地发射 n 条指令，则每隔 $\Delta t'$ 就流出一条指令，此时 $\Delta t'=\Delta t/n$，有 $1<ILP<n$。

### 4.8.2 EPIC 的指令级并行处理

EPIC 架构是 Itanium 挑战 RISC 架构的基础，它的设计思想就是用智能化的软件来指挥硬件，以实现指令级并行计算。采用 EPIC 架构的处理器在运行中，首先由编译器分析指令之间的依赖关系，将没有依赖关系的三条指令组合成一个 128 位的指令束。在低端 CPU 中，每个时钟周期调度一个指令束，CPU 等待所有的指令都执行完后再调度下一个指令束。在高端的 CPU 中，每个时钟周期可以调用多个指令束，类似于现在的超标量设计。另外，在高端 CPU 中，CPU 可以在原有的指令束没有执行完之前调度新的指令束。当然，它需要检查将要用到的寄存器和功能单元是否可用，但是它不用检查同一束中的其他指令是否和它冲突，因为编译器已经保证不会出现这种情况。

值得一提的是，EPIC 还采用了更为先进的分支判定技术来保证并行处理的稳定性。传统 CPU 采用的分支预测技术是只沿一个预测的分支执行，一旦预测错误就不得不清空整条流水线，从头再来，损失较大；EPIC 的分支判定技术则是同时执行两条分支，把条件分支指令变成可同时执行的判定指令，让两条分支并行执行，最后丢掉不需要的结果即可。

另外，EPIC 还导入了数据推测装载技术，它可预先在 Cache 中装入接下来的指令可能调用的数据，来提升 Cache 的工作效率，对经常需要使用 Cache 的应用程序，如大型数据库的性能提升非常显著。

### 4.8.3 超线程技术

超线程(hyper-threading，HT)是 Intel 公司提出的一种提高 CPU 性能的技术，简单地说就是将一个物理 CPU 当做两个逻辑 CPU 使用，使 CPU 可以同时执行多重线程，从而发挥更大的效率。超线程技术利用特殊的硬件指令，把两个逻辑内核模拟成两个物理芯片，让单个处理器都能使用线程级并行计算，进而兼容多线程操作系统和应用软件，减少了 CPU 的闲置时间，提高 CPU 的运行效率。

超线程技术可以使操作系统或者应用软件的多个线程，同时运行于一个超线程处理器上，其内部的两个逻辑处理器共享一组处理器执行单元，并行完成加、乘、加载等操作。这样做可以使得处理器的处理能力提高 30%，因为在同一时间里，应用程序可以充分使用芯片的各个运算单元。

对于单线程芯片来说，虽然也可以每秒钟处理成千上万条指令，但是在某一时刻，其只能够对一条指令(单个线程)进行处理，必然使处理器内部的其他处理单元闲置。而超线程技术则可以使处理器在某一时刻，同步并行处理更多指令和数据(多个线程)。所以说，超线程是一种可以将 CPU 内部暂时闲置处理资源充分“调动”起来的技术。

在处理多个线程的过程中，多线程处理器内部的每个逻辑处理器均可以单独对中断做出响应，当第一个逻辑处理器跟踪一个软件线程时，第二个逻辑处理器也开始对另外一个软件线程进行跟踪和处理了。另外，为了避免 CPU 处理资源冲突，负责处理第二个线程的那个逻辑处理器，其使用的仅是运行第一个线程时被暂时闲置的处理单元。例如，当一个逻辑处理器在执行浮点运算(使用处理器的浮点运算单元)时，另一个逻辑处理器可以执行加法运算(使用处理器的定点运算单元)。这样做，无疑大大提高了处理器内部处理单元的利用率和相应数据、指令的吞吐能力。

### 4.8.4 双核与多核技术

**1. 双核处理器**

双核处理器是指在一个处理器上集成两个运算核心，从而提高计算能力。“双核”的概念最早是由 IBM、HP、Sun 等支持 RISC 架构的高端服务器厂商提出的，目前双核处理器已在微机中普遍使用，图 4.25 给出了 Intel 双核的基本结构。

双核处理器并不能达到 1+1=2 的效果，也就是说，双核处理器并不会比同频率的单核处理器提高一倍的性能。IBM 公司曾经对比了 AMD 双核处理器和单核处理器的性能，其结果是双核比单核性能大约提高 60%。不过值得一提的是，这个 60%并不是说处理同一个程序时的提升幅度，而是在多线程任务下得到的提升。换句话说，双核处理器的优势在于多线程应用，如果只是处理单个任务，运行单个程序，也许双核处理器与同频率的单核得到的效果是一样的。

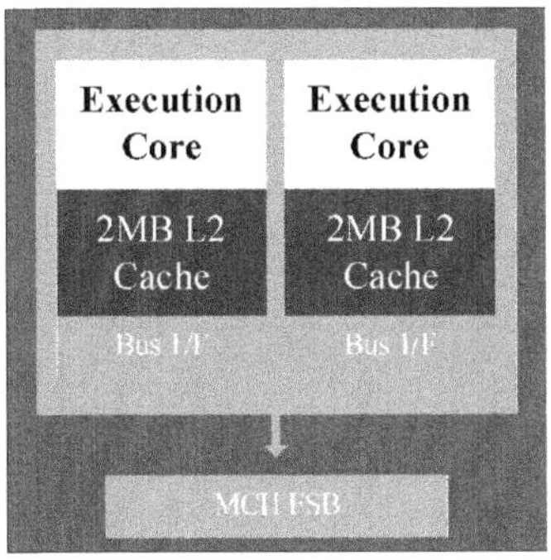

**图 4.25　Intel 双核的基本结构**

**2. 超线程技术与双核心技术的区别**

开启了超线程技术的 Pentium 4(单核)与 Pentium D(双核)在操作系统中都同样被识别为两个处理器，它们究竟是不是一样的呢？这个问题确实具有迷惑性。其实，可以简单地把双核心技术理解为两个“物理”处理器，是一种“硬”的方式；而超线程技术只是两个“逻辑”处理器，是一种“软”的方式。

支持超线程的 Pentium 4 能同时执行两个线程，但超线程中的两个逻辑处理器并没有独立的执行单元、整数单元、寄存器甚至缓存等资源。它们在运行过程中仍需要共用执行单元、缓存和系统总线接口。执行多线程时两个逻辑处理器交替工作，如果两个线程都同时需要某一个资源时，其中一个要暂停并要让出资源，要待那些资源闲置时才能继续。因此，可以说超线程技术仅可以看做是对单个处理器运算资源的优化利用。

而双核心技术则是通过“硬”的物理核心实现多线程工作，每个核心拥有独立的指令集、执行单元，与超线程中所采用的模拟共享机制完全不一样。在操作系统看来，它是实实在在的双处理器，可以同时执行多项任务，能让处理器资源真正实现并行处理模式，其效率和性能提升要比超线程技术高得多，不可同日而语。

**3. 多核多线程技术**

目前，高性能微处理器研究的前沿逐渐从开发指令级并行(ILP)转向开发多线程并行(Thread Level Parallelism，TLP)，单芯片多处理器(Chip Multiprocessor，CMP)就是实现 TLP 的一种新型体系结构。

CMP 在一个芯片上集成多个微处理器核，每个微处理器核实质上都是一个相对简单的单线程微处理器或者比较简单的多线程微处理器，这样多个微处理器核就可以并行地执行程序代码，因而具有较高的线程级并行性。

如果按照单芯片多处理器上的处理器是否相同，CMP 可以分为同构 CMP 和异构 CMP，同构 CMP 大多数由通用的处理器组成，多个处理器执行相同或者类似的任务。异构 CMP 除含有通用处理器作为控制、通用计算之外，多集成了 DSP、ASIC、媒体处理器、VLIW 处理器等针对特定的应用提高计算的性能。

Pentium 系列微处理器中的 Pentium 属于单核单线程处理器，Pentium 4 属于单核多线程处理器，Pentium D 属于多核单线程处理器，Pentium EE 属于多核多线程处理器，这几种微处理器的内部结构示意图如图 4.26 所示，图中 EU 表示执行单元，CU 表示控制单元。

多核处理器广泛受到青睐的一个主要原因是，当工作频率受限于技术进步时，并行处理技术可以采用更多的内核并行运行来大大提高处理器的等效运行速度，同时由于

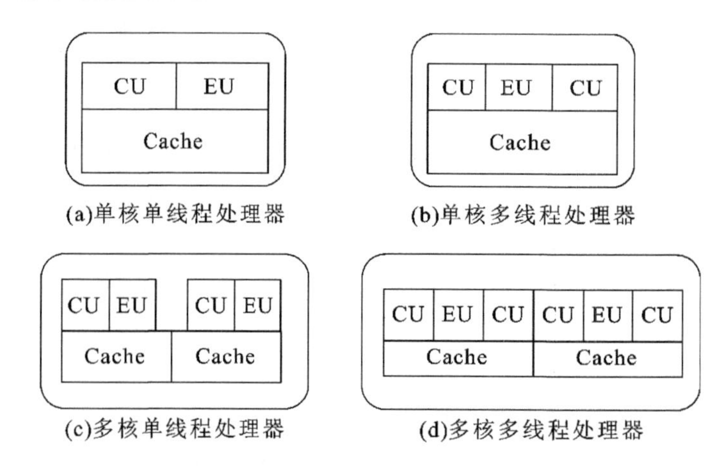


(a)单核单线程处理器　(b)单核多线程处理器

(c)多核单线程处理器　(d)多核多线程处理器

**图 4.26　几种微处理器的内部结构**

工作频率没有提高，功耗相对于同性能的高频单核处理器要低得多。不难看出，多核处理器是处理器发展的必然趋势。无论是移动与嵌入式应用、桌面应用还是服务器应用，都将采用多核的架构。未来的多核处理器芯片将包含很多通用的处理器核，每个处理器核运行 2～4 个线程。同时芯片中包含成千个异构可编程加速器，用于媒体加速等特殊处理。

## 思考题和习题

1. 控制器有哪几种控制方式？各有何特点？

2. 什么是三级时序系统？

3. 控制器有哪些基本功能？它可分为哪几类？分类的依据是什么？

4. 中央处理器有哪些功能？它由哪些基本部件所组成？

5. 中央处理器中有哪几个主要寄存器？试说明它们的结构和功能。

6. 某计算机 CPU 芯片的主振频率为 8 MHz，其时钟周期是多少微秒？若已知每个机器周期平均包含四个时钟周期，该机的平均指令执行速度为 0.8 MIPS，试问：

(1) 平均指令周期是多少微秒？

(2) 平均每个指令周期含有多少个机器周期？

(3) 若改用时钟周期为 0.4 μs 的 CPU 芯片，则计算机的平均指令执行速度又是多少？

(4) 若要得到 40 万次/秒的指令执行速度，则应采用主振频率为多少的 CPU 芯片？

7. 以一条典型的单地址指令为例，简要说明下列部件在计算机的取指周期和执行周期中的作用。

(1) 程序计数器(PC)；

(2) 指令寄存器(IR)；

(3) 算术逻辑运算部件(ALU)；

(4) 存储器数据寄存器(MDR)；

(5) 存储器地址寄存器(MAR)。

8. 什么是指令周期？什么是 CPU 周期？它们之间有什么关系？

9. 指令和数据都存放在主存，如何识别从主存储器中取出的是指令还是数据？

10. CPU 中指令寄存器是否可以不要？指令译码器是否能直接对存储器数据寄存器 MDR 中的信息译码？为什么？以无条件转移指令 JMP A 为例说明。

11. 设一地址指令格式如下：

| @ | OP | A |
| --- | --- | --- |

现在有四条地址指令：LOAD(取数)、ISZ(加"1"为零跳)、DSZ(减"1"为零跳)、STORE(存数),在一台单总线单累加器结构的机器上运行,试排出这四个指令的微操作序列。

**注意**：当排 ISZ 和 DSZ 指令时不要破坏累加寄存器 Acc 原来的内容。

12. 某计算机主要部件如图 4.27 所示。

(1) 补充各部件间的主要连接线,并注明数据流动方向。

(2) 写出指令 ADD$(R_1)$,$(R_2)$+的执行过程(含取指过程与确定后继指令地址)。该指令的含义是进行加法操作,源操作数地址和目的操作数地址分别在寄存器 $R_1$ 和 $R_2$ 中,目的操作数寻址方式为自增型寄存器间址。

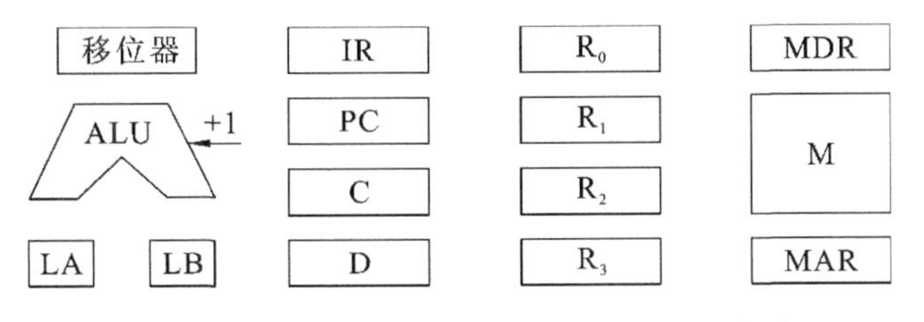


LA—A输入选择器;LB—B输入选择器;C、D—暂存器

**图 4.27　某计算机主要部件**

13. 某计算机的 CPU 内部结构如图 4.28 所示。两组总线之间的所有数据传送通过 ALU。ALU 还具有完成以下功能的能力：

F=A；　　F=B

F=A+1；　F=B+1

F=A−1；　F=B−1

写出转子指令(JSR)的取指和执行周期的微操作序列。JSR 指令占两个字,第一个字是操作码,第二个字是子程序的入口地址。返回地址保存在存储器堆栈中,堆栈指示器始终指向栈顶。

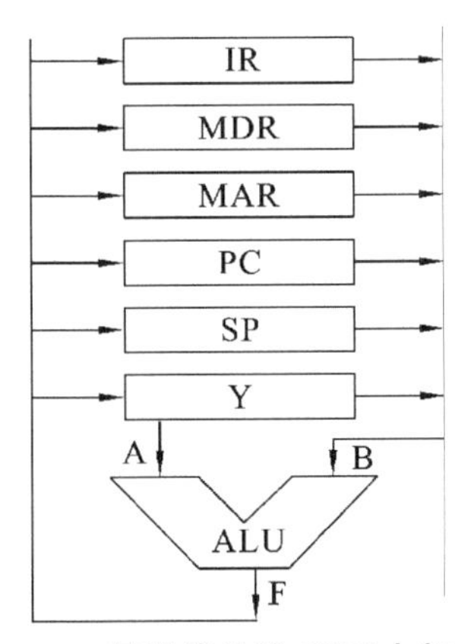


**图 4.28　某计算机的 CPU 内部结构**

14. CPU 结构如图 4.29 所示,其中有一个累加寄存器 AC、一个状态条件寄存器和其他四个寄存器,各部件之间的连线表示数据通路,箭头表示信息传送方向。

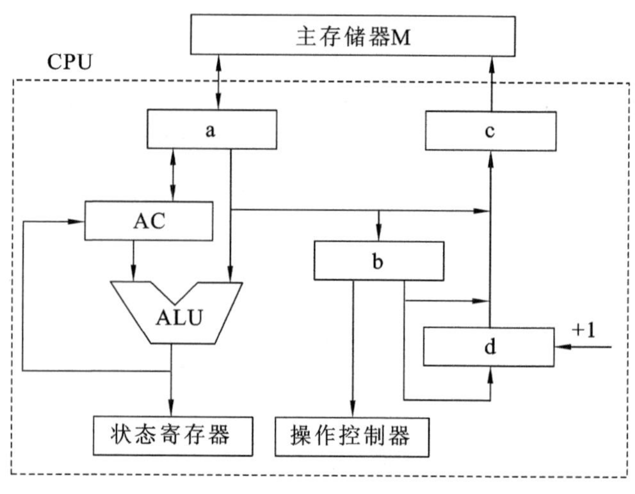


**图 4.29　某计算机 CPU 结构**

（1）标明四个寄存器的名称。

（2）简述指令从主存取出送到控制器的数据通路。

（3）简述数据在运算器和主存之间进行存取访问的数据通路。

15. 什么是微命令和微操作？什么是微指令？微程序和机器指令有何关系？微程序和程序之间有何关系？

16. 什么是垂直型微指令？什么是水平型微指令？它们各有什么特点？

17. 水平型和垂直型微程序设计之间有什么区别？串行微程序设计和并行微程序设计有什么区别？

18. 图 4.30 给出了某微程序控制计算机的部分微指令序列。图 4.30 中每一框代表一条微指令。分支点 a 由指令寄存器(IR)的第 5 位和第 6 位决定。分支点 b 由条件码 $C_0$ 决定。现采用下址字段实现该序列的顺序控制。已知微指令地址寄存器字长 8 位。

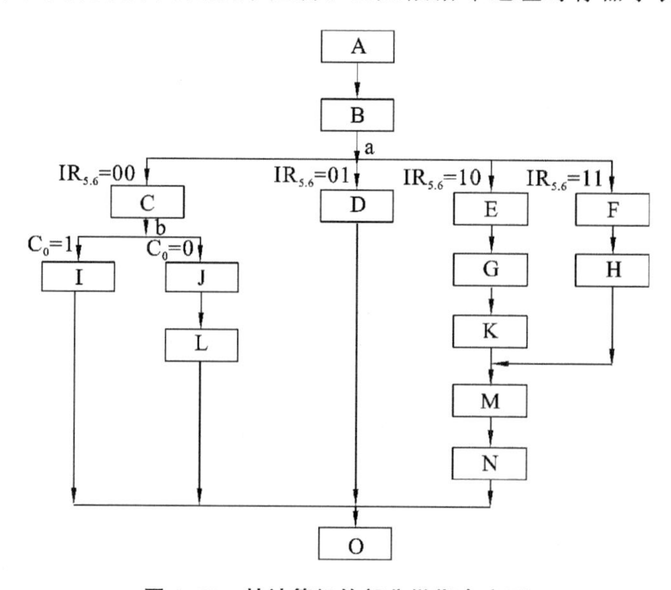


**图 4.30　某计算机的部分微指令序列**

（1）设计实现该微指令序列的微指令字之顺序控制字段格式。

(2) 给出每条微指令的二进制编码地址。

(3) 画出微程序控制器的简化框图。

19. 已知某计算机采用微程序控制方式，其控制存储容量 512×48 位，微程序可在整个控制存储器中实现转移，可控制转移的条件共四个，微指令采用水平型格式，后继指令地址采用断定方式，微指令格式如图 4.31 所示。

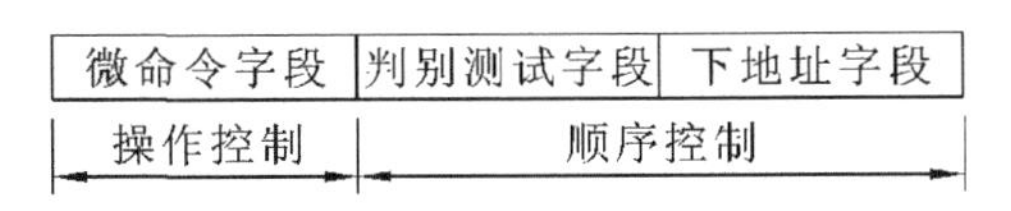


图 4.31 某计算机的微指令格式

(1) 微指令中的三个字段分别应为多少位？

(2) 画出围绕这种微指令格式的微程序控制器逻辑框图。

20. 在微程序控制器中，微程序计数器(μPC)可以用具有加"1"功能的微地址寄存器(μMAR)来代替，试问程序计数器(PC)是否可以用具有加"1"功能的存储器地址寄存器(MAR)代替？

# 第5章 指令系统

指令和指令系统是计算机中最基本的概念。指令是指示计算机执行某些操作的命令，一台计算机的所有指令的集合构成该机的指令系统，也称指令集。指令系统是计算机的重要组成部分，位于硬件和软件的交界面上。本章将讨论一般计算机的指令系统所涉及的基本问题。

## 5.1 指令格式

一台计算机指令格式的选择和确定要涉及多方面的因素，如指令长度、地址码结构以及操作码结构等，是一个很复杂的问题，它与计算机系统结构、数据表示方法、指令功能设计等都密切相关。

### 5.1.1 机器指令的基本格式

一条指令就是机器语言的一个语句，它是一组有意义的二进制代码，指令的基本格式如下。

| 操作码字段 | 地址码字段 |
| --- | --- |

其中，操作码指明了指令的操作性质及功能，地址码则给出了操作数的地址。

指令的长度是指一条指令中所包含的二进制代码的位数，它取决于操作码字段的长度、操作数地址的个数及长度。指令长度与机器字长没有固定的关系，它可以等于机器字长，也可以大于或小于机器字长。在字长较短的小型、微型计算机中，大多数指令的长度可能大于机器的字长；而在字长较长的大、中型机中，大多数指令的长度则往往小于或等于机器的字长。通常，把指令长度等于机器字长的指令称为单字长指令；指令长度等于半个机器字长的指令称为半字长指令；指令长度等于两个机器字长的指令称为双字长指令。

在一个指令系统中，若所有指令的长度都是相等的，称之为定长指令字结构。定长结构指令系统控制简单，但不够灵活。若各种指令的长度随指令功能而异，就称之为变长指令字结构。现代计算机广泛采用变长指令字结构，指令的长度能短则短，需长则长，如 80x86 的指令长度从一个字节到十几个字节不等。变长结构指令系统灵活，能充分利用指令长度，但指令的控制较复杂。

### 5.1.2 地址码结构

计算机执行一条指令所需的全部信息都必须包含在指令中。对于一般的双操作数运算类指令来说，除去操作码(Operation Code)之外，指令还应包含以下信息：①第一操作数地址，用 $A_1$ 表示；②第二操作数地址，用 $A_2$ 表示；③操作结果存放地址，用 $A_3$ 表示；④下条将要执行指令的地址，用 $A_4$ 表示。



这些信息可以在指令中明显地给出，称为显地址。这些信息也可以依照某种事先的约定，用隐含的方式给出，称为隐地址。下面从地址结构的角度来介绍几种指令格式。

**1. 四地址指令**

前述的四个地址信息都在地址字段中明显地给出，其指令的格式如下。

| OP | $A_1$ | $A_2$ | $A_3$ | $A_4$ |
| --- | --- | --- | --- | --- |

指令的含义：

$$(A_1)OP(A_2) \rightarrow A_3$$
$$A_4 = \text{下条将要执行指令的地址}$$

其中：OP表示具体的操作，$A_i$表示地址，$(A_i)$表示存放于该地址中的内容。

这种格式的主要优点是直观，下条指令的地址明显。但最大的缺点是指令的长度太长，如果每个地址为16位，整个地址码字段就要长达64位，所以这种格式不实用。

**2. 三地址指令**

正常情况下，大多数指令按顺序依次被从主存中取出来执行，只有遇到转移指令，程序的执行顺序才会改变。因此，可以用一个程序计数器(program counter，PC)来存放指令地址。每当CPU从内存取完一条指令，PC就自动增值(增值量是所取指令在内存存放时所占的字节数)，直接得到将要执行的下一条指令的地址。这样，指令中就不必再明显地给出下一条指令的地址了。三地址指令格式如下。

| OP | $A_1$ | $A_2$ | $A_3$ |
|---|---|---|---|

指令的含义：

$$(A_1)OP(A_2) \rightarrow A_3$$
PC完成修改(隐含)

执行一条三地址的双操作数运算指令，至少需要访问四次主存。第一次取指令本身，第二次取第一操作数，第三次取第二操作数，第四次保存运算结果。

这种格式省去了一个地址，但指令长度仍然比较长，所以只在字长较长的大、中型计算机中使用，在小型、微型计算机中很少使用。

**3. 二地址指令**

三地址指令执行完后，主存中的两个操作数均不会被破坏。然而，通常并不需要完整地保留两个操作数。比如，可让第一操作数地址同时兼作存放结果的地址(目的地址)，这样即得到了二地址指令，其格式如下。

| OP | $A_1$ | $A_2$ |
|---|---|---|

指令的含义：

$$(A_1)OP(A_2) \rightarrow A_1$$
PC完成修改(隐含)

其中：$A_1$为目的操作数地址，$A_2$为源操作数地址。

**注意：**

指令执行之后，目的操作数地址中原存的内容已被破坏了。

执行一条二地址的双操作数运算指令，同样至少需要访问四次主存。

**4. 一地址指令**

一地址指令顾名思义只有一个显地址，它的指令格式为：

| OP | $A_1$ |
|---|---|

一地址指令只有一个地址，那么另一个操作数来自何方呢？指令中虽未明显给出，但按事先约定，这个隐含的操作数就放在一个专门的寄存器中。因为这个寄存器连续性运算时，保存着多条指令连续操作的累计结果，故称为累加寄存器(accumulator，Acc)。

指令的含义：

$$(Acc)OP(A_1) \rightarrow Acc$$

PC 完成修改(隐含)

执行一条一地址的双操作数运算指令,只需要访问两次主存。第一次取指令本身,第二次取第二操作数。第一操作数和运算结果都放在累加寄存器中,所以读取和存入都不需要访问主存。

**5. 零地址指令**

零地址指令格式中只有操作码字段,没有地址码字段,其格式如下。

| OP |
|---|

零地址的算术逻辑类指令是用在堆栈计算机中的,堆栈计算机没有一般计算机中必备的通用寄存器,因此堆栈就成为提供操作数和保存运算结果的唯一场所。通常,参加算术逻辑运算的两个操作数隐含地从堆栈顶部弹出,送到运算器中进行运算,运算的结果再隐含地压入堆栈。

指令中地址个数的选取要考虑诸多的因素。从缩短程序长度、用户使用方便、增加操作并行度等方面来看,选用三地址指令格式较好;从缩短指令长度、减少访存次数、简化硬件设计等方面来看,一地址指令格式较好。对于同一个问题,用三地址指令编写的程序最短,但指令长度(程序存储量)最长;而用二、一、零地址指令来编写程序,程序的长度一个比一个长,但指令的长度一个比一个短。表 5.1 给出了不同地址数指令的特点及适用场合。

**表 5.1 不同地址数指令的特点及适用场合**

| 地址数量 | 程序长度 | 程序存储量 | 执行速度 | 适用场合 |
|---|---|---|---|---|
| 三地址 | 短 | 最大 | 一般 | 向量、矩阵运算为主 |
| 二地址 | 一般 | 很大 | 很慢 | 一般不宜采用 |
| 一地址 | 较长 | 较大 | 较快 | 连续运算,硬件结构简单 |
| 零地址 | 最长 | 最小 | 最慢 | 嵌套、递归问题 |

前面介绍的操作数地址都是指主存单元的地址,实际上许多操作数可能是存放在通用寄存器里的。计算机在 CPU 中设置了相当数量的通用寄存器,用它们来暂存运算数据或中间结果,这样可以大大减少访存次数、提高计算机的处理速度。实际使用的二地址指令多为二地址 R(通用寄存器)型,一般通用寄存器数量有 8～32 个,其地址(或称寄存器编号)有 3～5 位就可以了。由于二地址 R 型指令的地址码字段很短,且操作数就在寄存器中,所以这类指令的程序存储量最小,程序执行速度最快,在小型、微型计算机中被大量使用。

### 5.1.3 指令的操作码



指令系统中的每一条指令都有一个唯一确定的操作码,指令不同,其操作码的编码也不同。通常,希望用尽可能短的操作码字段来表达全部的指令。指令操作码的编程可以分为规整型和非规整型两类。

**1. 规整型(定长编码)**

这是一种最简单的编码方法,操作码字段的位数和位置是固定的。为了能表示整个指令系统中的全部指令,指令的操作码字段应当具有足够的位数。

假定指令系统只有 m 条指令,指令中操作码字段的位数为 N 位,则有如下关系式。

$$m \leqslant 2^N$$

所以,

$$N \geqslant \log_2 m$$

定长编码对于简化硬件设计、缩短指令译码的时间是非常有利的，在字长较长的大、中型计算机及超级小型计算机中广泛采用。如 IBM370 机（字长 32 位）中采用的就是这种方式。IBM370 机的指令可分为三种不同的长度形式：半字长指令（16 位）、单字长指令（32 位）和一个半字长指令（48 位），共有五种格式，如图 5.1 所示。

| 类型 | 字段（位数） | | | | | |
|---|---|---|---|---|---|---|
| RR型 | OP (8) | $R_1$ (4) | $R_2$ (4) | | | |
| RX型 | OP (8) | $R_1$ (4) | $X_2$ (4) | $B_2$ (4) | $D_2$ (12) | |
| RS型 | OP (8) | $R_1$ (4) | $R_2$ (4) | $B_2$ (4) | $D_2$ (12) | |
| SI型 | OP (8) | $I_2$ (8) | $B_1$ (4) | $D_1$ (12) | | |
| SS型 | OP (8) | $L_1$ (8) | $B_1$ (4) | $D_1$ (12) | $B_2$ (4) | $D_2$ (12) |

**图 5.1　IBM370 机的指令格式**

从图 5.1 可以看出，在 IBM370 机中不论指令的长度为多少位，其操作码字段一律都是 8 位。8 位操作码允许容纳 256 条指令。而实际上在 IBM 370 机中仅有 183 条指令，存在着极大的信息冗余，这种信息冗余的编码也称为非法操作码。

**2. 非规整型（变长编码）**

变长编码的操作码字段的位数不固定，且分散地放在指令字的不同位置上。这种方式能够有效地压缩指令中操作码字段的平均长度，在字长较小的小、微型计算机中广泛采用。如 PDP-11 机（字长 16 位）中采用的就是这种方式。PDP-11 机的指令分为单字长、双字长、三字长三种，操作码字段占 4～16 位不等，可遍及整个指令长度。其指令格式如图 5.2 所示。

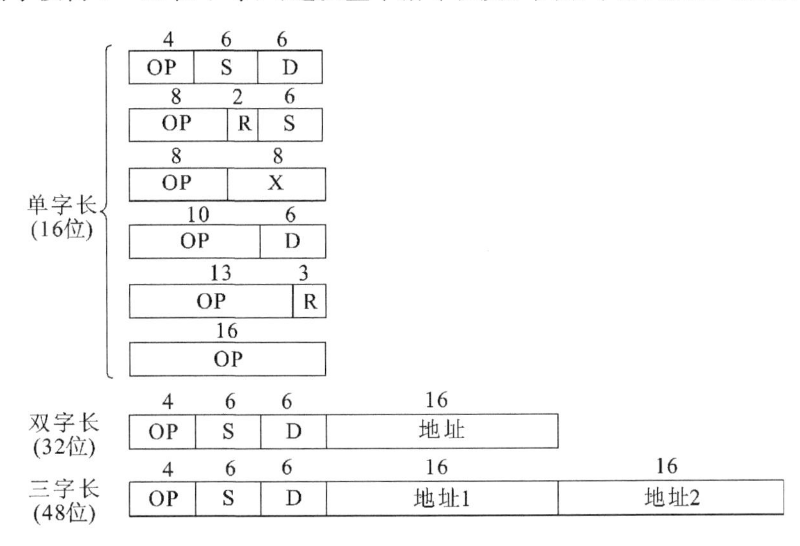


**图 5.2　PDP-11 机的指令格式**

显然，操作码字段的位数和位置不固定将增加指令译码和分析的难度，使控制器的设计复杂化。

最常用的非规整型编码方式是扩展操作码法。因为如果指令长度一定，则地址码与操作码字段的长度是相互制约的。为了解决这一矛盾，让操作数地址个数多的指令（三地址指令）的操作码字段短些，操作数地址个数少的指令（一地址或零地址指令）的操作码字段长些，这样既能充分地利用指令的各个字段，又能在不增加指令长度的情况下扩展操作码的位数，使它能表示更多的指令。例如：设某计算机的指令长度为 16 位，操作码字段为 4 位，有三个 4 位的地址码字段，其格式如下。

| 15　　12 | 11　　8 | 7　　4 | 3　　0 |
|---|---|---|---|
| OP | $A_1$ | $A_2$ | $A_3$ |

如果按照定长编码的方法，4 位操作码最多只能表示 16 条不同的三地址指令。假设指令系统中不仅有三地址指令，还有二地址指令、一地址指令和零地址指令，利用扩展操作码法可以使在指令长度不变的情况下，指令的总数远远多于 16 条。例如，指令系统中要求有 15 条三地址指令、15 条二地址指令、15 条一地址指令和 16 条零地址指令，共 61 条指令。显然，只有 4 位操作码是不够的，解决的方法就是向地址码字段扩展操作码的位数。扩展的方法如下。

（1）4 位操作码的编码 0000～1110 定义了 15 条三地址指令，留下 1111 作为扩展窗口，与下一个 4 位（$A_1$）组成一个 8 位的操作码字段。

（2）8 位操作码的编码 11110000～11111110 定义了 15 条二地址指令，留下 11111111 作为扩展窗口，与下一个 4 位（$A_2$）组成一个 12 位的操作码字段。

（3）12 位操作码的编码 111111110000～111111111110 定义了 15 条一地址指令，扩展窗口为 111111111111，与 $A_3$ 组成 16 位的操作码字段。

（4）16 条零地址指令由 16 位操作码的编码 1111111111110000 至 1111111111111111 给出。

根据指令系统的要求，扩展操作码的组合方案可以有很多种，但有以下两点要注意：①不允许短码是长码的前缀，即短码不能与长码的开始部分相同，否则将无法保证解码的唯一性和实时性；②各条指令的操作码一定不能重复，而且各类指令的格式安排应统一规整。

### 5.1.4 指令格式的优化

由于指令由操作码字段和地址码字段两部分组成，当对其优化时，主要包含两方面内容：一方面尽量利用寄存器资源，减少指令中包含的操作数地址，完成对地址码字段的优化；另一方面，尽量设计出短而规整的操作码，完成操作码字段的优化。本节重点介绍关于操作码字段的优化。

为减少程序代码所占的存储容量，各类指令的长度可以不一致。例如，在同一台计算机中，可以有 1B、2B、3B、4B 等多种长度的指令。从压缩代码的观点出发，希望常用指令的操作码短些，这样最后使程序的长度也短些。运用哈夫曼（Huffman）码制压缩的基本概念，可以达到操作码优化的目的。哈夫曼码制压缩的基本概念是：出现概率最大的事件用最少的位（或最短的时间）来表示（或处理），而概率较小的事件用较多的位（或较长的时间）来表示（或处理），达到使平均位数（或时间）缩短的目的。在使用哈夫曼码制压缩之前，必须先了解每一种指令在使用中的概率——使用频率 $P_i$。

如表 5.2 所示，设某计算机 7 条指令（$I_1$ 至 $I_7$）使用频率 $P_i$ 为 1%～45%，则按哈氏信息源熵（即平均信息量）公式计算

$$H = -\sum P_i \times \log_2 P_i$$

得

$$H = 1.95$$

操作码的实际平均长度 L 为

$$L = \sum P_i \times l_i \quad (l_i \text{ 为操作码位数})$$

信息冗余量 R 为：

$$R = 1 - H/(\sum P_i \times l_i)$$

若本例中 7 条指令用 3 位二进制码表示，则信息冗余量为：

$$R=1-1.95/3=35\%$$

若用表 5.2 所示哈氏码表示，则信息冗余量 R 为：

$$R = 1 - 1.95/1.97 = 1.015\%(\sum P_i \times l_i = 1.97)$$

用扩展哈夫曼码表示，则信息冗余量

$$R = 1 - 1.95/2.2 = 11.4\%(\sum P_i \times l_i = 2.2)$$

当用哈夫曼码表示时，冗余最少，但操作码不规整，无法组成指令。当用扩展哈夫曼码表示时，冗余增加至 11.4%，但比定长编码（本例用 3 位）冗余 35%少得多。实用中扩展哈夫曼码表示时，可用 4-8-12 位等长扩展。

指令系统集中反映了机器的性能，又是程序员编程的依据。用户编程时既希望指令系统很丰富，便于用户选择，同时还要求机器执行程序时速度快、占用主存空间小，以实现高效运行。此外，为了继承已有的软件，必须考虑新机器的指令系统与同一系列机器指令系统的兼容性，即高档机必须能兼容低档机的程序运行，称之为“向上兼容”。

指令格式集中体现了指令系统的功能，为此，确定指令格式时，必须从以下几个方面综合考虑。

（1）操作类型：包括指令数及操作的难易程度。

（2）数据类型：确定哪些数据类型可以参与操作。

（3）指令格式：包括指令字长、操作码位数、地址码位数、地址个数、寻址方式类型，以及指令字长和操作码位数是否可变等。

（4）寻址方式：包括指令和操作数具体有哪些寻址方式。

（5）寄存器个数：寄存器的多少直接影响指令的执行时间。

另外，在计算机内存放的指令的长度应是字节的整数倍，所以，操作码与地址码两部分长度之和应是字节的整数倍，考虑操作码优化时还应考虑地址码的要求。故指令格式优化的最终目的是：使用最适当的位数表示指令的操作信息（操作码）和地址信息（地址码），从而取得减小程序存储容量、提高取指速度、简化指令译码网络等效果。

**表 5.2 指令操作码哈夫曼优化**

| 指令 | $P_i$ | 哈夫曼操作码 OP | $l_i$ | 扩展哈夫曼操作码 OP | $l_i$ |
|---|---|---|---|---|---|
| $I_1$ | 45% | 0 | 1 | 00 | 2 |
| $I_2$ | 30% | 10 | 2 | 01 | 2 |
| $I_3$ | 15% | 110 | 3 | 10 | 2 |
| $I_4$ | 5% | 1110 | 4 | 1100 | 4 |
| $I_5$ | 3% | 11110 | 5 | 1101 | 4 |
| $I_6$ | 1% | 111110 | 6 | 1110 | 4 |
| $I_7$ | 1% | 111111 | 6 | 1111 | 4 |

## 5.2 寻址技术

所谓寻址，指的是寻找操作数的地址或下一条将要执行的指令地址，寻址技术是计算机设计中硬件对软件最早提供支持的技术之一。寻址技术包括编址方式和寻址方式。

### 5.2.1 编址方式

在计算机中，编址方式是指对各种存储设备进行编码的方式。

**1. 编址**

通常指令中的地址码字段将指出操作数的来源和去向，而操作数则存放在相应的存储设备中。在计算机中需要编址的设备主要有CPU中的通用寄存器、主存储器和输入/输出设备三种。

要对寄存器、主存储器和输入/输出设备进行访问，首先必须对它们进行编址。就像一个大楼有许多房间，首先必须给每一个房间编上一个唯一的号码，人们才能据此找到需要的房间一样。

如果存储设备是CPU中的通用寄存器，在指令字中应给出寄存器编号；如果是主存的一个存储单元，在指令字中应给出该主存单元的地址；如果是输入/输出设备(接口)中的一个寄存器，指令字中应给出设备编号或设备端口地址或设备映像地址(与主存地址统一编址时)。

**2. 编址单位**

目前常用的编址单位有字编址、字节编址和位编址。

1) 字编址

字编址是实现起来最容易的一种编址方式，这是因为每个编址单位与访问单位相一致，即每个编址单位所包含的信息量(二进制位数)与访问一次寄存器、主存所获得的信息量相同。早期的大多数机器都采用这种编址方式。

在采用字编址的机器中，每执行一条指令，程序计数器加1；每从主存中读出一个数据，地址计数器加1。这种控制方式实现起来简单，地址信息没有任何浪费。但它的主要缺点是不支持非数值应用，而目前在计算机的实际应用领域中，非数值应用已超过数值应用。

2) 字节编址

目前使用最普遍的编址方式是字节编址，这是为了适应非数值应用的需要。字节编址方式使编址单位与信息的基本单位(一个字节)相一致，这是它的最大优点。然而，如果主存的访问单位也是一个字节的话，那么主存的带宽就太窄了，所以编址单位和主存的访问单位是不相同的。通常主存的访问单位是编址单位的若干倍。

在采用字节编址的机器中，如果指令长度是32位，那么每执行完一条指令，程序计数器要加4。如果数据字长是32位，当连续访问存储器时，那么每读写完一个数据字，地址寄存器要加4。由此可见，字节编址方式存在着地址信息的浪费。

3) 位编址

有部分计算机系统采用位编址方式，如STAR-100巨型计算机等。这种编址方式的地址信息浪费更大。

**3. 指令中地址码的位数**

指令中每个地址码的位数是与主存容量和最小寻址单位(即编址单位)有关联的。主存容量越大，所需的地址码位数就越长。对于相同容量来说，如果以字节为最小寻址单位，地址码的位数就需要长些，但是可以方便地对每一个字符进行处理；如果以字为最小寻址单位(假定字长为16位或更长)，地址码的位数可以减少，但对字符操作比较困难。例如：设某计算机主存容量为$2^{20}$个字节，机器字长32位，若最小寻址单位为字节(按字节编址)，其地址码应为20位；若最小寻址单位为字(按字编址)，其地址码只需18位。从减少指令长度的角度看，最小寻址单位越大越好，而从对字符或位的操作是否方便的角度看，最小寻址单位越小越好。



### 5.2.2 指令寻址和数据寻址

寻址可以分为指令寻址和数据寻址两类。寻找下一条将要执行的指令地址称为指令寻址，寻找操作数的地址称为数据寻址。指令寻址比较简单，它又可以细分为顺序寻址和跳跃寻址两种。而数据寻址方式的种类较多，其最终目的都是寻找所需要的操作数。

顺序寻址可通过程序计数器的增量修改，自动形成下一条指令的地址；跳跃寻址则需要通过程序转移类指令实现。

跳跃寻址的转移地址形式方式有三种，即直接(绝对)寻址、相对寻址和间接寻址，它与下面介绍的数据寻址方式中的直接寻址、相对寻址和间接寻址是相同的，只不过寻找到的不是操作数的有效地址而是转移的有效地址。

### 5.2.3 基本的数据寻址方式

数据寻址方式是根据指令中给出的地址码字段寻找真实操作数地址的方式。一般情况下，由于指令长度的限制，指令中的地址码不会很长，而主存的容量却可能越来越大。

以IBM PC/XT机为例，主存容量可达1 MB，而指令中的地址字段最长达16位，仅能直接访问主存的一小部分，而无法访问整个主存空间。就是在字长很长的大型机中，即使指令中能够拿出足够的位数来作为访问整个主存空间的地址，为了灵活方便地编制程序，也需要对地址进行必要的变换。指令中地址码字段给出的地址称为形式地址(用字母A表示)，这个地址有可能不能直接用来访问主存。形式地址经过某种运算而得到的能够直接访问主存的地址称为有效地址(用字母EA表示)。从形式地址生成有效地址的各种方式称为寻址方式，即：

$$\text{指令中的形式地址}\xrightarrow{\text{寻址方式}}\text{有效地址}$$

每种计算机的指令系统都有自己的一套数据寻址方式，不同的计算机的寻址方式的名称和含义并不统一，下面介绍大多数计算机常用的几种基本寻址方式。

**1. 立即寻址**

立即寻址是一种特殊的寻址方式，指令中在操作码字段后面的部分不是通常意义上的操作数地址，而是操作数本身，也就是说数据就包含在指令中，只要取出指令，也就取出了可以立即使用的操作数，这样的数称为立即数，其指令格式如下。

| OP | 操作数 |
|---|---|

这种方式的特点是：取指令时，操作码和操作数被同时取出，不必再次访问主存，从而提高了指令的执行速度。但是，因为操作数是指令的一部分，不能被修改，而且立即数的大小受到指令长度的限制，所以这种寻址方式灵活性最差，通常用于给某一寄存器或主存单元赋初值或提供一个常数。

**2. 寄存器寻址**

寄存器寻址指令的地址码部分给出某一个通用寄存器的编号 $R_i$,这个指定的寄存器中存放着操作数。其寻址过程如图 5.3 所示。

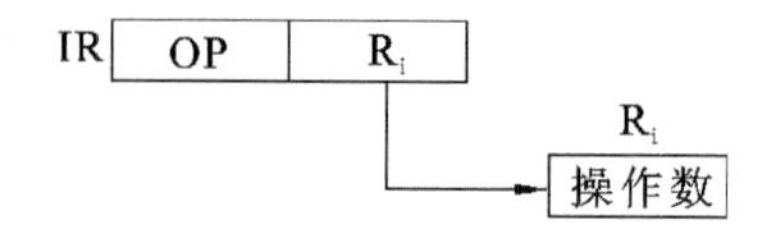


**图 5.3 寄存器寻址过程**

图 5.3 中的 IR 表示指令寄存器,它的内容是从主存中取出的指令。操作数 S 与寄存器 $R_i$ 的关系为:

$$S=(R_i)$$

这种寻址方式具有以下两个明显的优点。

(1) 从寄存器中存取数据比从主存中存取数据快得多。

(2) 由于寄存器的数量较少,其地址码字段比主存单元地址码字段短得多。

这种方式可以缩短指令长度,提高指令的执行速度,几乎所有的计算机都使用了寄存器寻址方式。

**3. 直接寻址**

指令中地址码字段给出的地址 A 就是操作数的有效地址,即形式地址等于有效地址:EA=A。由于这样给出的操作数地址是不能修改的,与程序本身所在的位置无关,所以又称为绝对寻址方式。图 5.4 所示为直接寻址过程。操作数 S 与地址码 A 的关系为:

$$S=(A)$$

这种寻址方式不需作任何寻址运算,简单直观,也便于硬件实现,但地址空间受到指令中地址码字段位数的限制。

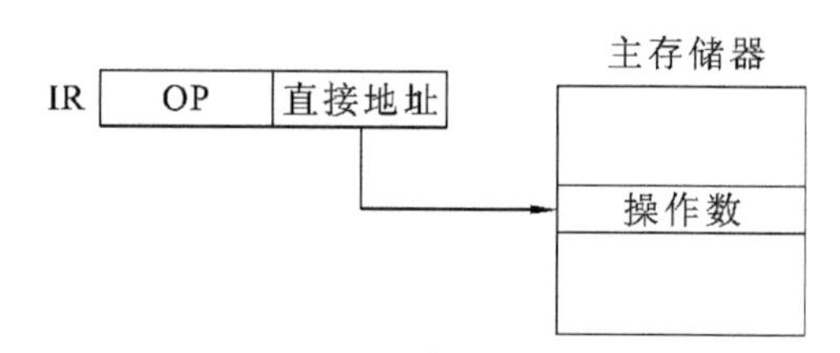


**图 5.4 直接寻址过程**

**4. 间接寻址**

间接寻址意味着指令中给出的地址 A 不是操作数的地址,而是存放操作数地址的主存单元的地址,简称操作数地址的地址。通常在指令格式中划出一位作为直接或间接寻址的标志位,间接寻址时标志位@=1。

间接寻址又有一级间接寻址和多级间接寻址之分。在一级间接寻址中,首先按指令的地址码字段先从主存中取出操作数的有效地址,即 EA=(A),然后再按此有效地址从主存中读出操作数,如图 5.5(a)所示。操作数 S 与地址码 A 的关系为:

$$S=((A))$$

多级间接寻址为取得操作数需要多次访问主存,即使在找到操作数有效地址后,还需再访问一次主存才可得到真正的操作数,如图 5.5(b)所示。对于多级间接寻址来说,在寻址过程中所访问到的每个主存单元的内容中都应设有一个间址标志位。通常将这个标志放在主存单元的最高位。当该位为1时，表示这一主存单元中仍然是间接地址，需要继续间接寻址；当该位为0时，表示已经找到了有效地址，根据这个地址可以读出真正的操作数。



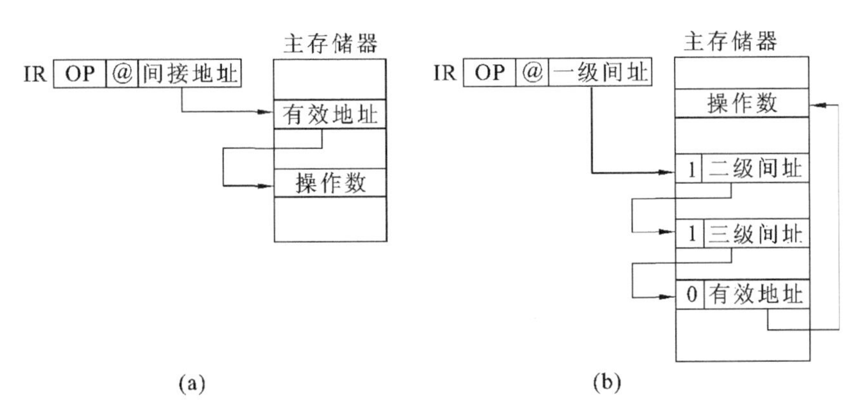


图5.5 间接寻址过程

间接寻址要比直接寻址灵活得多，它的主要优点如下。

(1) 扩大了寻址范围，可用指令中的短地址访问大的主存空间。

(2) 可将主存单元作为程序的地址指针，用以指示操作数在主存中的位置。当操作数的地址需要改变时，不必修改指令，只需修改存放有效地址的那个主存单元的内容就可以了。

但是，间接寻址在取指之后至少需要两次访问主存才能取出操作数，减慢了取操作数的速度。尤其是在多级间接寻址时，寻找操作数要花费相当多的时间，甚至可能发生间址循环。

**5. 寄存器间接寻址**

为了克服间接寻址中访存次数多的缺点，可采用寄存器间接寻址，即指令中的地址码给出某一通用寄存器的编号，在被指定的寄存器中存放操作数的有效地址。而操作数则存放在主存单元中，其寻址过程如图5.6所示。操作数S与寄存器$R_i$的关系为：

$$S=((R_i))$$

这种寻址方式的指令较短，并且在取址后只需一次访存便可得到操作数，因此指令执行速度较间接寻址方式快，是一种使用广泛的寻址方式。

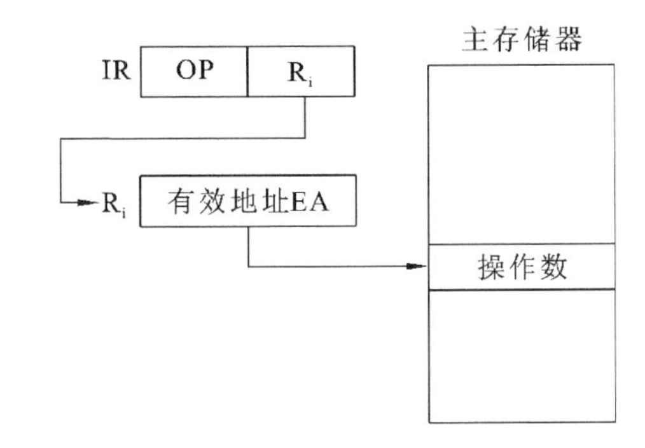


图5.6 寄存器间接寻址过程

**6. 变址寻址**

变址寻址就是把变址寄存器 $R_x$ 的内容与指令中给出的形式地址 A 相加，形成操作数有效地址，即 $EA=(R_x)+A$。$R_x$的内容称为变址值，其寻址过程如图 5.7 所示。操作数 S 与地址码和变址寄存器的关系为：

$$S=((R_x)+A)$$

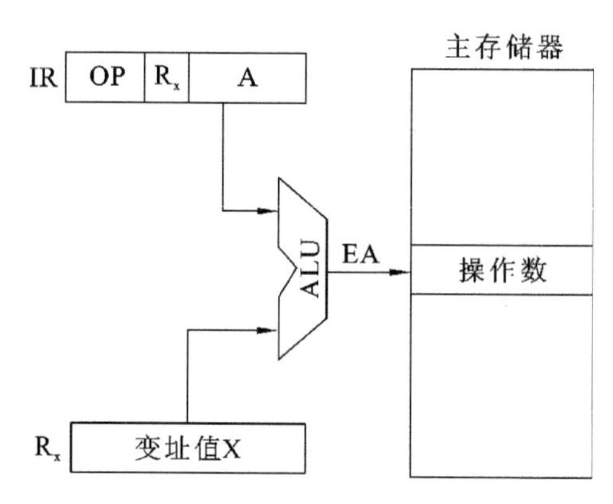


**图 5.7　变址寻址过程**

变址寻址是一种广泛采用的寻址方式，最典型的用法是将指令中的形式地址作为基准地址，而变址寄存器的内容作为修改量。当遇到需要频繁修改地址的情况时，无须修改指令，只要修改变址值就可以了，这对于数组运算、字符串操作等成批数据处理是很有用的。例如：要把一组连续存放在主存单元中的数据（首地址是 A）依次传送到另一存储区（首地址为 B）中去，则只需在指令中指明两个存储区的首地址 A 和 B（形式地址），用同一变址寄存器提供修改量 K，即可实现（A＋K）→B＋K。变址寄存器的内容在每次传送之后会自动修改。

在具有变址寻址的指令中，除去操作码和形式地址外，还应具有变址寻址标志，当有多个变址寄存器时，还必须指明具体寻找哪一个变址寄存器。

**7. 基址寻址**

基址寻址是将基址寄存器 $R_b$的内容与指令中给出的位移量 D 相加，形成操作数有效地址，即 $EA=(R_b)+D$。基址寄存器的内容称为基址值。指令的地址码字段是一个位移量，位移量可正、可负，如图 5.8 所示。操作数 S 与基址寄存器和地址码的关系为：

$$S=((R_b)+D)$$

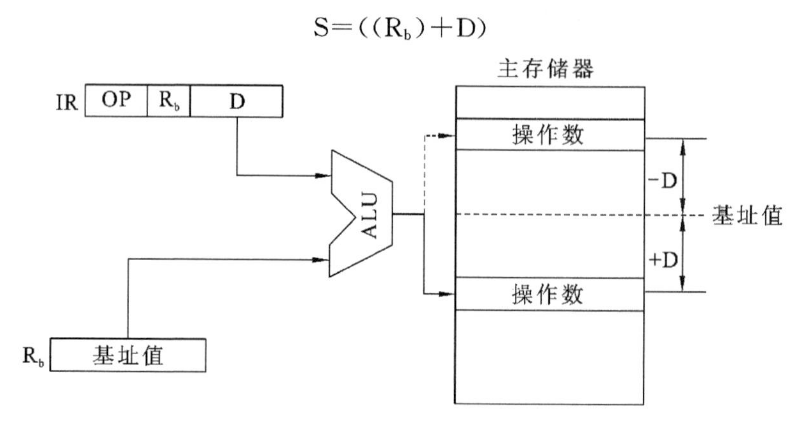


**图 5.8　基址寻址过程**

基址寻址原是大型计算机采用的一种技术，用来将用户的逻辑地址(用户编程时使用的地址)转化成主存的物理地址(程序在主存中的实际地址)。

基址寻址和变址寻址在形成有效地址时所用的算法是相同的，而且在一些计算机中，这两种寻址方式都是由同样的硬件来实现的。但是，它们两者实际上是有区别的。一般来说：变址寻址中变址寄存器提供修改量(可变的)，而指令提供基准值(固定的)；基址寻址中基址寄存器提供基准值(固定的)，而指令提供位移量(可变的)。这两种寻址方式应用的场合也不同：变址寻址是面向用户的，用于访问字符串、向量和数组等成批数据；而基址寻址面向系统，主要用于逻辑地址和物理地址的变换，用以解释程序在主存中的再定位和扩大寻址空间等问题。在某些大型机中，基址寄存器只能由特权指令来管理，用户指令无权操作和修改。在某些小、微型计算机中，基址寻址和变址寻址实际上是合二为一的。

**8. 相对寻址**

相对寻址是基址寻址的一种变通，由程序计数器 PC 提供基准地址，指令中的地址码字段作为位移量 D，两者相加后得到操作数的有效地址，即 EA＝(PC)＋D。位移量指出的是操作数和现行指令之间的相对位置，如图 5.9 所示。

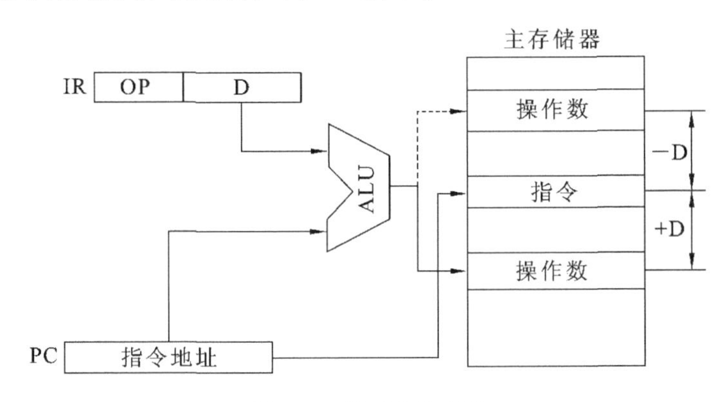


**图 5.9 相对寻址过程**

这种寻址方式有如下两个特点。

(1) 操作数的地址不是固定的，它随着 PC 值的变化而变化，并且与指令地址之间总是相差一个固定值。当指令地址变换时，其位移量不变，使得操作数与指令在可用的存储区内一起移动，所以仍能保证程序的正确执行。采用 PC 相对寻址方式编写的程序可在主存中任意浮动，它放在主存的任何地方，所执行的效果都是一样的。

(2) 对于指令地址而言，操作数地址可能在指令地址之前或之后，因此，指令中给出的位移量可负、可正，通常用补码表示。如果位移量为 n 位，则相对寻址的寻址范围为：

$$(PC)-2^{n-1}\text{至}(PC)+2^{n-1}-1$$

**注意：**

有些计算机是以当前指令地址为基准的，有些计算机是以下条指令地址为基准的。这是因为有的机器是在当前指令执行完后，才将 PC 的内容加 1(或加增量)，而有的机器是在取出当前指令后立即将 PC 的内容加 1(或加增量)，使之变成下条指令的地址。后一种方法将使位移量的计算变得比较复杂，特别是对于变字长指令更加麻烦。不过在实际应用中，位移量是由汇编程序自动形成的，程序员并不需要特别关注。

**9. 页面寻址**

页面寻址相当于将整个主存空间分成若干个大小相同的区，每个区称为一页，每页有若干个主存单元。例如：1个64KB的存储器被划分为256个页面，每个页面中有256个字节，如图5.10(a)所示。每页都有自己的编号，称为页面地址；页面内的每个主存单元也有自己的编号，称为页内地址。这样，存储器的有效地址就被分为两部分，前部为页面地址(在此例中占8位)，后部为页内地址(也占8位)。页内地址由指令的地址码部分自动直接提供，它与页面地址通过简单的拼装连接就可得到有效地址，无须进行计算，因此寻址迅速。根据页面地址的来源不同，页面寻址又可以分成三种不同的方式。

1) 基页寻址

基页寻址又称零页寻址。由于页面地址全等于0，所以有效地址为EA=0//A(//在这里表示简单拼接)，操作数S在零页面中，如图5.10(b)所示。基页寻址实际上就是直接寻址。

2) 当前页寻址

页面地址就等于程序计数器PC的高位部分的内容，所以有效地址为$EA=PC_H//A$，操作数S与指令本身处于同一页面中，如图5.10(c)所示。

3) 页寄存器寻址

页面地址取自页寄存器，与形式地址相拼接形成有效地址，如图5.10(d)所示。

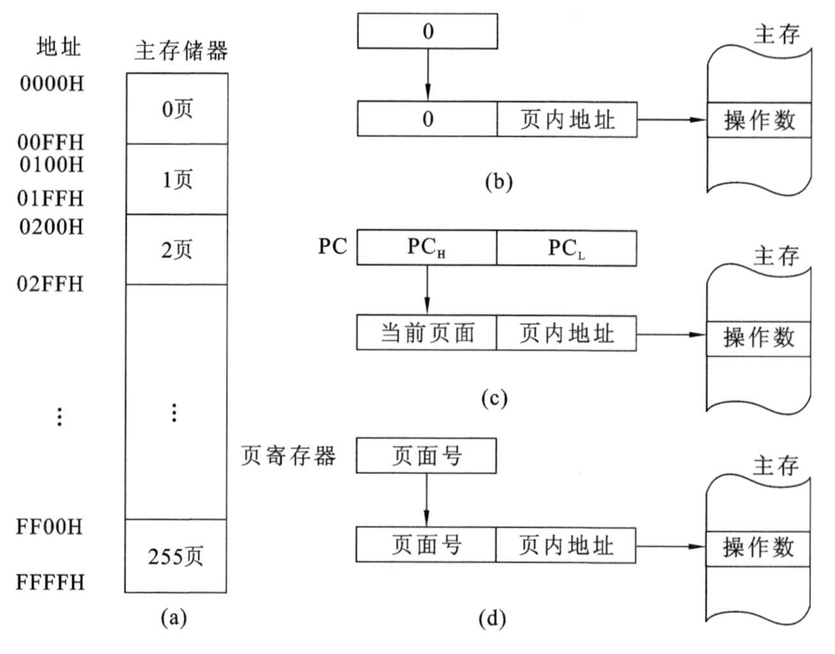


**图5.10 页面寻址**

前两种方式因不需要页寄存器，所以用得较多些。有些计算机在指令格式中设置了一个页面标志位(Z/C)。Z/C=0，表示0页寻址；Z/C=1，表示当前页寻址。

怎样才能知道一条指令所采用的是什么寻址方式呢？为了能区分出各种不同的寻址方式，必须在指令中给出标识。标识的方式通常有两种，即显式和隐式。显式的方式就是在指令中设置专门的寻址方式字段，用二进制编码来表明寻址方式类型，如图5.11(a)所示；隐式的方式是由指令的操作码字段说明指令格式并隐含约定寻址方式，如图5.11(b)所示。

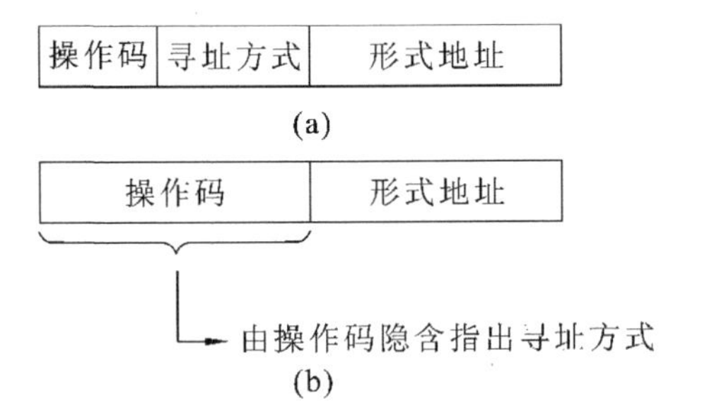


**图 5.11　指令中寻址方式的表示**

**注意：**

若一条指令有两个或两个以上的地址码时，各地址码可采用不同的寻址方式。例如，源地址采用一种寻址方式，而目的地址采用另一种寻址方式。

## 5.2.4　变形或组合寻址方式

前面介绍了九种常用的基本寻址方式，其他的寻址方式则是它们的变形或组合。

**1. 自增型寄存器间址和自减型寄存器间址**

这两种寻址方式实际上都是寄存器间接寻址方式的变形，通用寄存器在这里作为自动变址寄存器。

1) 自增寻址

当自增寻址时，寄存器 $R_i$ 的内容是有效地址，按照这个有效地址从主存中取数以后，寄存器的内容自动增量修改。在字节编址的计算机中，若指向下一个字节，寄存器的内容加 1；若指向下一个字(假设字长 16 位)，寄存器的内容加 2，如图 5.12(a)所示。

寻址操作的含义为：$EA=(R_i)$，$R_i \leftarrow (R_i)+d$。其中：EA 为有效地址，d 为修改量，通常记作$(R_i)+$，加号在括号之后，形象地表示先操作后修改。

2) 自减寻址

自减寻址是先对寄存器 $R_i$ 的内容自动减量修改(−1 或 −2)，修改之后的内容才是操作数的有效地址，据此可到主存中取出操作数。图 5.12(b)给出了自减寻址过程示意图。

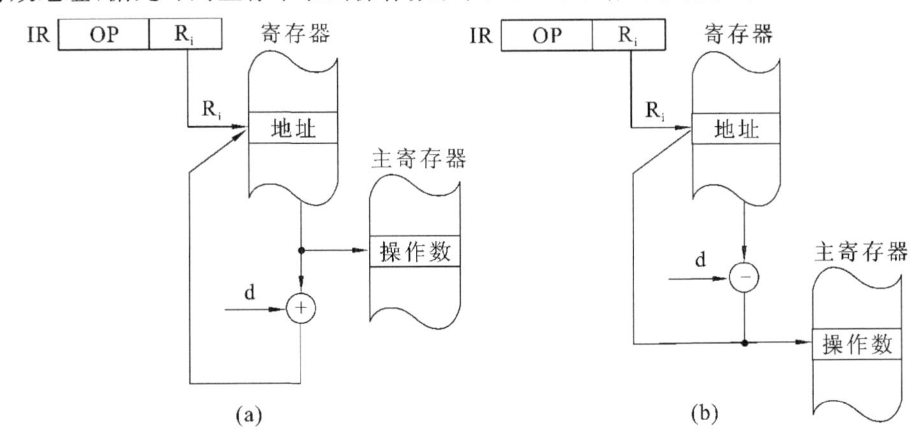


**图 5.12　自增/自减寻址方式**

寻址操作的含义为：$R_i \leftarrow (R_i) - d$，$EA = (R_i)$，通常记作$-(R_i)$，减号在括号之前，形象地表示先修改后操作。自减寻址和自增寻址一起，可以使任何一个寄存器作为堆栈指针。

采用自增/自减寻址最灵活的应属MC68000机，它具有字节、字、双字的自增/自减寻址方式。

**2. 扩展变址方式**

把变址和间址两种寻址方式结合起来，就成为扩展变址方式，按寻址方式操作的先后顺序，有前变址和后变址两种形式。

1）先变址后间址（前变址方式）

先进行变址运算，其运算结果作为间接地址，间接地址指出的单元的内容才是有效地址。所以，有效地址 $EA = ((R_x) + A)$，操作数 $S = (((R_x) + A))$。寻址过程如图5.13(a)所示。

2）先间址后变址（后变址方式）

将指令中的地址码先进行一次间接寻址，然后再与变址值进行运算，从而得到一个有效地址。所以，有效地址 $EA = (R_x) + (A)$，操作数 $S = ((R_x) + (A))$。寻址过程如图5.13(b)所示。

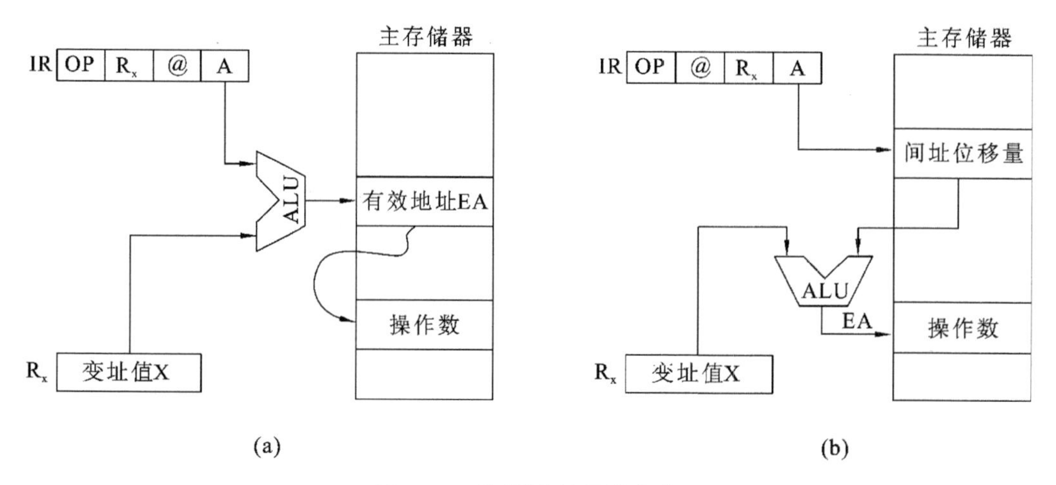


**图5.13 前/后变址寻址方式**

**3. 基址变址寻址**

基址变址寻址是最灵活的一种寻址方式，此时有效地址是由基址寄存器中的值、变址寄存器中的值和位移量三者相加求得的。在这三项中，除位移量在指令一旦确定后就不能再修改以外，基址和变址寄存器中的内容都可以改变。

$$EA = (R_b) + (R_x) + D \tag{5-1}$$

其中：$R_b$为基址寄存器；$R_x$为变址寄存器；D为位移量。

IBM 370机中就有这种寻址方式，实际上，$R_b$和$R_x$并不单独存在，通常借用16个通用寄存器中的15个（0寄存器除外）来作为$R_b$或$R_x$。式(5-1)中三项中的任何一项都可以缺省。

基址变址寻址方式在Intel 80x86中是最基本的寻址方式，其他多种方式可由它派生出来。基址寄存器（BX或BP）、变址寄存器（SI或DI）及位移量都可以缺省，位移量允许是8位或16位的带符号数。

$$EA = \begin{Bmatrix} (BX) \\ (BP) \end{Bmatrix} + \begin{Bmatrix} (SI) \\ (DI) \end{Bmatrix} + \text{位移量}$$

## 5.2.5 指令格式的设计举例

**【例5.1】** 某机字长16位，存储器直接寻址空间为128字，变址时的位移量为$-64 \sim +63$，16

个通用寄存器均可作为变址寄存器。设计一套指令系统格式，满足下列寻址类型的要求。

(1) 直接寻址的二地址指令 3 条。

(2) 变址寻址的一地址指令 6 条。

(3) 寄存器寻址的二地址指令 8 条。

(4) 直接寻址的一地址指令 12 条。

(5) 零地址指令 32 条。

试问还有多少种代码未用？若安排寄存器寻址的一地址指令，还能容纳多少条？

**【解】** (1)在直接寻址的二地址指令中，根据题目给出直接寻址空间为 128 字，则每个地址码为 7 位，其格式如图 5.14(a)所示。3 条这种指令的操作码为 00、01 和 10，剩下的 11 可作下一种格式指令的操作码扩展用。

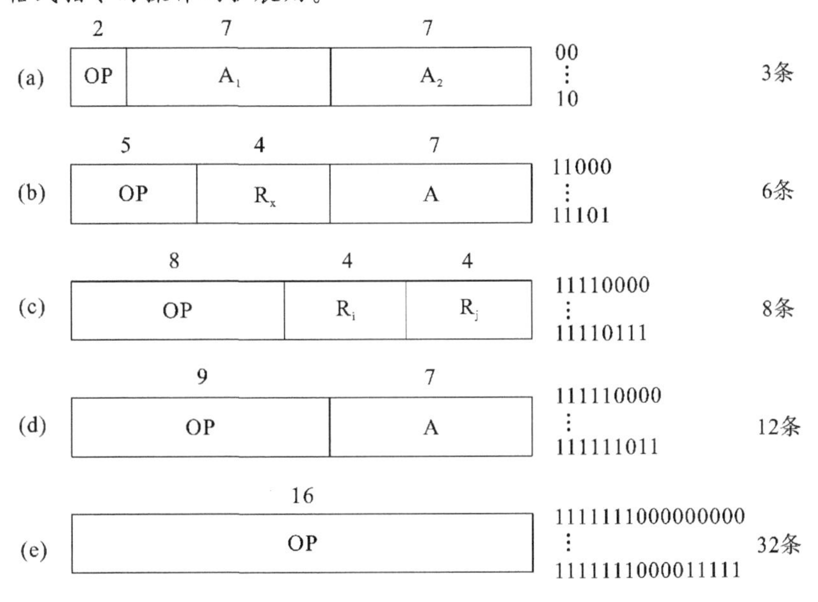


**图 5.14 例 5.1 的五种指令格式**

(2) 在变址寻址的一地址指令中，根据变址时的位移量为$-64 \sim +63$，形式地址 A 取 7 位。根据 16 个通用寄存器可作为变址寄存器，取 4 位作为变址寄存器 $R_x$ 的编号。剩下的 5 位可作操作码，其格式如图 5.14(b)所示。6 条这种指令的操作码为 11000～11101，剩下的两个编码 11110 和 11111 可作扩展用。

(3) 在寄存器寻址的二地址指令中，两个寄存器地址 $R_i$ 和 $R_j$ 共 8 位，剩下的 8 位可作操作码，比格式(b)的操作码扩展了 3 位，其格式如图 5.14(c)所示。8 条这种指令的操作码为 11110000～11110111。剩下的 11111000～11111111 这八个编码可作扩展用。

(4) 在直接寻址的一地址指令中，除去 7 位的地址码，可有 9 位操作码，比格式(c)的操作码扩展了 1 位，与格式(c)剩下的八个编码组合，可构成十六个 9 位编码。以 11111 作为格式(d)指令的操作码特征位，12 条这种指令的操作码为 111110000～111111011，如图 5.14(d)所示。剩下的 111111100～111111111 可作扩展用。

(5) 在零地址指令中，指令的 16 位都作为操作码，比格式(d)的操作码扩展了 7 位，与上述剩下的四个操作码组合后，共可构成 $4 \times 2^7$ 条指令的操作码。32 条这种指令的操作码可取 1111111000000000～1111111000011111，如图 5.14(e)所示。

还有 $2^9 - 32 = 480$ 种代码未用，若安排寄存器寻址的一地址指令，除去末 4 位寄存器地址，还可容纳 30 条这类指令。

**【例 5.2】** 设某机配有基址寄存器和变址寄存器，采用一地址格式的指令系统，允许直接和间接寻址，且指令字长、机器字长和存储字长均为 16 位。

(1) 若采用单字长指令，共能完成 105 种操作，则指令可直接寻址的范围是怎样的？一次间接寻址的寻址范围是怎样的？给出其指令格式并说明各字段的含义。

(2) 若存储字长不变，则可采用什么方法直接访问容量为 16 MB 的主存？

**【解】** (1)在单字长指令中，共能完成 105 种操作，取操作码 7 位。因允许直接和间接寻址，且有基址寄存器和变址寄存器，故取 2 位寻址特征位，其指令格式如下。

| 7 | 2 | 7 |
|---|---|---|
| OP | M | A |

其中：OP 为操作码，可完成 105 种操作；M 为寻址特征，可反映四种寻址方式；A 为形式地址。

这种指令格式可直接寻址 $2^7=128$，一次间接寻址的寻址范围是 $2^{16}=65536$。

(2) 容量为 16 MB 的存储器，正好与存储字长为 16 位的 8M 存储器容量相等，即 16 MB=8 M ×16 位。欲使指令直接访问 16 MB 的主存，可采用双字长指令，其操作码和寻址特征位均不变，其格式如下。

<table>
<tr><td>7</td><td>2</td><td>7</td></tr>
<tr><td>OP</td><td>M</td><td>$A_1$</td></tr>
<tr><td colspan="3">$A_2$</td></tr>
</table>

其中，形式地址为 $A_1//A_2$，共 7 位＋16 位＝23 位。$2^{23}=8M$，即可直接访问主存的任一位置。

**【例 5.3】** 某模型机共有 64 种操作，操作码位数固定，且具有以下特点。

(1) 采用一地址或二地址格式。

(2) 有寄存器寻址、直接寻址和相对寻址(位移量为－128～＋127)三种寻址方式。

(3) 有 16 个通用寄存器，算术运算和逻辑运算的操作数均在寄存器中，结果也在寄存器中。

(4) 取数/存数指令在通用寄存器和存储器之间传送数据。

(5) 存储器容量为 1 MB，按字节编址。

要求设计算逻指令、取数/存数指令和相对转移指令的格式，并简述理由。

**【解】** (1)算逻指令格式为寄存器-寄存器型，取单字长 16 位。

| 6 | 2 | 4 | 4 |
|---|---|---|---|
| OP | M | $R_i$ | $R_j$ |

其中，OP 为操作码，6 位，可实现 64 种操作；M 为寻址模式，2 位，可反映寄存器寻址、直接寻址、相对寻址；$R_i$和 $R_j$各取 4 位，指出源操作数和目的操作数的寄存器(共 16 个)编号。

(2) 取数/存数指令格式为寄存器-存储器型，取双字长 32 位，其指令格式如下。

<table>
<tr><td>6</td><td>2</td><td>4</td><td>4</td></tr>
<tr><td>OP</td><td>M</td><td>$R_i$</td><td>$A_1$</td></tr>
<tr><td colspan="4">$A_2$</td></tr>
</table>

其中，OP 为操作码，6 位不变；M 为寻址模式，2 位不变；$R_i$为 4 位，源操作数地址(存数指令)或目的操作数地址(取数指令)；$A_1$和 $A_2$共 20 位，为存储器地址，可直接访问按字节编址的 1

MB 存储器。

(3) 相对转移指令为一地址格式,取单字长 16 位,其指令格式如下。

| 6 | 2 | 8 |
|---|---|---|
| OP | M | A |

其中,OP 为操作码,6 位不变;M 为寻址模式,2 位不变;A 为位移量 8 位,对应位移量为 $-128 \sim +127$。

**【例 5.4】** 设某机共能完成 110 种操作,CPU 有八个通用寄存器(16 位),主存容量为 4 M 字,采用寄存器-存储器型指令。

(1) 欲使指令可直接访问主存的任一地址,指令字长应取多少位?给出指令格式。

(2) 若在上述设计的指令字中设置一寻址特征位 X,并且 X=1 表示某个寄存器作基址寄存器,给出指令格式。基址寻址可否访问主存的任一单元?为什么?如果不能,提出一种方案,使其可访问主存的任一位置。

(3) 若主存容量扩大到 4 G 字,且存储字长等于指令字长,则在不改变上述硬件结构的前提下,可采用什么方法使指令可访问存储器的任一位置?

**【解】** (1)欲使指令可直接访问 4 M 字存储器的任一单元,采用寄存器-存储器型指令,该机指令应包括 22 位的地址码、3 位寄存器编号和 7 位操作码,即指令字长取 22 位+3 位+7 位=32 位,指令格式如下。

| 7 | 3 | 22 |
|---|---|---|
| OP | R | A |

(2) 在上述指令格式中增设一寻址特征位,并且 X=1 表示某个寄存器作基址寄存器 $R_B$。其指令格式如下。

| 7 | 3 | 1 | 3 | 18 |
|---|---|---|---|---|
| OP | R | X | $R_B$ | A |

由于通用寄存器仅 16 位,形式地址 18 位,不足以覆盖 4 M 地址空间,可将 $R_B$寄存器内容左移 6 位,低位补 0,形成 22 位基地址,然后与形式地址相加,所得的有效地址即可访问 4 M字存储器的任一单元。

(3) 若主存容量扩大到 4 G 字,且存储字长等于指令字长,则在不改变上述硬件结构的前提下,采用一次间接寻址即可访问存储器的任一单元,因为间接寻址后得到的有效地址为 32 位,$2^{32}=4$ G。

## 5.3 指令类型

一台计算机的指令系统可以有上百条指令,这些指令按其功能可以分成以下几种类型。

### 5.3.1 数据传送类指令

数据传送类指令是最基本的指令类型,主要用于实现寄存器与寄存器之间、寄存器与主存单元之间以及两个主存单元之间的数据传送。数据传送类指令又可以细分为下列几种。

**1. 一般传送指令**

一般传送指令具有数据复制的性质,即数据从源地址传送到目的地址,而源地址中的内容保持不变。一般传送类指令常用助记符 MOV 表示,根据数据传送的源和目的的不同,又可分为以下几种传递方式。

(1) 主存单元之间的传送。

(2) 从主存单元传送到寄存器。在有些计算机中,该指令用助记符 LOAD(取数指令)表示。

(3) 从寄存器传送到主存单元。在有些计算机中,该指令用助记符 STORE(存数指令)表示。

(4) 寄存器之间的传送。

**2. 堆栈操作指令**

堆栈操作指令实际上是一种特殊的数据传送指令,分为进栈(PUSH)和出栈(POP)两种,在程序中它们往往是成对出现的。如果堆栈是主存的一个特定区域,那么对堆栈的操作也就是对存储器的操作。

**3. 数据交换指令**

前述的传送都是单方向的。然而,数据传送也可以是双方向的,即将源操作数与目的操作数(一个字节或一个字)相互交换位置。

### 5.3.2 运算类指令

运算类指令又可细分为下列几种。

**1. 算术运算类指令**

算术运算类指令主要用于定点和浮点运算。这类运算包括定点加、减、乘、除指令,浮点加、减、乘、除指令以及加 1、减 1、比较等,有些机器又有十进制算术运算指令。

绝大多数算术运算类指令都会影响到状态标志位,通常的标志位有进位、溢出、全零、正负和奇偶等。

为了实现高精度的加减运算(双倍字长或多字长),低位字(字节)加减运算时,应考虑低位字(字节)的进位(或借位),因此,指令系统中除去普通的加、减指令外,一般都设置了带进位加指令和带借位减指令。

**2. 逻辑运算类指令**

一般计算机都具有与、或、非和异或等逻辑运算指令。这类指令在没有设置专门的位操作指令的计算机中常用于对数据字(字节)中某些位(一位或多位)进行操作,常见的应用如下。

1) 按位测(位检查)

利用“与”指令可以屏蔽掉数据字(字节)中的某些位。通常让被检查数作为目的操作数,屏蔽字作为源操作数,要检测某些位,可使屏蔽字的相应位为“1”,其余位为“0”,然后执行“与”指令,则可取出所要检查的位来。

2) 按位清(位清除)

利用“与”指令还可以使目的操作数的某些位置“0”。只要源操作数的相应位为“0”,其余位为“1”,然后执行“与”指令即可。

3) 按位置(位设置)

利用“或”指令还可以使目的操作数的某些位置“1”。只要源操作数的相应位为“1”,其余位为“0”,然后执行“或”指令即可。

4）按位修改

利用“异或”指令可以修改目的操作数的某些位，只要源操作数的相应位为“1”，其余位为“0”，“异或”之后就达到了修改位的目的（因为 $A\oplus1=\overline{A}$，$A\oplus0=A$）。

5）判符合

若两数相符合，其“异或”之后的结果必定为全“0”。

**3. 移位类指令**

移位类指令分为算术移位、逻辑移位和循环移位三类，它们分别又可分为左移和右移两种。

1）算术移位

算术移位的对象是带符号数，在移动过程中必须保持操作数的符号不变。当左移一位时，如果不产生溢出，则数值乘以 2；当右移一位时，如果不考虑因移出舍去的末位尾数，则相当于数值除以 2，但只能得到商，不能得到余数。

2）逻辑移位

逻辑移位的对象是无符号数，因此移位时不必考虑符号问题。

3）循环移位

循环移位按是否与进位位一起循环又分为小循环（不带进位循环）和大循环（带进位循环）两种。

### 5.3.3 程序控制类指令

程序控制类指令用于控制程序的执行顺序，并使程序具有测试、分析与判断的能力。因此，它们是指令系统中一组非常重要的指令，主要包括转移指令、子程序调用和返回指令等。

**1. 转移指令**

在程序执行过程中，通常采用转移指令来改变程序的执行顺序。转移指令又分无条件转移和条件转移两种。

（1）无条件转移又称必转，它在执行时将改变程序的常规执行顺序，不受任何条件的约束，直接把程序转向该指令指出的新的位置并执行，其助记符一般为 JMP。

（2）条件转移必须受到条件的约束，若条件满足时才执行转移，否则程序仍顺序执行。条件转移指令主要用于程序的分支，当程序执行到某处时，要在两个分支中选择一支，这就需要根据某些测试条件作出判断。转移的条件，一般是上次运算结果的某些特征（标志），如进位标志、结果为零标志、结果溢出标志等。

无论是条件转移还是无条件转移都需要给出转移地址。若采用相对寻址方式，则转移地址为当前指令地址（即 PC 的值）和指令中给出的位移量之和，即（PC）＋位移量→PC；若采用绝对寻址方式，则转移地址由指令的地址码字段直接给出，即形式地址 A→PC。

**2. 子程序调用指令**

子程序是一组可以公用的指令序列，只要知道子程序的入口地址就能调用它。通常把一些需要重复使用并能独立完成某种特定功能的程序单独编成子程序，当需要时由主程序调用它们，这样做既简化了程序设计，又节省了存储空间。

主程序和子程序是相对的概念，调用其他程序的程序是主程序；被其他程序调用的程序是子程序。子程序允许嵌套，即程序 A 调用程序 B，程序 B 又调用程序 C，程序 C 再调用程序D……这个过程又称为多重转子。其中，程序B对于程序A来说是子程序，对于程序C来说是主程序。另外，子程序还允许自己调用自己，即子程序递归。

从主程序转向子程序的指令称为子程序调用指令，简称转子指令，其助记符一般为CALL。转子指令安排在主程序中需要调用子程序的地方，转子指令是一地址指令。

转子指令和转移指令都可以改变程序的执行顺序，但事实上两者存在着很大的差别。

(1) 转移指令使程序转移到新的地址后继续执行指令，不存在返回的问题，所以没有返回地址；而转子指令要考虑返回问题，所以必须以某种方式保存返回地址，以便返回时能找到原来的位置。

(2) 转移指令用于实现同一程序内的转移；而转子指令转去执行一段子程序，实现的是不同程序之间的转移。

返回地址是转子指令的下一条指令的地址，保存返回地址的方法有多种。

- 用子程序的第一个字单元存放返回地址。转子指令把返回地址存放在子程序的第一个字单元中，子程序从第二个字单元开始执行。返回时将第一个字单元地址作为间接地址，采用间址方式返回主程序。这种方法可以实现多重转子，但不能实现递归循环，Cyber70采用的就是这种方法。
- 用寄存器存放返回地址。转子指令先把返回地址放到某一个寄存器中，再由子程序将寄存器中的内容转移到另一个安全的地方，比如主存的某个区域。这是一种较为安全的方法，可以实现子程序的递归循环。IBM 370采用这种方法，这种方法相对增加了子程序的复杂程度。
- 用堆栈保存返回地址。不管是多重转子还是子程序递归，最后存放的返回地址总是最先被使用的，堆栈的后进先出存取原则正好支持实现多重转子和递归循环，而且也不增加子程序的复杂程度。这是应用最为广泛的方法。PDP-11、VAX-11、Intel 80x86等均采用这种方法。

**3. 返回指令**

从子程序转向主程序的指令称为返回指令，其助记符一般为RET，子程序的最后一条指令一定是返回指令。返回地址存放的位置决定了返回指令的格式，通常返回地址保存在堆栈中，所以返回指令常是零地址指令。

转子和返回指令也可以是带条件的，条件转子和条件返回与前述条件转移的条件是相同的。

### 5.3.4 输入/输出类指令

输入/输出(I/O)类指令用来实现主机与外围设备之间的信息交换，包括输入/输出数据、主机向外围设备发控制命令或外围设备向主机报告工作状态等。从广义的角度看，I/O指令可以归入数据传送类。各种不同计算机的I/O指令差别很大，通常有独立编址和统一编址两种编址方式。

**1. 独立编址的I/O**

独立编址方式使用专门的输入/输出指令(IN/OUT)。以主机为基准，信息由外围设备传送给主机称为输入，反之，称为输出。指令中应给出外围设备编号(端口地址)。这些端口地址与主存地址无关，是另一个独立的地址空间。80x86采用的就是独立编址方式。

**2. 统一编址的I/O**

所谓统一编址就是把外围设备寄存器和主存单元统一编址。在这种方式下，不需要专门的 I/O 指令，就用一般的数据传送类指令来实现 I/O 操作。一台外围设备通常至少有两个寄存器，即数据寄存器和命令与状态寄存器。每个外围设备寄存器都可以由分配给它们的唯一的主存地址来识别，主机可以像访问主存一样去访问外围设备的寄存器。PDP-11 机采用的就是统一编址方式，它把最高 4KB 主存地址作为外围设备寄存器的地址。

这两种方式各有优缺点，独立编址方式的优点是 I/O 指令和访存指令容易区分，外围设备地址线少，译码简单，主存空间不会减小；缺点是控制线增加了 I/O Read 和 I/O Write 信号。统一编址方式的优点是总线结构简单，全部访存类指令都可用于控制外围设备，可直接对外设寄存器进行各种运算；缺点是 I/O 空间占用了主存一部分地址空间，缩小了可用的主存空间。

### 5.3.5 80x86 指令系统举例

**1. MOV 指令**

这是一种形式最简单、使用频繁的指令，它可以实现寄存器与寄存器之间、寄存器与主存单元之间的数据传送，也可以将立即数传送到寄存器。

MOV 指令的传送通常以字节、字、双字为单位，应当保持数据宽度一致，否则需要使用汇编语言的指示符。

**注意：**

MOV 指令的源操作数和目的操作数必须有一个在寄存器中，不允许用于两个主存单元之间的数据传送，并且不能向代码寄存器 CS 和堆栈寄存器 SS 传送数据。

**2. PUSH/POP 指令**

进栈指令（PUSH）可以分别将寄存器、主存、段寄存器、状态标志寄存器和全部寄存器（80386 以上）的内容或立即数压入到堆栈中。出栈指令（POP）则弹出保存的数据，但不能从堆栈中弹出数据至立即数，也不能将数据弹出至代码段寄存器。

堆栈位置由堆栈寄存器 SS 和堆栈指针 SP 规定。在 80x86 中，堆栈操作都是字（16 位）操作，同时还限定压入数据的来源和弹出数据的去向不能是主存单元。

**3. 加法、减法和比较指令**

加法/减法指令（ADD/SUB）所需的操作数可以在寄存器、主存中，也可以是立即数。加 1 或减 1 指令（INC/DEC）的操作数在寄存器中或存储器中。

比较指令（CMP）是减法指令的一个特殊变化，仍是进行两数相减的运算，但结果不回送，即不保留“差”。比较指令的功能在于不破坏原来的两个操作数，而仅设置相应的标志位。

为了实现高精度的加减运算（双倍字长或多字长），除去普通的加法、减法指令外还设置了带进位加指令（ADC）和带借位减指令（SBB）。

**4. 乘法、除法指令**

乘法允许进行字节、字或双字运算，它们可以是带符号的（IMUL）或无符号的（MUL）整数。被乘数分别存放在 AL、AX 或 EAX 中，乘数可在其他数据寄存器中，乘积是双倍宽的数据，字节乘法的积存放在 AX 中，字乘法的积存放在 DX（高 16 位数据）和 AX（低 16 位数据）中，双字乘法的积存放在 EDX（高 32 位数据）和 EAX（低 32 位数据）中。

除法也可以进行字节、字或双字运算。除法指令包括有符号的（IDIV）除法和无符号的（DIV）除法两种。被除数总是双倍宽的数据。对于 8 位的除数，被除数存放在 AX 中；对于 16

位的除数，被除数存放在 DX 和 AX 中，对于 32 位的除数，被除数存放在 EDX 和 EAX 中。

**5. BCD 运算和 ASCII 运算**

十进制运算调整指令(DAA)置于 ADD 或 ADC 指令之后，将加法运算的结果调整为 BCD 数的结果。由于 DAA 指令只作用于 AL 寄存器，因此这种运算每次只能做 8 位加法。十进制运算调整指令(DAS)置于 SUB 或 SBB 指令之后，将减法运算的结果调整为 BCD 数的结果。

ASCII 算术运算指令作用于 ASCII 码数字。AAA、AAM、AAS 分别在加法、乘法、减法之后进行调整，AAD 在除法之前进行调整。

**6. 基本逻辑指令**

基本逻辑指令包括与(AND)、或(OR)、异或(XOR)、非(NOT)和测试(TEST)指令，它们允许进行字节、字或双字运算。

这些指令主要用于清零和屏蔽寄存器某些位的内容，其操作会影响到某些标志位。例如，XOR AX，AX 指令可以对 AX 清零，还可以清除进位位 CF 和影响到 SF、ZF、PF 标志位。

TEST 指令实现 AND 的操作，但不改变目的操作数，仅仅影响标志寄存器的标志位。

**7. 位测试指令**

80386 以上的微处理器增加了位测试指令 BT、BTC、BTR 和 BTS。测试以后，将测试结果装入进位标志位，后 3 条指令还会改变被测试位。

**8. 移位与循环指令**

移位指令包括算术移位指令 SAL(左移)与 SAR(右移)、逻辑移位指令 SHL(左移)与 SHR(右移)。左移将操作数的最高位移入进位标志位，最低位补 0；右移将操作数的最低位移入进位标志位，对逻辑右移，最高位补 0，对算术右移，最高位(即带符号数的符号位)保持原值。

对于 80386 以上的微处理器，还有双精度移位指令 SHLD(左移)和 SHRD(右移)，这两条指令有三个操作数，可以作用于两个 16 位或 32 位寄存器，或者作用于一个 16 位或 32 位主存单元与一个寄存器。

循环指令按是否与进位标志位一起循环又分为小循环(不带进位循环)和大循环(带进位循环)两种，又同时具有左循环和右循环两种情况。故共有小循环左移(ROL)、小循环右移(ROR)、大循环左移(RCL)、大循环右移(RCR)四种指令。

**9. 转移控制指令**

转移控制指令包括无条件转移指令、条件转移指令和程序循环指令。这些转移指令允许在执行程序过程中，跳过一段程序，转到主存的任何部分去执行另一条指令。

无条件转移指令(JMP)不受任何条件的约束，跳转到由该指令指定的存储单元地址去执行另一条指令。

条件转移需要测试的标志位有进位标志位(CF)、零标志位(ZF)、符号标志位(SF)、溢出标志位(OF)和奇偶标志位(PF)等。这些标志位的组合，可以产生十几种条件转移指令。若条件满足，则转到指令指定的地址处；若条件不满足，则顺序执行程序的下一条指令。

程序循环指令有 LOOP 指令和 LOOPE/LOOPNE 指令。LOOP 指令将 CX/ECX 减 1 并执行 JNZ 指令。如果 CX/ECX 不等于零，它就转移到指定的地址去执行另外的指令。如果 CX/ECX 为零，则顺序执行下一条指令。LOOPE/LOOPNE 是条件程序循环指令，以

LOOPE 指令(等于则循环)为例,如果 CX/ECX 不等于零且等于条件成立,则执行转移,如果不等于条件成立或 CX/ECX 减 1 后为零,则跳出循环。

**10. 子程序调用和返回指令**

子程序通过调用子程序指令(CALL)调用,通过返回指令(RET)返回。

当执行 CALL 指令时,返回地址(CS 和 IP 寄存器的内容)被自动地压入堆栈保存。当执行 RET 指令时,从堆栈中自动地弹出返回地址送给 CS 和 IP 寄存器。

**11. 输入/输出指令**

80x86 微处理器中的 I/O 指令必须使用 AL(8 位)、AX(16 位)或 EAX(32 位)进行传送,如表 5.3 所示。在 I/O 指令中可以直接给出 I/O 端口地址(Port),也可以由 DX 寄存器间接给出 I/O 端口地址。前者称为直接端口寻址,直接端口寻址最多只能寻址 256 个端口;后者称为间接端口寻址,间接端口寻址最多可以寻址 65536 个端口。

**表 5.3 80x86 的 I/O 指令**

| 助记符 | 操作数 | 完成操作 |
| --- | --- | --- |
| IN | Acc,Port | 把指定端口中的内容输入到 AL/AX 或 EAX 中 |
| IN | Acc,DX | 把 DX 寄存器所指定的端口中的内容输入到 AL、AX 或 EAX 中 |
| OUT | Port,Acc | 将 AL、AX 或 EAX 的内容输出到指定端口中 |
| OUT | DX,Acc | 将 AL、AX 或 EAX 的内容输出到由 DX 寄存器所指定的端口中 |

## 5.4 指令系统的发展

不同类型的计算机有各具特色的指令系统,由于计算机的性能、机器结构和使用环境不同,指令系统的差异也是很大的。

### 5.4.1 x86 架构的扩展指令集

目前主流微机使用的指令系统都基于 x86 架构,为了提升处理器各方面的性能,Intel 和 AMD 公司又各自开发了一些新的扩展指令集。扩展指令集中包含了处理器对多媒体、3D 处理等方面的支持,能够提高处理器对这些方面处理的能力。

**1. MMX 指令集**

MMX(Multi Media eXtension,多媒体扩展)指令集是 Intel 公司为 Pentium 系列处理器所开发的一项多媒体指令增强技术。MMX 指令集中包括了 57 条多媒体指令,通过这些指令可以一次性处理多个数据,对视频、音频和图形数据处理特别有效。

**2. SSE 指令集**

SSE(Streaming SIMD Extension,流式 SIMD 扩展)也叫单指令多数据流(Single Instruction Multiple Data,SIMD)。SSE 指令集共有 70 条指令,其中包含提高 3D 图形运算效率的 50 条 SIMD 浮点运算指令、12 条 MMX 整数运算增强指令、8 条优化内存中的连续数据块传输指令。理论上这些指令对当前流行的图像处理、浮点运算、3D 运算、多媒体处理等众多多媒体的应用能力起到了全面提升的作用。

**3. 3DNow 指令集**

3DNow 指令集最初是由 AMD 公司推出的，拥有 21 条扩展指令。3DNow 在整体上与 SSE 非常相似，但它与 SSE 的侧重点又有所不同，3DNow 指令集主要针对三维建模、坐标变换和效果渲染等 3D 数据的处理，在相应的软件配合下，可以大幅度提高处理器的 3D 处理性能。增强型 3DNow 共有 45 条指令，比 3DNow 又增加了 24 条指令。

**4. SSE2 指令集**

SSE2 包含 144 条指令，分为 SSE 和 MMX 两部分。SSE 部分主要负责处理浮点数，而 MMX 部分则专门计算整数。在指令处理速度保持不变的情况下，通过 SSE2 优化后的程序和软件运行速度也能够提高两倍。由于 SSE2 指令集与 MMX 指令集相兼容，因此被 MMX 优化过的程序很容易被 SSE2 再进行更深层次的优化，达到更好的运行效果。

**5. SSE3 指令集**

SSE3 是目前规模最小的指令集，它只有 13 条指令，被分为数据传输、数据处理、特殊处理、优化和超线程性能增强五部分，其中超线程性能增强是一种全新的指令集，它可以提升处理器的超线程的处理能力，大大简化超线程的数据处理过程，使处理器能够更加快速地进行并行数据处理。

### 5.4.2 从复杂指令系统到精简指令系统

指令系统的发展有两种截然不同的方向：一种是增强原有指令的功能，设置更为复杂的新指令实现软件功能的硬化；另一种是减少指令种类和简化指令功能，提高指令的执行速度。前者称为复杂指令系统，后者称为精简指令系统。

长期以来，计算机性能的提高往往是通过增加硬件的复杂性获得的，随着 VLSI 技术的迅速发展，硬件成本不断下降，软件成本不断上升，促使人们在指令系统中增加更多的指令和更复杂的指令，以适应不同应用领域的需要。这种基于复杂指令系统设计的计算机称为复杂指令系统计算机，简称 CISC(complex instruction set computer)。CISC 的指令系统多达几百条指令，例如，Intel 80x86 (IA-32)就是典型的 CISC，其中 Pentium 4 的指令条数已达到 500 多条(包括扩展的指令集)。

如此庞大的指令系统使得计算机的研制周期变得很长，同时也增加了设计失误的可能性，而且由于复杂指令需进行复杂的操作，有时还可能降低系统的执行速度。通过对传统的 CISC 指令系统进行测试表明，各种指令的使用频度相差很悬殊。最常使用的是一些比较简单的指令，这类指令仅占指令总数的 20%，但在各种程序中出现的频度却占 80%，其余大多数指令是功能复杂的指令，这类指令占指令总数的 80%，但其使用频度仅占 20%。因此，人们把这种情况称为“20%—80%律”。从这一事实出发，人们开始了对指令系统合理性的研究，于是基于精简指令系统的精简指令系统计算机 RISC( reduced instruction set computer)随之诞生。

RISC 的中心思想是要求指令系统简化，尽量使用寄存器-寄存器操作指令，除去访存指令(Load 和 Store)外其他指令的操作均在单周期内完成，指令格式力求一致，寻址方式尽可能减少，并提高编译的效率，最终达到加快机器处理速度的目的。

### 5.4.3 VLIW 和 EPIC

**1. VLIW 和 EPIC 概念**

VLIW 是英文 very long instruction word 的缩写，中文含义是“超长指令字”，即一种非常长的指令组合，它把许多条指令连在一起，提高了运算的速度。在这种指令系统中，编译器把许多简单、独立的指令组合到一条指令字中。当这些指令字从主存中取出放到处理器中时，它们被容易地分解成几条简单的指令，这些简单的指令被分派到一些独立的执行单元去执行。

EPIC是英文explicit parallel instruction code的缩写，中文含义是“显式并行指令代码”。EPIC是从VLIW中衍生出来的，通过将多条指令放入一个指令字，有效地提高了CPU各个计算功能部件的利用效率，提高了程序的性能。

VLIW和EPIC处理器的指令集与传统处理器的指令集有极大的区别。

**2. Intel的IA-64**

虽然80x86指令集功勋卓著，但日显疲态也是人们所共知的事实。随着时间的推移，IA-32的局限性越来越明显了。作为一种CISC架构，变长指令结构、有无数种不同的指令格式，这使它难以在执行中进行快速译码；同时为了能够使用RISC架构上非常普遍的流水线和分支预测等技术，Intel公司被迫增加了很多复杂的设计。因此，Intel公司决定抛弃IA-32，转向全新的指令系统，20世纪末，由Intel公司和HP公司联合推出了彻底突破IA-32的IA-64架构，最大限度地开发了指令级并行操作。

Intel公司人员反对将IA-64划归到RISC或CISC的类别中，因为他们认为这是EPIC架构，是一种基于超长指令字的设计，它合并了RISC和VLIW技术方面的优势。最早采用这种技术的处理器是Itanium，后来又有了Itanium 2。

Itanium有128个64位的整数寄存器，128个82位的浮点寄存器，64个1位的判定寄存器和8个64位的分支寄存器。Itanium在硬件上与IA-32指令集兼容，通过翻译软件与HP公司的PA-RISC指令集兼容。

**3. 128位指令束**

IA-64将三条指令拼接成128位的“指令束”，以加快处理速度。每个指令束里包含了三个41位的指令和一个5位的模板，如图5.15所示。这个5位的模板包含了不同指令间的并行信息，编译器将使用模板告诉CPU，哪些指令可以并行执行。模板也包含了指令束的结束位，用以告诉CPU这个指令束是否结束，是否需准备捆绑下两个或更多的指令束。

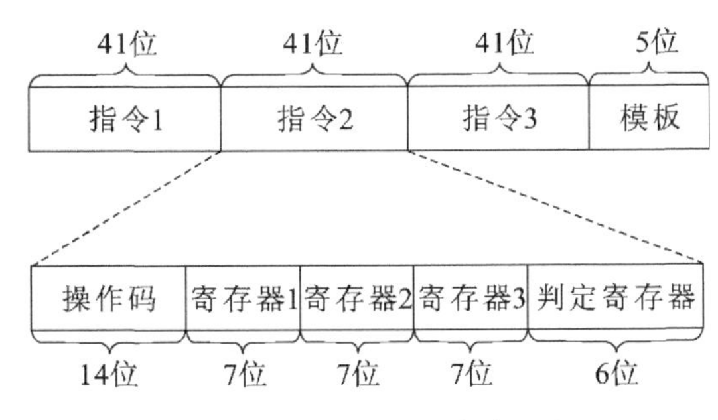


**图5.15 IA-64的指令束格式**

指令束中的每条指令的长度是固定的，均为41位，由指令操作码字段、判定寄存器字段和三个寄存器字段(其中两个为源寄存器，一个为目的寄存器)组成，指令只对寄存器操作。一个指令束中的三条指令之间一定是没有依赖关系的，由编译程序将三条指令拼接成指令束。假设，编译程序发现了16条没有相互依赖关系的指令，便可以把它们拼接成六个不同的指令束，前5束里每束3条，剩下的一条放在第6束里，然后在模板里做上相应的标记。

指令束的128位被CPU一次装载并检测，依靠指令的模板，三个指令能被不同的执行单元同时执行。任意数目的指令束能安排在指令组里，一个指令组是一个彼此可以并行执行并且不发生冲突的指令流。

## 思考题和习题

1. 指令长度和机器字长有什么关系？单字长指令、双字长指令分别表示什么意思？

2. 零地址指令的操作数来自哪里？一地址指令中，另一个操作数的地址通常可采用什么寻址方式获得？各举一例说明。

3. 某计算机为定长指令字结构，指令长度为16位；每个操作数的地址码长为6位，指令分为无操作数、单操作数和双操作数三类。若双操作数指令已有K种，无操作数指令已有L种，问：单操作数指令最多可能有多少种？上述三类指令各自允许的最多指令条数是多少？

4. 设某计算机为定长指令字结构，指令长度为12位，每个地址码占3位，试提出一种分配方案，使该指令系统包含4条三地址指令、8条二地址指令、180条单地址指令。

5. 指令格式同第4题，能否构成三地址指令4条、单地址指令255条、零地址指令64条？为什么？

6. 指令中地址码的位数与直接访问的主存容量和最小寻址单位有什么关系？

7. 试比较间接寻址和寄存器间址。

8. 试比较基址寻址和变址寻址。

9. 某计算机字长为16位，主存容量为64 KB，采用单字长单地址指令，共有50条指令。若有直接寻址、间接寻址、变址寻址和相对寻址四种寻址方式，试设计其指令格式。

10. 某计算机字长为16位，主存容量为64 KB，指令格式为单字长单地址，共有64条指令。问：

(1) 若只采用直接寻址方式，指令能访问多少主存单元？

(2) 为扩充指令的寻址范围，可采用直接/间接寻址方式，若只增加一位直接/间接标志，指令可寻址范围是怎样的？指令直接寻址的范围是怎样的？

(3) 采用页面寻址方式，若只增加一位Z/C(零页/现行页)标志，指令寻址范围是怎样的？指令直接寻址范围是怎样的？

(4) 将(2)、(3)两种方式结合，指令的寻址范围是怎样的？指令直接寻址范围是怎样的？

11. 设某计算机字长为32位，CPU有32个32位的通用寄存器，设计一个能容纳64种操作的单字长指令。

(1) 如果是存储器间接寻址方式的寄存器-存储器型指令，则能直接寻址的最大主存空间是多大？

(2) 如果采用通用寄存器作为基址寄存器，则能直接寻址的最大主存空间又是多大？

12. 已知某小型机字长为16位，其双操作数指令的格式如下。

| 0 — 5 | 6 — 7 | 8 — 15 |
|---|---|---|
| OP | R | A |

其中，OP为操作码，R为通用寄存器地址，试说明下列各种情况下能访问的最大主存区域有多少机器字。

(1) A为立即数。

(2) A 为直接主存单元地址。

(3) A 为间接地址(非多重间址)。

(4) A 为变址寻址的形式地址,假定变址寄存器为 $R_1$(字长为 16 位)。

13. 举例说明:哪几种寻址方式除去取指令以外不访问存储器;哪几种寻址方式除去取指令外只需访问一次存储器;完成什么样的指令,包括取指令在内共访问 4 次存储器。

14. 设相对寻址的转移指令占两个字节,第一个字节是操作码,第二个字节是相对位移量,用补码表示。假设当前转移指令第一字节所在的地址为 2000H,且 CPU 每取一个字节便自动完成(PC)+1→PC 的操作。试问当执行 JMP * +8 和 JMP * −9 指令( * 为相对寻址特征)时,转移指令第二字节的内容各为多少? 转移的目的地址各是什么?

15. 计算下列四条指令的有效地址(指令长度为 16 位)。

(1) 000000Q;(2) 100000Q;(3) 170710Q;(4) 012305Q

假设:上述四条指令均用八进制书写,指令的最左边是一位间址指示位@(@=0,直接寻址;@=1,间接寻址),且具有多重间接访问功能;指令的最右边两位为形式地址;主存容量为 $2^{15}$ 个单元,表 5.4 为有关主存单元的内容(八进制)。

**表 5.4 主存单元内容**

| 地址 | 内容 | 地址 | 内容 |
|---|---|---|---|
| 00000 | 100002 | 00005 | 100001 |
| 00001 | 046710 | 00006 | 063215 |
| 00002 | 054304 | 00007 | 077710 |
| 00003 | 100000 | 00010 | 100005 |
| 00004 | 102543 | | |

16. 假定某计算机的指令格式如下。

| 11 | 10 9 | 8 | 7 | 6 | 5 　　　0 |
|---|---|---|---|---|---|
| @ | OP | $I_1$ | $I_2$ | Z/C | A |

其中,

bit11=1:间接寻址。

bit8=1:变址寄存器 $I_1$ 寻址。

bit7=1:变址寄存器 $I_2$ 寻址。

bit6(零页/现行页寻址):Z/C=0,表示 0 页面;Z/C=1,表示现行页面,即指令所在页面。

若主存容量为 $2^{12}$ 个存储单元,分为 $2^6$ 个页面,每个页面有 $2^6$ 个字。

设有关寄存器的内容为:

(PC)=0340Q　　($I_1$)=1111Q　　($I_2$)=0256Q

试计算下列指令的有效地址。

(1) 1046Q;(2) 2433Q;(3) 3215Q;(4) 1111Q。

17. 假定指令格式如下。

| 15 　12 | 11 | 10 | 9 | 8 | 7 　　　0 |
|---|---|---|---|---|---|
| OP | $I_1$ | $I_2$ | Z/C | D/I | A |

其中,D/I 为直接/间接寻址标志,D/I=0 表示直接寻址,D/I=1 表示间接寻址。其余标志位同第 16 题的说明。

若主存容量为 $2^{16}$ 个存储单元,分为 $2^{8}$ 个页面,每个页面有 $2^{8}$ 个字。

设有关寄存器的内容为:

$(I_1)$=002543Q　　$(I_2)$=063215Q　　(PC)=004350Q

试计算下列指令的有效地址。

(1) 152301Q; (2) 074013Q; (3) 161123Q; (4) 140011Q

18. 什么叫主程序和子程序?调用子程序时还可采用哪几种方法保存返回地址?画图说明调用子程序的过程。

19. 在某些计算机中,调用子程序的方法是这样实现的:转子指令将返回地址存入子程序的第一个字单元,然后从第二个字单元开始执行子程序,回答下列问题:

(1) 为这种方法设计一条从子程序转到主程序的返回指令。

(2) 在这种情况下,如何在主、子程序间进行参数的传递?

(3) 上述方法是否可用于子程序的嵌套?

(4) 上述方法是否可用于子程序的递归(即某个子程序自己调用自己)?

(5) 如果改用堆栈方法,是否可实现第(4)问所提出的问题?

# 第6章 运算方法和运算器

计算机的应用领域极其广泛，但不论其应用在什么地方，信息在机器内部的形式都是一致的，即均为 0 和 1 组成的各种编码。本章主要介绍参与运算的各类数据(包括无符号数和有符号数、定点数和浮点数等)，以及它们在计算机中的算术运算方法。使读者进一步认识到计算机在自动解题过程中数据信息的加工处理流程，从而进一步加深对计算机硬件组成及整机工作原理的理解。

## 6.1 无符号数和有符号数

在计算机中参与运算的数有无符号数和有符号数两大类。

### 6.1.1 无符号数

CPU 中要处理的数均放在寄存器中，通常称寄存器的位数为机器字长。所谓无符号数，即没有符号的数，在寄存器中的每一位均可用来存放数值。当存放有符号数时，则需留出位置存放符号。因此，当机器字长相同时，无符号数与有符号数所对应的数值范围是不同的。以机器字长 16 位为例，无符号数的表示范围为 0～65 535，而有符号数的表示范围为 －32 768～＋32 767(此数值对应补码表示，详见 6.1.2 节)。

### 6.1.2 有符号数

**1. 机器数与真值**

对有符号数而言，符号的正、负机器是无法识别的，但由于正、负恰好是两种截然不同的状态，如果用“0”表示“正”，则可以用“1”表示“负”，这样符号也被数字化了，并且规定将它放在有效数字的前面，即组成了有符号数。

例如，有以下符号数(小数)。

＋0.1001 在机器中表示为

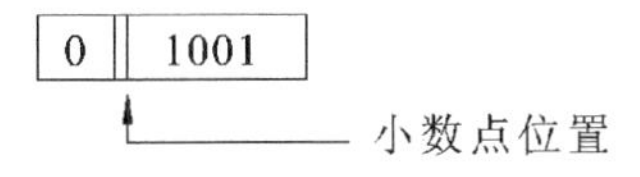


－0.1001 在机器中表示为

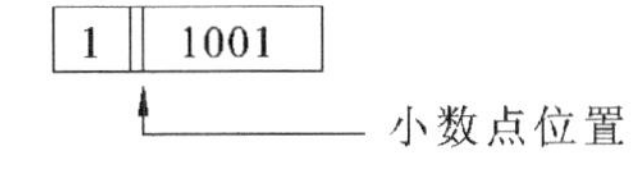


又如，有以下符号数(整数)。

＋1110 在机器中表示为

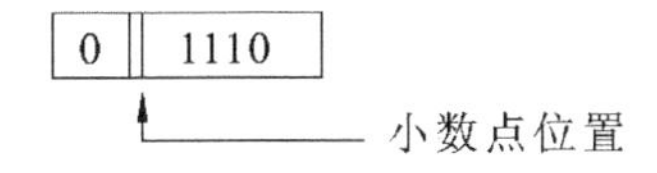


－1110 在机器中表示为

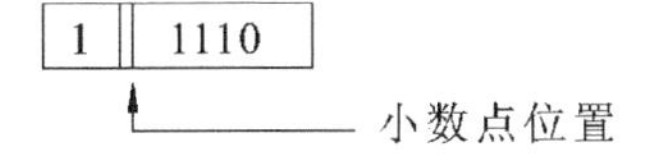

把符号"数字化"的数称为机器数，而把带"+"或"−"符号的数称为真值。一旦符号数字化后，符号和数值就形成了一种新的编码。在运算过程中，符号位能否和数值部分一起参加运算？如果参加运算，又需对符号位做哪些处理？这些问题都与符号位和数值部分所构成的编码有关，这些编码就是原码、反码、补码和移码。

**2. 原码表示法**

原码是机器数中最简单的一种表示形式，符号位为 0 表示正数，符号位为 1 表示负数，数值部分是真值的绝对值，故原码表示又称为带符号的绝对值表示。上面"1. 机器数与真值"部分列举的四个真值所对应的机器数即为原码。为了书写方便以及区别整数和小数，约定整数的符号位与数值位之间用逗号隔开；小数的符号位与数值位之间用小数点隔开。例如，上面"1. 机器数与真值"部分列举的四个数的原码分别是 0.1001、1.1001、0,1110 和 1,1110。由此可得原码的定义。

(1) 整数原码的定义为：

$$[x]_{原}=\begin{cases}0,x & 2^n>x\geqslant 0\\ 2^n-x & 0\geqslant x>-2^n\end{cases} \tag{6-1}$$

式中：x 为真值；n 为整数的位数。

例如：

当 $x=+1101$ 时，$[x]_{原}=0,1101$

当 $x=-1101$ 时，$[x]_{原}=2^4-(-1101)=1,1101$

↑ 用逗号将符号位和数值部分隔开

(2) 小数原码的定义为：

$$[x]_{原}=\begin{cases}x & 1>x\geqslant 0\\ 1-x & 0\geqslant x>-1\end{cases} \tag{6-2}$$

式中，x 为真值。

例如：

当 $x=0.1101$ 时，$[x]_{原}=0.1101$

当 $x=-0.1101$ 时，$[x]_{原}=1-(-0.1101)=1.1101$

根据定义，已知真值可求原码，反之已知原码也可求真值。例如，

当 $[x]_{原}=1.1011$ 时，由定义得：

$$x=1-[x]_{原}=1-1.1011=-0.1011$$

当 $[x]_{原}=1,1101$ 时，由定义得：

$$x=2^n-[x]_{原}=2^4-1,1101=10000-11101=-1101$$

当 $[x]_{原}=0.1101$ 时，$x=0.1101$

当 $x=0$ 时

$$[+0.0000]_{原}=0.0000$$

$$[-0.0000]_{原}=1-(-0.0000)=1.0000$$

可见 $[+0]_{原}$ 不等于 $[-0]_{原}$，即原码中的"零"有两种表示形式。

原码表示简单明了，并易于和真值转换。但用原码进行加减运算时，却带来了许多麻烦。例如，当两个操作数符号不同且要做加法运算时，先要判断两数绝对值大小，然后将绝对值大的数减去绝对值小的数，结果的符号为绝对值大的数的符号。运算步骤既复杂又费时。而且本来是加法运算却要用减法器实现。那么能否在计算机中只设加法器，只做加法

操作呢？如果能找到一个与负数等价的正数来代替该负数，就可把减法操作用加法运算代替。而机器数采用补码表示时，就能实现上述想法。



### 3. 补码表示法

1）补数的概念

在日常生活中，常会遇到“补数”的概念。例如，时钟指示 6 点，欲使它指示 3 点，既可按顺时针方向将分针转 9 圈，又可按逆时针方向将分针转 3 圈，结果是一致的。假设顺时针方向转为正，逆时针方向转为负，则有：

$$\begin{array}{r} 6 \\ -\ 3 \\ \hline 3 \end{array} \qquad\qquad \begin{array}{r} 6 \\ +\ 9 \\ \hline 15 \end{array}$$

由于时钟的时针转一圈能指示 12 个小时，当点数超过“12”时，这“12”在时钟里是不被显示而自动丢失的，即 15－12＝3，故 15 点和 3 点均显示 3 点。这样－3 和＋9 对时钟而言其作用是一致的。在这里我们称 12 为模，写作 mod 12，而称＋9 是－3 以 12 为模的补数，记作：

$$-3 \equiv +9 \qquad (\text{mod } 12)$$

或者说，对模 12 而言，－3 和＋9 是互为补数的。同理有

$$-4 \equiv +8 \qquad (\text{mod } 12)$$

$$-5 \equiv +7 \qquad (\text{mod } 12)$$

即对模 12 而言，＋8 和＋7 分别是－4 和－5 的补数。可见，只要确定了“模”，就可找到一个与负数等价的正数(该正数即为负数的补数)来代替此负数，这样就可把减法运算用加法运算来实现。例如：

设 A＝8，B＝6，求 A－B(mod 12)。

解：

$$A-B=8-6=2 \qquad (\text{做减法运算})$$

对模 12 而言，－6 可以用其补数＋6 代替，即

$$-6 \equiv +6 \qquad (\text{mod } 12)$$

所以 $$A-B=8+6=14 \qquad (\text{做加法})$$

对模 12 而言，12 会自动丢失，所以 14 等价于 2，即 2≡14 ( mod 12)。

进一步分析发现，3 点、15 点、27 点……在时钟上看见的都是 3 点，即

$$3 \equiv 15 \equiv 27 \qquad (\text{mod } 12)$$

也即 $$3 \equiv 3+12 \equiv 3+24 \equiv 3 \qquad (\text{mod } 12)$$

这说明正数相对于“模”的补数就是正数本身。

上述补数的概念可以用到任意“模”上，例如：

$$-3 \equiv +7 \qquad (\text{mod } 10)$$

$$+7 \equiv +7 \qquad (\text{mod } 10)$$

$$-3 \equiv +97 \qquad (\text{mod } 10^2)$$

$$+97 \equiv +97 \qquad (\text{mod } 10^2)$$

$$-1011 \equiv +0101 \qquad (\text{mod } 2^4)$$

$$+0101 \equiv +0101 \qquad (\text{mod } 2^4)$$

$$-0.1001 \equiv +1.0111 \qquad (\text{mod } 2)$$

$$+0.1001 \equiv +0.1001 \qquad (\text{mod } 2)$$

由此可得如下结论。

- 一个负数可用它的正补数来代替，而这个正补数可以用模加上负数本身求得。
- 一个正数和一个负数互为补数时，它们绝对值之和即为模数。
- 正数的补数即该正数本身。

将补数的概念用到计算机中，便出现了补码这种机器数。

2) 补码的定义

整数补码的定义为：

$$[x]_{补}=\begin{cases}0,x & 2^n>x\geqslant 0\\ 2^{n+1}+x & 0>x\geqslant -2^n \quad (\mathrm{mod}\ 2^{n+1})\end{cases} \tag{6-3}$$

式中：x 为真值；n 为整数的位数。

例如：

当 x=+1101 时，

$$[x]_{补}=0,1101$$

↑ 用逗号将符号位和数值部分隔开

当 x=−1101 时，

$$[x]_{补}=2^{n+1}+x=100000-1101=1,0011$$

↑ 用逗号将符号位和数值部分隔开

小数补码的定义为：

$$[x]_{补}=\begin{cases}x & 1>x\geqslant 0\\ 2+x & 0>x\geqslant -1 \quad (\mathrm{mod}\ 2)\end{cases} \tag{6-4}$$

式中，x 为真值。

例如：

当 x=0.1011 时，

$$[x]_{补}=0.1011$$

当 x=−0.0110 时，

$$[x]_{补}=2+x=10.0000-0.0110=1.1010$$

当 x=0 时，

$$[+0.0000]_{补}=0.0000$$

$$[-0.0000]_{补}=2+(-0.0000)=10.0000-0.0000=0.0000$$

显然 $[+0]_{补}=[-0]_{补}=0.0000$，即补码中的“零”只有一种表示形式。

对于小数，若 x=−1，则根据小数补码定义，有 $[x]_{补}=2+x=10.0000-1.0000=1.0000$。

可见，−1 本不属于小数范围，但却有 $[-1]_{补}$ 存在（其实在小数补码定义中已指明），这是由于补码中的零只有一种表示形式，故它比原码能多表示一个“−1”。根据补码定义，已知补码还可以求真值，例如：

若 $[x]_{补}=1.0101$

$$则\ x=[x]_{补}-2=1.0101-10.0000=-0.1011$$

若 $[x]_{补}=1,1110$

$$则\ x=[x]_{补}-2^{4+1}=1.1110-100000=-0010$$

若$[x]_补=0.1101$

$$则\ x=[x]_补=0.1101$$

当定点小数模数为4时，形成了双符号位的补码。如$x=-0.1001$，对(mod $2^2$)而言

$$[x]_补=2^2+x=100.0000-0.1001=11.0111$$

同理，当定点整数模$2^{n+2}$时，也会形成双符号位，这种含双符号位的补码又称为变形补码，它在阶码运算和溢出判断中有其特殊作用，后面有关章节中将详细介绍。

由以上讨论可知，引入补码的概念是为了消除减法运算，但是根据补码的定义，在形成补码的过程中又出现了减法。例如：

$x=-1011$

$$[x]_补=2^{4+1}+x=100000-1011=1,0101 \tag{6-5}$$

若把模$2^{4+1}$改写成$2^5=100000=11111+00001$时，则式(6-5)可写成

$$[x]_补=2^5+x=11111+00001+x \tag{6-6}$$

又因x是负数，若x用$-x_1x_2x_3x_4$表示，其中$x_i(i=1,2,3,4)$不为0则为1，于是式(6-6)可写成

$$\begin{aligned}[x]_补&=2^5+x=11111+00001-x_1x_2x_3x_4\\&=1\overline{x_1}\,\overline{x_2}\,\overline{x_3}\,\overline{x_4}+00001\end{aligned} \tag{6-7}$$

因为任一位“1”减去$x_i$，即为$\overline{x_i}$，所以式(6-7)成立。

由于负数$-x_1x_2x_3x_4$的原码为$1,x_1x_2x_3x_4$，因此对这个负数求补，可以看作对它的原码除符号位外，每位求反，末位加1，简称“求反加1”。换言之，已知一个负数的原码求其补码时，从其原码的最低位(最右侧)开始依次向高位(左侧)查找第一个“1”，找到后，保持该位“1”和其右侧的“0”不变，把其左侧的所有数值位取反，符号位不动，就得到该负数所对应的补码。下面简单证明一下上述结论：若一个负数$[x]_原=1,x_1x_2\cdots x_{i-1}x_ix_{i+1}\cdots x_n$，$x_i$是从右侧低位向左侧高位方向找到的第一个“1”，即数值位$x_{i+1}\cdots x_n$全为“0”，即该数为$[x]_原=1,x_1x_2\cdots x_{i-1}10\cdots0$将该原码的数值位按位取反后$x_i$变为“0”，$x_{i+1}\cdots x_n$取反后全变为“1”，即原码数值位按位取反后变为$[x]'_原=1,\overline{x_1}\,\overline{x_2}\cdots\overline{x_{i-1}}01\cdots1$，该数末位加“1”后，$x_i$后面的“1”全恢复回了“0”，$x_i$恢复回了“1”，$[x]'_原$变为$1,\overline{x_1}\,\overline{x_2}\cdots\overline{x_{i-1}}10\cdots0$，该数即为所求的负数的补码。这样，由真值通过原码求补码就可避免减法运算。同理，对于小数也有同样的结论，读者可以自行证明。

“除符号位外，数值位每位求反，末位加1”这一规则同样适用于负数由$[x]_补$求$[x]_原$。而对于一个负数，若对其原码除符号位外每位求反(简称“每位求反”)，或是对其补码减去末位的1，即得其所对应的机器数的反码。

**4. 反码表示法**

反码通常用来作为由原码求补码或者由补码求原码的中间过渡。反码的定义如下。

整数反码的定义为：

$$[x]_反=\begin{cases}0,x & 2^n>x\geqslant0\\(2^{n+1}-1)+x & 0\geqslant x>-2^n\quad[\bmod\ (2^{n+1}-1)]\end{cases} \tag{6-8}$$

式中：x为真值；n为整数的位数。

例如：

当$x=+1101$时，

$$[x]_反=0,1101$$

↑

用逗号将符号位和数值部分隔开

当 x=－1101 时,

$$[x]_反=(x^{4+1}-1)+x=11111-1101=1,0010$$

用逗号将符号和数值部分隔开

小数反码的定义为:

$$[x]_反=\begin{cases} x & 1>x\geqslant 0 \\ (2-2^{-n})+x & 0\geqslant x>-1 \quad [\mathrm{mod}\ (2-2^{-n})] \end{cases} \tag{6-9}$$

式中:x 为真值;n 为小数的位数。

例如:

当 x=＋0.0110 时,

$$[x]_反=0.0110$$

当 x=－0.0110 时,

$$[x]_反=(2-2^{-4})+x=1.1111-0.0110=1.1001$$

当 x=0 时,

$$[+0.0000]_反=0.0000$$

$$[-0.0000]_反=(10.0000-0.0001)-0.0000=1.1111$$

可见$[+0]_反$不等于$[-0]_反$,即反码中的"零"也有两种表示形式。

实际上,反码也可看做是 mod $(2-2^{-n})$(对于小数)或 mod $(2^{n+1}-1)$(对于整数)的补码。与补码相比,仅在末位差 1,因此有些书上称小数的补码为 2 的补码,而称小数的反码为 1 的补码。

综上所述,三种机器数的特点可归纳如下。

- 三种机器数的最高位均为符号位。符号位和数值部分之间可用"."(对于小数)或","(对于整数)隔开。
- 当真值为正时,原码、补码和反码的表示形式均相同,即符号位用"0"表示,数值部分与真值相同。
- 当真值为负时,原码、补码和反码的表示形式不同,但其符号位都用"1"表示,而数值部分有这样的关系,即补码是原码的"求反加 1",反码是原码的 "每位求反"。

下面通过实例来进一步理解和掌握三种机器数的表示。

**【例 6.1】** 已知$[y]_补$,求$[-y]_补$。

**【解】** 设$[y]_补=y_0.y_1y_2\cdots y_n$

第一种情况 $\quad [y]_补=0.y_1y_2\cdots y_n \qquad (6\text{-}10)$

所以 $\quad y=0.y_1y_2\cdots y_n$

故 $\quad -y=-0.y_1y_2\cdots y_n$

则 $\quad [-y]_补=1.\overline{y_1}\,\overline{y_2}\cdots\overline{y_n}+2^{-n} \qquad (6\text{-}11)$

比较式(6-10)和式(6-11),发现由$[y]_补$连同符号位在内每位取反,末位加 1,即可得$[-y]_补$。

第二种情况 $\quad [y]_补=1.y_1y_2\cdots y_n \qquad (6\text{-}12)$

所以 $\quad [y]_原=1.\overline{y_1}\,\overline{y_2}\cdots\overline{y_n}+2^{-n}$

得 $\quad y=-(0.\overline{y_1}\,\overline{y_2}\cdots\overline{y_n}+2^{-n})$

故 $\quad -y=0.\overline{y_1}\,\overline{y_2}\cdots\overline{y_n}+2^{-n}$

则 $$[-y]_{补}=0.\overline{y_1}\,\overline{y_2}\cdots\overline{y_n}+2^{-n} \tag{6-13}$$

比较式(6-12)、式(6-13),发现由$[y]_{补}$连同符号位在内每位取反,末位加1,即可得$[-y]_{补}$。

可见,不论真值是正(第一种情况)或负(第二种情况),由$[y]_{补}$求$[-y]_{补}$,都是采用"连同符号位在内,每位取反,末位加1"的规则。换言之,已知一个数的补码求其相反数的补码时,从该数补码的最低位(最右侧)开始依次向高位(左侧)查找第一个"1",找到后,保持该位"1"和其右侧的"0"不变,把其左侧的所有位取反(包括符号位),就得到其相反数所对应的补码。这一结论在补码减法运算中将经常用到。

**【例6.2】** 设机器数字长为8位(其中1位为符号位),对于整数,当其分别代表无符号数、原码、补码和反码时,对应的真值范围各是怎样的?

**【解】** 表6.1列出了8位寄存器中二进制代码组合与无符号数、原码、补码和反码所代表的真值的对应关系。

**表6.1 例6.2对应的真值范围**

| 二进制代码 | 无符号数对应的真值 | 原码对应的真值 | 补码对应的真值 | 反码对应的真值 |
|---|---|---|---|---|
| 00000000 | 0 | +0 | ±0 | +0 |
| 00000001 | 1 | +1 | +1 | +1 |
| 00000010 | 2 | +2 | +2 | +2 |
| …… | …… | …… | …… | …… |
| 01111110 | 126 | +126 | +126 | +126 |
| 01111111 | 127 | +127 | +127 | +127 |
| 10000000 | 128 | −0 | −128 | −127 |
| 10000001 | 129 | −1 | −127 | −126 |
| 10000010 | 130 | −2 | −126 | −125 |
| …… | …… | …… | …… | …… |
| 11111101 | 253 | −125 | −3 | −2 |
| 11111110 | 254 | −126 | −2 | −1 |
| 11111111 | 255 | −127 | −1 | −0 |

由此可得出一个结论:由于"零"在补码中只有一种表示形式,故补码比原码和反码可以多表示一个负数。

有符号数在计算机中除了用原码、补码和反码表示外,在一些通用计算机中还用另一种机器数——移码表示,由于它具有一些突出的优点,目前已被广泛采用。

**5. 移码表示法**

当真值用补码表示时,由于符号位和数值部分一起编码,与习惯上的表示法不同,因此人们很难从补码的形式上直接判断其真值的大小,例如:

十进制数 x=21,对应的二进制数为+10101,则$[x]_{补}$=0,10101。

十进制数 x=−21,对应的二进制数为−10101,则$[x]_补$=1,01011。

十进制数 x=31,对应的二进制数为+11111,则$[x]_补$=0,11111。

十进制数 x=−31,对应的二进制数为−11111,则$[x]_补$=1,00001。

上述补码表示中“,”在计算机内部是不存在的,因此,从代码形式看,符号位也是一位二进制数。按这 6 位二进制代码比较大小的话,会得出 101011>010101,100001>011111,其实恰恰相反。

如果对每个真值加上一个 $2^n$(n 为整数的位数),情况就发生了变化。例如:

x=10101 加上 $2^5$ 可得 10101+100000=110101。

x=−10101 加上 $2^5$ 可得−10101+100000=001011。

x=11111 加上 $2^5$ 可得 11111+100000=111111。

x=−11111 加上 $2^5$ 可得−11111+100000=000001。

比较它们的结果可见,110101>001011,111111>000001。这样一来,从 6 位代码本身就可看出真值的实际大小。

由此可得移码的定义:

$$[x]_移=2^n+x \quad (2^n>x\geqslant -2^n) \tag{6-14}$$

式中:x 为真值;n 为整数的位数。

其实移码就是在真值上加一个常数 $2^n$。在数轴上移码所表示的范围恰好对应于真值在数轴上的表示范围向轴的正方向移动 $2^n$ 个单元,如图 6.1 所示,由此而得移码之称。

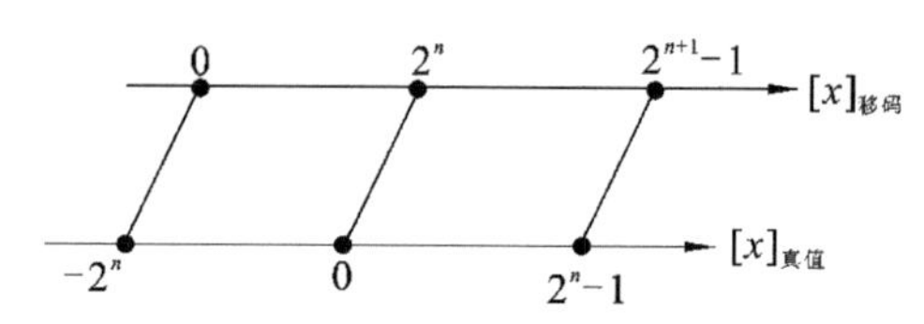


**图 6.1 移码在数轴上的表示**

例如:x=10101,则

$$[x]_移=2^5+10101=1,10101$$

↑

用逗号将符号位和数值部分隔开

x=−10101,则

$$[x]_移=2^5-10101=0,01011$$

↑

用逗号将符号位和数值部分隔开

当 x=0 时

$$[+0]_移=2^5+0=1,00000$$

$$[-0]_移=2^5-0=1,00000$$

可见$[+0]_移$等于$[-0]_移$,即移码表示中零也是唯一的。

此外,由移码的定义可见,当 n=5 时,其最小的真值为 $x=-2^5=-100000$,则$[-100000]_移=2^5+x=100000-100000=0,00000$,即最小真值的移码为全 0。利用移码的这一特点,当浮点数的阶码用移码表示时,就能很方便地判断阶码的大小(详见 6.2.4 节)。

进一步观察发现,同一个真值的移码和补码仅差一个符号位,若将补码的符号位由“0”

改为“1”，或从“1”改为“0”，即可得该真值的移码。表 6.2 列出了真值、补码和移码的对应关系。

**表 6.2　真值、补码和移码的对应关系**

| 真值 x | $[x]_补$ | $[x]_移$ | $[x]_移$ 对应的十进制整数 |
|---|---|---|---|
| −100000 | 100000 | 000000 | 0 |
| −11111 | 100001 | 000001 | 1 |
| −11110 | 100010 | 000010 | 2 |
| …… | …… | …… | …… |
| −00001 | 111111 | 011111 | 31 |
| ±00000 | 000000 | 100000 | 32 |
| +00001 | 000001 | 100001 | 33 |
| +00010 | 000010 | 100010 | 34 |
| …… | …… | …… | …… |
| +11110 | 011110 | 111110 | 62 |
| +11111 | 011111 | 111111 | 63 |

## 6.2　数的定点表示和浮点表示

在计算机中，小数点不用专门的器件表示，而是按约定的方式标出，共有两种方法表示小数点的存在，即定点表示和浮点表示。定点表示的数称为定点数，浮点表示的数称为浮点数。

### 6.2.1　定点表示

小数点固定在某一位置的数为定点数，有以下两种格式。

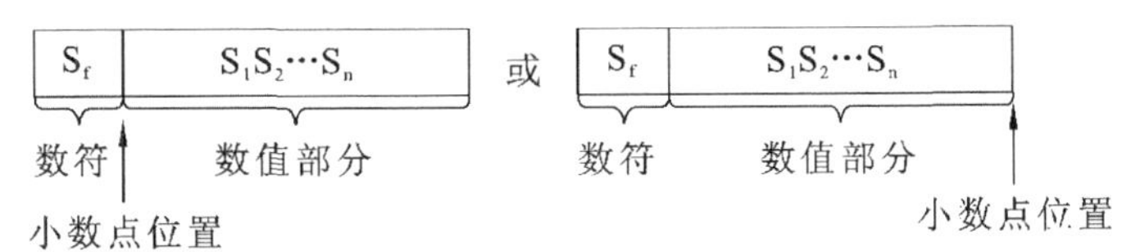


当小数点位于数符和第一数值位之间时，该机器数为纯小数；当小数点位于数值位之后时，该机器数为纯整数。采用定点数的机器称为定点机。数值部分的位数 n 决定了定点机中数的表示范围。若机器数采用原码，小数定点机中数的表示范围是 $-(1-2^{-n})$ 至 $(1-2^{-n})$，整数定点机中数的表示范围是 $-(2^n-1)$ 至 $(2^n-1)$。

在定点机中，由于小数点的位置固定不变，故当机器处理的数不是纯小数或纯整数时，必须乘上一个比例因子，否则会产生“溢出”。

### 6.2.2　浮点表示

实际上计算机中处理的数不一定是纯小数或纯整数（如圆周率 π），而且有些数据的数值范围相差很大（如电子的质量 $9\times10^{-28}$ g，太阳的质量 $2\times10^{33}$ g），它们都不能直接用定点小数或定点整数表示，但均可用浮点数表示。浮点数即小数点的位置可以浮动的数，如：

$$\begin{aligned}152.47&=1.5247\times 10^{2}\\&=1524.7\times 10^{-1}\\&=0.15247\times 10^{3}\end{aligned}$$

显然，这里小数点的位置是变化的，但因为分别乘上了10的不同的方幂，故值不变。

通常，浮点数被表示成

$$N=S\times r^{j} \tag{6-15}$$

式中：S为尾数(可正可负)；j为阶码(可正可负)；r是基数(或基值)。在计算机中，基数可取2、4、8或16等。

以基数r=2为例，数N可写成下列不同的形式：

$$\begin{aligned}N&=11.0101\\&=0.110101\times 2^{10}\\&=1.10101\times 2^{1}\\&=1101.01\times 2^{-10}\\&=0.00110101\times 2^{100}\\&\ \ \vdots\end{aligned}$$

为了提高数据精度以及便于浮点数的比较，在计算机中规定浮点数的尾数用纯小数形式，故 $0.110101\times 2^{10}$ 和 $0.00110101\times 2^{100}$ 形式是可以采用的。此外，将正数尾数最高位为1的浮点数称为规格化数，即 $N=0.110101\times 2^{10}$ 为浮点数的规格化形式。浮点数表示成规格化形式后，其精度最高。

**1. 浮点数的表示形式**

浮点数在机器中的形式通常如图6.2所示。采用这种数据格式的机器称为浮点机。

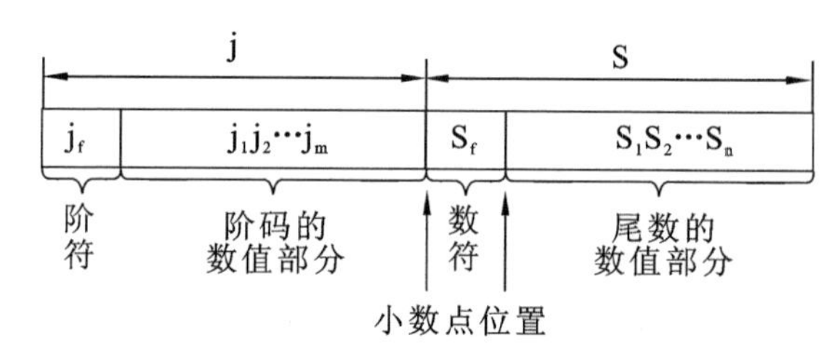


**图6.2 浮点数在机器中的形式**

浮点数由阶码j和尾数S两部分组成。阶码是整数，阶符和阶码的位数m合起来反映浮点数的表示范围及小数点的实际位置；尾数是小数，其位数n反映了浮点数的精度；尾数的符号 $S_f$ 代表浮点数的正负。

**2. 浮点数的表示范围**

以通式 $N=S\times r^{j}$ 为例，设浮点数阶码的数值位取m位，尾数的数值位取n位，当浮点数为原码非规格化数时，它在数轴上的表示范围如图6.3所示。

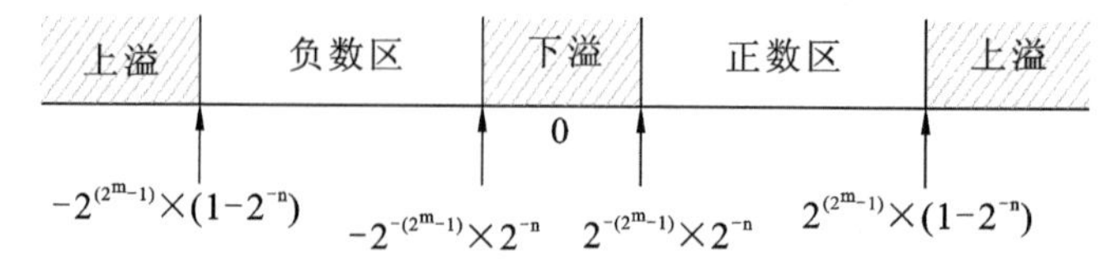


**图6.3 原码浮点数在数轴上的表示范围**

由图 6.3 可见，其最大正数为 $2^{(2^m-1)}\times(1-2^{-n})$；最小正数为 $2^{-(2^m-1)}\times2^{-n}$；最大负数为 $-2^{-(2^m-1)}\times2^{-n}$；最小负数为 $-2^{(2^m-1)}\times(1-2^{-n})$。当浮点数阶码大于最大阶码时，称为上溢，此时机器停止运算，进行中断溢出处理；当浮点数阶码小于最小阶码时，称为下溢，此时溢出的数绝对值很小，通常将尾数各位强置为零，按机器零处理，此时机器可以继续运行。

一旦表示浮点数的位数确定后，如何分配阶码和尾数的位数，会直接影响浮点数的表示范围和精度。通常对于短实数(总位数为 32 位)，阶码取 8 位(含阶符 1 位)，尾数取 24 位(含数符 1 位)；对于长实数(总位数为 64 位)，阶码取 11 位(含阶符 1 位)，尾数取 53 位(含数符 1 位)；对于临时实数(总位数为 80 位)，阶码取 15 位(含阶符 1 位)，尾数取 65 位(含数符 1 位)。

**3. 浮点数的规格化**

为了提高浮点数的精度，其尾数必须为规格化数。如果不是规格化数，就要通过修改阶码并同时左右移尾数的办法，使其变成规格化数。将非规格化数转换成规格化数的过程称为规格化。对于基数不同的浮点数，因其规格化数的形式不同，规格化过程也不同。

当基数为 2 时，当机器数采用原码表示时，尾数数值部分最高位为 1 的数为规格化数。规格化时，尾数左移一位，阶码减 1(这种规格化称为向左规格化，简称左规)；尾数右移一位，阶码加 1(这种规格化称为向右规格化，简称右规)。图 6.3 所示的浮点数规格化后，其最大正数为 $2^{(2^m-1)}\times(1-2^{-n})$，最小正数为 $2^{-(2^m-1)}\times2^{-1}$，最大负数为 $-2^{-(2^m-1)}\times2^{-1}$，最小负数为 $-2^{(2^m-1)}\times(1-2^{-n})$。

浮点机中一旦基数确定后就不再变了，而且基数是隐含的，故不同基数的浮点数表示形式完全相同。但基数不同，对数的表示范围和精度等都有影响：一般来说，基数 r 越大，可表示的浮点数范围越大，而且所表示的数的个数越多。但 r 越大，浮点数的精度反而下降。

## 6.2.3 定点数和浮点数的比较

定点数和浮点数可从如下几个方面进行比较。

(1) 当浮点机和定点机中数的位数相同时，浮点数的表示范围比定点数的大得多。

(2) 当浮点数为规格化数时，其相对精度远比定点数高。

(3) 浮点数运算分阶码部分和尾数部分两部分，而且运算结果都要求规格化，故浮点运算步骤比定点运算步骤多，运算速度比定点运算的慢，运算线路比定点运算的复杂。

(4) 在溢出的判断方法上，浮点数是对规格化数的阶码进行判断，而定点数是对数值本身进行判断。例如，小数定点机中的数，其绝对值必须小于 1，否则"溢出"，此时要求机器停止运算，进行处理。为了防止溢出，上机前必须选择比例因子，这个工作比较麻烦，给编程带来不便。而浮点数的表示范围远比定点数大，仅当"上溢"时机器才停止运算。故一般不必考虑比例因子的选择。

总之，浮点数在数的表示范围、数的精度、溢出处理和程序编程方面(不取比例因子)均优于定点数。但在运算规则、运算速度及硬件成本方面又不如定点数。因此，究竟选用定点数还是浮点数，应根据具体应用综合考虑。一般来说，通用的大型计算机大多采用浮点数，或同时采用定点数、浮点数；小型、微型及某些专用机、控制机则大多采用定点数。当需要做浮点运算时，可通过软件实现，也可外加浮点扩展硬件(如协处处理器)来实现。

## 6.2.4 举例

**【例 6.3】** 设浮点数字长 16 位，其中阶码 5 位(含 1 位阶符)，尾数 11 位(含 1 位数符)，将十进制数$+\frac{15}{64}$写成二进制定点数和浮点数，并分别写出它在定点机和浮点机中的机器数形式。

【解】 令 $x=\frac{15}{64}$

其二进制形式 $x=0.001111$

定点数的表示 $x=0.001111000000000$

浮点数规格化表示 $x=0.1111000000\times 2^{-10}$

定点机中 $[x]_原=[x]_补=[x]_反=0.001111000000000$

浮点机中

| | | | | | |
|---|---|---|---|---|---|
| $[x]_原$: | 1 | 0010 | 0 | 1111000000 | 或写成 1,0010;0.1111000000 |
| $[x]_反$: | 1 | 1101 | 0 | 1111000000 | 或写成 1,1101;0.1111000000 |
| $[x]_补$: | 1 | 1110 | 0 | 1111000000 | 或写成 1,1110;0.1111000000 |

**【例 6.4】** 将十进制数−51 表示成二进制定点数和浮点数，并写出它在定点机和浮点机中的机器数形式(其他要求同例 6.3)。

【解】 令 $x=-51$

其二进制形式 $x=-110011$

定点数表示 $x=-000000000110011$

浮点数规格化表示 $x=-(0.1100110000)\times 2^{110}$

定点机中

$[x]_原=1,0000000001\ 10011$

$[x]_补=1,1111111110\ 01101$

$[x]_反=1,1111111110\ 01100$

浮点机中

$[x]_原=0,0110;1.1100110000$

$[x]_补=0,0110;1.0011010000$

$[x]_反=0,0110;1.0011001111$

**【例 6.5】** 写出对应图 6.3 所示的浮点数的非规格化补码形式。设图 6.3 中 n=10，m=4，阶符、数符各取 1 位。

| 【解】 | 真值 | 补码 |
|---|---|---|
| 最大正数 | $2^{15}\times(1-2^{-10})$ | 0,1111;0.1111111111 |
| 最小正数 | $2^{-16}\times 2^{-10}$ | 1,0000;0.0000000001 |
| 最大负数 | $-2^{-16}\times 2^{-10}$ | 1,0000;1.1111111111 |
| 最小负数 | $-2^{15}\times(1-2^{-10})$ | 0,1111;1.0000000001 |

计算机中浮点数的阶码和尾数可采用同一种机器数表示，也可采用不同的机器数表示。

**【例 6.6】** 设浮点数字长为 16 位，其中阶码为 5 位(含 1 位阶符)，尾数为 11 位(含 1 位数符)，写出$-\frac{51}{256}$对应的浮点规格化数的原码、补码、反码，其中阶码用移码、尾数用补码的形式。

【解】 设 $x=-\frac{51}{256}=-0.00110011=2^{-10}\times(-0.1100110000)$

$[x]_{原}=1,0010;1.1100110000$

$[x]_{补}=1,1110;1.0011010000$

$[x]_{反}=1,1101;1.0011001111$

$[x]_{阶移,尾补}=0,1110;1.0011010000$

值得注意的是，当一个浮点数尾数为 0 时，不论其阶码为何值；或阶码等于或小于它所能表示的最小数时，不管其尾数为何值，机器都把该浮点数作为零看待，并称之为“机器零”。如果浮点数的阶码用移码表示，尾数用补码表示，则当阶码为它所能表示的最小数 $2^{-m}$（其中 m 为阶码数值位的位数）且尾数为 0 时，其阶码（移码）全为 0，尾数（补码）也全为 0，这样的机器零为 000…0000，全零表示有利于简化机器中判“0”电路。

### 6.2.5 IEEE 754 标准

现代计算机中，浮点数一般采用 IEEE 制定的国际标准，这种标准形式如图 6.4 所示。

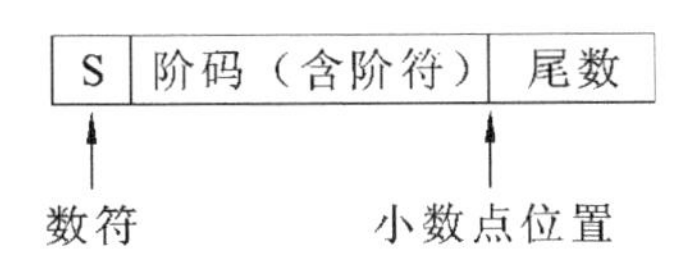


**图 6.4 IEEE 标准格式**

按 IEEE 标准，常用的浮点数有三种：

| | 符号位 S | 阶码 | 尾数 | 总位数 |
|---|---|---|---|---|
| 短实数 | 1 | 8 | 23 | 32 |
| 长实数 | 1 | 11 | 52 | 64 |
| 临时实数 | 1 | 15 | 64 | 80 |

其中，S 为数符，它表示浮点数的正负，但与其有效位（尾数）是分开的。尾数用原码表示，阶码用移码表示，阶码的真值都被加上一个常数（偏移量），如短实数、长实数和临时实数的偏移量用十六进制数表示分别为 7FH、3FFH 和 3FFFH。尾数部分通常都是规格化表示，即非“0”的有效位最高位总是“1”，但在 IEEE 标准中，有效位呈如下形式：

$$1_{\blacktriangle}S_2S_3\cdots S_n$$

其中 $S_1S_2S_3\cdots S_n$ 为尾数数值位，$S_1=1$，▲表示假想的二进制小数点。在实际表示中，对短实数和长实数，这个整数位的 $S_1$ 省略，称隐藏位；对于临时实数不采用隐藏位方案，表 6.3 列出了十进制数 160.25 的实数表示。

**表 6.3 实数 160.25 的几种不同表示**

| 实数表示 | 数值 | | |
|---|---|---|---|
| 原始十进制数 | 160.25 | | |
| 二进制数 | 10100000.01 | | |
| 二进制浮点表示 | $1.010000001\times2^{111}$ | | |
| 短实数表示 | 符号 | 偏移的阶码 | 有效值 |
| | 0 | 00000111+01111111<br>=10000110 | 01000000100000000000000↑$1_{\blacktriangle}$（隐含的） |

【例 6.7】 把浮点数 C1C90000H 转换成为十进制数。

【解】 (1)将十六进制代码写成二进制形式,并分离出符号位、阶码和尾数。

因为

$$C1C90000H=11000001110010010000000000000000$$

所以

符号位＝1

阶码＝10000011

尾数＝10010010000000000000000

(2) 计算出阶码所对应的真值(用移码减去偏移值)。

$$10000011-1111111=100$$

(3) 以规格化二进制数形式写出此数。

$$1.1001001\times 2^{100}$$

(4) 写成非规格化二进制数形式。

$$11001.001$$

(5) 转换成十进制数,并加上符号位。

$$11001.001B=25.125$$

所以该浮点数为－25.125。

## 6.3 定点运算

定点运算包括移位、加、减、乘、除几种。

### 6.3.1 移位运算

#### 1. 移位的意义

移位运算在日常生活中常见。例如,15 m 可写成 1500 cm,单就数字而言,1500 相当于数 15 相对于小数点左移了两位,并在小数点前面添了两个 0;同样 15 也相当于 1500 相对于小数点右移了两位,并删去了小数点后面的两个 0。可见,当某个十进制数相对于小数点左移 n 位时,相当于该数乘以 $10^n$;右移 n 位时,相当于该数除以 $10^n$。

计算机中小数点的位置是事先约定的,因此,二进制表示的机器数在相对于小数点作 n 位左移或右移时,其实质就是该数乘以或除以 $2^n$(n＝1,2,…,n)。

移位运算称为移位操作,对计算机来说,有很大的实用价值。例如,当某计算机没有乘(除)法运算线路时,可以采用移位和加法相结合,实现乘(除)运算。

计算机中机器数的字长往往是固定的,当机器数左移 n 位或右移 n 位时,必然会使其 n 位低位或 n 位高位出现空位。那么,对空出的空位应该添补 0 还是 1 呢? 这与机器数采用有符号数还是无符号数有关。对无符号数的移位称为逻辑移位,对有符号数的移位称为算术移位。

#### 2. 算术移位规则

对于正数,由于$[x]_{原}=[x]_{补}=[x]_{反}$＝真值,故移位后出现的空位均以 0 添之。对于负数,由于原码、补码和反码的表示形式不同,故当机器数移位时,对其空位的添补规则也不同。表 6.4 列出了三种不同码制的机器数(整数或小数均可),分别对应正数或负数移位后的添补规则。必须注意的是:不论是正数还是负数,移位后其符号位均不变。这是算术移位的重要特点。

**表 6.4　不同码制机器数算术移位后的空位添补规则**

| 真值 | 码制 | 添补代码 |
|---|---|---|
| 正数 | 原码、补码、反码 | 0 |
| 负数 | 原码 | 0 |
| | 补码 | 左移添 0 |
| | | 右移添 1 |
| | 反码 | 1 |

由表 6.4 可得出如下结论。

(1) 机器数为正时，不论是左移还是右移，添补代码均为 0。

(2) 由于负数的原码数值部分与真值相同，故移位时只要使符号位不变，其空位均添 0 即可。

(3) 由于负数的反码各位除符号位外与负数的原码正好相反，故移位后所添的代码应与原码相反，即全部添 1。

(4) 分析任意负数的补码可发现，当对其由低位向高位找到第一个"1"时，在此"1"左边的各位均与对应的反码相同，而在此"1"右边的各位(包括此"1"在内)均与对应的原码相同。故负数的补码左移时，因空位出现在低位，则添补的代码与原码相同，即添 0；右移时因空位出现在高位，则添补的代码应与反码相同，即添 1。

**【例 6.8】** 设机器数字长为 8 位(含 1 位符号位)，若 A 分别等于 30 和 −30 时，写出三种机器数左移、右移一位和两位后的表示形式及对应的真值，并分析结果的正确性。

**【解】** (1) 由 A＝＋30＝＋0011110B，则 $[A]_{原}=[A]_{补}=[A]_{反}=0,0011110$。

移位结果如表 6.5 所示。

**表 6.5　对 A＝＋30 移位后的结果**

| 移位操作 | 机器数 $[A]_{原}=[A]_{补}=[A]_{反}$ | 对应的真值 |
|---|---|---|
| 移位前 | 0,0011110 | ＋30 |
| 左移一位 | 0,0111100 | ＋60 |
| 左移两位 | 0,1111000 | ＋120 |
| 右移一位 | 0,0001111 | ＋15 |
| 右移两位 | 0,0000111 | ＋7 |

可见，对于正数，三种机器数移位后符号位均不变，左移时最高数位丢 1，结果出错；右移时最低数位丢 1，影响精度。

(2) A＝−30＝−0011110B。

三种机器数移位结果如表 6.6 所示。

表 6.6　对 A=−30 移位后的结果

| 移位操作 | 机器数 | | 对应的真值 |
|---|---|---|---|
| 移位前 | 原码 | 1,0011110 | −30 |
| 左移一位 | | 1,0111100 | −60 |
| 左移两位 | | 1,1111000 | −120 |
| 右移一位 | | 1,0001111 | −15 |
| 右移两位 | | 1,0000111 | −7 |
| 移位前 | 补码 | 1,1100010 | −30 |
| 左移一位 | | 1,1000100 | −60 |
| 左移两位 | | 1,0001000 | −120 |
| 右移一位 | | 1,1110001 | −15 |
| 右移两位 | | 1,1111000 | −8 |
| 移位前 | 反码 | 1,1100001 | −30 |
| 左移一位 | | 1,1000011 | −60 |
| 左移两位 | | 1,0000111 | −120 |
| 右移一位 | | 1,1110000 | −15 |
| 右移两位 | | 1,1111000 | −7 |

可见，对于负数，三种机器数算术移位后符号位均不变。负数的原码：左移时，高位丢 1，结果出错；右移时，低位丢 1，影响精度。负数的补码：左移时，高位丢 0，结果出错；右移时，低位丢 1，影响精度。负数的反码：左移时，高位丢 0，结果出错；右移时，低位丢 0，影响精度。

图 6.5 示意了机器中实现算术左移和右移操作的硬件框图，其中：图 6.5(a)为真值为正的三种机器数的移位操作；图 6.5(b)为负数原码的移位操作；图 6.5(c)为负数补码的移位操作；图 6.5(d)为负数反码的移位操作。

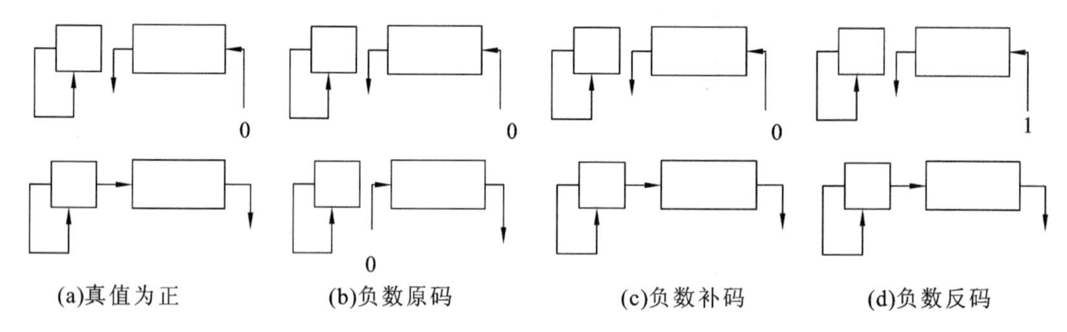


图 6.5　实现算术左移和右移操作的硬件示意图

### 3. 算术移位和逻辑移位的区别

有符号数的移位称为算术移位，无符号数的移位称为逻辑移位。逻辑移位的规则是：逻辑左移时，高位移丢，低位添 0；逻辑右移时，低位移丢，高位添 0。例如，寄存器内容为 01010011，逻辑左移为 10100110，算术左移为 00100110（最高数位“1”移丢）；又如，寄存器内容为 10110010，逻辑右移为 01011001，若将其视为补码，算术右移为 11011001。显然，两种移位的结果是不同的。当寄存器内容为01010011时，为了避免算术左移时最高数位丢1，可采用带进位($C_y$)的移位，其示意图如图6.6所示。算术左移时，符号位移至$C_y$，最高数位就可避免移丢。

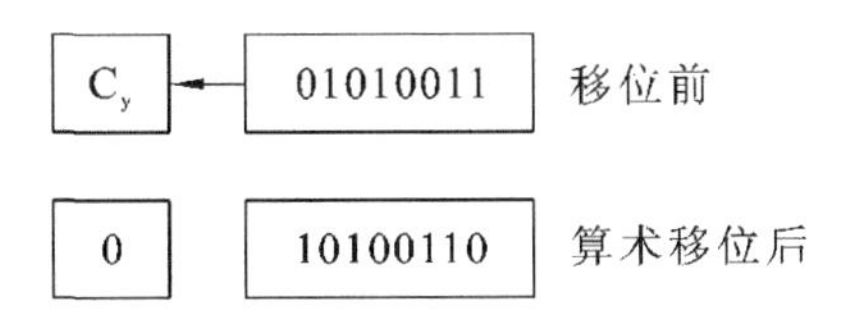


**图6.6 用带进位的移位实现算术左移**

## 6.3.2 加法与减法运算

加法与减法运算是计算机中最基本的运算，因减法运算可看作被减数加上一个减数的负值，即A－B＝A＋(－B)，故在此将机器中的减法运算和加法运算合在一起讨论。现代计算机中都采用补码作加法与减法运算。

**1. 补码加法与减法运算的基本公式**

补码加法的基本公式如下。

整数　　$[A]_补+[B]_补=[A+B]_补 \pmod{2^{n+1}}$

小数　　$[A]_补+[B]_补=[A+B]_补 \pmod{2}$

即补码表示的两个数进行加法运算时，可以把符号位与数值位同等处理，只要结果不超出机器所表示的数值范围，运算后的结果按$2^{n+1}$取模(对于整数)或按2取模(对于小数)，就能得到本次加法的运算结果。

读者可根据补码定义，按两个操作数的四种正负组合情况加以证明。

对于减法，因A－B＝A＋(－B)，则$[A-B]_补=[A+(-B)]_补$。

由补码加法基本公式可得：

整数　　$[A-B]_补=[A]_补+[-B]_补 \pmod{2^{n+1}}$

小数　　$[A-B]_补=[A]_补+[-B]_补 \pmod{2}$

因此，若机器数采用补码，当求A－B时，只需先求$[-B]_补$(称$[-B]_补$为"求补"后的减数)，就可按补码加法规则进行运算。而$[-B]_补$可由$[B]_补$连同符号位在内，每位取反，末位加1而得。

**【例6.9】** 已知A＝13/16＝0.1101，B＝－9/16＝－0.1001，求$[A+B]_补$。

**【解】** 因为　　A＝0.1101，B＝－0.1001

所以　　　　$[A]_补=0.1101$，$[B]_补=1.0111$

$$\begin{array}{r} [A]_补=0.1101 \\ +[B]_补=1.0111 \\ \hline \boxed{1}\ 0.0100 \end{array}$$

↑ 丢掉

按模2的意义，最左边的1丢掉，故$[A+B]_补=0.0100=4/16$，结果正确。

**【例6.10】** 设机器数字长为8位(含1位符号位)，若A＝＋18，B＝＋27，求$[A-B]_补$，并还原成真值。

**【解】** 因为　A＝＋18＝＋0010010，B＝＋27＝＋0011011

所以　　$[A]_补=0,0010010$；$[B]_补=0,0011011$；$[-B]_补=1,1100101$

$[A]_补-[B]_补=[A]_补+[-B]_补$

$$
\begin{array}{r}
[A]_{补}=0,0010010 \\
+[B]_{补}=1,1100101 \\
\hline
1,1110111
\end{array}
$$

所以 $[A-B]_{补}=1,1110111$

故 $A-B=-0001001=-9$

可见，不论操作数是正还是负，在做补码加法与减法运算时，只需将符号位和数值部分一起参加运算，并且将符号位产生的进位自然丢掉即可。

**【例 6.11】** 设机器数字长为 8 位，其中 1 位为符号位，令 $A=-77$，$B=+52$，求$[A-B]_{补}$。

**【解】** 由 $A=-77=-1001101$，得$[A]_{补}=1,0110011$。

由 $B=+52=+0110100$，得$[B]_{补}=0,0110100$，$[-B]_{补}=1,1001100$。

$[A-B]_{补}=[A]_{补}+[-B]_{补}$

$$
\begin{array}{r}
[A]_{补}=1,0110011 \\
+[-B]_{补}=1,1001100 \\
\hline
\boxed{1}\ 0,1111111
\end{array}
$$

丢掉

按模 $2^{n+1}$ 的意义，最左边的“1”自然丢掉，故$[A-B]_{补}=0,1111111$，还原成真值得 $A-B=127$，结果出错，这是因为 $A-B=-129$ 超出了机器字长所能表示的范围。在计算机中，这种超出机器字长的现象叫溢出。为此，在补码定点加减运算过程中，必须对结果是否溢出做出明确的判断。

**2. 溢出判断**

补码定点加减运算判断溢出有以下两种方法。

1）用 1 位符号位判断溢出

对于加法，只有在正数加正数和负数加负数两种情况下才可能出现溢出，符号不同的两个数相加是不会溢出的。

对于减法，只有在正数减负数或负数减正数两种情况下才可能出现溢出，符号相同的两个数相减是不会溢出的。

所以，有可能产生溢出的情况是同符号数相加和异符号数相减。

由于减法运算在机器中是用加法器实现的，因此可得出如下结论：不论是做加法运算还是做减法运算，只要实际参加操作的两个数（减法时即为被减数和“求补”以后的减数）符号相同，结果又与原操作数的符号不同，即为溢出。



**【例 6.12】** 已知 $A=\frac{9}{16}$，$B=\frac{8}{16}$，求$[A+B]_{补}$。

**【解】** 由 $A=\frac{9}{16}=0.1001$，$B=\frac{8}{16}=0.1000$，得$[A]_{补}=0.1001$，$[B]_{补}=0.1000$，所以

$[A+B]_{补}=[A]_{补}+[B]_{补}$

$$
\begin{array}{r}
[A]_{补}=0.1001 \\
+[B]_{补}=0.1000 \\
\hline
1.0001
\end{array}
$$

两操作数符号均为 0，结果的符号为 1，故为溢出。

**【例 6.13】** 已知 A=−0.1000，B=−0.1000，求$[A+B]_补$。

**【解】** 由 A=−0.1000，B=−0.1000，得$[A]_补=1.1000$， $[B]_补=1.1000$，所以

$[A+B]_补=[A]_补+[B]_补$

$$\begin{array}{r} [A]_补=1.1000 \\ +[B]_补=1.1000 \\ \hline \boxed{1}\ 1.0000 \end{array}$$

丢掉（↑ 指向最高位的进位 1）

结果的符号同原操作数符号，故未溢出。

由$[A+B]_补=1.0000$，得 A+B=−1。由此可见，用补码表示定点小数时，它能表示−1的值。

计算机中采用 1 位符号位判断时，通常将符号位产生的进位与最高有效位产生的进位“异或”操作后，按其所得结果进行判断。若异或结果为 1，即为溢出；若异或结果为 0，则无溢出。例 6.12 中符号位无进位，最高有效位有进位，即 $0\oplus1=1$，故溢出。例 6.13 中符号位有进位，最高有效位也有进位，$1\oplus1=0$，故无溢出。

2）用 2 位符号位判断溢出

在 6.1.2 节中已提到过 2 位符号位的补码，即变形补码，它是以 4 为模的，其定义为

$$[x]_补=\begin{cases} x & 1>x\geqslant0 \\ 4+x & 0>x\geqslant-1 \quad (\text{mod } 4) \end{cases} \tag{6-16}$$

当用变形补码做加法运算时，2 位符号位要连同数值部分一起参加运算，而且高位符号位产生的进位自动丢失，便可得正确结果，即

$$[x]'_补+[y]'_补=[x+y]'_补 (\text{mod } 4)$$

变形补码判断溢出的原则是：当 2 位符号位不同时，表示溢出，否则，无溢出。不论是否发生溢出，高位（第 1 位）符号位永远代表真正的符号。

**【例 6.14】** 设$A=\frac{7}{16}$，$B=\frac{5}{16}$，试用变形补码计算 A+B。

**【解】** 因为 $A=\frac{7}{16}=0.0111$，$B=\frac{5}{16}=0.0101$

所以 $$[A]'_补=00.0111，[B]'_补=00.0101$$

则 $$[A+B]'_补=[A]'_补+[B]'_补$$

$$\begin{array}{r} [A]'_补=00.0111 \\ +[B]'_补=00.0101 \\ \hline 00.1100 \end{array}$$

故 $$[A+B]'_补=00.1100$$

$$A+B=0.1100=\frac{12}{16}$$

**【例 6.15】** 设$A=\frac{9}{16}$，$B=\frac{8}{16}$，试用变形补码计算 A+B。

**【解】** 因为 $A=\frac{9}{16}=0.1001$，$B=\frac{8}{16}=0.1000$

所以 $[A]'_{补}=00.1001,[B]'_{补}=00.1000$

则 $[A+B]'_{补}=[A]'_{补}+[B]'_{补}$

$$\begin{array}{r} [A]'_{补}=00.1001 \\ +[B]'_{补}=00.1000 \\ \hline 01.0001 \end{array}$$

此时，符号位为"01"，表示溢出，又因第1位符号位为"0"，表示结果的真正符号为正，故"01"表示正溢出。

**【例 6.16】** 设 $A=-\frac{9}{16},B=-\frac{8}{16}$，试用变形补码计算 A+B。

**【解】** 因为 $A=-\frac{9}{16}=-0.1001,B=-\frac{8}{16}=-0.1000$

所以 $[A]'_{补}=11.0111,[B]'_{补}=11.1000$

则 $[A+B]'_{补}=[A]'_{补}+[B]'_{补}$

$$\begin{array}{r} [A]'_{补}=11.0111 \\ +[B]'_{补}=11.1000 \\ \hline 1\ \ 10.1111 \end{array}$$

↑
丢掉

符号位为"10"，表示溢出。由于第1位符号位为1，则表示负溢出。

上述结论对于整数也同样适用。

这里需要说明一点，采用双符号位方案时，寄存器或主存中的操作数只需保存一个符号位即可。因为任何正确的数，两个符号位的值总是相同的，而双符号位在加法器中又是必要的，故相加时，寄存器中1位符号的值要同时送到加法器的2位符号位的输入端。

**3. 补码定点加减法所需的硬件配置**

图6.7是实现补码定点加减法的基本硬件配置框图。

图6.7中寄存器A、X加法器的位数相等，其中A存放被加数(或被减数)的补码，X存放加数(或减数)的补码。当做减法运算时，由"求补控制逻辑"将 $\overline{X}$ 送至加法器，并使加法器的最末位外来进位为1，以达到对减数求补的目的。运算结果溢出时，通过溢出判断电路置"1"溢出标记V。$G_A$ 为加法标记，$G_S$ 为减法标记。



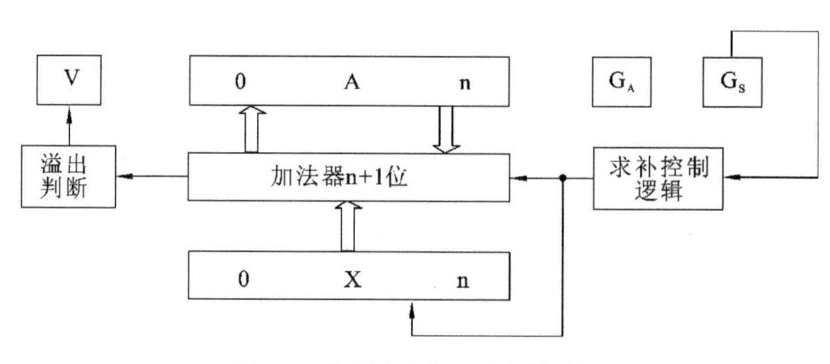


图 6.7 补码定点加减法硬件配置

**4. 补码加减运算控制流程**

补码加减运算控制流程如图 6.8 所示。可见，加(减)法运算前，被加(减)数的补码在 A 中，加(减)数的补码在 X 中。若是加法，直接完成(A)＋(X)→A(mod 2 或 mod $2^{n+1}$)的运算；若是减法，则需对减数求补，再和 A 寄存器的内容相加，结果送 A。最后，完成溢出判断。

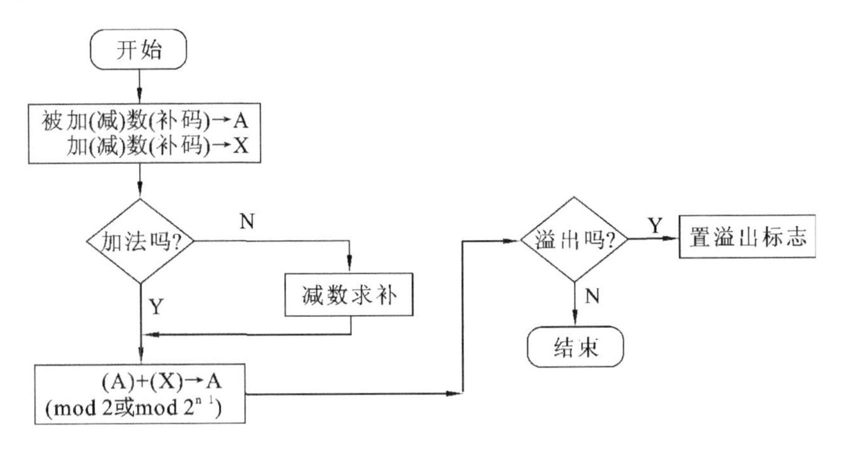


图 6.8 补码加减运算控制流程

## 6.3.3 乘法运算

在计算机中，乘法运算是一种经常要用到的算术运算，现代计算机中普遍设置乘法器，乘法运算由硬件直接完成；早期的计算机由于硬件成本高，没有乘法器，乘法运算要靠软件编程实现。因此，通过学习本章乘法运算方法的实现过程，会有助于读者深入了解乘法器的设计原理。

下面从分析笔算乘法入手，介绍机器中用到的几种乘法运算方法。

**1. 分析笔算乘法**

设 A＝＋0.1101B，B＝＋0.1011B，求 A×B。

笔算乘法时，乘积的符号由两数符号心算而得：正正得正。其数值部分的运算如下：

$$
\begin{array}{rll}
 & 0.1101 & \\
\times & 0.1011 & \\
\hline
 & 1101 & \cdots\cdots\cdots\cdots\ A\times 2^0 \quad \text{A不移位} \\
 & 1101\phantom{0} & \cdots\cdots\cdots\cdots\ A\times 2^1 \quad \text{A左移1位} \\
 & 0000\phantom{00} & \cdots\cdots\cdots\cdots\ 0\times 2^2 \quad \text{A左移2位} \\
 & 1101\phantom{000} & \cdots\cdots\cdots\cdots\ A\times 2^3 \quad \text{A左移3位} \\
\hline
 & 0.10001111 &
\end{array}
$$

所以
$$A\times B=+0.10001111$$

可见，这里包含着被乘数 A 的多次左移，以及四个位积的相加运算。

若计算机完全模仿笔算乘法步骤，将会有两大困难：其一，将四个位积一次相加，机器难以实现；其二，乘积位数增长了一倍，这将造成器材的浪费和运算时间的增加。为此，对笔算乘法进行改进。

**2. 笔算乘法的改进**

$$
\begin{aligned}
A\times B &= A\times 0.1011 \\
&= 0.1A+0.00A+0.001A+0.0001A
\end{aligned}
$$

$$=0.1A+0.00A+0.001(A+0.1A)$$
$$=0.1A+0.01[0\times A+0.1(A+0.1A)]$$
$$=0.1\{A+0.1[0\times A+0.1(A+0.1A)]\}$$
$$=2^{-1}\{A+2^{-1}[0\times A+2^{-1}(A+2^{-1}A)]\}$$
$$=2^{-1}\{A+2^{-1}[0\times A+2^{-1}(A+2^{-1}(A+0))]\} \quad (6\text{-}17)$$

由式(6-17)可见，两数相乘的过程，可视为加法和移位（乘 $2^{-1}$ 相当于做一位右移）两种运算，这对计算机来说是非常容易实现的。

从初始值为 0 开始，对式(6-17)做分步运算，则

第一步：被乘数加零 $A+0=0.1101+0.0000=0.1101$

第二步：右移 1 位，得新的部分积 $2^{-1}(A+0)=0.01101$

第三步：被乘数加部分积 $A+2^{-1}(A+0)=0.1101+0.01101=1.00111$

第四步：右移 1 位，得新的部分积 $2^{-1}[A+2^{-1}(A+0)]=0.100111$

第五步： $0\times A+2^{-1}[A+2^{-1}(A+0)]=0.100111$

第六步： $2^{-1}\{0\times A+2^{-1}[A+2^{-1}(A+0)]\}=0.0100111$

第七步： $A+2^{-1}\{0\times A+2^{-1}[A+2^{-1}(A+0)]\}=1.0001111$

第八步： $2^{-1}\{A+2^{-1}[0\times A+2^{-1}(A+2^{-1}(A+0))]\}=0.10001111$

表 6.7 列出了式(6-17)的全部运算过程。

**表 6.7 式(6-17)的运算过程**

| 部分积 | 乘数 | 说明 |
|---|---|---|
| 0.0000<br>+0.1101 | 101$\underline{1}$ | 初始条件，部分积为 0<br>乘数为 1，加被乘数 |
| 0.1101<br>0.0110<br>+0.1101 | 110$\underline{1}$ | 右移 1 位，形成新的部分积；乘数同时右移 1 位<br>乘数为 1，加被乘数 |
| 1.0011<br>0.1001<br>+0.0000 | 1<br>111$\underline{0}$ | 右移 1 位，形成新的部分积；乘数同时右移 1 位<br>乘数为 0，加上 0 |
| 0.1001<br>0.0100<br>+0.1101 | 11<br>111$\underline{1}$ | 右移 1 位，形成新的部分积；乘数同时右移 1 位<br>乘数为 1，加被乘数 |
| 1.0001<br>0.1000 | 111<br>1111 | 右移 1 位，形成最终结果 |

上述运算过程可归纳如下。

(1) 乘法运算可用移位和加法来实现，两个 4 位数相乘，总共需要进行 4 次加法运算和 4 次移位。

(2) 由乘数的末位值确定被乘数是否与原部分积相加，然后右移 1 位，形成新的部分积；同时，乘数也右移 1 位，由次低位作新的末位，空出最高位放部分积的最低位。

(3) 每次做加法运算时，被乘数仅仅与原部分积的高位相加，其低位被移至乘数所空出的高位位置。

计算机很容易实现这种运算规则。用一个寄存器存放被乘数，一个寄存器存放乘积的高位，另一个寄存器存放乘数及乘积的低位，再配上加法器及其他相应电路，就可组成乘法器。又因加法只在部分积的高位进行，故不但节省了器材，而且还缩短了运算时间。

**3. 原码乘法**

由于原码表示与真值极为相似，只差一个符号，而乘积的符号又可通过两数符号的逻辑异或求得，因此，上述讨论的结果可以直接用于原码一位乘，只需加上符号位即可。

1) 原码一位乘运算规则

下面以小数为例说明。

设 $[x]_{原}=x_0.x_1x_2\cdots x_n$

$[y]_{原}=y_0.y_1y_2\cdots y_n$

则 $[x]_{原}\times[y]_{原}=x_0\oplus y_0\cdot(0.x_1x_2\cdots x_n)(0.y_1y_2\cdots y_n)$

式中：$0.x_1x_2\cdots x_n$ 为 x 的绝对值，记作 $x^*$；

$0.y_1y_2\cdots y_n$ 为 y 的绝对值，记作 $y^*$。

原码一位乘的运算规则如下。

(1) 乘积的符号位由两原码符号位异或运算结果决定。

(2) 乘积的数值部分由两数绝对值相乘而得。

其通式如下。

$$\begin{aligned}x^*\times y^* &= x^*(0.y_1y_2\cdots y_n)\\ &= x^*(y_12^{-1}+y_22^{-2}+\cdots+y_n2^{-n})\\ &= 2^{-1}(y_1x^*+2^{-1}\underbrace{(y_2x^*+2^{-1}(\cdots+2^{-1}\underbrace{(y_{n-1}x^*+2^{-1}\underbrace{(y_nx^*+\underbrace{0}_{z_0})}_{z_1})}_{z_2\ \cdots})\cdots)}_{z_{n-1}})\end{aligned} \tag{6-18}$$

（其中各层括号依次记为 $z_0, z_1, z_2, \cdots, z_{n-1}, z_n$）

再令 $z_i$ 表示第 i 次部分积，式(6-18)可写成如下递推公式。

$$\left.\begin{aligned}z_0&=0\\ z_1&=2^{-1}(y_n\times x^*+z_0)\\ z_2&=2^{-1}(y_{n-1}\times x^*+z_1)\\ &\vdots\\ z_i&=2^{-1}(y_{n-i+1}\times x^*+z_{i-1})\\ &\vdots\\ z_n&=2^{-1}(y_1\times x^*+z_{n-1})\end{aligned}\right\} \tag{6-19}$$

**【例 6.17】** 已知 $x=-0.1101$，$y=0.1001$，求 $[x\times y]_{原}$。

**【解】** 因为 $x=-0.1101$

所以 $[x]_{原}=1.1101$，$x^*=0.1101$(为绝对值)，$x_0=1$

又因为 $y=0.1001$

所以　　　$[y]_原=0.1001, y^*=0.1001$（为绝对值），$y_0=0$

按原码一位乘运算规则，$[x\times y]_原$的数值部分计算如表 6.8 所示。

**表 6.8　例 6.17 数值部分的计算**

| 部分积 | 乘数 | 说明 |
| --- | --- | --- |
| 0.0000<br>+0.1101 | 1001 | 开始部分积 $z_0=0$<br>乘数为 1，加上 $x^*$ |
| 0.1101<br>0.0110<br>+0.0000 | 1100 | 右移 1 位得 $z_1$，乘数同时右移 1 位<br>乘数为 0，加上 0 |
| 0.0110<br>0.0011<br>+0.0000 | 1<br>0110 | 右移 1 位得 $z_2$，乘数同时右移 1 位<br>乘数为 0，加上 0 |
| 0.0011<br>0.0001<br>+0.1101 | 01<br>1011 | 右移 1 位得 $z_3$，乘数同时右移 1 位<br>乘数为 1，加上 $x^*$ |
| 0.1110<br>0.0111 | 101<br>0101 | 右移 1 位得 $z_4$，乘数已全部移出 |

即 $x^*\times y^*=0.01110101$。

乘积的符号位为 $x_0\oplus y_0=1\oplus 0=1$。

故　$[x\times y]_原=1.01110101$。

值得注意的是，这里部分积取 n+1 位，以便存放乘法过程中绝对值大于或等于 1 的值。此外，由于乘积的数值部分是两数绝对值相乘的结果，故原码一位乘法运算过程中的右移操作均为逻辑右移。

2）原码一位乘所需的硬件配置

图 6.9 是实现原码一位乘运算的基本硬件配置框图。

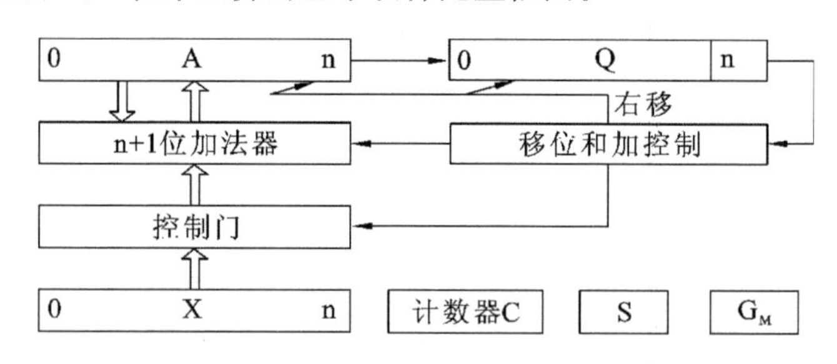


**图 6.9　原码一位乘运算基本配置**

图 6.9 中 A、X、Q 均为 n+1 位的寄存器，其中 X 存放被乘数的原码，Q 存放乘数的原码。移位和加控制电路受末位乘数 $Q_n$ 的控制（当 $Q_n=1$ 时，A 和 X 内容相加后，A、Q 右移一位；当 $Q_n=0$ 时，只做 A、Q 右移一位操作）计数器 C 用于控制逐位相乘的次数。S 存放乘积的符号。$G_M$ 为乘法标记。

3）原码一位乘控制流程

原码一位乘控制流程如图 6.10 所示。

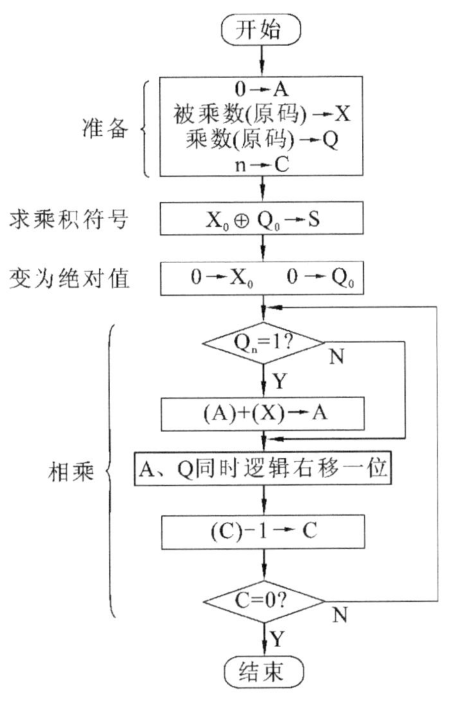


**图 6.10 原码一位乘控制流程**

乘法运算前,A 寄存器被清零,作为初始部分积,被乘数原码 X 中,乘数原码在 Q 中,计数器 C 中存放乘数的位数 n。乘法开始后,首先通过异或运算,求出乘积的符号并存于 S,接着将被乘数和乘数从原码形式变为绝对值。然后根据 $Q_n$ 的状态决定部分积是否加上被乘数,再逻辑右移一位,重复 n 次,即得运算结果。

上述讨论的运算规则同样适用于整数原码。为了区别于小数乘法,书写上可将表 6.9 中的"."改为","。

为了提高乘法速度,可采用原码两位乘。

4) 原码两位乘

原码两位乘与原码一位乘一样,符号位的运算和数值部分是分开进行的,但原码两位乘是用两位乘数的状态来决定新的部分积如何形成,因此可提高运算速度。

两位乘数共有四种状态,对应这四种状态可得表 6.9。

**表 6.9 两位乘数所对应的新的部分积**

| 乘数判断位 $y_{n-1}y_n$ | 新的部分积 |
|---|---|
| 0 0 | 新部分积等于原部分积右移两位 |
| 0 1 | 新部分积等于原部分积加被乘数后右移两位 |
| 1 0 | 新部分积等于原部分积加 2 倍被乘数后右移两位 |
| 1 1 | 新部分积等于原部分积加 3 倍被乘数后右移两位 |

表 6.10 中 2 倍被乘数可通过将被乘数左移一位实现,但 3 倍被乘数的获得较难。此刻可将 3 视为 4－1(11＝100－1),即把乘以 3 分两步完成,第一步先完成减 1 倍被乘数的操作,第二步完成加 4 倍被乘数的操作。而加 4 倍被乘数的操作实际上是由比此"11"高的两

位乘数代替完成的，可看作是在高两位乘数上加“1”。这个“1”可暂存在 $C_j$ 触发器中。机器完成 $C_j$ 置“1”，即意味着对高两位乘数加 1，也即要求高两位乘数代替本两位乘数“11”来完成加 4 倍被乘数的操作。由此可得原码两位乘的运算规则如表 6.10 所示。

**表 6.10　原码两位乘的运算规则**

| 乘数判断位 $y_{n-1}y_n$ | 标志位 $C_j$ | 操作内容 |
|---|---|---|
| 0 0 | 0 | $z\to 2$ 位，$y^*\to 2$ 位，$C_j$ 保持“0” |
| 0 1 | 0 | $z+x^*\to 2$ 位，$y^*\to 2$ 位，$C_j$ 保持“0” |
| 1 0 | 0 | $z+2x^*\to 2$ 位，$y^*\to 2$ 位，$C_j$ 保持“0” |
| 1 1 | 0 | $z-x^*\to 2$ 位，$y^*\to 2$ 位，$C_j$ 置“1” |
| 0 0 | 1 | $z+x^*\to 2$ 位，$y^*\to 2$ 位，$C_j$ 清“0” |
| 0 1 | 1 | $z+2x^*\to 2$ 位，$y^*\to 2$ 位，$C_j$ 清“0” |
| 1 0 | 1 | $z-x^*\to 2$ 位，$y^*\to 2$ 位，$C_j$ 保持“1” |
| 1 1 | 1 | $z\to 2$ 位，$y^*\to 2$ 位，$C_j$ 保持“1” |

表 6.11 中 z 表示原有部分积，$x^*$ 表示被乘数的绝对值，$y^*$ 表示乘数的绝对值，$\to 2$ 表示右移两位，当进行 $-x^*$ 运算时，一般都采用加 $[-x^*]_{补}$ 来实现。这样，参与原码两位乘运算的操作数是绝对值的补码，因此运算中右移两位的操作也必须按补码右移规则完成。尤其应注意的是，乘法过程中可能要加 2 倍被乘数，即 $+[2x^*]_{补}$，使部分积的绝对值大于 2。为此，只有对部分积取 3 位符号位，且以最高符号位作为真正的符号位，才能保证运算过程正确无误。

此外，为了统一用两位乘数和一位 $C_j$ 共同配合管理全部操作，与原码一位乘不同的是，需在乘数（当乘数位数为偶数时）的最高位前增加两个 0。这样，当处理乘数最高两个有效位将 $C_j$ 置“1”时，将该“1”与所添补的两个 0 结合成 001 状态，以完成加 $x^*$ 的操作（此步不必移位）。

**【例 6.18】**　设 $x=0.111101$，$y=-0.111001$，用原码两位乘求 $[x\times y]_{原}$。

**【解】**　(1)数值部分的计算如表 6.11 所示，其中：

$$x^*=0.111101,[-x^*]_{补}=1.000011,2x^*=1.111010,y^*=0.111001$$

**表 6.11　例 6.18 原码两位乘数值部分的运算过程**

| 部分积 | 乘数 $y^*$ | $C_j$ | 说　明 |
|---|---|---|---|
| 000.000000<br>+000.111101 | 001110<u>01</u> | <u>0</u> | 开始，部分积为 0，$C_j=0$<br>根据 $y_{n-1}y_nC_j=010$，加 $x^*$，保持 $C_j=0$ |
| 000.111101<br>000.001111<br>+001.111010 | 010011<u>10</u> | <u>0</u> | 右移 2 位，得新的部分积，乘数同时右移 2 位<br>根据“100”加 $2x^*$，保持 $C_j=0$ |
| 010.001001<br>000.100010<br>+111.000011 | 01<br>010100<u>11</u> | <u>0</u> | 右移 2 位，得新的部分积，乘数同时右移 2 位<br>根据“110”减 $x^*$（即加 $[-x^*]_{补}$），$C_j$ 置“1” |

| 部分积 | 乘数 $y^*$ | $C_j$ | 说　明 |
| --- | --- | --- | --- |
| 111.100101<br>111.111001<br>+000.111101 | 0101<br>01010100 | 1 | 右移2位，得新的部分积，乘数同时右移2位<br>根据“001”加 $x^*$，$C_j$ 清“0” |
| 000.110110 | 010101 | | 形成最终结果 |

(2) 乘积符号的确定：

$$x_0 \oplus y_0 = 0 \oplus 1 = 1$$

故　　$[x \times y]_{原} = 1.110110010101$

不难理解，当乘数为偶数时，需做 n/2 次移位，最多做 n/2+1 次加法。当乘数为奇数时，乘数高位前可只增加一个“0”，此时需做 n/2+1 次移位(最后一步移一位)，最多需做 n/2+1 次加法。

虽然两位乘法可提高乘法速度，但它仍基于重复相加和移位的思想，而且随着乘数位数的增加，重复次数增多，仍然影响乘法速度的进一步提高。采用并行阵列乘法器可大大提高乘法速度。有关阵列乘法器的内容可参见相关书籍。

原码乘法实现比较容易，但由于机器都采用补码做加减运算，倘若做乘法运算前要先将补码转换成原码，相乘之后又要将负积的原码变为补码形式，无形中增添了许多操作步骤，反而使运算复杂。为此，有不少机器直接用补码相乘，机器里配置实现补码乘法的乘法器，避免了码制的转换，提高了机器效率。

**4. 补码乘法**

1) 补码一位乘运算规则

设被乘数　$[x]_{补} = x_0.x_1x_2\cdots x_n$

乘数　$[y]_{补} = y_0.y_1y_2\cdots y_n$

(1) 被乘数 x 符号任意，乘数 y 符号为正。

$$[x]_{补} = x_0.x_1x_2\cdots x_n = 2 + x = 2^{n+1} + x \pmod 2$$

$$[y]_{补} = y_0.y_1y_2\cdots y_n = y$$

则　$[x]_{补} \times [y]_{补} = [x]_{补} \times y = (2^{n+1} + x) \times y = 2^{n+1} \times y + xy$

由于 $y = 0.y_1y_2\cdots y_n = \sum_{i=1}^{n} y_i 2^{-i}$，则 $2^{n+1} \times y = 2\sum_{i=1}^{n} y_i 2^{n-i}$，且 $\sum_{i=1}^{n} y_i 2^{n-i}$ 是一个大于或等于 1 的正整数，根据模运算的性质，有 $2^{n+1} \times y = 2 \pmod 2$。

故　$[x]_{补} \times [y]_{补} = 2^{n+1} \times y + xy = 2 + xy = [x \times y]_{补} \pmod 2$

即　$[x \times y]_{补} = [x]_{补} \times [y]_{补} = [x]_{补} \times y$

对照原码乘法式(6-15)和式(6-16)可见，当乘数 y 为正数时，不管被乘数 x 符号如何，都可按原码乘法的规则运算，即

$$\left.\begin{aligned}
&[z_0]_{补} = 0 \\
&[z_1]_{补} = 2^{-1}(y_n[x]_{补} + [z_0]_{补}) \\
&[z_2]_{补} = 2^{-1}(y_{n-1}[x]_{补} + [z_1]_{补}) \\
&\quad\vdots \\
&[z_i]_{补} = 2^{-1}(y_{n-i+1}[x]_{补} + [z_{i-1}]_{补}) \\
&\quad\vdots \\
&[x \times y]_{补} = [z_n]_{补} = 2^{-1}(y_1[x]_{补} + [z_{n-1}]_{补})
\end{aligned}\right\} \tag{6-20}$$

当然这里的加和移位都必须按补码规则运算。

(2) 被乘数 x 符号任意，乘数 y 符号为负。

$$[x]_补 = x_0.x_1x_2\cdots x_n$$

$$[y]_补 = 1.y_1y_2\cdots y_n = 2+y \quad (\bmod 2)$$

则
$$y = [y]_补 - 2 = 1.y_1y_2\cdots y_n - 2 = 0.y_1y_2\cdots y_n - 1$$

$$x\times y = x(0.y_1y_2\cdots y_n - 1) = x(0.y_1y_2\cdots y_n) - x$$

故
$$[x\times y]_补 = [x(0.y_1y_2\cdots y_n)]_补 + [-x]_补$$

当将 $0.y_1y_2\cdots y_n$ 视为一个正数时，正好与第一种情况相同。

则
$$[x(0.y_1y_2\cdots y_n)]_补 = [x]_补(0.y_1y_2\cdots y_n)$$

所以
$$[x\times y]_补 = [x]_补(0.y_1y_2\cdots y_n) + [-x]_补 \tag{6-21}$$

由此可得，当乘数为负时是把乘数的补码$[y]_补$去掉符号位，当成一个正数与$[x]_补$相乘，然后加上$[-x]_补$进行校正，也称校正法，用递推公式表示如下：

$$\left.\begin{aligned}
&[z_0]_补 = 0\\
&[z_1]_补 = 2^{-1}(y_n[x]_补 + [z_0]_补)\\
&[z_2]_补 = 2^{-1}(y_{n-1}[x]_补 + [z_1]_补)\\
&\quad\vdots\\
&[z_i]_补 = 2^{-1}(y_{n-i+1}[x]_补 + [z_{i-1}]_补)\\
&\quad\vdots\\
&[z_n]_补 = 2^{-1}(y_1[x]_补 + [z_{n-1}]_补)\\
&[x\times y]_补 = [z_n]_补 + [-x]_补
\end{aligned}\right\} \tag{6-22}$$

比较式(6-21)与式(6-22)可见，乘数为负的补码乘法与乘数为正时类似，只需最后加上一项校正项$[-x]_补$即可。

**【例 6.19】** 已知$[x]_补 = 1.0011$，$[y]_补 = 0.1101$，求$[x\times y]_补$。

**【解】** 因为乘数 $y>0$，所以按原码一位乘的算法运算，只是在相加和移位时按补码规则进行，如表 6.12 所示。考虑到运算时可能出现绝对值大于 1 的情况(但此刻并不是溢出)，故部分积和被乘数取双符号位。

**表 6.12 例 6.19 的运算过程**

| 部分积 | 乘数 | 说　明 |
|---|---|---|
| 00.0000<br>+11.0011 | 1101 | 初值$[z_0]_补=0$<br>$y_4=1$，$+[x]_补$ |
| 11.0011<br>11.1001<br>11.1100<br>+11.0011 | 1110<br>1111 | 右移 1 位，得$[z_1]_补$，乘数同时右移 1 位<br>$y_3=0$，右移 1 位，得$[z_2]_补$，乘数同时右移 1 位<br>$y_2=1$，$+[x]_补$ |
| 10.1111<br>11.0111<br>+11.0011 | 11<br>1111 | 右移 1 位，得$[z_3]_补$，乘数同时右移 1 位<br>$y_4=1$，$+[x]_补$ |
| 10.1010<br>11.0101 | 111<br>0111 | 右移 1 位，得$[z_4]_补$ |

故　　$[x\times y]_补=1.01010111$

**【例 6.20】** 已知$[x]_补=0.1101$,$[y]_补=1.0011$,求$[x\times y]_补$。

**【解】** 因为乘数 $y<0$,故先不考虑符号位,按原码一位乘的运算规则运算,最后再加上$[-x]_补$进行修正,运算过程如表 6.13 所示。

**表 6.13　例 6.20 的运算过程**

| 部分积 | 乘数 | 说明 |
|---|---|---|
| 00.0000<br>+00.1101 | 001$\underline{1}$ | 初值$[z_0]_补=0$<br>$y_4=1$,$+[x]_补$ |
| 00.1101<br>00.0110<br>+00.1101 | 100$\underline{1}$ | 右移 1 位,得$[z_1]_补$,乘数同时右移 1 位<br>$y_3=1$,$+[x]_补$ |
| 01.0011<br>00.1001<br>00.0100<br>00.0010<br>+11.0011 | 1<br>110$\underline{0}$<br>111$\underline{0}$<br>0111 | 右移 1 位,得$[z_2]_补$,乘数同时右移 1 位<br>$y_2=0$,右移 1 位,得$[z_3]_补$,乘数同时右移 1 位<br>$y_1=0$,右移 1 位,得$[z_4]_补$<br>$+[-x]_补$进行修正 |
| 11.0101 | 0111 | |

故　$[x\times y]_补=1.01010111$

由例 6.19 和例 6.20 可见,乘积的符号位在运算过程中自然形成,这是补码乘法和原码乘法的重要区别。

上述校正法与乘数的符号有关,虽然可将乘数和被乘数互换,使乘数保持正,不必校正,但当两数均为负时必须校正。总之,实现校正法的控制线路比较复杂。若不考虑操作数符号,用统一的规则进行运算,就可采用比较法。

(3) 被乘数 x 和乘数 y 符号均为任意。

比较法是 Booth 夫妇首先提出来的,故又称为 Booth 算法。它的运算规则可由校正法导出。

设　　$[x]_补=x_0.x_1x_2\cdots x_n$

　　　$[y]_补=y_0.y_1y_2\cdots y_n$

按补码乘法校正法规则,其基本算法可用一个统一的公式表示为:

$$[x\times y]_补=[x]_补(0.y_1y_2\cdots y_n)-[x]_补\times y_0 \tag{6-23}$$

当 $y_0=0$ 时,表示乘数 y 为正,无须校正,即

$$[x\times y]_补=[x]_补(0.y_1y_2\cdots y_n) \tag{6-24}$$

当 $y_0=1$ 时,表示乘数 y 为负,则

$$[x\times y]_补=[x]_补(0.y_1y_2\cdots y_n)-[x]_补 \tag{6-25}$$

比较式(6-21)和式(6-25),在 mod 2 的前提下,$[-x]_{补}=-[x]_{补}$ 成立①,所以式(6.21)和式(6.22)表达的算法与校正法的结论完全相同,故式(6-23)可以改写为:

$$
\begin{aligned}
[x\cdot y]_{补} &= [x]_{补}(y_1 2^{-1}+y_2 2^{-2}+\cdots+y_n 2^{-n})-[x]_{补}\cdot y_0 \\
&= [x]_{补}(-y_0+y_1 2^{-1}+y_2 2^{-2}+\cdots+y_n 2^{-n}) \\
&= [x]_{补}[-y_0+(y_1-y_1 2^{-1})+(y_2 2^{-1}-y_2 2^{-2})+\cdots+(y_n 2^{-(n-1)}-y_n 2^{-n})] \\
&= [x]_{补}[(y_1-y_0)+(y_2-y_1)2^{-1}+\cdots+(y_n-y_{n-1})2^{-(n-1)}+(0-y_n)2^{-n}] \\
&= [x]_{补}[(y_1-y_0)+(y_2-y_1)2^{-1}+\cdots+(y_{n+1}-y_n)2^{-n}] \qquad (6\text{-}26)
\end{aligned}
$$

其中,$y_{n+1}=0$。

这样,可得如下递推公式:

$$
\left.
\begin{aligned}
&[z_0]_{补}=0 \\
&[z_1]_{补}=2^{-1}\{[z_0]_{补}+(y_{n+1}-y_n)[x]_{补}\} \\
&[z_2]_{补}=2^{-1}\{[z_1]_{补}+(y_n-y_{n-1})[x]_{补}\} \\
&\vdots \\
&[z_i]_{补}=2^{-1}\{[z_{i-1}]_{补}+(y_{n-i+2}-y_{n-i+1})[x]_{补}\} \\
&\vdots \\
&[z_n]_{补}=2^{-1}\{[z_{n-1}]_{补}+(y_2-y_1)[x]_{补}\} \\
&[x\cdot y]_{补}=[z_{n+1}]_{补}=[z_n]_{补}+(y_1-y_0)[x]_{补}
\end{aligned}
\right\} \qquad (6\text{-}27)
$$

可见,开始时 $y_{n+1}=0$,部分积初值 $[z_0]_{补}=0$,每一步乘法由 $y_{i+1}-y_i$(其中 $i=1,2,\cdots,n$)决定原部分积加 $[x]_{补}$ 或加 $[-x]_{补}$ 或加 0,再右移一位得新的部分积,如此重复 n 步。第 n+1 步由 $y_1-y_0$ 决定原部分积加 $[x]_{补}$ 或加 $[-x]_{补}$ 或加 0,但不移位,即得 $[x\cdot y]_{补}$。

这里的 $y_{i+1}-y_i$ 之差值恰恰与乘数末两位 $y_i$ 及 $y_{i+1}$ 的状态对应,对应的操作如表 6.14 所示。当运算至最后一步时,乘积不再右移。这样的运算规则计算机很容易实现。

**表 6.14　$y_i y_{i+1}$ 的状态对操作的影响**

| $y_i y_{i+1}$ | $y_{i+1}-y_i$ | 操作 |
|---|---|---|
| 0 0 | 0 | 部分积右移一位 |
| 0 1 | 1 | 部分积加 $[x]_{补}$,再右移一位 |
| 1 0 | −1 | 部分积加 $[-x]_{补}$,再右移一位 |
| 1 1 | 0 | 部分积右移一位 |

① 证明:$[-x]_{补}=-[x]_{补}$ (mod 2)

(1) 若 $[x]_{补}=0.x_1x_2\cdots x_n$

则 $x=0.x_1x_2\cdots x_n$

所以 $-x=-0.x_1x_2\cdots x_n$

故 $[-x]_{补}=1.\overline{x_1}\,\overline{x_2}\cdots\overline{x_n}+2^{-n}$ (mod 2)　(a)

又因为 $[x]_{补}=0.x_1x_2\cdots x_n$

所以 $-[x]_{补}=-0.x_1x_2\cdots x_n$

$\equiv 2-0.x_1x_2\cdots x_n$ (mod 2)

$=1.\overline{x_1}\,\overline{x_2}\cdots\overline{x_n}+2^{-n}$　(b)

比较(a)和(b)两式可得

$[-x]_{补}=-[x]_{补}$ (mod 2)

证毕。

(2) 若 $[x]_{补}=1.x_1x_2\cdots x_n$

则 $x=-(0.\overline{x_1}\,\overline{x_2}\cdots\overline{x_n}+2^{-n})$

所以 $-x=0.\overline{x_1}\,\overline{x_2}\cdots\overline{x_n}+2^{-n}$

故 $[-x]_{补}=0.\overline{x_1}\,\overline{x_2}\cdots\overline{x_n}+2^{-n}$ (mod 2)　(c)

又因为 $[x]_{补}=1.x_1x_2\cdots x_n$

$\equiv -(0.\overline{x_1}\,\overline{x_2}\cdots\overline{x_n}+2^{-n})$ (mod 2)

所以 $-[x]_{补}=0.\overline{x_1}\,\overline{x_2}\cdots\overline{x_n}+2^{-n}$　(d)

比较(c)和(d)两式可得

$[-x]_{补}=-[x]_{补}$ (mod 2)

证毕。

应注意的是，按比较法进行补码乘法时，像补码加、减法一样，符号位也一起参加运算。

**【例 6.21】** 已知$[x]_{补}=0.1101$，$[y]_{补}=1.0111$，用比较法求$[x\cdot y]_{补}$。

**【解】** 因为$[x]_{补}=0.1101$，所以$[-x]_{补}=1.0011$，表 6.15 列出了例 6.21 的求解过程。

**表 6.15 例 6.21 求$[x\cdot y]_{补}$的过程**

| 部分积 | 乘数 $y_i$ | 附加位 $y_{i+1}$ | 说明 |
|---|---|---|---|
| 00.0000<br>+11.0011 | 1011$\underline{1}$ | $\underline{0}$ | 初值$[z_0]_{补}=0$<br>$y_iy_{i+1}=10$，部分积加$[-x]_{补}$ |
| 11.0011<br>11.1001<br>11.1100<br>11.1110<br>+00.1101 | 1101$\underline{1}$<br>1110$\underline{1}$<br>0111$\underline{0}$ | $\underline{1}$<br>$\underline{1}$<br>$\underline{1}$ | 右移 1 位，得$[z_1]_{补}$<br>$y_iy_{i+1}=11$，部分积右移 1 位，得$[z_2]_{补}$<br>$y_iy_{i+1}=11$，部分积右移 1 位，得$[z_3]_{补}$<br>$y_iy_{i+1}=01$，部分积加$[x]_{补}$ |
| 00.1011<br>00.0101<br>+11.0011 | 011<br>1011$\underline{1}$ | $\underline{0}$ | 右移 1 位，得$[z_4]_{补}$<br>$y_iy_{i+1}=10$，部分积加$[-x]_{补}$ |
| 11.1000 | 1011 | | 最后一步不移位，得$[x\cdot y]_{补}$ |

故 $[x\cdot y]_{补}=1.10001011$

由表 6.16 可见，与校正法(参见表 6.13 和表 6.14)相比，Booth 算法的部分积仍取双符号，乘数因符号位参加运算，故多取 1 位。

**【例 6.22】** 已知$[x]_{补}=1.0011$，$[y]_{补}=1.0111$，用比较法求$[x\cdot y]_{补}$。

**【解】** 因为$[x]_{补}=1.0011$，所以$[-x]_{补}=0.1101$，表 6.16 列出了例 6.22 的求解过程。

**表 6.16 例 6.22 求$[x\cdot y]_{补}$的过程**

| 部分积 | 乘数 $y_i$ | 附加位 $y_{i+1}$ | 说明 |
|---|---|---|---|
| 00.0000<br>+00.1101 | 1011$\underline{1}$ | $\underline{0}$ | 初值$[z_0]_{补}=0$<br>$y_iy_{i+1}=10$，部分积加$[-x]_{补}$ |
| 00.1101<br>00.0110<br>00.0011<br>00.0001<br>+11.0011 | 1101$\underline{1}$<br>0110$\underline{1}$<br>1011$\underline{0}$ | $\underline{1}$<br>$\underline{1}$<br>$\underline{1}$ | 右移 1 位，得$[z_1]_{补}$<br>$y_iy_{i+1}=11$，部分积右移 1 位，得$[z_2]_{补}$<br>$y_iy_{i+1}=11$，部分积右移 1 位，得$[z_3]_{补}$<br>$y_iy_{i+1}=01$，部分积加$[x]_{补}$ |
| 11.0100<br>11.1010<br>+00.1101 | 101<br>0101$\underline{1}$ | $\underline{0}$ | 右移 1 位，得$[z_4]_{补}$<br>$y_iy_{i+1}=10$，部分积加$[-x]_{补}$ |
| 00.0111 | 0101 | | 最后一步不移位，得$[x\cdot y]_{补}$ |

故 $[x\cdot y]_{补}=0.01110101$

由于比较法的补码乘法运算规则不受乘数符号的约束，因此，控制线路比较简明，在计算机中普遍采用。

2) 补码比较法(Booth 算法)所需的硬件配置

图 6.11 是实现补码一位乘比较法乘法运算的基本硬件配置框图。

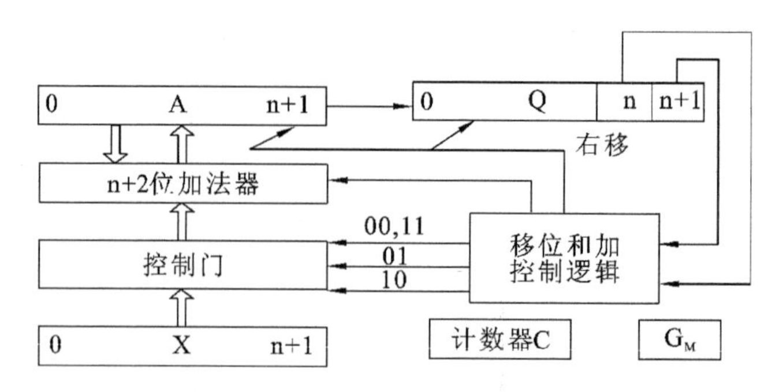


图 6.11 实现补码一位乘比较法乘法运算的基本硬件配置框图

图 6.11 中 A、X、Q 均为 n+2 位寄存器，其中 X 存放被乘数的补码(含两位符号位)，Q 存放乘数的补码(含最高 1 位符号位和最末 1 位附加位)，移位和加控制逻辑受 Q 寄存器末 2 位乘数控制。当其为 01 时，A、X 内容相加后 A、Q 右移 1 位；当其为 10 时，A、X 内容相减后 A、Q 右移 1 位。计数器 C 用于控制逐位相乘的次数，$G_M$为乘法标记。

3) 补码比较法(Booth 算法)控制流程

补码一位乘比较法的控制流程图如图 6.12 所示。

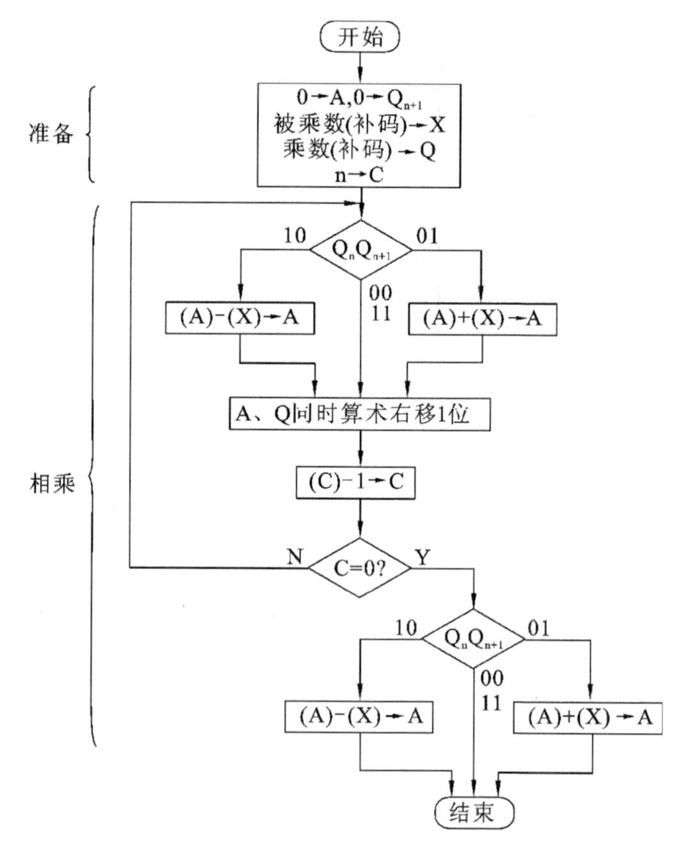


图 6.12 补码一位乘比较法的控制流程图

乘法运算前 A 寄存器被清零，作为初始部分积。Q 寄存器末位清零，作为附加位的初态。被乘数的补码存在 X 中(双符号位)，乘数的补码在 Q 高 n+1 位中，计数器 C 存放乘数的位数 n。乘法开始后，根据 Q 寄存器末两位 $Q_n$、$Q_{n+1}$ 的状态决定部分积与被乘数相加还是相减，或是不加也不减，然后按补码规则进行算术移位，这样重复 n 次。最后，根据 Q 的末两位状态决定部分积是否与被乘数相加（或相减），或不加也不减，但不必移位，这样便可得到最后结果。补码乘法乘积的符号位在运算中自然形成。

需要说明的是，图 6.12 中(A)－(X)→A 实际是用加法器实现的，即(A)＋($\overline{X}$+1)→A。同理，Booth 运算规则也适用于整数补码。

为了提高乘法的运算速度，可采用补码两位乘运算规则。

4) 补码两位乘运算规则

补码两位乘运算规则是根据补码一位乘的规则，把比较 $y_i y_{i+1}$ 的状态应执行的操作和比较 $y_{i-1} y_i$ 的状态应执行的操作合并成一步得出的。

例如，$y_{i-1} y_i y_{i+1}$ 为 011，则第一步由 $y_i y_{i+1}=11$，得出只做右移，即 $2^{-1}[z_i]_{补}$，第二步由 $y_{i-1} y_i=01$ 得出需做 $2^{-1}\{2^{-1}[z_i]_{补}+[x]_{补}\}$ 的操作，可改写为 $2^{-2}\{[z_i]_{补}+2[x]_{补}\}$，即最后结论为当 $y_{i-1} y_i y_{i+1}$ 为 011 时，完成 $2^{-2}\{[z_i]_{补}+2[x]_{补}\}$ 操作，同理可分析其余七种情况。表 6.17 列出了补码两位乘的运算规则。

**表 6.17　补码两位乘的运算规则**

| 判断位 $y_{i-1} y_i y_{i+1}$ | 操 作 内 容 |
|---|---|
| 0 0 0 | $[z_{i+1}]_{补}=2^{-2}[z_i]_{补}$ |
| 0 0 1 | $[z_{i+1}]_{补}=2^{-2}\{[z_i]_{补}+[x]_{补}\}$ |
| 0 1 0 | $[z_{i+1}]_{补}=2^{-2}\{[z_i]_{补}+[x]_{补}\}$ |
| 0 1 1 | $[z_{i+1}]_{补}=2^{-2}\{[z_i]_{补}+2[x]_{补}\}$ |
| 1 0 0 | $[z_{i+1}]_{补}=2^{-2}\{[z_i]_{补}+2[-x]_{补}\}$ |
| 1 0 1 | $[z_{i+1}]_{补}=2^{-2}\{[z_i]_{补}+[-x]_{补}\}$ |
| 1 1 0 | $[z_{i+1}]_{补}=2^{-2}\{[z_i]_{补}+[-x]_{补}\}$ |
| 1 1 1 | $[z_{i+1}]_{补}=2^{-2}[z_i]_{补}$ |

由表 6.17 可见，操作中出现加 $2[x]_{补}$ 和加 $2[-x]_{补}$，故除右移 2 位的操作外，还有被乘数左移 1 位的操作；而加 $2[x]_{补}$ 和加 $2[-x]_{补}$ 都可能因溢出而侵占双符号位，故部分积和被乘数采用 3 位符号位。

**【例 6.23】**　已知 $[x]_{补}=1.1011$，$[y]_{补}=1.0111$，用补码两位乘运算规则求 $[x\cdot y]_{补}$。

**【解】**　表 6.18 列出了此例的求解过程。其中，乘数取 2 位符号位，外加 1 位附加位（初态为 0），即 11.01110，$[-x]_{补}=0.0101$，取 3 位符号位为 000.0101，$[2x]_{补}=1.0110$，取 3 位符号位为 111.0110。

**表 6.18　例 6.23 用补码两位乘运算规则求 $[x\cdot y]_{补}$ 的过程**

| 部 分 积 | 乘 数 | 说　明 |
|---|---|---|
| 0 0 0. 0 0 0 0<br>+0 0 0. 0 1 0 1 | 1 1 0 1 1 1 0 | 判断位为 110，加 $[-x]_{补}$ |
| 0 0 0. 0 1 0 1<br>0 0 0. 0 0 0 1<br>+1 1 1. 0 1 1 0 | 0 1 1 1 0 1 1 | 右移 2 位<br>判断位为 011，加 $[2x]_{补}$ |

续表

| 部 分 积 | 乘 数 | 说　　明 |
|---|---|---|
| 111.0111<br>111.1101<br>+000.0101 | 01<br>1101110 | 右移 2 位<br>判断位为 110，加$[-x]_补$ |
| 000.0010 | 1101 | 最后一步不移位，得$[x\cdot y]_补$ |

故　$[x\cdot y]_补=0.00101101$

由表 6.19 可见，与补码一位乘相比（参见表 6.16 和表 6.17），补码两位乘的部分积多取 1 位符号位（共 3 位），乘数也多取 1 位符号位（共 2 位），这是由于乘数每次右移 2 位，且用 3 位判断，故采用双符号位更便于硬件实现。可见，当乘数数值位为偶数时，乘数取 2 位符号位，共需做 n/2 次移位，最多做 n/2+1 次加法，最后一步不移位；当 n 为奇数时，可补 0 变为偶数位，以简化逻辑操作。也可对乘数取 1 位符号位，此时共进行 n/2+1 次加法运算和 n/2+1 次移位（最后一步移 1 位）。

对于整数补码乘法，其过程与小数补码乘法完全相同。为了区别于小数乘法，在书写上将符号位和数值位中间的“.”改为“,”即可。

## 6.3.4　除法运算

### 1. 分析笔算除法

以小数为例，设 x=-0.1011，y=0.1101，求 x/y。

笔算除法时，商的符号心算而得：负正得负。其数值部分的运算如下面的竖式所示。

```
               0.1101
0.1101 )0.10110000
         0.01101        2^-1 · y
         0.011010
         0.001101       2^-2 · y
         0.00010100
         0.00001101     2^-4 · y
         0.00000111
```

所以　　商 x/y=-0.1101，余数=0.00000111

其特点可归纳如下。

（1）每次上商都是由心算来比较余数（被除数）和除数的大小，确定商为“1”还是“0”。

（2）每做一次减法运算，总是保持余数不动，低位补 0，再减去右移后的除数。

（3）上商的位置不固定。

（4）商符单独处理。



如果将上述规则完全照搬到计算机内，实现起来有一定困难，主要问题如下。

① 机器不能“心算”上商，必须通过比较被除数（或余数）和除数绝对值的大小来确定商值，即$|x|-|y|$，若差为正（够减），则上商 1，若差为负（不够减），则上商 0。

② 按照每次减法总是保持余数不动低位补 0，再减去右移后的除数这一规则，则要求加法器的位数必须为除数的两倍。仔细分析发现，右移除数可以用左移余数的方法代替，其运算结果是一样的，但对线路结构更有利。不过此刻所得到的余数不是真正的余数，只有将它乘上 $2^{-n}$ 才是真正的余数。

③ 笔算求商时是从高位向低位逐位求的，而要求机器把每位商直接写到寄存器的不同

位置也是不可取的。计算机可将每一位商直接写到寄存器的最低位，并把原来的部分商左移 1 位，这样更有利于硬件实现。

综上所述便可得原码除法运算规则。

**2. 原码除法**

原码除法和原码乘法一样，符号位是单独处理的，下面以小数为例。

设
$$[x]_{原}=x_0.x_1x_2\cdots x_n$$
$$[y]_{原}=y_0.y_1y_2\cdots y_n$$

则
$$\left[\frac{x}{y}\right]_{原}=(x_0\oplus y_0).\frac{0.x_1x_2\cdots x_n}{0.y_1y_2\cdots y_n}$$

式中，$0.x_1x_2\cdots x_n$ 为 x 的绝对值，记作 $x^*$；$0.y_1y_2\cdots y_n$ 为 y 的绝对值，记作 $y^*$。

即商符由两数符号位进行异或运算求得，商值由两数绝对值相除（$x^*/y^*$）求得。

小数定点除法对被除数和除数有一定的约束，即必须满足下列条件：

$$0<|被除数|\leqslant|除数|$$

实现除法运算时，还应避免除数为 0 或被除数为 0。前者结果为无限大，不能用机器的有限位数表示；后者结果总是 0，这个除法操作没有意义，浪费了机器时间。商的位数一般与操作数的位数相同。

原码除法中由于对余数的处理不同，又可分为恢复余数法和不恢复余数法（加减交替法）两种。

1）恢复余数法

恢复余数法的特点是：当余数为负时，需加上除数，将其恢复成原来的余数。

由上所述，商值的确定是通过比较被除数和除数的绝对值大小，即 $x^*-y^*$ 实现的，而计算机内只设加法器，故需将 $x^*-y^*$ 操作变为 $[x^*]_{补}+[-y^*]_{补}$ 的操作。

**【例 6.24】** 已知 $x=0.1001$，$y=-0.1101$，用恢复余数法求 $[x/y]_{原}$

**【解】** 由 $x=0.1001$，$y=-0.1101$

得 $[x]_{原}=0.1001$，$x_0=0$，$x^*=0.1001$

$[y]_{原}=1.1101$，$y_0=1$，$y^*=0.1101$，$[-y^*]_{补}=1.0011$

表 6.19 列出了例 6.24 商值的求解过程。

**表 6.19 例 6.24 用恢复余数法求解的过程**

| 被除数(余数) | 商 | 说明 |
|---|---|---|
| 0.1001<br>+1.0011 | 0.0000 | $+[-y^*]_{补}$ （减去除数） |
| 1.1100<br>+0.1101 | 0 | 余数为负，上商“0”<br>恢复余数$+[y^*]_{补}$ |
| 0.1001<br>1.0010<br>+1.0011 | 0 | 被恢复的被除数<br>左移 1 位<br>$+[-y^*]_{补}$（减去除数） |
| 0.0101<br>0.1010<br>+1.0011 | 01<br>01 | 余数为正，上商“1”<br>左移 1 位<br>$+[-y^*]_{补}$（减去除数） |

续表

| 被除数(余数) | 商 | 说　明 |
|---|---|---|
| 1.1101<br>+0.1101 | 010 | 余数为负,上商“0”<br>恢复余数+$[y^*]_补$ |
| 0.1010<br>1.0100<br>+1.0011 | 010 | 被恢复的余数<br>左移1位<br>+$[-y^*]_补$(减去除数) |
| 0.0111<br>0.1110<br>+1.0011 | 0101<br>0101 | 余数为正,上商“1”<br>左移1位<br>+$[-y^*]_补$(减去除数) |
| 0.0001 | 01011 | 余数为正,上商“1” |

故:商值为0.1011

商的符号位为

$$x_0 \oplus y_0 = 0 \oplus 1 = 1$$

所以x/y所得的商的原码表示为:1.1011;余数为:$0.0001 \times 2^{-4}$。

由例6.24可见,共左移(逻辑左移)四次,上商五次,第一次上的商在商的整数位上,这对小数除法而言,可用它做溢出判断。即当该位为“1”时,表示此除法溢出,不能进行,应由程序进行处理;当该位为“0”时,说明除法合法,可以进行。

在恢复余数法中,每当余数为负时,都需恢复余数,这就延长了机器除法的时间,操作也很不规则,对硬件实现不利。加减交替法可克服这些缺点。

2) 加减交替法

加减交替法又称不恢复余数法,可以认为它是恢复余数法的一种改进算法。

分析原码恢复余数法得知:

当余数$R_i>0$时,可上商“1”,再对$R_i$左移1位后减除数,即$2R_i-y^*$;

当余数$R_i<0$时,可上商“0”,然后先做$R_i+y^*$,即完成恢复余数的运算,再做$2(R_i+y^*)-y^*$,即$2R_i+y^*$。

可见,原码恢复余数法可归纳如下:

当$R_i>0$,上商“1”,做$2R_i-y^*$的运算;

当$R_i<0$,上商“0”,做$2R_i+y^*$的运算。

这里已经看不出余数的恢复问题了,而只是做加$y^*$或减$y^*$操作,因此,一般将其称为加减交替法或不恢复余数法。



**【例6.25】** 已知x=0.1001,y=−0.1101,用不恢复余数法求$[x/y]_原$。

**【解】** 由x=0.1001,y=−0.1101

得　$[x]_原=0.1001, x_0=0, x^*=0.1001$

$[y]_原=1.1101, y^*=0.1101, y^*=0.1101, [-y^*]_补=1.0011$

表6.20列出了例6.25商值的求解过程。

**表 6.20 例 6.25 用加减交替法求解的过程**

| 被除数(余数) | 商 | 说　明 |
| --- | --- | --- |
| 0.1001<br>+1.0011 | 0.0000 | $+[-y^*]_补$(减除数) |
| 1.1100<br>1.1000<br>+0.1101 | 0<br>0 | 余数为负,上商“0”<br>左移 1 位<br>$+[y^*]_补$(加除数) |
| 0.0101<br>0.1010<br>+1.0011 | 01<br>01 | 余数为正,上商“1”<br>左移 1 位<br>$+[-y^*]_补$(减除数) |
| 1.1101<br>1.1010<br>+0.1101 | 010<br>010 | 余数为负,上商“0”<br>左移 1 位<br>$+[y^*]_补$(加除数) |
| 0.0111<br>0.1110<br>+1.0011 | 0101<br>0101 | 余数为正,上商“1”<br>左移 1 位<br>$+[-y^*]_补$(减除数) |
| 0.0001 | 01011 | 余数为正,上商“1” |

故　商值为 0.1011

商的符号位为:

$$x_0 \oplus y_0 = 0 \oplus 1 = 1$$

所以 x/y 所得的商的原码表示为:1.1011,余数为:$0.0001\times 2^{-4}$。

分析例 6.25 可见,n 位小数的原码除法共上商 n+1 次(第一次商用来判断是否溢出),左移(逻辑左移)n 次,可用移位次数判断除法是否结束。倘若比例因子选择恰当,除法结果不溢出,则第一次商肯定是 0。如果省去这位商,只需上商 n 次即可,此时除法运算一开始应将被除数左移 1 位减去除数,然后再根据余数上商。读者可以自己练习。

需要说明一点,表 6.21 中操作数也可采用双符号位,此时移位操作可按算术左移处理,最高符号位是真正的符号,次高位符号位移位时可被第一数值位占用。

3) 原码加减交替法所需的硬件配置

图 6.13 是原码加减交替法运算的基本硬件配置框图。

图 6.13 中 A、X、Q 均为 n+1 位寄存器,其中 A 存放被除数的原码,X 存放除数的原码。移位和加控制逻辑受 Q 的末位 $Q_n$ 控制($Q_n=1$ 做减法,$Q_n=0$ 做加法),计数器 C 用于控制逐位相除的次数 n,GD 为除法标记,V 为溢出标记,S 为商符。

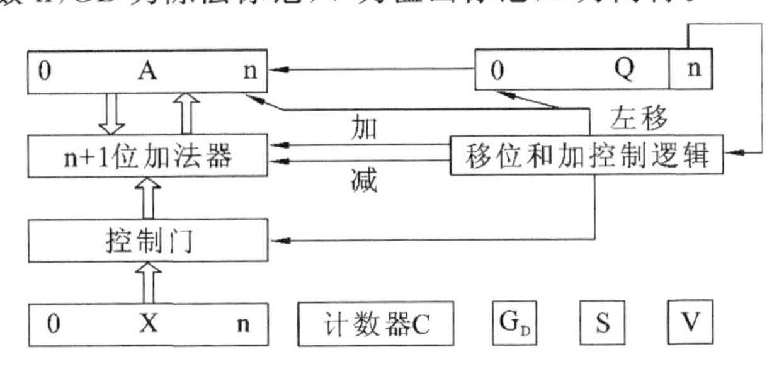


**图 6.13　原码加减交替法运算的基本硬件配置框图**

4）原码加减交替法控制流程

图 6.14 为原码加减交替法控制流程图。

除法开始前，Q 寄存器被清零，准备接收商，被除数的原码放在 A 中，除数的原码放在 X 中，计数器 C 中存放除数的位数 n。除法开始后，首先通过异或运算求出商符，并存于 S。接着将被除数和除数变为绝对值，然后开始用第一次上商判断是否溢出。若溢出，则置溢出标记 V 为 1，停止运算，进行中断处理，重新选择比例因子；若无溢出，则先上商，接着 A、Q 同时左移 1 位，然后再根据上一次商值的状态，决定是加还是减除数，这样重复 n 次后，再上最后一次商（共上商 n+1 次），即得运算结果。

对于整数除法，要求满足以下条件：

$$0<|除数|\leqslant|被除数|$$

因为这样才能得到整数商。通常在做整数除法前，先要对这个条件进行判断，若不满足上述条件，机器发出出错信号，程序要重新设定比例因子。

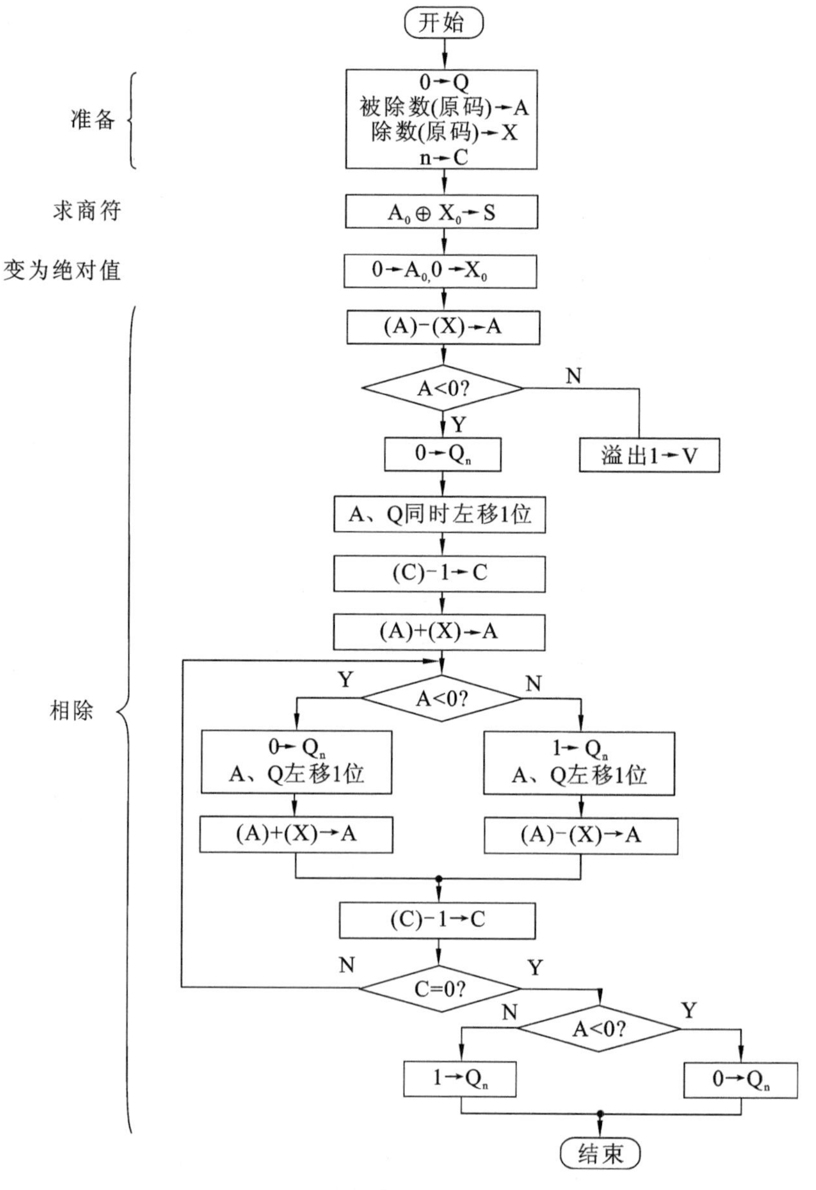


图 6.14 原码加减交替法控制流程图

上述讨论的小数除法完全适用于整数除法，只是整数除法的被除数位数可以是除数的两倍，且要求被除数的高 n 位要比除数(n 位)小，否则即为溢出。如果被除数和除数的位数都是单字长，则要在被除数前面加上一个字的 0，从而扩展成双倍字长再进行运算。

为了提高除法速度，可采用阵列除法器，有关内容参见相关资料。

**3. 补码除法**

与补码乘法类似，也可以用补码完成除法操作。补码除法也分恢复余数法和加减交替法两种，后者用得较多，在此只讨论加减交替法。

1) 补码加减交替法运算规则

补码除法的符号位和数值部分是一起参加运算的，因此在算法上不像原码除法那样直观，主要需要解决三个问题：①如何确定商值；②如何形成商符；③如何获得新的余数。

(1) 欲确定商值，必须先比较被除数和除数的大小，然后才能求得商值。

● 比较被除数(余数)和除数的大小。

补码除法的操作数均为补码，其符号又是任意的，因此要比较被除数$[x]_{补}$和除数$[y]_{补}$的大小就不能简单地用$[x]_{补}$减去$[y]_{补}$。实质上比较$[x]_{补}$和$[y]_{补}$的大小就是比较它们所对应的绝对值的大小。同样在求商的过程中，比较余数$[R_i]_{补}$与除数$[y]_{补}$的大小，也是比较它们所对应的绝对值的大小。这种比较的算法可归纳为以下两点。

第一，当被除数与除数同号时，做减法，若得到的余数与除数同号，表示“够减”，否则表示“不够减”。

第二，当被除数与除数异号时，做加法，若得到的余数与除数异号，表示“够减”，否则表示“不够减”。

此算法如表 6.21 所示。

**表 6.21　比较算法表**

| 比较$[x]_{补}$与$[y]_{补}$的符号 | 求余数 | 比较$[R_i]_{补}$与$[y]_{补}$的符号 |
|---|---|---|
| 同号 | $[x]_{补}-[y]_{补}$ | 同号，表示“够减” |
| 异号 | $[x]_{补}+[y]_{补}$ | 异号，表示“够减” |

● 确定商值。

补码除法的商也是用补码表示的，如果约定商的末位用“恒置 1”的舍入规则，那么除末位商外，其余各位的商值对正商和负商而言，上商规则是不同的。因为在负商的情况下，除末位商以外，其余任何一位的商与真值都正好相反。因此，上商的算法可归纳为以下两点。

如果$[x]_{补}$与$[y]_{补}$同号，商为正，则“够减”时上商“1”，“不够减”时上商“0”(按原码规则上商)。

第二，如果$[x]_{补}$与$[y]_{补}$异号，商为负，则“够减”时上商“0”，“不够减”时上商“1”(按反码规则上商)。

结合比较规则与上商规则，便可得商值的确定方法，如表 6.22 所示。

**表 6.22　商值的确定**

| $[x]_{补}$与$[y]_{补}$ | 商 | $[R_i]_{补}$与$[y]_{补}$ | 商　　值 |
|---|---|---|---|
| 同号 | 正 | 同号，表示“够减” | 1 |
| | | 异号，表示“不够减” | 0 |

续表

| $[x]_补$与$[y]_补$ | 商 | $[R_i]_补$与$[y]_补$ | 商　　值 |
|---|---|---|---|
| 异号 | 负 | 异号，表示"够减" | 0 |
| | | 同号，表示"不够减" | 1 |

进一步简化，商值可直接由表 6.23 确定。

**表 6.23　简化的商值确定**

| $[R_i]_补$与$[y]_补$ | 商　　值 |
|---|---|
| 同号 | 1 |
| 异号 | 0 |

(2) 在补码除法中，商符是在求商的过程中自动形成的。

在小数定点除法中，被除数的绝对值必须小于除数的绝对值，否则商大于 1 而溢出。因此，当$[x]_补$与$[y]_补$同号时，$[x]_补-[y]_补$所得的余数$[R_0]_补$必与$[y]_补$异号，上商"0"，恰好与商的符号(正)一致；当$[x]_补$与$[y]_补$异号时，$[x]_补+[y]_补$所得的余数$[R_0]_补$必与$[y]_补$同号，上商"1"，这也与商的符号(负)一致。可见，商符是在求商值过程中自动形成的。

此外，商的符号还可用来判断商是否溢出。例如，当$[x]_补$与$[y]_补$同号时，若$[R_0]_补$与$[y]_补$同号，上商"1"，即溢出。当$[x]_补$与$[y]_补$异号时，若$[R_0]_补$与$[y]_补$异号，上商"0"，即溢出。

当然，对于小数补码运算，商等于"$-1$"应该是允许的，但这需要特殊处理，为简化问题，这里不予考虑。

(3) 新余数$[R_{i+1}]_补$的获得方法与原码加减交替法极为相似，其算法规则如下。

当$[R_i]_补$与$[y]_补$同号时，上商"1"，则

$$[R_{i+1}]_补=2[R_i]_补-[y]_补=2[R_i]_补+[-y]_补$$

当$[R_i]_补$与$[y]_补$异号时，上商"0"，则

$$[R_{i+1}]_补=2[R_i]_补+[y]_补$$

将此算法列于表 6.24 中。

**表 6.24　新余数的算法**

| $[R_i]_补$与$[y]_补$ | 商 | 新余数$[R_{i+1}]_补$ |
|---|---|---|
| 同号 | 1 | $[R_{i+1}]_补=2[R_i]_补+[-y]_补$ |
| 异号 | 0 | $[R_{i+1}]_补=2[R_i]_补+[y]_补$ |



如果对商的精度没有特殊要求，一般可采用末位恒置"1"法，这种方法操作简单，易于实现，而且最大误差仅为 $2^{-n}$。

**【例 6.26】** 已知 $x=0.1011$，$y=0.1101$，求$\left[\frac{x}{y}\right]_补$。

**【解】** 由 $x=0.1011$，$y=0.1101$

得 $[x]_补=0.1011$，$[y]_补=0.1101$，$[-y]_补=1.0011$

其运算过程如表 6.25 所示。

表 6.25 例 6.26 的运算过程

| 被除数(余数) | 商 | 说　明 |
|---|---|---|
| 0.1011<br>+1.0011 | 0.0000 | $[x]_补$与$[y]_补$同号,+$[-y]_补$ |
| 1.1110<br>1.1100<br>+0.1101 | 0<br>0 | $[R]_补$与$[y]_补$异号,上商“0”<br>左移1位<br>+$[y]_补$ |
| 0.1001<br>1.0010<br>+1.0011 | 01<br>01 | $[R]_补$与$[y]_补$同号,上商“1”<br>左移1位<br>+$[-y]_补$ |
| 0.0101<br>0.1010<br>+1.0011 | 011<br>010 | $[R]_补$与$[y]_补$同号,上商“1”<br>左移1位<br>+$[-y]_补$ |
| 1.1101<br>1.1010 | 0110<br>01101 | $[R]_补$与$[y]_补$异号,上商“0”<br>左移1位,末位商恒置“1” |

所以$\frac{x}{y}$所得的商的补码表示为:0.1101。

**【例 6.27】** 已知 x=−0.1011,y=0.1101,求$\left[\frac{x}{y}\right]_补$。

**【解】** 由 x=−0.1011,y=0.1101

得　$[x]_补$=1.0101,$[y]_补$=0.1101,$[-y]_补$=1.0011

其运算过程如表 6.26 所示。

表 6.26 例 6.27 的运算过程

| 被除数(余数) | 商 | 说　明 |
|---|---|---|
| 1.0101<br>+0.1101 | 0.0000 | $[x]_补$与$[y]_补$异号,+$[y]_补$ |
| 0.0010<br>0.0100<br>+1.0011 | 1<br>1 | $[R]_补$与$[y]_补$同号,上商“1”<br>左移1位<br>+$[-y]_补$ |
| 1.0111<br>0.1110<br>+0.1101 | 10<br>10 | $[R]_补$与$[y]_补$异号,上商“0”<br>左移1位<br>+$[y]_补$ |
| 1.1011<br>1.0110<br>+0.1101 | 100<br>100 | $[R]_补$与$[y]_补$异号,上商“0”<br>左移1位<br>+$[y]_补$ |
| 0.0011<br>0.0110 | 1001<br>10011 | $[R]_补$与$[y]_补$同号,上商“1”<br>左移1位,末位商恒置“1” |

所以$\frac{x}{y}$所得的商的补码表示为：1.0011。

可见，n 位小数补码除法共上商 n+1 次（末位恒置“1”），第一次商可用来判断是否溢出。共移位 n 次，并用移位次数判断除法是否结束。

2) 补码加减交替法所需的硬件配置

补码加减交替法所需的硬件配置基本上与图 6.11 相似，只是图 6.11 中的 S 触发器可以省掉，因为补码除法的商符在运算中自动形成。此外，在寄存器中存放的均为补码。

**【例 6.28】** 设 X、Y、Z 均为 n+1 位寄存器（n 为最低位），机器数采用 1 位符号位。若除法开始时操作数已放在合适的位置，试分别描述小数原码和补码除法商符的形成过程。

**【解】** 设 X、Y、Z 均为 n+1 位寄存器，除法开始时被除数在 X 中，除数在 Y 中，S 为触发器，存放商符，Z 寄存器存放商。原码除法的商符由两操作数（原码）的符号位进行异或运算获得，记作 $X_0 \oplus Y_0 \rightarrow S$。

补码除法的商符由第 1 次上商获得，共分两步。

第一步，若两操作数符号相同，则被除数减去除数（加上“求补”以后的除数），结果送 X 寄存器；若两操作数符号不同，则被除数加上除数，结果送 X 寄存器，记作：

$$\overline{X_0 \oplus Y_0} \cdot (X+\overline{Y}+2^{-n})+(X_0 \oplus Y_0) \cdot (X+Y) \rightarrow X$$

第二步，根据结果的符号和除数的符号确定商值。若结果的符号 $X_0$ 与除数的符号 $Y_0$ 同号，则上商“1”，送至 $Z_n$ 保存；若结果的符号 $X_0$ 与除数的符号 $Y_0$ 异号，则上商“0”，送至 $Z_n$ 保存，记作：

$$\overline{X_0 \oplus Y_0} \rightarrow Z_n$$

如果机器数采用补码，实现乘法和除法均用补码运算，那么，为了与补码乘法取得相同的寄存器位数，表 6.26 和表 6.27 中的被除数（余数）可取双符号位，整个运算过程与取 1 位符号位完全相同（见表 6.31）。

3) 补码加减交替法的控制流程

补码加减交替法的控制流程如图 6.15 所示。

除法开始前，Q 寄存器被清零，准备接收商，被除数的补码在 A 中，除数的补码在 X 中，计数器 C 中存放除数的位数 n。除法开始后，首先根据两操作数的符号确定是做加法还是做减法，加（或减）操作后，开始第一次上商（形成商符），然后 A 和 Q 同时左移 1 位，再根据商值的状态决定加或减除数，这样重复 n 次后，再上一次末位商“1”（恒置“1”法），即得运算结果。

补充说明以下几点。

① 图 6.15 中未画出补码除法溢出判断的内容。

② 按图 6.15 所示，多做一次加（或减）法，其实在末位恒置“1”前，只需移位而不必做加（或减）法。

③ 与原码除法一样，图 6.15 中均未指出对 0 进行检测。实际上在除法运算前，先检测被除数和除数是否为 0。若被除数为 0，结果即为 0；若除数为 0，结果为无穷大。在这两种情况下都无须继续做除法运算。

④ 为了节省时间，上商和移位操作可以同时进行。

以上介绍了计算机定点四则运算方法，根据这些运算规则，可以设计乘法器和除法器。有些机器的乘、除法可用编程来实现。分析上述运算方法对理解机器内部的操作过程和编

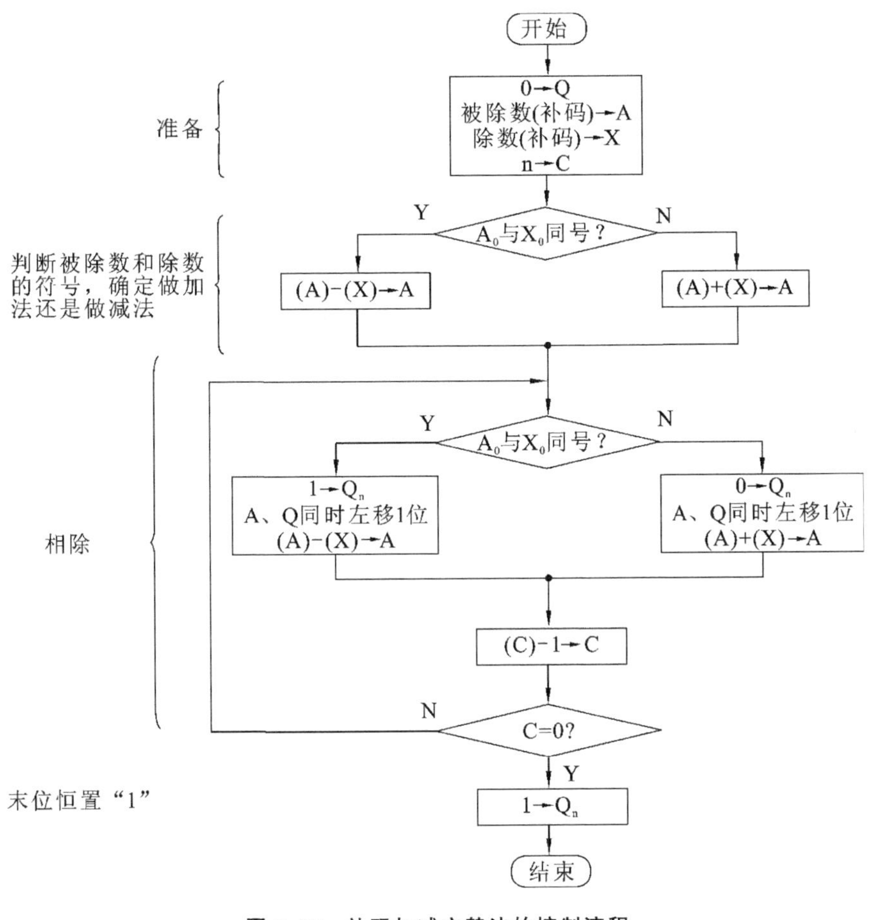


**图 6.15　补码加减交替法的控制流程**

制乘、除法运算的标准程序都是很有用的。

# 6.4　浮点四则运算

从 6.2 节浮点数的讨论可知，机器中任何一个浮点数都可写成：

$$x=S_x \cdot r^{j_x}$$

其中：$S_x$ 为浮点数的尾数，一般为绝对值小于 1 的规格化数(补码表示时允许为－1)，机器中可用原码或补码表示；$j_x$ 为浮点数的阶码，一般为整数，机器中大多用补码或移码表示；r 为浮点数的基数，常用 2、4、8 或 16 表示。以下以基数为 2 进行讨论。

## 6.4.1　浮点加减运算

设两个浮点数

$$x=S_x \cdot r^{j_x}$$

$$y=S_y \cdot r^{j_y}$$

由于浮点数尾数的小数点均固定在最高数值位之前，所以尾数的加减运算规则与定点小数的完全相同。但由于其阶码的大小会直接反映尾数有效值小数点的实际位置，所以当两浮点数阶码不等时，导致两尾数小数点的实际位置不一样，尾数部分就无法直接进行加减运算。因此，浮点数加减运算必须分成如下步骤进行：①对阶，使两数的小数点位置对齐；②尾数求和，将对阶后的两尾数按定点加减运算规则求和(差)；③规格化，为增加有效数字的位数，提高运算精度，需将求和(差)后的尾数规格化；④舍入，为提高精度，要考虑尾数右移时丢失的数值位；⑤溢出判断，即判断结果是否溢出。

**1. 对阶**

对阶的目的是使两操作数的小数点位置对齐，即使两数的阶码相等。为此，首先要求出阶差，再按小阶向大阶看齐的原则，使阶小的尾数向右移位，每右移1位，阶码加1，直到两数的阶码相等为止。右移的次数正好等于阶差。尾数右移时可能会发生数码丢失，影响精度。

例如，两浮点数 $x=0.0101\times 2^{01}$，$y=(-0.1010)\times 2^{10}$，求 $x+y$。

首先写出 x、y 在计算机中的补码表示。

$$[x]_{补}=00,01;00.0101,[y]_{补}=00,10;11.0110$$

在进行加法前，必须先对阶，故先求阶差：

$$[\Delta_j]_{补}=[j_x]_{补}-[j_y]_{补}=00,01+11,10=11,11$$

即 $\Delta_j=-1$，表示 x 的阶码比 y 的阶码小，再按小阶向大阶看齐的原则，将 x 的尾数右移1位，其阶码加1，得：

$$[x]'_{补}=00,10;00.0010$$

此时，$\Delta_j=0$，表示对阶完毕。

**2. 尾数求和**

将对阶后的两个尾数按定点加(减)运算规则进行运算。

如上文中的两数对阶后得：

$$[x]'_{补}=00,10;00.0010$$
$$[y]_{补}=00,10;11.0110$$

则$[S_x+S_y]_{补}$为：

$$\begin{array}{rl} 00.0010 & [S_x]'_{补} \\ +11.0110 & [S_y]_{补} \\ \hline 11.1000 & [S_x+S_y]'_{补} \end{array}$$

即 $$[x+y]_{补}=00,10;11.1000$$

**3. 规格化**

由6.2.2节可知，当基值 r=2 时，尾数 S 的规格化形式为：

$$\frac{1}{2}\leqslant|S|<1 \qquad (6\text{-}28)$$

如果采用双符号位的补码，则当 $S>0$ 时，其补码规格化形式为：

$$[S]_{补}=00.1\times\times\cdots\times \qquad (6\text{-}29)$$

当 $S<0$ 时，其补码规格化形式为：

$$[S]_{补}=11.0\times\times\cdots\times \qquad (6\text{-}30)$$

可见，当尾数的最高数值位与符号位不同时，即为规格化形式，但当 $S<0$ 时，有两种情况需特殊处理。

① $S=-\frac{1}{2}$，则$[S]_{补}=11.100\cdots0$。此时对于真值$-\frac{1}{2}$而言，它满足式(6-28)，对于补码($[S]_{补}$)而言，它不满足于式(6-30)。为了便于硬件判断，特规定$-\frac{1}{2}$不是规格化的数(对补

码而言)。

② S=−1,则$[S]_补$=11.00…0,因小数补码允许表示−1,故−1视为规格化的数。

当尾数求和(差)结果不满足式(6-29)或式(6-30)时,则需规格化。规格化又分左规和右规两种。

1) 左规

当尾数出现00.0××…×或11.1××…×时,需左规。左规时尾数左移1位,阶码减1,直到符合式(6-29)或式(6-30)为止。

如上例求和结果为:

$$[x+y]_补=00,10;11.1000$$

尾数的第一数值位与符号位相同,需左规,即将其左移1位,同时阶码减1,得

$$[x+y]_补=00,01;11.0000$$

则:

$$x+y=(-1.0000)\times 2^{01}$$

2) 右规

当尾数出现01.××…×或10.××…×时,表示尾数溢出,这在定点加减运算中是不允许的,但在浮点运算中这不代表溢出,可进行右规处理。右规时尾数右移1位,阶码加1。

**【例6.29】** 已知两浮点数$x=0.1100\times 2^{10}$,$y=0.1110\times 2^{01}$,求x+y。

**【解】** x、y在机器中以补码表示为:

$$[x]_补=00,10;00.1100$$
$$[y]_补=00,01;00.1110$$

① 对阶:

$$[\Delta_j]_补=[j_x]_补-[j_y]_补=00,10+11,11=00,01$$

即$\Delta_j=1$,表示y的阶码比x的阶码小1,因此将y的尾数向右移1位,阶码相应加1。

$$[y]'_补=00,10;00.0111$$

这时$[y]'_补$的阶码与$[x]_补$的阶码相等,阶差为0,表示对阶完毕。

② 求和:

$$\begin{array}{rl} 00.1100 & [S_x]_补 \\ +00.0111 & [S_y]'_补 \\ \hline 01.0011 & [S_x+S_y]'_补 \end{array}$$

即
$$[x+y]_补=00,10;01.0011$$

③ 右规:

运算结果两符号位不等,表示尾数之和绝对值大于1,需右规,即将尾数之和向右移1位,阶码加1,故得

$$[x+y]_补=00,11;00.1001$$

则
$$x+y=0.1001\times 2^{11}$$

**4. 舍入**

在对阶和右规的过程中,可能会将尾数的低位丢失,引起误差,影响精度。为此可用舍入法来提高尾数的精度。常用的舍入方法有以下两种。

1) 0舍1入法

0舍1入法类似于十进制数运算中的四舍五入法,即尾数右移时,被移去的最高数值位

为 0,则舍去;被移去的最高数值位为 1,则在尾数的末位加 1。这样做可能使尾数又溢出,此时需再做一次右规。

2) 恒置“1”法

尾数右移时,不论丢掉的最高数值位是“1”或“0”,都使右移后的尾数末位恒置“1”。这种方法同样有使尾数变大和变小的两种可能。

综上所述,浮点加减运算要经过对阶、尾数求和、规格化和舍入等步骤。与定点加减运算相比,显然要复杂得多。

**【例 6.30】** 设 $x=2^{-011}\times(-0.101100)$,$y=2^{-010}\times(+0.110111)$,并假设阶符取 2 位,阶码的数值部分取 3 位,数符取 2 位,尾数的数值部分取 6 位,求 x−y。

**【解】** 由 $x=2^{-011}\times(-0.101100)$,$y=2^{-010}\times(+0.110111)$

得 $[x]_{补}=11,101;11.010100$,$[y]_{补}=11,110;00.110111$

① 对阶:

$$[\Delta_j]_{补}=[j_x]_{补}-[j_y]_{补}=11,101+00,010=11,111$$

即 $\Delta_j=-1$,则 x 的尾数向右移 1 位,阶码相应加 1。

$$[x]'_{补}=11,110;11.101010$$

② 求和:

$$\begin{aligned}[S_x]'_{补}-[S_y]_{补}&=[S_x]'_{补}+[-S_y]_{补}\\&=11.101010+11.001001\\&=10.110011\end{aligned}$$

即
$$[x-y]_{补}=11,110;10.110011$$

尾数符号位出现“10”,需右规。

③ 规格化:

右规后得 $[x-y]_{补}=11,111;11.011001\ \boxed{1}$

④ 舍入处理:

采用 0 舍 1 入法,其尾数右规时末位丢 1,则有

$$\begin{array}{r}11.011001\\+\qquad\quad 1\\\hline 11.011010\end{array}$$

所以
$$[x-y]_{补}=11,111;11.011010$$

**5. 溢出判断**

与定点加减法一样,浮点加减运算最后一步也需判断溢出。在浮点规格化中已指出,当尾数之和(差)出现 01.××…×或 10.××…×时,并不表示溢出,只有将此数右规后,再根据阶码来判断浮点运算结果是否溢出。

若机器数为补码,尾数为规格化形式,并假设阶符取 2 位,阶码的数值部分取 7 位,数符取 2 位,尾数的数值部分取 n 位,则它们能表示的补码在数轴上的表示范围如图 6.16 所示。

图 6.16 中 A、B、a、b 的坐标均为补码表示,分别对应最小负数、最大正数、最大负数和最小正数。它们所对应的真值如下。

A 最小负数: $2^{+127}\times(-1)$

B 最大正数: $2^{+127}\times(1-2^{-n})$

a 最大负数: $2^{-128}\times(-2^{-1}-2^{-n})$

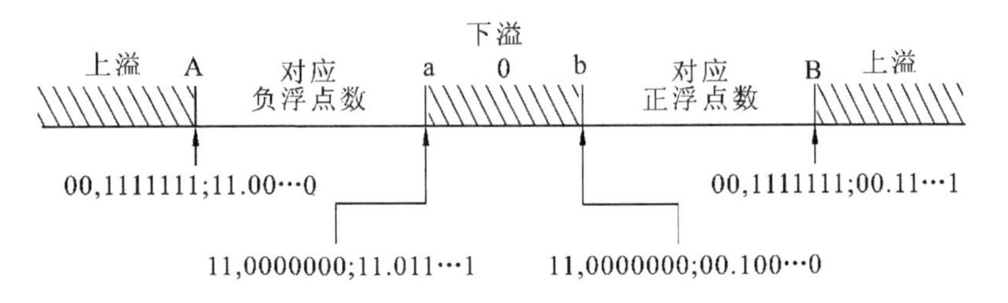


**图 6.16 补码在数轴上的表示**

b 最小正数：　　$2^{-128}\times 2^{-1}$

注意，由于图 6.16 所示的 A、B、a、b 均为补码规格化的形式，故其对应的真值与上述结果有所不同。

在图 6.16 中 a、b 之间的阴影部分对应的阶码小于－128，这种情况称为浮点数的下溢。下溢时，浮点数值趋于零，故机器不做溢出处理，仅把它作为机器零。

在图 6.16 中 A、B 两侧的阴影部分对应的阶码大于＋127，这种情况称为浮点数的上溢。此刻，浮点数真正溢出，机器需停止运算，做溢出中断处理。一般说浮点溢出，均是指上溢。

可见，浮点数的溢出与否可由阶码的符号决定，即

阶码$[j]_{补}=01,\times\times\cdots\times$为上溢。

阶码$[j]_{补}=10,\times\times\cdots\times$为下溢，按机器零处理。

当阶符为“01”时，需做溢出处理。

例 6.30 经舍入处理后得$[x-y]_{补}=11,111;11.011010$，阶符为“11”，不溢出，故最终结果为：$x-y=2^{-001}\times(-0.100110)$。

**【例 6.31】** 设机器数字长 16 位，阶码 5 位(含 1 位阶符)，基值为 2，尾数 11 位(含 1 位数符)。对于两个阶码相等的数按补码浮点加法完成后，由于规格化操作可能出现的最大误差的绝对值是多少？

**【解】** 两个阶码相等的数按补码浮点加法完成后，仅当尾数溢出需右规时会引起误差。右规时尾数右移 1 位，阶码加 1，可能出现的最大误差是末尾丢 1，例如：

结果为　　　　$00,1110;01.\times\times\times\times\times\times\times\times\times\boxed{1}$

右规后得　　　$00,1111;00.1\times\times\times\times\times\times\times\times\times\ \boxed{1}$

因为最大阶码是 15，所以得最大误差的绝对值为 $2^{-10}\times 2^{14}=2^{4}$，式中 $2^{-10}$ 表示右规前末位 1 的真值，$2^{14}$ 表示右规前的阶码值(右规后不会产生溢出的最大阶码值)。

**【例 6.32】** 要求用最少的位数设计一个浮点数格式，必须满足下列要求。

(1) 十进制数的范围：负数 $-10^{38}\sim-10^{-38}$；正数 $10^{-38}\sim 10^{38}$。

(2) 精度：7 位十进制数据。

**【解】** (1)由 $2^{10}>10^{3}$

可得　　　　$(2^{10})^{12}>(10^{3})^{12}$，即 $2^{120}>10^{36}$

又因为　　　　$2^{7}>10^{2}$

所以　　　　$2^{7}\times 2^{120}>10^{2}\times 10^{36}$，即 $2^{127}>10^{38}$

同理　　　　$2^{-127}<10^{-38}$

故阶码取 8 位(含 1 位阶符)，当其用补码表示时，对应的数值范围为－128～127。

(2) 因为 $10^{7}\approx 2^{23}$，故尾数的数值部分可取 23 位。加上数符，最终浮点数取 32 位，其中

阶码 8 位(含 1 位阶符),尾数 24 位(含 1 位数符)。

**6. 浮点加减运算流程**

图 6.17 为浮点补码加减运算流程图。

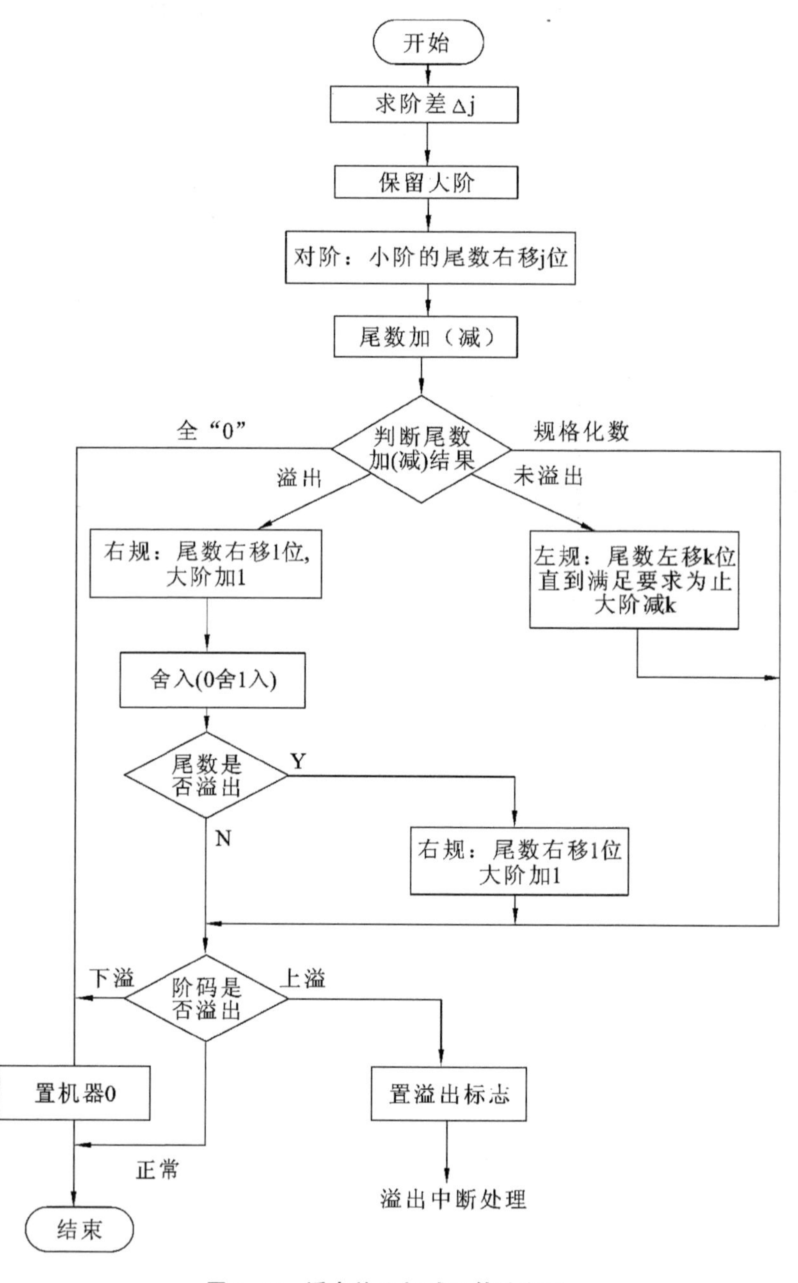


**图 6.17 浮点补码加减运算流程图**

## 6.4.2 浮点乘除法运算

两个浮点数相乘,乘积的阶码应为相乘两数的阶码之和,乘积的尾数应为相乘两数的尾数之积。两个浮点数相除,商的阶码为被除数的阶码减去除数的阶码,尾数为被除数的尾数除以除数的尾数所得的商。

设两浮点数 $$x=S_x\times r^{j_x}$$

$$y=S_y\times r^{j_y}$$

则
$$x\times y=(S_x\times S_y)\times r^{(j_x+j_y)}$$

$$\frac{x}{y}=\frac{S_x}{S_y}\times r^{(j_x-j_y)}$$

在运算中也要考虑规格化和舍入问题。

**1. 阶码运算**

若阶码用补码运算，乘积的阶码为$[j_x]_补+[j_y]_补$，商的阶码为$[j_x]_补-[j_y]_补$。两个同号的阶码相加或异号的阶码相减可能产生溢出，此时应做溢出判断。

若阶码用移码运算，则：

因为 $[j_x]_移=2^n+j_x \quad -2^n\leqslant j_x<2^n$（n 为整数的位数）

$[j_y]_移=2^n+j_y \quad -2^n\leqslant j_y<2^n$（n 为整数的位数）

所以
$$\begin{aligned}[j_x]_移+[j_y]_移&=2^n+j_x+2^n+j_y\\&=2^n+[2^n+(j_x+j_y)]\\&=2^n+[j_x+j_y]_移\end{aligned}$$

可见，直接用移码求阶码和时，最高位多加了一个 $2^n$，要得到移码形式的结果，必须减去 $2^n$。

由于同一个真值的移码和补码数值部分完全相同，而符号位正好相反，即

$$[j_y]_补=2^{n+1}+j_y \qquad (\text{mod } 2^{n+1})$$

因此，如果求阶码和可用下式完成。

$$\begin{aligned}[j_x]_移+[j_y]_补&=2^n+j_x+2^{n+1}+j_y\\&=2^n+[2^{n+1}+(j_x+j_y)]\\&=[j_x+j_y]_移\end{aligned}$$

则直接可得移码形式。

同理，当做除法运算时，商的阶码可用下式完成。

$$[j_x]_移+[-j_y]_补=[j_x-j_y]_移$$

可见进行移码加减运算时，只需将移码表示的加数或减数的符号位取反（即变为补码），然后进行运算，就可得阶和（或阶差）的移码。

阶码采用移码表示后又如何判断溢出呢？如果在原有移码符号位的前面（即高位）再增加 1 位符号位，并规定该位恒用“0”表示，便能方便地进行溢出判断。溢出的条件是运算结果移码的最高符号位为 1。此时若低位符号位为 0，表示上溢；低位符号位为 1，表示下溢。如果运算结果移码的最高符号位为 0，即表明没有溢出。此时若低位符号位为 1，表明结果为正；低位符号位为 0，表示结果为负。

例如，若阶码取 4 位（不含符号位），则对应的真值范围是$-16\sim15$。

当 $j_x=+1101$，$j_y=+0100$ 时，则有

$[j_x]_移=01,1101$；$[j_y]_补=00,0100$

故 $[j_x+j_y]_移=[j_x]_移+[j_y]_补=01,1101+00,0100=10,0001$ 结果上溢

$[j_x-j_y]_移=[j_x]_移+[-j_y]_补=01,1101+11,1100=01,1001$ 结果为+9

当 $j_x=-0,1101$，$j_y=-0100$ 时，则有

$[j_x]_移=00,0011$；$[j_y]_补=11,1100$

故 $[j_x+j_y]_移=[j_x]_移+[j_y]_补=00,0011+11,1100=11,1111$ 结果下溢

$[j_x-j_y]_移=[j_x]_移+[-j_y]_补=00,0011+00,0100=00,0111$ 结果为$-9$

**2. 尾数运算**

1）浮点乘法尾数运算

两个浮点数的尾数相乘，可按下列步骤进行。

（1）检测两个尾数中是否有一个为0，若有一个为0，则乘积必为0，不再做其他操作；如果两尾数均不为0，则可进行乘法运算。

（2）两个浮点数的尾数相乘可以采用定点小数的任何一种乘法运算来完成。相乘结果可能要进行规范化，如果进行的是左规，调整阶码后发生阶下溢，则做机器零处理；如果进行的是右规，调整阶码后发生阶上溢，则做溢出处理。此外，尾数相乘会得到一个双倍字长的结果，若限定只取1倍字长，则乘积的若干低位将会丢失。通常有两种方法处理丢失的各位值。

其一，无条件地丢掉正常尾数最低位之后的全部数值，这种方法被称为截断处理，处理简单，但影响精度。

其二，按浮点加减运算讨论的两种舍入原则进行舍入处理。对于原码，采用0舍1入法时，不论其值是正数或负数，“舍”都会使数的绝对值变小，“入”都会使数的绝对值变大。对于补码，采用0舍1入法时，若丢失的位不是全0，对正数来说，“舍”、“入”的结果与原码分析正好相同；对负数来说，“舍”、“入”的结果与原码分析正好相反，即“舍”使绝对值变大，“入”使绝对值变小。为了使原码、补码舍入处理后的结果相同，对负数的补码可采用如下规则进行舍入处理。

① 当丢失的各位均为0时，不必舍入。

② 当丢失的各位数中的最高位为0时，且以下各位不全为0，或丢失的各位数中的最高位为1，且以下各位均为0时，则舍去被丢失的各位。

③ 当丢失的各位数中的最高位为1，且以下各位又不全为0时，则在保留尾数的最末位加1修正。

例如，对下列四个补码进行只保留小数点后4位有效数字的舍入操作，如表6.28所示。

**表6.28　负数补码舍入操作实例**

| $[x]_{补}$舍入前 | $[x]_{补}$舍入后 | 对应的真值x |
|---|---|---|
| 1.01110000 | 1.0111（不舍不入） | −0.1001 |
| 1.01111000 | 1.0111（舍） | −0.1001 |
| 1.01110101 | 1.0111（舍） | −0.1001 |
| 1.01111100 | 1.1000（入） | −0.1000 |

如果将上述四个补码变成原码后再舍入，其结果列于表6.29中。

**表6.29　负数原码舍入操作实例**

| $[x]_{原}$舍入前 | $[x]_{原}$舍入后 | 对应真值x |
|---|---|---|
| 1.10010000 | 1.1001（不舍不入） | −0.1001 |
| 1.10001000 | 1.1001（入） | −0.1001 |
| 1.10001011 | 1.1001（入） | −0.1001 |
| 1.10000100 | 1.1000（舍） | −0.1000 |

比较表6.28和表6.29可见，按照上述的约定对负数的补码进行舍入处理，与对其原码进行舍入处理后的真值是一样的。

下面举例说明浮点乘法运算的全过程。

设机器数阶码取3位(不含阶符)，尾数取7位(不含数符)，要求阶码用移码运算，尾数用补码运算，最后结果保留1倍字长。

**【例6.33】** 已知 $x=2^{-101}\times 0.0110011$，$y=2^{011}\times(-0.1110010)$，求 $x\times y$。

**【解】** 由 $x=2^{-101}\times 0.0110011$，$y=2^{011}\times(-0.1110010)$

得

$$[x]_{补}=11,011;00.0110011$$

$$[y]_{补}=00,011;11.0001110$$

(1) 阶码运算：

$$[j_x]_{移}=00,011,[j_y]_{补}=00,011$$

$$[j_x+j_y]_{移}=[j_x]_{移}+[j_y]_{补}$$

$$=00,011+00,011$$

$$=00,110 \text{ 对应真值}-2$$

(2) 尾数相乘(采用Booth算法)：其过程如表6.30所示。

**表6.30　例6.33尾数相乘过程**

| 部分积 | 乘数 | $y_{n+1}$ | 说明 |
|---|---|---|---|
| 00.0000000<br>00.0000000<br>+11.1001101 | 10001110<br>01000111 | 0<br>0 | 右移1位<br>$+[-S_x]_{补}$ |
| 11.1001101<br>11.1100110<br>11.1110011<br>11.1111001<br>+00.0110011 | 0<br>10100011<br>01010001<br>10101000 | 1<br>1<br>1 | 右移1位<br>右移1位<br>右移1位<br>$+[S_x]_{补}$ |
| 00.0101100<br>00.0010110<br>00.0001011<br>00.0000101<br>+11.1001101 | 1010<br>01010100<br>00101010<br>10010101 | 0<br>0<br>0 | 右移1位<br>右移1位<br>右移1位<br>$+[-S_x]_{补}$ |
| 11.1010010 | 1001010 | | |

(3) 规格化：

尾数相乘结果为 $[S_x\cdot S_y]_{补}=11.10100101001010$，需左规，即

$$[x\cdot y]_{补}=11,110;11.10100101001010$$

左规后　$[x\cdot y]_{补}=11,101;11.0100101\boxed{0010100}$

(4) 舍入处理：尾数为负，按负数补码的舍入规则，取1倍字长，丢失的7位为0010100，应“舍”，故最终结果为

$$[x\cdot y]_{补}=11,101;11.0100101$$

$$x\cdot y=2^{-011}\times(-0.1011011)$$

2) 浮点除法尾数运算

两个浮点数的尾数相除，可按下列步骤进行。

① 检测被除数是否为0，若为0，则商为0；再检测除数是否为0，若为0，则商为无穷大，另作处理；若两数均不为0，则可进行除法运算。

② 两浮点数尾数相除同样可采取定点小数的任何一种除法运算来完成。对已规格化的尾数，为了防止除法结果溢出，可先比较被除数和除数的绝对值，如果被除数的绝对值大于除数的绝对值，则先将被除数右移一位，其阶码加1，再做尾数相除。此时所得结果必然是规格化的定点小数。

**【例 6.34】** 按补码浮点运算步骤，计算 $\left[2^6\times\left(+\frac{7}{16}\right)\right]\div\left[2^3\times\left(-\frac{13}{16}\right)\right]$。

**【解】** 因为

$$x=\left[2^6\times\left(+\frac{7}{16}\right)\right]=2^{110}\times(0.0111)$$

$$y=\left[2^3\times\left(-\frac{13}{16}\right)\right]=2^{011}\times(-0.1101)$$

所以

$$[x]_{补}=00,110;00.0111$$

$$[y]_{补}=00,011;11.0011$$

$$[-S_y]_{补}=00.1101$$

① 阶码相减。

$$[j_x]_{补}-[j_y]_{补}=[j_x]_{补}+[-j_y]_{补}$$
$$=00,110+11,101$$
$$=00,011$$

② 尾数相除(采用补码除法)。

过程如表 6.31 所示。表 6.31 中被除数(余数)采用双符号位，与采用 1 位符号位结果一致。

**表 6.31 例 6.34 尾数相除过程**

| 被除数(余数) | 商 | 说明 |
|---|---|---|
| 00.0111<br>+11.0011 | 0.0000 | $[S_x]_{补}$与$[S_y]_{补}$异号，$+[S_y]_{补}$ |
| 11.1010<br>11.0100<br>+00.1101 | 1<br>1 | $[R]_{补}$与$[S_y]_{补}$同号，上商“1”<br>左移1位<br>$+[-S_y]_{补}$ |
| 00.0001<br>00.0010<br>+11.0011 | 10<br>10 | $[R]_{补}$与$[S_y]_{补}$异号，上商“0”<br>左移1位<br>$+[S_y]_{补}$ |
| 11.0101<br>11.1010<br>+00.1101 | 101<br>101 | $[R]_{补}$与$[S_y]_{补}$同号，上商“1”<br>左移1位<br>$+[-S_y]_{补}$ |
| 00.0111<br>00.1110 | 1010<br>10101 | $[R]_{补}$与$[S_y]_{补}$异号，上商“0”<br>左移1位，末位商恒置“1” |

所以

$$\left[\frac{S_x}{S_y}\right]_{补}=1.0101$$

③ 规格化。

尾数相除结果已为规格化数。

所以 $$\left[\frac{x}{y}\right]_{补}=00,011;11.0101$$

则 $$\left[\frac{x}{y}\right]=2^{011}\times(-0.1011)=\left[2^{3}\times\left(-\frac{11}{16}\right)\right]$$

### 6.4.3 浮点运算所需的硬件配置

由于浮点运算需完成阶码和尾数两部分的运算，因此浮点运算器的硬件配置比定点运算器的复杂。分析浮点四则运算发现，对于阶码只有加减运算，对于尾数则有加、减、乘、除四种运算。可见浮点运算器主要由两个定点运算部件组成。一个是阶码运算部件，用来完成阶码加、减，以及控制对阶时小阶的尾数右移次数和规格化时对阶码的调整；另一个是尾数运算部件，用来完成尾数的四则运算以及判断尾数是否已规格化，此外，还需有判断运算结果是否溢出的电路等。

现代计算机可把浮点运算部件做成独立的部件，称协处理器。没有协处理器硬件的机器，可用软件编程的方法来完成浮点运算，不过这将会影响机器的运算速度。

例如，Intel 80287 是浮点协处理器，它可与 Intel 80286 或 80386 微处理器配合处理浮点数的算术运算和多种函数计算。

## 6.5 算术逻辑单元

针对每一种算术运算或者逻辑运算，都必须有一个相对应的基本硬件配置，其核心部件是加法器和寄存器。ALU 电路就是既能完成算术运算又能完成逻辑运算的部件。

### 6.5.1 ALU 电路

图 6.18 所示是 ALU 框图。图 6.18 中 $A_i$ 和 $B_i$ 为输入变量；$k_i$ 为控制信号，$k_i$ 的不同取值可决定该电路做哪一种算术运算或哪一种逻辑运算；$F_i$ 是输出函数。

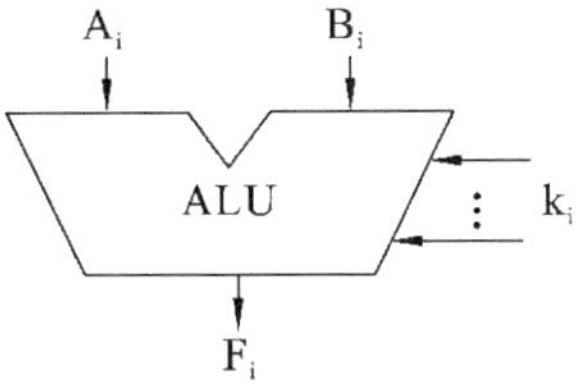

图 6.18 ALU 框图

现在 ALU 电路已制成集成电路芯片，例如，74181 是能完成 4 位二进制代码的算术逻辑运算部件，外特性如图 6.19 所示。

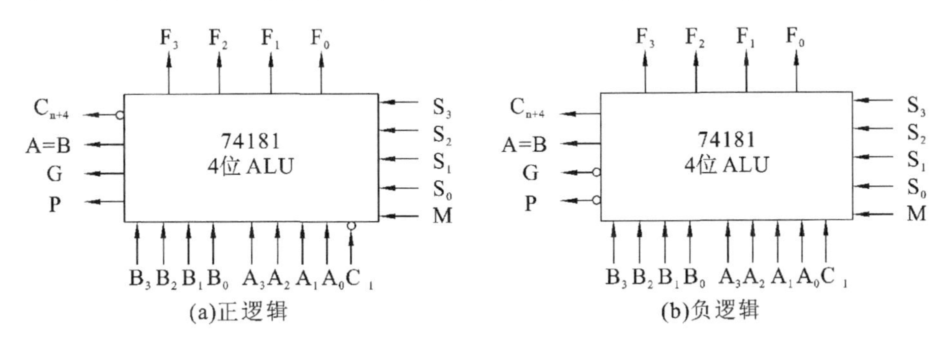


图 6.19 74181 外特征示意图

74181 有两种工作方式，即正逻辑和负逻辑，分别如图 6.19(a)和图 6.19(b)所示。表 6.32 列出了其算术/逻辑运算功能。

以正逻辑为例，$B_3 \sim B_0$ 和 $A_3 \sim A_0$ 是操作数，$F_3 \sim F_0$ 为输出结果。$C_{-1}$ 表示最低位的外来进位，$C_{n+4}$ 是 74181 向高位的进位；P、G 可供先行进位使用（有关 P、G 的具体含义参见 6.5.2节）。M 用于区别是算术运算还是逻辑运算；$S_3 \sim S_0$ 的不同取值可实现不同的运算。例如，当 M=1，$S_3 \sim S_0$ =0110 时，74181 做逻辑运算 $A \oplus B$；当 M=0，$S_3 \sim S_0$ =0110 时，74181 做算术运算。由表 6.32 可见，在正逻辑条件下，M=0，$S_3 \sim S_0$ =0110，且 $C_{-1}$=1 时，完成 A 减 B 减 1 的操作。若想完成 A 减 B 运算，可使 $C_{-1}$=0。注意，74181 算术运算是用补码实现的，其中减数的反码是由内部电路形成的，而末位加"1"，则通过 $C_{-1}$=0 来体现（图 6.19(a)中 $C_{-1}$ 输入端处有一个小圈，意味着 $C_{-1}$=0 反相后为 1）。尤其要注意的是，ALU 为组合逻辑电路，因此实际应用 ALU 时，其输入端口 A 和 B 必须与锁存器相连，而且在运算的过程中锁存器的内容是不变的。其输出也必须送至寄存器中保存。现在有的芯片将寄存器和 ALU 电路集成在一个芯片内，如 29C101，如图 6.20 所示（图 6.20 中 ALU 的控制端 $I_8 \sim I_0$ 未画出）。

**表 6.32　74181 ALU 的算术/逻辑运算功能表**

| 工作方式选择<br>输入 $S_3S_2A_1S_0$ | 负逻辑输入或输出 | | 正逻辑输入或输出 | |
|---|---|---|---|---|
| | 逻辑运算<br>(M=1) | 算术运算<br>(M=0)($C_{-1}$=0) | 逻辑运算<br>(M=1) | 算术运算<br>(M=0)($C_{-1}$=0) |
| 0 0 0 0 | $\overline{A}$ | A 减 1 | $\overline{A}$ | A |
| 0 0 0 1 | $\overline{AB}$ | AB 减 1 | $\overline{A+B}$ | A+B |
| 0 0 1 0 | $\overline{A}+B$ | AB 减 1 | AB | $A+\overline{B}$ |
| 0 0 1 1 | 逻辑 1 | 减 1 | 逻辑 0 | 减 1 |
| 0 1 0 0 | $\overline{A+B}$ | A 加$(A+\overline{B})$ | $\overline{AB}$ | A 加 $A\overline{B}$ |
| 0 1 0 1 | $\overline{B}$ | AB 加$(A+\overline{B})$ | $\overline{B}$ | (A+B)加 $A\overline{B}$ |
| 0 1 1 0 | $\overline{A \oplus B}$ | A 减 B 减 1 | $A \oplus B$ | A 减 B 减 1 |
| 0 1 1 1 | $A+\overline{B}$ | $A+\overline{B}$ | $A\overline{B}$ | $A\overline{B}$减 1 |
| 1 0 0 0 | $\overline{A}B$ | A 加(A+B) | $\overline{A}+B$ | A 加 AB |
| 1 0 0 1 | $A \oplus B$ | A 加 B | $\overline{A \oplus B}$ | A 加 B |
| 1 0 1 0 | B | AB 加(A+B) | B | $(A+\overline{B})$加 AB |
| 1 0 1 1 | A+B | A+B | AB | AB 减 1 |
| 1 1 0 0 | 逻辑 0 | A 加 $A^*$ | 逻辑 1 | A 加 $A^*$ |
| 1 1 0 1 | $A\overline{B}$ | AB 加 $\overline{A}$ | $A+\overline{B}$ | (A+B)加 A |
| 1 1 1 0 | AB | AB 加 A | A+B | (A+B)加 A |

注：①1=高电平，0=低电平；② * 表示每一位均移到下一个更高位，即 $A^*$ =2A

该芯片的核心部件是一个容量为 16 字的双端口 RAM 和一个高速 ALU 电路。

RAM 可视为由 16 个寄存器组成的寄存器堆。只要给出 $A_i$ 口或 $B_i$ 口的 4 位地址，就可以从 $A_0$ 出口或 $B_0$ 出口读出对应于口地址的存储单元内容。写入时，只能写入到由 $B_i$ 口指定的那个单元内。参与操作的两个数分别由 RAM 的 $A_0$、$B_0$ 出口输出至两个锁存器中。

ALU 受 $I_8 \sim I_0$ 控制，$I_2$、$I_1$、$I_0$ 控制 ALU 的数据源；$I_5$、$I_4$、$I_3$ 控制 ALU 所能完成的三种算

术运算和五种逻辑运算；$I_8$～$I_6$用来控制 RAM 和 Q 移位器，决定是否移位以及 Y 口输出是来自 RAM 的 A 出口还是 ALU 的 F 出口。

ALU 的 $C_{in}$ 为低位来的外来进位。$C_{n+16}$ 为向高位的进位，可供 29C101 级联时用。ALU 结果为 0 时，F＝0 可直接输出，OVR 为溢出标记。而 $\overline{P}$、$\overline{G}$ 与 74181 的 P、G 含义相同，它们可供先行进位方式时使用。ALU 的输出可直接通过移位器存入 RAM，也可通过选通门当$\overline{OE}$有效时，从 $Y_{15}$～$Y_0$输出。Q 寄存器主要为乘法和除法服务，$D_{15}$～$D_0$为 16 位立即数的输入口。

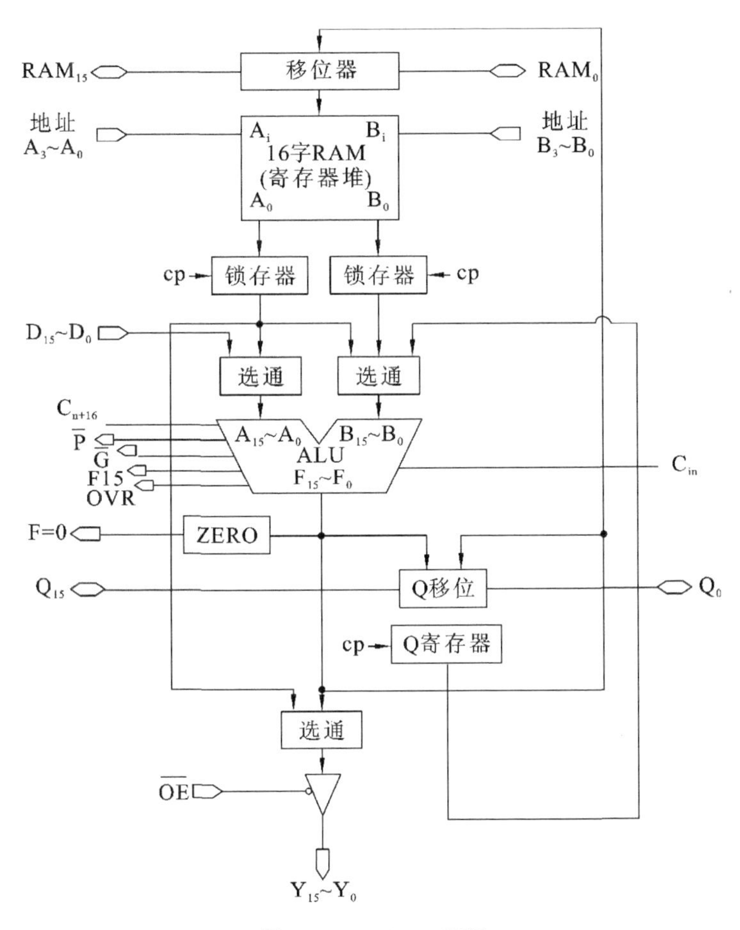


**图 6.20　29C101 框图**

## 6.5.2　快速进位链

随着操作数位数的增加，电路中进位的速度对运算时间的影响也越来越大，为了提高运算速度，本节将通过对进位过程的分析设计快速进位链。

**1. 并行加法器**

并行加法器由若干个全加器组成，如图 6.21 所示。n＋1 个全加器级联就组成了一个 n＋1 位的并行加法器。

由于每位全加器的进位输出是高一位全加器的进位输入，因此当全加器有进位时，这种一级一级传递进位的过程将会大大影响运算速度。

由全加器的逻辑表达式可知：

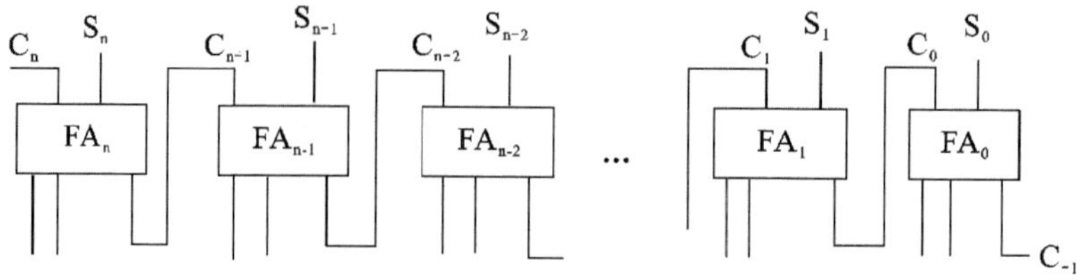

图 6.21　并行加法器示意图

和　　　　$S_i = \overline{A}_i\,\overline{B}_i C_{i-1} + \overline{A}_i B_i\,\overline{C}_{i-1} + A_i\,\overline{B}_i\,\overline{C}_{i-1} + A_i B_i C_{i-1}$

进位　　　$C_i = \overline{A}_i B_i C_{i-1} + A_i\,\overline{B}_i C_{i-1} + A_i B_i\,\overline{C}_{i-1} + A_i B_i C_{i-1}$

$= A_i B_i + (A_i + B_i) C_{i-1}$

可见，$C_i$ 进位由两部分组成：本地进位 $A_iB_i$，可记作 $d_i$，与低位无关；传递进位 $(A_i+B_i)C_{i-1}$，与低位有关，可称 $A_i+B_i$ 为传递条件，记作 $t_i$，则有

$$C_i = d_i + t_i C_{i-1}$$

由 $C_i$ 的组成可以将逐级传递进位的结构转换为以进位链的方式实现快速进位。目前进位链通常采用串行和并行两种。

**2. 串行进位链**

串行进位链是指并行加法器中的进位信号采用串行传递，图 6.21 所示就是一个典型的串行进位的并行加法器。

以四位并行加法器为例，每一位的进位表达式可表示为：

$$\left.\begin{aligned} C_0 &= d_0 + t_0 C_{-1} \\ C_1 &= d_1 + t_1 C_0 \\ C_2 &= d_2 + t_2 C_1 \\ C_3 &= d_3 + t_3 C_2 \end{aligned}\right\} \tag{6-31}$$

由式(6-31)可见，采用与非逻辑电路可方便地实现进位传递，如图 6.22 所示。

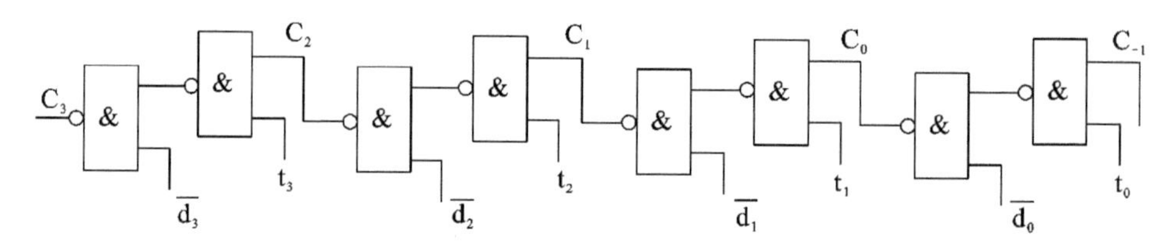


图 6.22　四位串行进位链

若设与非门的级延迟时间为 $t_y$，那么 $d_i$、$t_i$ 形成后，共需 $8t_y$，便可产生最高位的进位。实际上每增加 1 位全加器，进位时间就会增加 $2t_y$。n 位全加器的最长进位时间为 $2nt_y$。



**3. 并行进位链**

并行进位链是指并行加法器中的进位信号是同时产生的，又称先行进位、跳跃进位等。理想的并行进位链是 n 位全加器的 n 位进位同时产生，但实际实现有困难。通常并行进位链有单重分组和双重分组两种实现方案。

1）单重分组跳跃进位

单重分组跳跃进位就是将 n 位全加器分成若干小组，小组内的进位同时产生，小组与小组之间采用串行进位，这种进位又有组内并行、组间串行之称。

以四位并行加法器为例，对式(6-31)稍做变换，便可获得并行进位表达式：

$$
\left.\begin{aligned}
C_0 &= d_0 + t_0 C_{-1} \\
C_1 &= d_1 + t_1 C_0 = d_1 + t_1 d_0 + t_1 t_0 C_{-1} \\
C_2 &= d_2 + t_2 C_1 = d_2 + t_2 d_1 + t_2 t_1 d_0 + t_2 t_1 t_0 C_{-1} \\
C_3 &= d_3 + t_3 C_2 = d_3 + t_3 d_2 + t_3 t_2 d_1 + t_3 t_2 t_1 d_0 + t_3 t_2 t_1 t_0 C_{-1}
\end{aligned}\right\} \tag{6-32}
$$

按式(6-32)可得与其对应的逻辑图,如图 6.23 所示。

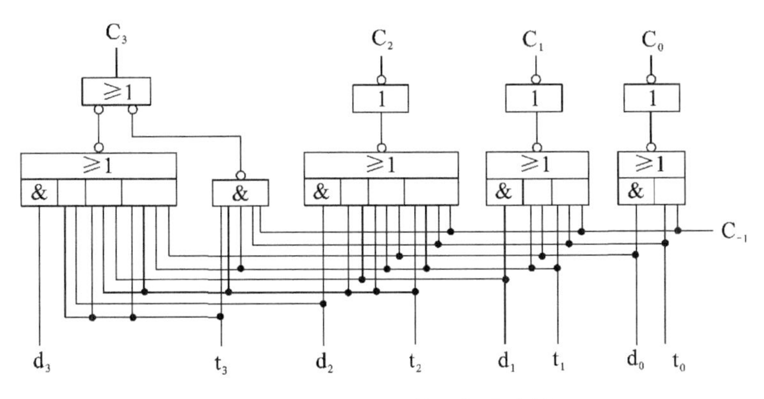


**图 6.23 四位一组并进行进位链**

设与或非门的级延迟时间为 1.5$t_y$,与非门的级延迟时间仍为 $t_y$ 则 $d_i$、$t_i$ 形成后,只需 2.5$t_y$就可产生全部进位。

如果将 16 位的全加器按 4 位一组分组,便可得单重分组跳跃进位链框图,如图 6.24 所示。

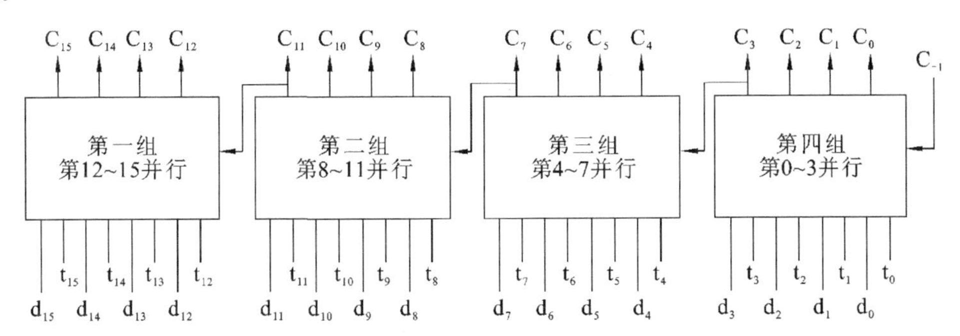


**图 6.24 单重分组跳跃进位链框图**

不难理解在 $d_i$、$t_i$ 形成后,经 2.5$t_y$ 可产生 $C_3$、$C_2$、$C_1$、$C_0$ 这四个进位,经 10$t_y$ 就可产生全部进位,而 n=16 的串行进位链的全部进位时间为 32$t_y$,可见单重分组方案进位时间仅为串行进位链的 1/3。但随着 n 的增大,其优势便很快减弱。例如,当 n=64 时,按 4 位分组,共为 16 组,组间有 16 位串行进位,在 $d_i$、$t_i$ 形成后,还需经 40$t_y$ 才能产生全部进位,显然进位时间太长。如果能使组间进位也同时产生,就会更大地提高进位速度,这就是组内、组间均为并行进位的方案。

2) *双重分组跳跃进位*

双重分组跳跃进位就是将 n 位全加器分成若干大组,每个大组中又包含若干小组,而每个大组内所包含的各个小组的最高位进位是同时产生的,大组与大组间采用串行进位。因各小组最高位进位是同时形成的,小组内的其他进位也是同时形成的(注意:小组内的其他进位与小组的最高位进位并不是同时产生的),故又有组(小组)内并行、组(小组)间并行之称。图 6.25 是一个 32 位并行加法器双重分组跳跃进位链的框图。

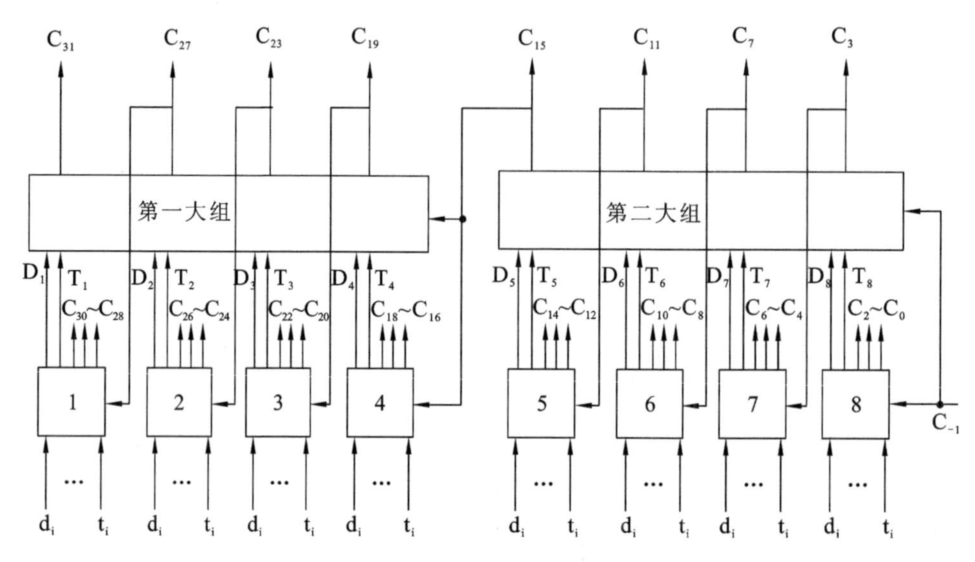


**图 6.25　32 位并行加法器双重分组跳跃进位链的框图**

图 6.25 中共分两大组，每个大组内包含四个小组，第一大组内的四个小组的最高位进位 $C_{31}$、$C_{27}$、$C_{23}$、$C_{19}$ 是同时产生的；第二大组内四个小组的最高位进位 $C_{15}$、$C_{11}$、$C_7$、$C_3$ 也是同时产生的，而第二大组向第一大组的进位 $C_{15}$ 采用串行进位方式。

以第二大组为例，分析各进位的逻辑关系。

按式(6-29)，可写出第八小组的最高位进位表达式：

$$\begin{aligned} C_3 &= d_3 + t_3 C_2 = d_3 + t_3 d_2 + t_3 t_2 d_1 + t_3 t_2 t_1 d_0 + t_3 t_2 t_1 t_0 C_{-1} \\ &= D_8 + T_8 C_{-1} \end{aligned}$$

式中，$D_8 = d_3 + t_3 d_2 + t_3 t_2 d_1 + t_3 t_2 t_1 d_0$，仅与本小组内的 $d_i$、$t_i$ 有关，不依赖外来进位 $C_{-1}$，故称 $D_8$ 为第八小组的本地进位；$T_8 = t_3 t_2 t_1 t_0$，是将低位进位 $C_{-1}$ 传到高位小组的条件，故称 $T_8$ 为第八小组的传送条件。

同理，可写出第五、六、七小组的最高位进位表达式：

$$\left.\begin{aligned} &\text{第七小组 } C_7 = d_7 + t_7 d_6 + t_7 t_6 d_5 + t_7 t_6 t_5 d_4 + t_7 t_6 t_5 t_4 C_3 \\ &\qquad\qquad = D_7 + T_7 C_3 \\ &\text{第六小组 } C_{11} = d_{11} + t_{11} d_{10} + t_{11} t_{10} d_9 + t_{11} t_{10} t_9 d_8 + t_{11} t_{10} t_9 t_8 C_7 \\ &\qquad\qquad = D_6 + T_6 C_7 \\ &\text{第五小组 } C_{15} = d_{15} + t_{15} d_{14} + t_{15} t_{14} d_{13} + t_{15} t_{14} t_{13} d_{12} + t_{15} t_{14} t_{13} t_{12} C_{11} \\ &\qquad\qquad = D_5 + T_5 C_{11} \end{aligned}\right\} \quad (6\text{-}33)$$

进一步展开又得：

$$\left.\begin{aligned} &C_3 = D_8 + T_8 C_{-1} \\ &C_7 = D_7 + T_7 C_3 = D_7 + T_7 D_8 + T_7 T_8 C_{-1} \\ &C_{11} = D_6 + T_6 C_7 = D_6 + T_6 D_7 + T_6 T_7 D_8 + T_6 T_7 T_8 C_{-1} \\ &C_{15} = D_5 + T_5 C_{11} = D_5 + T_5 D_6 + T_5 T_6 D_7 + T_5 T_6 T_7 D_8 + T_5 T_6 T_7 T_8 C_{-1} \end{aligned}\right\} \quad (6\text{-}34)$$

可见，式(6-33)和式(6-34)极为相似，因此，只需将图 6.23 中的 $d_0$、$d_1$、$d_2$、$d_3$ 改为 $D_8$、$D_7$、$D_6$、$D_5$，又将 $t_0$、$t_1$、$t_2$、$t_3$ 改为 $T_8$、$T_7$、$T_6$、$T_5$ 便可构成第二重跳跃进位链，即大组跳跃进位链，如图 6.26 所示。

由图 6.26 可见，在 $D_i$、$T_i$($i=5 \sim 8$)及外来进位 $C_{-1}$ 形成后，再经过 $2.5t_y$，便可同时产

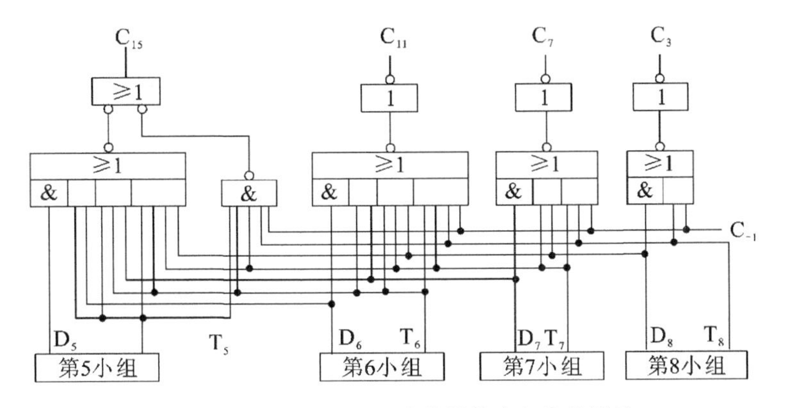


**图 6.26 双重分组跳跃进位链的大组进位线路**

生 $C_{15}$、$C_{11}$、$C_7$、$C_3$。至于 $D_i$ 和 $T_i$ 可由式(6-33)求得，它们都是由小组产生的，按其逻辑表达式可画出相应的电路。实际上只需对图 6.23 略作修改便可得双重分组进位链中的小组进位链线路，该线路能产生 $D_i$ 和 $T_i$，如图 6.27 所示。

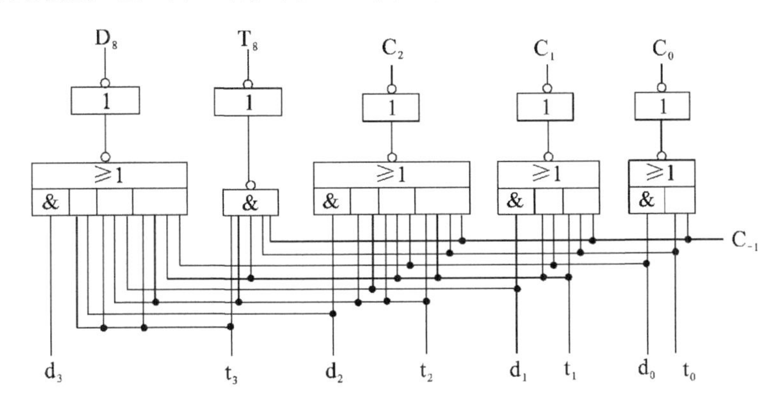


**图 6.27 双重分组跳跃进位链的小组进位线路**

可见，每小组可产生本小组的本地进位 $D_i$ 和传送条件 $T_i$ 以及组内的各低位进位，但不能产生组内最高位进位，即第五组形成 $D_5$、$T_5$、$C_{14}$、$C_{13}$、$C_{12}$，不产生 $C_{15}$；第六组形成 $D_6$、$T_6$、$C_{10}$、$C_9$、$C_8$，不产生 $C_{11}$；第七组形成 $D_7$、$T_7$、$C_6$、$C_5$、$C_4$，不产生 $C_7$；第八组形成 $D_8$、$T_8$、$C_2$、$C_1$、$C_0$，不产生 $C_3$。

图 6.26 和图 6.27 两种类型的线路可构成 16 位并行加法器的双重分组跳跃进位链框图，如图 6.28 所示。

由图 6.26、图 6.27 和图 6.28 可计算出从 $d_i$、$t_i$ 及 $C_{-1}$（外来进位）形成后开始，经 $2.5t_y$ 形成 $C_2$、$C_1$、$C_0$ 和全部 $D_i$、$T_i$；再经 $2.5t_y$ 形成大组内的四个进位 $C_{15}$、$C_{11}$、$C_7$、$C_3$；再经过 $2.5t_y$ 形成第五、六、七小组的其余进位 $C_{14}$、$C_{13}$、$C_{12}$、$C_{10}$、$C_9$、$C_8$、$C_6$、$C_5$、$C_4$。可见，按双重分组设计 n=16 的进位链，最长进位时间位 $7.5t_y$，比单重分组进位链又省了 $2.5t_y$。

对应图 6.25 所示的 32 位加法器的双重分组进位链，不难理解从 $d_i$、$t_i$、$C_{-1}$ 形成后算起，经 $2.5t_y$ 产生 $C_2$、$C_1$、$C_0$ 及 $D_1$～$D_8$、$T_1$～$T_8$；再经 $2.5t_y$ 后产生 $C_{15}$、$C_{11}$、$C_7$、$C_3$；再经 $2.5t_y$ 后产生 $C_{18}$～$C_{16}$、$C_{14}$～$C_{12}$、$C_{10}$～$C_8$、$C_6$～$C_4$ 及 $C_{31}$、$C_{27}$、$C_{23}$、$C_{19}$；最后经 $2.5t_y$ 产生 $C_{30}$～$C_{28}$、$C_{26}$～$C_{24}$、$C_{22}$～$C_{20}$。由此可见，产生全部进位的最长时间为 $10t_y$。采用单重分组进位链，仍以 4 位一组分组，则产生全部进位时间为 $20t_y$。显然，随着 n 的增大，双重分组的优越性显得格外突出。

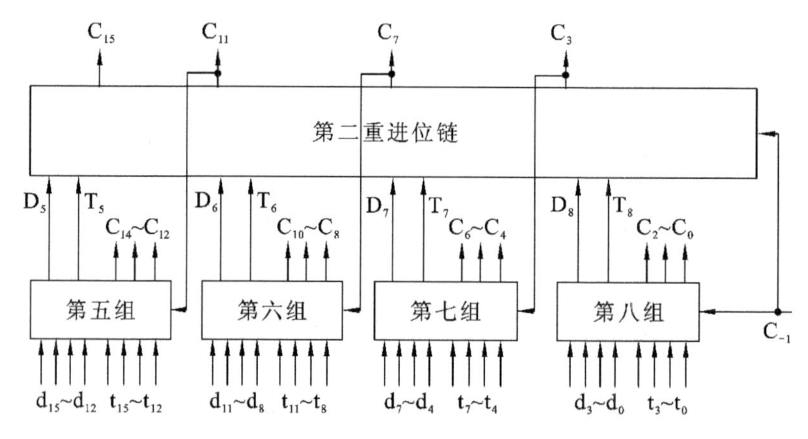


**图 6.28　16 位并行加法器的双重分组跳跃进位链框图**

机器究竟采用哪种方案，每个小组内应包含几位，应根据运算速度指标及所选元件等诸方面因素综合考虑。

由上述分析可见，$D_i$ 和 $T_i$ 均是由小组进位链产生的，它们与低位进位无关。而 $D_i$ 和 $T_i$ 又是大组进位链的输入，因此，引入 $D_i$ 和 $T_i$ 可采用双重分组进位链，大大提高了运算速度。

6.5.1 节介绍的 74181 芯片是 4 位 ALU 电路，其 4 位进位是同时产生的，多片 74181 级联就犹如本节介绍的单重分组跳跃进位，即组内(74181 片内)并行、组间(74181 片间)串行。74181 芯片的 G、P 输出就如本节介绍的 D、T。当需要进一步提高进位速度时，采用 74181 与 74182 芯片配合的方法，就可组成双重分组跳跃进位链，如图 6.29 所示。

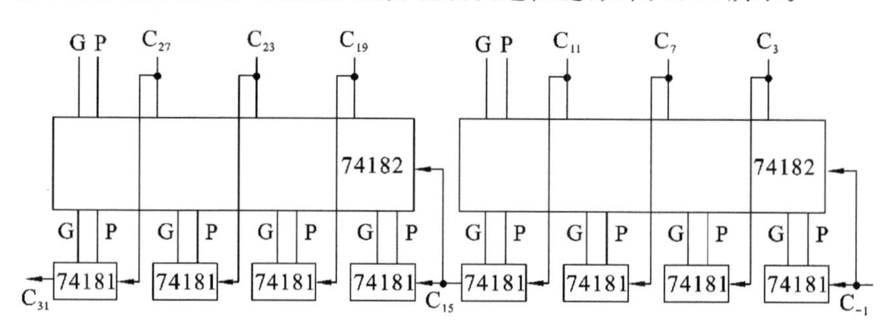


**图 6.29　由 74181 和 74182 组成双重分组跳跃进位链**

图 6.29 中 74182 为先行进位部件，两片 74182 和 8 片 74181 组成 32 位 ALU 电路，该电路采用双重分组先行进位方案，原理与图 6.25 类似，不同点是 74182 还提供了大组的本地进位 G 和大组的传送条件 P。



## 思考题和习题

1. 最少用几位二进制数即可表示任意一个 5 位长的十进制正整数？

2. 已知 $x=0.a_1a_2a_3a_4a_5a_6$($a_i$ 为 0 或 1)，讨论下列几种情况时 $a_i$ 各取何值。

(1) $x>\frac{1}{2}$；(2) $x\geqslant\frac{1}{8}$；(3) $\frac{1}{16}<x\leqslant\frac{1}{4}$

3. 设 x 为整数，$[x]_补=1,x_1x_2x_3x_4x_5$，若要求 $x<-16$，试问 $x_1\sim x_5$ 应取何值？

4. 设机器数字长为 8 位(含 1 位符号位在内)，写出对应下列各真值的原码、补码和反码。

$-\frac{13}{64}$；$\frac{29}{128}$；100；$-87$

5. 求下列$[x]_补$的$[x]_原$和 x。

$[x]_补=1.1100$；$[x]_补=1.1001$；$[x]_补=0.1110$；$[x]_补=1.0000$；

$[x]_补=1,0101$；$[x]_补=1,1100$；$[x]_补=0,0111$；$[x]_补=1,0000$

6. 设机器数字长为 8 位(含 1 位符号位在内)，分整数和小数两种情况讨论真值 x 为何值时，$[x]_补=[x]_原$成立。

7. 设 x 为真值，$x^*$为绝对值，$[-x^*]_补=[-x]_补$能否成立？并说明理由。

8. 若$[x]_补>[y]_补$，讨论是否有 $x>y$。

9. 当十六进制数 9BH 和 FFH 分别表示为原码、补码、反码、移码和无符号数时，所对应的十进制数各为多少(设机器数采用 1 位符号位)？

10. 在整数定点机中，设机器数长度为 8 位，采用 1 位符号位，写出±0 的原码、补码、反码和移码，并对其进行分析，从而给出结论。

11. 已知机器数字长为 4 位(含 1 位符号位)，写出整数定点机和小数定点机中原码、补码和反码的全部形式，并注明其对应的十进制真值。

12. 设浮点数格式为阶码 5 位(含 1 位阶符)，尾数 11 位(含 1 位数符)。写出$\frac{51}{128}$、$-\frac{27}{1024}$、7.375、$-86.5$ 所对应的机器数。要求如下：

(1) 阶码和尾数均为原码。

(2) 阶码和尾数均为补码。

(3) 阶码为移码，尾数为补码。

13. 浮点数格式同第 12 题，当阶码基值分别取 2 和 16 时：

(1) 说明 2 和 16 在浮点数中如何表示。

(2) 基值不同对浮点数有什么影响？

(3) 当阶码和尾数均用补码表示，且尾数采用规格化形式，给出两种情况下所能表示的最大正数和非零最小正数真值。

14. 设浮点数字长为 32 位，欲表示±60000 间的十进制数，在保证数的最大精度条件下，除阶符、数符各取 1 位外，阶码和尾数各取几位？按这样分配，该浮点数溢出的条件是什么？

15. 什么是机器零？若要求全 0 表示机器零，浮点数的阶码和尾数应采用什么机器数形式？

16. 设机器数字长为 16 位，写出下列各种情况下它能表示的数的范围。设机器数采用 1 位符号位，答案均用十进制数表示。

(1) 无符号数。

(2) 原码表示的定点小数。

(3) 补码表示的定点小数。

(4) 补码表示的定点整数。

(5) 原码表示的定点整数。

(6) 浮点数的格式为阶码 6 位(含 1 位阶符)，尾数 10 位(含 1 位数符)。分别写出正数和负数的表示范围。

(7) 浮点数格式为阶码 6 位(含 1 位阶符),尾数 10 位(含 1 位数符),机器数采用补码规格化形式,分别写出其对应的正数和负数的真值范围。

17. 设机器数字长为 8 位(含 1 位符号位),对下列各机器数进行算术左移一位、两位,算术右移一位、两位,讨论结果是否正确。

$[x]_{原}=0.0011010$;$[x]_{补}=0.1010100$;$[x]_{反}=1.0101111$;

$[x]_{原}=1.1101000$;$[x]_{补}=1.1101000$;$[x]_{反}=1.1101000$;

$[x]_{原}=1.0011001$;$[x]_{补}=1.0011001$;$[x]_{反}=1.0011001$

18. 试比较逻辑移位和算术移位。

19. 设机器数字长为 8 位(含 1 位符号位),用补码运算规格计算下列各题

(1) $A=\frac{9}{64}$, $B=-\frac{13}{32}$, 求 A+B。

(2) $A=\frac{19}{32}$, $B=-\frac{17}{128}$, 求 A-B。

(3) $A=-\frac{3}{16}$, $B=\frac{9}{32}$, 求 A+B。

(4) $A=-87$, $B=53$, 求 A-B。

(5) $A=115$, $B=-24$, 求 A+B。

20. 用原码一位乘、两位乘和补码一位乘(Booth 算法)、两位乘计算 $x\times y$。

(1) $x=0.110111$, $y=-0.101110$。

(2) $x=-0.010111$, $y=-0.010101$。

(3) $x=19$, $y=35$。

(4) $x=0.11011$, $y=-0.11101$。

21. 用原码加减交替法和补码加减交替法计算 $x\div y$。

(1) $x=0.100111$, $y=0.101011$。

(2) $x=-0.10101$, $y=0.11011$。

(3) $x=0.10100$, $y=-0.10001$。

(4) $x=\frac{13}{32}$, $y=-\frac{27}{32}$。

22. 设机器数字长为 16 位(含 1 位符号位),若一次移位需 1 μs,一次加法需 1 μs,试问原码一位乘、补码一位乘、原码加减交替除和补码加减交替除最多各需多长时间?

23. 画出实现 Booth 算法的运算器框图。要求如下:

(1) 寄存器和全加器均用方框表示,指出寄存器和全加器的位数。

(2) 说明加和移位的次数。

(3) 详细画出最低位全加器的输入电路。

(4) 描述 Booth 算法重复加和移位的过程。

24. 画出实现补码加减交替法的运算器框图。要求如下:

(1) 寄存器和全加器均用方框表示,指出寄存器和全加器的位数。

(2) 说明加和移位的次数。

(3) 详细画出第 5 位(设 n 为最低位)全加器的输入电路。

(4) 画出上商的输入电路。

(5) 描述商符的形成过程。

25. 对于尾数为 40 位的浮点数(不包括符号位在内),若采用不同的机器数表示,当尾

数左规或右规时，最多移位次数各为多少？

26. 按机器补码浮点运算步骤计算$[x\pm y]_{补}$。

(1) $x=2^{-011}\times 0.101100$，$y=2^{-010}\times(-0.011100)$。

(2) $x=2^{-011}\times(-0.100010)$，$y=2^{-010}\times(-0.011111)$。

(3) $x=2^{101}\times(-0.100101)$，$y=2^{100}\times(-0.001111)$。

27. 假设阶码取3位，尾数取6位(均不包括符号位)，计算下列各题。

(1) $\left[2^{5}\times\frac{11}{16}\right]+\left[2^{4}\times\left(-\frac{9}{16}\right)\right]$

(2) $\left[2^{-3}\times\frac{13}{16}\right]-\left[2^{-4}\times\left(-\frac{5}{8}\right)\right]$

(3) $\left[2^{3}\times\frac{13}{16}\right]\times\left[2^{4}\times\left(-\frac{9}{16}\right)\right]$

(4) $\left[2^{6}\times\left(-\frac{11}{16}\right)\right]\div\left[2^{3}\times\left(-\frac{15}{16}\right)\right]$

(5) $[2^{3}\times(-1)]\times\left[2^{-2}\times\frac{57}{64}\right]$

(6) $[2^{-6}\times(-1)]\div\left[2^{7}\times\left(-\frac{1}{2}\right)\right]$

(7) 3.3125+6.125

(8) 14.75−2.4375

28. 如何判断定点和浮点补码加减运算结果是否溢出，如何判断原码和补码定点除法运算结果是否溢出？

29. 设浮点数阶码取3位，尾数取6位(均不包括符号位)，要求阶码用移码运算，尾数用补码运算，计算x×y，且结果保留1倍字长。

(1) $x=2^{-100}\times 0.101101$，$y=2^{-011}\times(-0.110101)$

(2) $x=2^{-011}\times(-0.100111)$，$y=2^{101}\times(-0.101011)$

30. 设浮点数阶码取3位，尾数取6位(均不包括符号位)，要求阶码用移码运算，尾数用补码运算，计算x÷y。

(1) $x=2^{101}\times 0.100111$，$y=2^{011}\times(-0.101011)$

(2) $x=2^{110}\times(-0.101101)$，$y=2^{011}\times(-0.111100)$

31. 设机器字长为32位，用与非门、与或非门设计一个并行加法器(假设与非门的延迟时间为30 ns，与或非门的延迟时间为45 ns)，要求完成32位加法时间不得超过0.6 us。画出进位链及加法器逻辑框图。

# 第7章 存储器系统及其层次结构

存储器是冯·诺依曼体系计算机硬件系统的5大功能部件之一，用于存储程序和相关数据。现代计算机中的存储器系统通常是以多级结构方式组织的，其容量、读写速度和每位价格等指标，对提高整个系统的性价比至关重要，因此，存储器系统在计算机整机中占有举足轻重的地位。

在现代计算机系统中，通常采用高速缓存、主存、辅存三级结构的存储系统，这是解决如何以较低的成本，实现容量大、读写速度快的存储器系统必须面对的复杂问题。

本章针对多级存储器系统的基本组成，围绕各级存储器所用介质的特性，多级结构存储器应满足的原则，以及它得以高效运行的原理这条主线，重点介绍主存储器、辅助存储器、高速缓冲存储器、虚拟存储器各自的组成和基本工作原理，以及设计方面的基本概念和方法。

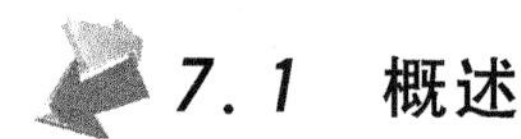

## 7.1 概述

### 7.1.1 存储器的性能指标

容量、速度和每位价格是存储器的三项重要的性能指标。

**1. 存储容量**

存储容量是指存储器所能容纳二进制信息的总量。容量单位用位(b)、字节(B)、千字节(KB)、兆字节(MB)、吉字节(GB)和太字节(TB)表示。1 B=8 b，1 KB=1024 B，1 MB=1024 KB，1 GB=1024 MB，1TB=1024 GB。

**2. 存储器速度**

衡量存储器速度通常有三个相关的参数，它们之间有一定的关联。

1）存取时间

从存储器读/写一次信息(信息可能是一个字节或一个字)所需要的平均时间，称为存储器的存取时间(memory access time)。

2）存取周期

存取周期(memory cycle time)是启动两次独立的存储器操作(如两个连续的读操作)之间所需要的最小时间间隔。

存取周期包括存取时间和复原时间，复原时间对于非破坏性读出方式是指存取信息所需的稳定时间，对于破坏性读出方式则是指刷新所用的又一次存取时间。

3）存储器带宽

与存取周期密切相关的指标为存储器带宽，它表示单位时间内存储器存取的信息量，单位可用字/秒或字节/秒表示。如存取周期为500 ns，每个存取周期可访问16位，则它的带宽为32 Mb/s。带宽是衡量数据传输率的重要技术指标。

**3. 每位价格**

这是衡量存储器经济性能的重要指标。一般以每位几元表示。

衡量存储器性能还有一些其他性能指标，如可靠性、体积、功耗、质量、使用环境等。在这里我们不做具体介绍，感兴趣的读者可查阅相关资料。

### 7.1.2 存储器的分类

**1. 按存储介质分**

1）*磁表面存储器*

磁表面存储器是在金属或塑料基体的表面涂一层磁性材料作为记录介质，工作时磁层随载磁体高速运转，用磁头在磁层上进行读/写操作，故称为磁表面存储器。按载磁体形状的不同，磁表面存储器可分为磁盘、磁带和磁鼓三类。现代计算机已很少采用磁鼓。由于用具有矩形磁滞回线特性的材料做磁表面物质，它们按其剩磁状态的不同而区分“0”或“1”，而且剩磁状态不会轻易改变，故这类存储器具有非易失性特点。

2）*半导体存储器*

存储元件由半导体器件组成的存储器称为半导体存储器。现代半导体存储器都用超大规模集成电路工艺制成芯片，其特点是体积小、功耗低、存取时间短。其缺点是当电源切断时，所存信息也随即消失，它是一种易失性存储器。近年来已研制出用非挥发性材料制成的半导体存储器，克服了信息易失的弊病。

根据构成半导体材料的不同，半导体存储器分为双极型（TTL）半导体存储器和 MOS 型半导体存储器两种。前者具有高速的特点，后者具有高集成度的优点，并且制造简单，成本低廉，功耗小，故 MOS 型半导体被广泛应用。

3）*光盘存储器*

光盘存储器是采用激光在记录介质（磁光材料）上进行读写操作的存储器，具有非易失性的特点。由于光盘记录密度高、耐用性好、可靠性高和可互换性强等特点，其应用越来越广。如 CD-ROM、CD-RW、DVD 等光盘存储器。对 CD-ROM 只能读操作，CD-RW 则可以读也能改写；DVD 光盘也有只读和可读写之分。

**2. 按所处位置分**

1）*内存*

内存也称为主存（main memory），用于存放正在运行的程序和数据，位于主机内或主板上。目前内存通常由半导体芯片构成。内存的特点是容量相对较小、速度较快，能向 CPU 高速提供所需信息。

2）*外存*

外存也称为辅助存储器（secondary memory）。现代计算机一般还配备磁盘、光盘和磁带等设备，由于不在计算机主板上，所以称其为外存，目的是以文件形式较长时间地保存 CPU 暂时用不到或不能直接访问的程序和数据。这些设备的存储容量大、存储成本低，特点是在断电后信息仍能脱机长期保存。

3）*缓冲存储器*

缓冲存储器（Cache）位于两个速度不同的部件之间，如 CPU 与主存之间的高速缓存 Cache。目前 CPU 集成度不断提高，常将高速缓存设在 CPU 芯片内，称为片内缓存（一级缓存），一般由静态存储器来实现，速度比内存高，如果需要，还可在 CPU 和主存间再加一个片外缓存（二级缓存）。

另外，还有一些所处位置不同的存储器，如处于并行多处理机中共享位置的存储器称为共享存储器，用以实现各处理机的数据共享和数据通信，共享存储器如图 7.1 所示。分布在网络中各个不同位置的、实现网络系统中更大存储容量、更安全可靠的存储和资源共享的存储器称为网络存储器。

**3. 按存取方式分**

1）随机存储器

随机存储器（Random Access Memory，RAM）是一种可读/写存储器，其特点是存储器的任何一个存储单元的内容都可以随机存取，而且存取时间与存储单元的物理位置有关。计算机系统中的主存都采用这种存储器。由于存储信息的原理不同，RAM 又分为静态 RAM（以触发器的稳态特性来寄存信息）和动态 RAM（以电容保存电荷的原理寄存信息）两种。

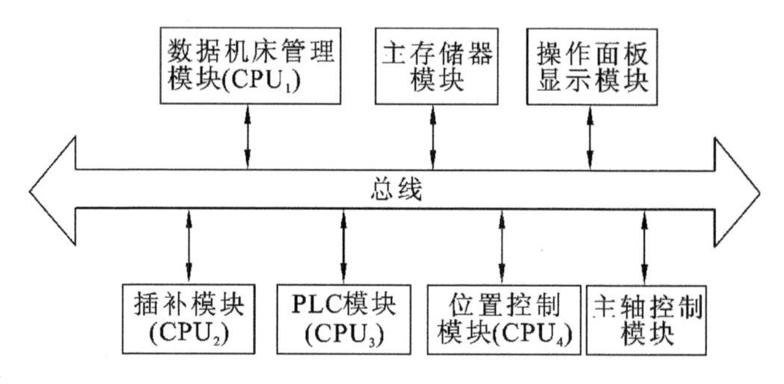


**图 7.1　多处理机系统中的共享存储器**

2）只读存储器

只读存储器（Read Only Memory，ROM）是指能对其存储的内容读出，而不能对其重新写入的存储器。这种存储器一旦存入了原始信息，在程序执行过程中，只能将信息读出，而不能随意重新写入新的信息去改变原始信息。因此，通常用它存放固定不变的程序、常数和汉字字库，甚至用于操作系统的固化。它与随机存储器可共同作为主存的一部分，统一构成主存的地址域。

早期只读存储器的存储内容根据用户要求，厂家采用掩膜工艺，把原始信息记录在芯片中，一旦制成后无法更改，称为掩膜型只读存储器（Masked ROM，MROM）。随着半导体技术的发展和用户需求的变化，只读存储器先后派生出可编程只读存储器（programmable ROM，PROM）、可擦除可编程只读存储器（Erasable Programmable ROM，EPROM）以及用电可擦除可编程只读存储器（Electrically Erasable Programmable ROM，EEPROM）。近年来还出现了闪速存储器 Flash Memory，它具有 EEPROM 的特点，而速度比 EEPROM 快得多。

3）串行访问存储器

如果对存储单元进行读/写时，需按照其物理位置先后顺序寻找地址，则这种存储器称为串行访问存储器（sequential access memory），显然这种存储器由于信息所在位置不同，使得读/写时间均不同。例如磁带存储器，不论信息处在哪个位置，读/写时必须从介质的始端开始按顺序寻找，故这类串行访问的存储器又称为顺序存取存储器。

## 7.1.3　存储器的层次结构

存储器有速度、容量和每位价格（简称位价）三个主要性能指标。一般来说，速度越高，位价就越高；容量越大，位价就越低，而且容量越大，速度必越低。人们都想追求大容量、高速度、低位价的存储器，但这是很难达到的。图 7.2 形象地反映了上述三者的关系。图 7.2 中由上至下，位价越来越低，速度越来越慢，容量越来越大，CPU访问的频度也越来越低。最上层的寄存器通常都制作在CPU芯片内。寄存器中的数直接在CPU内部参与运算，CPU内可以有十几个、几十个寄存器，它们的速度最快、位价最高、容量最小。主存用来存放正在运行或将要运行的程序和数据，其速度与CPU速度差距较大，为了使它们之间速度更好地匹配，在主存与CPU之间插入了一种比主存速度更快、容量更小的高速缓冲存储器Cache，显然其位价要高于主存。以上三类存储器都是由速度不同、位价不等的半导体存储材料制成的，它们都设在主机内。现代计算机将部分Cache(片内Cache)也制作在CPU内。磁盘、磁带属于辅助存储器，其容量比主存大得多，大都用来存放暂时未用到的程序和数据文件。CPU不能直接访问辅存，辅存只能与主存交换信息，因此辅存的速度可以比主存慢很多。

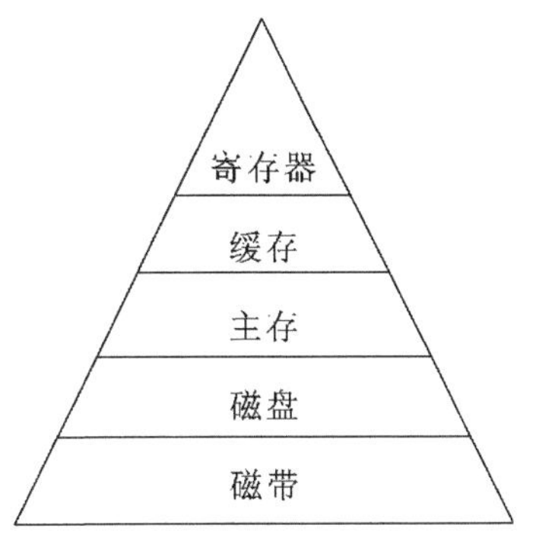

**图7.2　存储器速度、容量和位价的关系**

实际上，存储系统层次结构主要体现在缓存-主存和主存-辅存这两个存储层次上，如图7.3所示。显然，CPU和缓存、主存都能直接交换信息；缓存能直接和CPU、主存交换信息；主存可以和CPU、缓存、辅存交换信息。

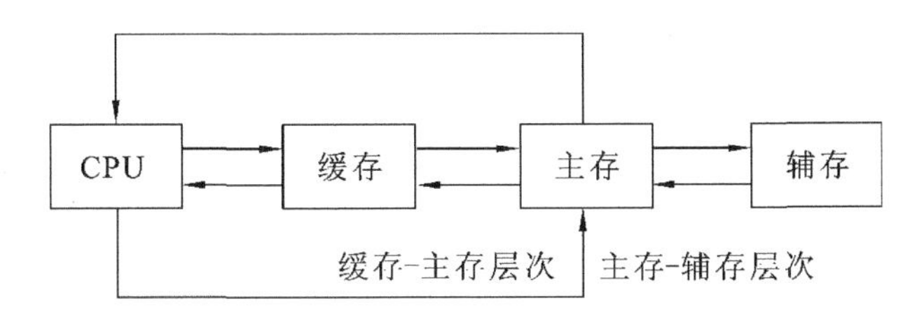

**图7.3　缓存-主存层次和主存-辅存层次**

缓存-主存层次主要解决CPU和主存速度不匹配的问题。由于缓存的速度比主存的速度快，只要将CPU近期要用的信息调入缓存，CPU便可以直接从缓存中获取信息，从而提高访存速度。但由于缓存的容量小，因此需不断地将主存的内容调入缓存，使缓存中原来的信息被换掉。主存和缓存之间的数据调动是由硬件自动完成的，对程序员是透明的。

主存-辅存层次主要解决存储系统的容量问题。辅存的速度比主存的速度慢很多。而且不能和CPU直接交换信息，但它的容量比主存大得多，可以存放大量暂时未用到的信息。当CPU需要用到这些信息时，再将辅存的内容调入主存，供CPU直接访问。主存和辅存之间的数据调动是由硬件和操作系统共同完成的。

从CPU角度看，缓存-主存这一层次的速度接近于缓存，高于主存；其容量和位价却接近于主存，这就从速度和成本的矛盾中获得了理想的解决办法。主存-辅存这一层次，从整体分析，其速度接近于主存，容量接近于辅存，平均位价也接近于低速、廉价的辅存价格，这又解决了速度、容量、成本这三者的矛盾。现代的计算机系统几乎都具有这两个存储层次，构成了缓存、主存、辅存三级存储系统。

从主存-辅存这一层次的不断发展中，逐渐形成了虚拟存储系统。在这个系统中，程序员编程的地址范围与虚拟存储器的地址空间相对应。例如，机器指令地址范围为24位，则虚拟存储器存储单元的个数可达16 M。可是这个数与主存的实际存储单元的个数相比要大得多，称这类指令地址码为虚地址(虚存地址、虚拟地址)或逻辑地址，而把主存的实际地址称为物理地址或实地址。物理地址是程序在执行过程中能真正访问的地址，也是实实在在的主存地址。对具有虚拟存储器的计算机系统而言，其逻辑地址变换为物理地址的工作是由计算机系统的硬件和操作系统自动完成的，对程序员是透明的。当虚地址的内容在主存时，机器便可立即使用；若虚地址的内容不在主存，则必须先将此虚地址的内容传送到主存的合适单元后再为机器所用。关于虚拟存储系统的知识详见 7.5 节。

# 7.2 半导体存储器

## 7.2.1 半导体存储器的类型

**1.** SRAM 和 DRAM

随机存储器(RAM)指可以通过指令随机地对任意存储单元进行读写访问的存储器。RAM 通常是主存储器的主要组成部分，断电后，RAM 内信息会全部丢失。RAM 有静态和动态之分。其中动态存储器需要定期刷新(大约 2 ms)。用静态存储芯片构成的 RAM 称为静态 RAM(SRAM)，用动态存储芯片构成的 RAM 称为动态 RAM(DRAM)。DRAM 的每位价格、体积和功耗较 SRAM 小得多，由于 DRAM 为破坏性读出，再者栅源电容的容量极小且有电荷泄漏，因此动态 RAM 需要读后再写，并需在一定时间内完成刷新，所以速度较 SRAM 慢。

**2.** ROM

仅能执行读操作的存储器称为只读存储器(ROM)，ROM 断电后依然能保存信息。

**3. 半导体串行存储器**

对串行半导体存储器，其数据按位串行读出或写入，引脚比较少，体积同样也小。图 7.4 为 24C16 型串行存储器与原理图。

## 7.2.2 存储器芯片

存储器的存储容量，常用存储单元个数乘以存储单元的位数来计算，即当存储器的地址线条数为 m 且访问该存储体地址线不被复用，数据线条数为 n 时，该存储器的容量为 $2^m \times n$，$2^m$ 即为存储单元个数，n 为存储单元的位数。多数计算机的存储器逻辑上支持按字和字节(甚至双字、半字)读写。

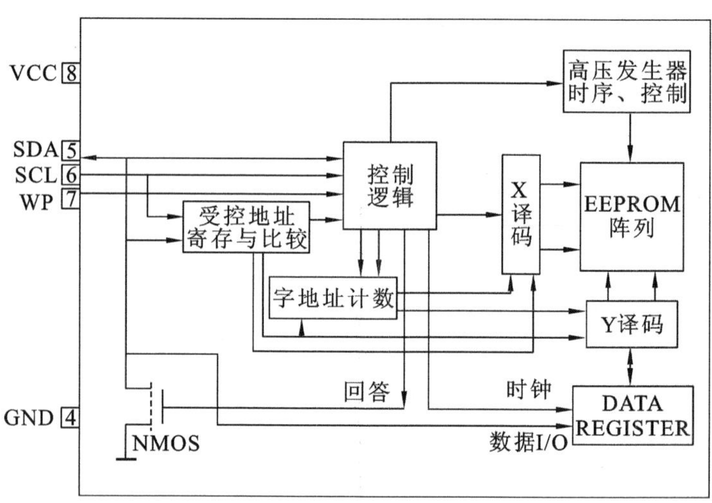


**图 7.4** 24C16 型串行存储器与原理图

在存储器中，存储1位二进制信息的存储元件称为基本存储单元。若干个基本存储单元组成一个存储字，存储字的位数称为存储器位宽。按一定规则组合在一起的大量存储字构成一个存储体。

**1. 存储器芯片的内部组成**

存储器芯片通常由存储阵列、译码器、读/写控制电路和数据缓冲电路等部分组成，如图7.5(a)所示。其中，存储阵列也称存储体，由大量相同的位存储单元阵列构成；地址译码器将输入的地址信号(常来自CPU发出的地址信号)翻译成某单元(存储字或字节)的选通信号，使该单元能够被读/写；控制逻辑对存储器芯片进行芯片选择、读/写控制和输出控制等操作，它们分别通过片选信号$\overline{CE}$(Chip Enable)、读/写控制信号$\overline{WE}$(Write Enable)和数据输出允许信号$\overline{OE}$(Output Enable)引脚实现；数据缓冲器用于缓存来自CPU的写入数据或从存储体内读出的数据，具有三态控制。注意，当芯片选择信号$\overline{CE}$无效，其他所有的信号都不起作用，即芯片不能读/写。

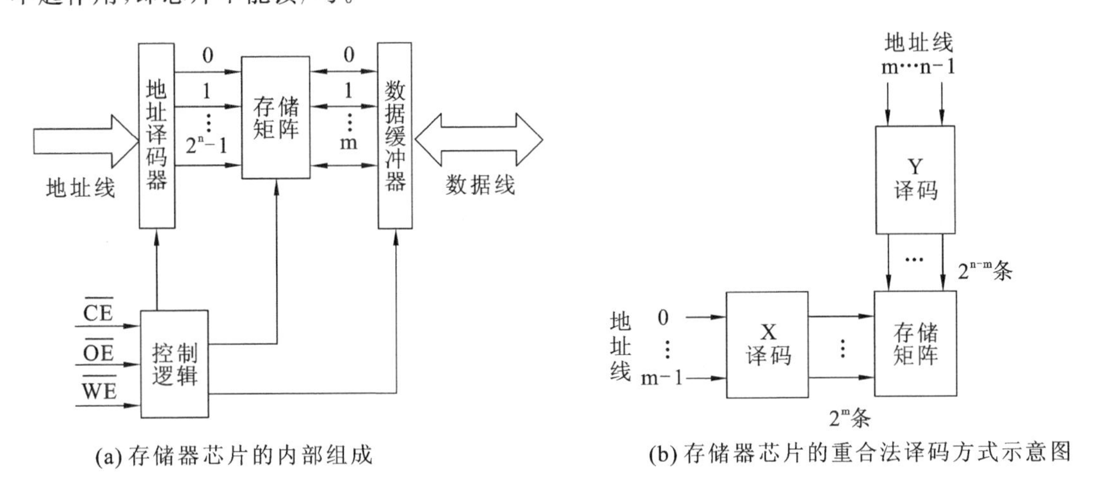


(a) 存储器芯片的内部组成　　(b) 存储器芯片的重合法译码方式示意图

**图7.5　存储器芯片的内部组成与重合法译码方式示意图**

存储器芯片的译码方式分为线选法译码和重合法译码两类。线选法译码是用一条选择线直接选中一个存储单元的各位(如一个字节)，这种方式结构较简单，但只适用于容量不大的存储芯片。通常大容量存储器采用重合法译码方式。图7.5(b)为存储器芯片的重合法译码方式示意图，重合法译码方式可以节省大量的译码器选通线，例如有1K个存储单元，线选法译码方式需要$2^{10}$共1024条选通线，而重合法译码方式仅需要$2^5+2^5$共64条选通线。线选法可以理解为用一维坐标去定位某一个单元，重合法则是用二维坐标来标注某一个单元的位置。

芯片允许信号$\overline{CE}$的应用如图7.6所示，$\overline{CE}$用于实现选中芯片，其中图7.6(a)为八片芯片的$\overline{CE}$接在一起，所以当$\overline{CS}=0$时($\overline{CS}$为芯片选择信号)，八片存储芯片同时工作；图7.6(b)为存储芯片1和2的$\overline{CE}$接在一起，同理芯片3和4、芯片5和6、芯片7和8的$\overline{CE}$分别接在一起，每两片为一组，地址线经139译码器译码为$\overline{CS_3}$、$\overline{CS_2}$、$\overline{CS_1}$和$\overline{CS_0}$，每次仅一个信号为低电平，所以这4组芯片为分时工作。

**2. 静态RAM**

用半导体材料构成的RAM可以通过指令随机地对任意存储单元进行读/写访问。RAM通常是主存储器的主要组成部分，断电后，RAM内信息会全部丢失。RAM有双极型和MOS型之分，以下仅介绍MOS型RAM。

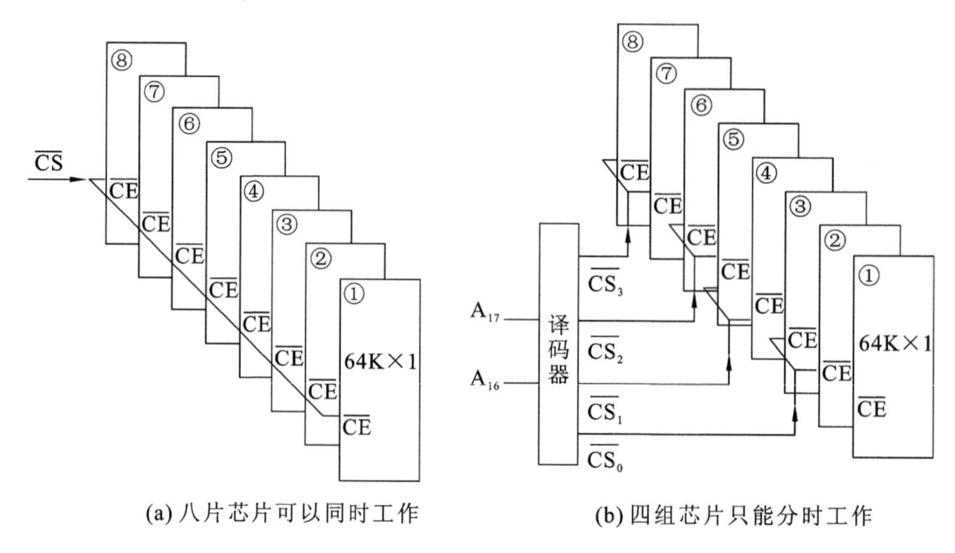


(a) 八片芯片可以同时工作　　(b) 四组芯片只能分时工作

**图 7.6　芯片允许信号$\overline{CE}$的应用**

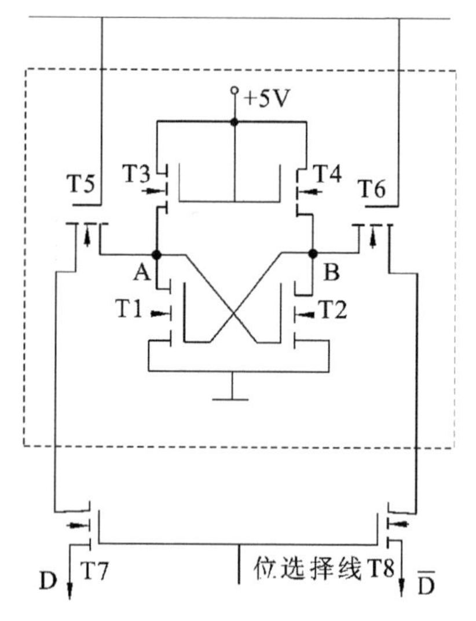


**图 7.7　一位 MOS 静态 RAM 单元**

典型的一位 NMOS 静态 RAM 单元如图 7.7 所示，它用六个 MOS 管组成。MOS 管 T1 和 T2 的输入、输出交叉耦合组成双稳态触发器，用于记忆一位二进制信息，电路中 T3、T4 起着负载电阻的作用，例如，T1 管导通(T2 管一定处于截止)，输出端为低电平，则存储信号“0”；反之，T2 导通，存储的是信号“1”；T5 和 T6 能使触发器与外部电路连通或隔离，连通时还可传送读/写的数据信号，由字选(也称行选)信号控制；位选(也称列选)信号控制 T7 和 T8，控制 T5 和 T6 传送的信号是否能传至芯片的数据引脚 I/O。T7、T8 是一列共用的，T7、T8 下面的 D 和 $\overline{D}$ 也称位线 1 和位线 2。

大量的一位存储单元可组成容量更大的存储器芯片，例如 2048×1 的芯片，需将它们组织成 64×32 的矩阵形式，每个存储单元被连接到不同的字选线、位选线的交叉点处，并加进读写控制电路，用地址译码器提供字、位选择信号，如图 7.8 所示(此图没有画出位线下面的部分)。由图 7.8 可知，当输入某地址信号，使对应的字、位选择线有效，就能对相应的 1 位存储单元进行读或写。显然，要组成 2048×8 的芯片，只要将八个相同的芯片做适当的叠加，并将数据信号增加到 8 位，不需要增加地址译码信号。



### 3. 动态 RAM

#### 1) 动态 RAM 的基本原理

单管动态 RAM 的工作原理如图 7.9(a)所示，是由 MOS 管的栅源电容 $C_S$ 来存储 1 位二进制信息的，并用一个 MOS 管 T 来控制数据的读写，$C_S$ 中存有电荷表示“1”，无电荷表示“0”。它的特点是用较少的晶体管构成一个存储单元，由此提高芯片单位面积上的容量，同时也降低了每位价格和功耗。

当行选择线为低电平时，MOS 管 T 截止，电容 $C_S$ 上有无电荷的情况都不会反映到 T 的另

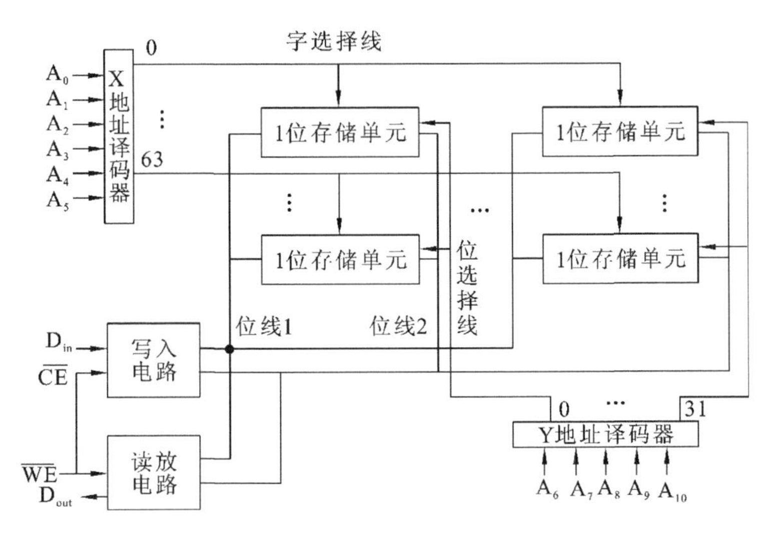


**图 7.8　2KB 静态存储器芯片的逻辑组成**

一端；当行选择线为高电平时，MOS 管 T 导通，电容与位线连通，依据位线上的电位是高还是低，以及电容 $C_S$ 上有无电荷的不同组合情况，MOS 管 T 中会呈现有无电流两种不同情况。

对于单管 MOS 动态存储单元，由于 $C_S$ 会自然放电，所以存储的信息只能保持若干毫秒，再者由于动态 RAM 是破坏性读出，所以必须对它进行刷新（原存信息的再生过程）。注意，刷新和读出都由刷新和读出放大电路完成，如图 7.9(b)所示。读出时，当列选择线有效时，数据才通过 T2 送至芯片的数据引脚 I/O；刷新时，将同一行各存储单元的信息读入刷新和读出放大电路，再写回原存储单元，与列选择线无关。

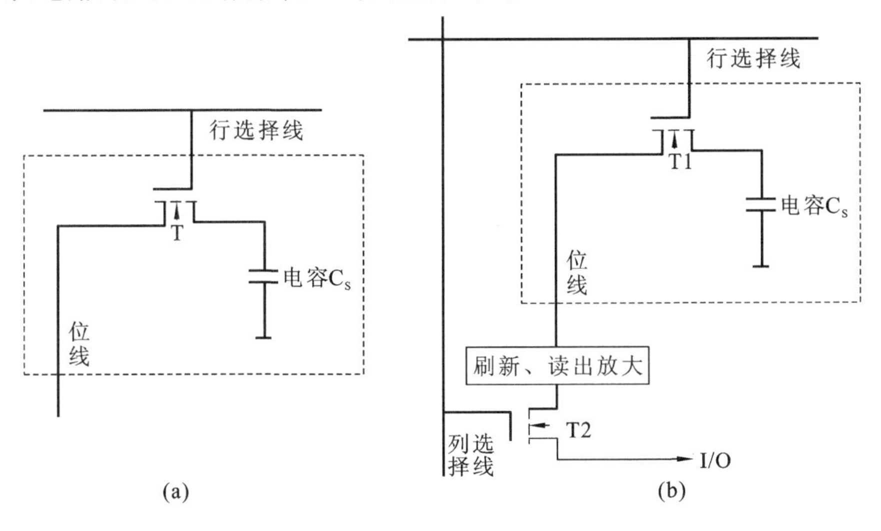


**图 7.9　MOS 单管动态存储器的组成**

由于刷新与列地址无关，同时为了减少地址线引脚和节省动态 RAM 的空间，所以动态 RAM 采用地址复用的方法，将地址分为行地址和列地址两类，并且分别由行地址选通 $\overline{RAS}$ 和列地址选通 $\overline{CAS}$ 控制。例如 Intel 的 2164 A 为 64 K×1 的 DRAM，图 7.10 为 2164 A 动态 RAM 的引脚图，芯片用八根复用地址线，分两批传送 16 位地址。

2）动态 RAM 的刷新

刷新的过程实质上是先将原存信息读出，再由刷新放大器形成原信息并重新写入的再

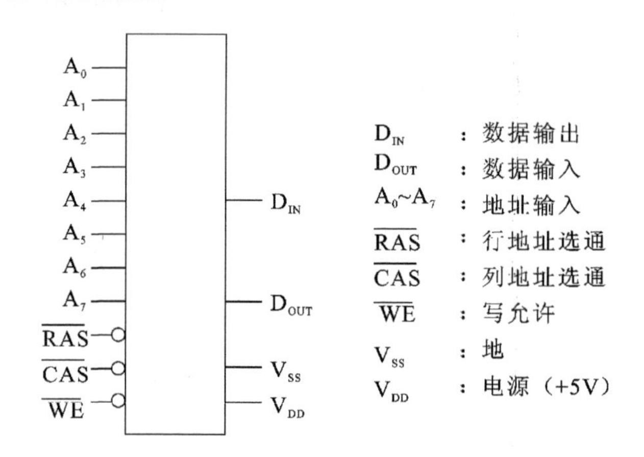


**图 7.10** 2164A 动态 RAM 的引脚

生过程。

由于存储单元被访问是随机的，有可能某些存储单元长期得不到访问，不进行存储器的读/写操作，其存储单元内的原信息将会慢慢消失。为此，必须采用定时刷新的方法，它规定在一定的时间内，对动态 RAM 的全部基本单元电路必做一次刷新，一般取 2 ms，这个时间称为刷新周期，又称再生周期。刷新是一行行进行的，必须在刷新周期内，由专用的刷新电路来完成对基本单元电路的逐行刷新，才能保证动态 RAM 内的信息不丢失。通常有三种方式刷新，即集中刷新、分散刷新和异步刷新。

(1) 集中刷新是在规定的一个刷新周期内，对全部存储单元集中一段时间逐行进行刷新，此刻必须停止读/写操作。比如对 128×128 矩阵的存储芯片进行刷新时，若存取周期为 0.5 μs，刷新周期为 2 ms(占 4000 个存取周期)，则对 128 行集中刷新共需 64 μs(占 128 个存取周期)，其余的 1936 μs(共 3872 个存取周期)用来读/写或维持信息，如图 7.11 所示。由于在这 64 μs 时间内不能进行读/写操作，故称为“死时间”，又称访存“死区”，所占比率为 128/4000×100%=3.2%，称为死时间率。

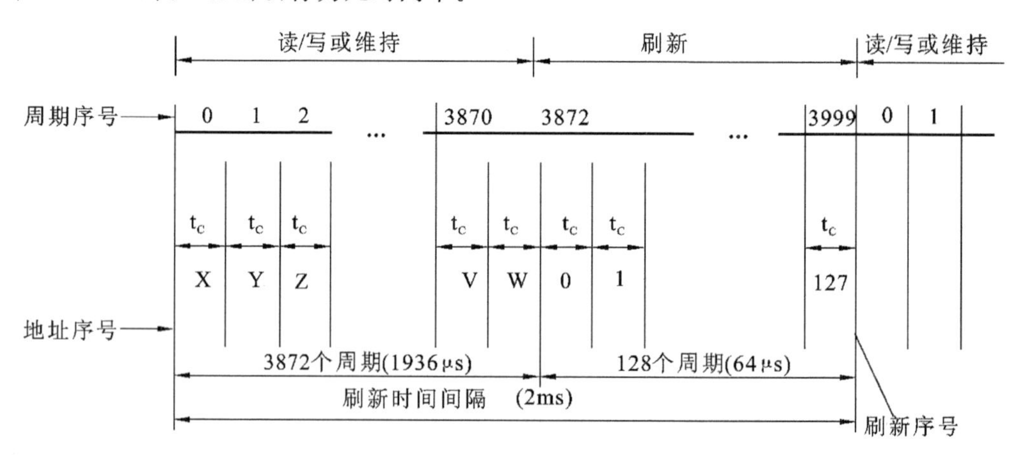


**图 7.11 集中刷新时间分配示意图**

(2) 分散刷新是指对每行存储单元的刷新分散到每个存取周期内完成。其中，把机器的存取周期 $t_C$ 分成两段，前半段 $t_M$ 用来读/写或维持信息，后半段 $t_R$ 用来刷新，即 $t_C = t_M + t_R$。若读/写周期为 0.5 μs，则存取周期为 1 μs。仍以 128×128 矩阵的存储芯片为例，刷新按行进行，每隔 128 μs 就可将存储芯片全部刷新一遍，如图 7.12 所示。这比允许的间隔 2 ms 要短得多，而且也不存在停止读/写操作的死时间，但存取周期长了，整个系统速度降低了。

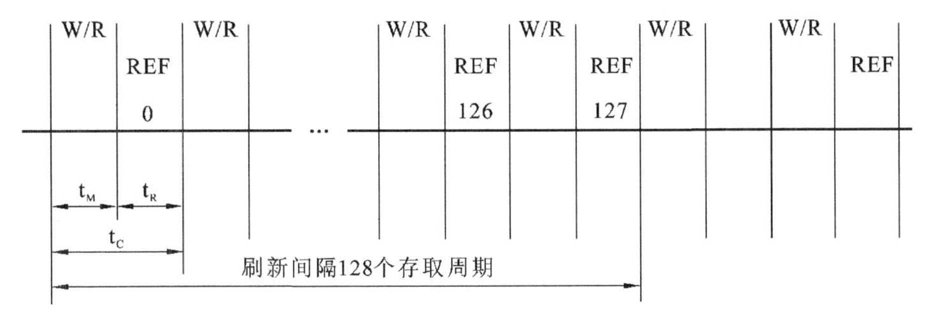


**图 7.12　分散刷新时间分配示意图**

(3) 异步刷新是前两种方式的结合，它既可缩短“死时间”，又充分利用最大刷新间隔为 2 ms 的特点。例如，对于存取周期为 0.5 μs，排列成 128×128 的存储芯片，可采取在 2 ms 内对 128 行各刷新一遍，即每隔 15.6 μs (2000 μs÷128≈15.6 μs)刷新一行，而每行刷新的时间仍为 0.5 μs，如图 7.13 所示。这样，刷新一行只停止一个存取周期，但对每行来说刷新间隔时间仍 2 ms，而“死时间”缩短为 0.5 μs。

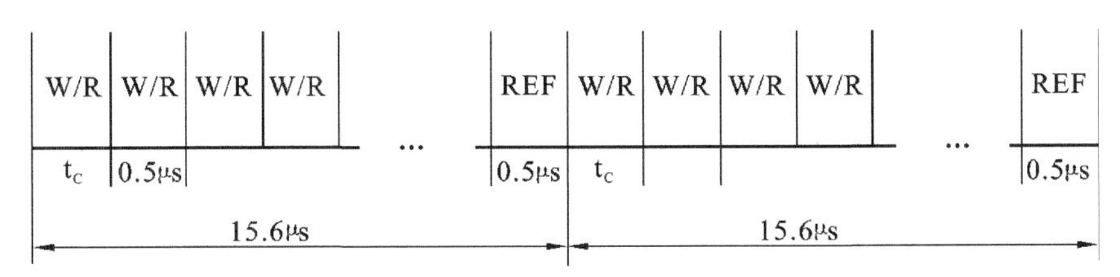


**图 7.13　异步刷新时间分配示意图**

如果将动态 RAM 的刷新安排在 CPU 对指令的译码阶段，由于这个阶段 CPU 不访问存储器，所以这种方案既克服了分散刷新需独占 0.5 μs，使存取周期加长且降低系统速度的缺点，又不会出现集中刷新的访存“死区”问题，从根本上提高了整机的工作效率。

3) 动态 RAM 与静态 RAM 的比较

目前，动态 RAM 的应用比静态 RAM 要广泛得多。其原因如下。

(1) 同样大小的芯片中，动态 RAM 的集成度高于静态 RAM，如动态 RAM 的基本单元电路可为一个 MOS 管，静态 RAM 的基本单元电路为 4～6 个 MOS 管。

(2) 动态 RAM 行、列地址按先后顺序输送，减少了芯片引脚，封装尺寸也减小。

(3) 动态 RAM 的功耗比静态 RAM 的功耗小。

(4) 动态 RAM 的价格比静态 RAM 的价格便宜。当采用同一档次的实现技术时，动态 RAM 的容量是静态 RAM 容量的 4～8 倍，静态 RAM 的存取周期比动态 RAM 的存取周期快 8～16 倍，但价格也贵 8～16 倍。

**4. 只读存储器 ROM**

一般 ROM 的内容由厂家出厂时写入，比如掩模 ROM。但是，ROM 并非绝对不可写入，随着半导体技术的发展，出现了可编程只读存储器(PROM)、可擦除可编程 ROM (EPROM)，电可擦除可编程 ROM(EEPROM)以及闪存(flash memory)等。除 PROM 为一次可编程外，其他均可多次编程。它们都属于非易失性存储器。

1) PROM 的原理

所有的字线与列线的交叉点都接上 MOS 管，且将其与列线的连线用熔丝替代，这样所有的位就保存了0。如果使用写入设备经较高的电压将某些位的熔丝烧断，使这些存储位写入1(熔丝被断的位就永远不能再重写0)，其余位保持不变，这样的操作称为编程。

2) EPROM的原理

如图7.14所示，它是EEPROM和多数闪存的基础。由图7.14可知，与一般MOS管不同，EPROM的栅极浮置在绝缘体中(故称浮栅)，芯片刚出厂，浮栅上没有电荷，所以该位的字选线与列选线没有连接，即保存了1(或者0)。反之，用外加的较高电压(25 V或12.5 V等)向浮栅注入电荷，并因此而形成导电沟道，使漏源间导通，即字选线与列选线连接，进而使该位"写"入0(或者1)。

擦除EPROM的信息，需要释放浮栅上的电荷。通常EPROM芯片的上方装有石英窗，通过紫外线照射增加这些电荷的能量(光能转换为动能)，以至自由运动而释放，这样的设备称为EPROM擦除器，用这样的设备擦除需要20～30 min。由于浮栅上的电荷可以反复注入和擦除，所以可多次编程。

在EPROM的基础上，再在浮栅上方叠加擦除电极(也称控制栅极)，就成为EEPROM，它能方便地为浮栅注入或释放电荷，所以它除了比EPROM擦除方便(电擦除)外，还有擦除速度快、可反复擦写的次数更多等优点，还可以根据擦除脉冲的宽度来区别是进行字节擦除还是全片擦除。

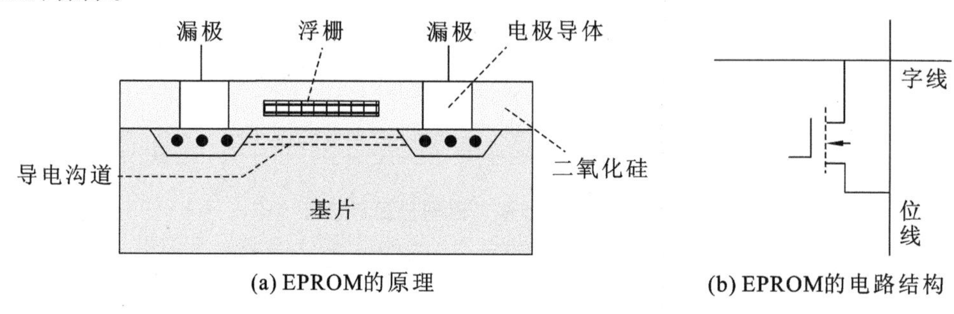


(a) EPROM的原理　　(b) EPROM的电路结构

**图7.14　EPROM的原理**

3) 闪存的原理

将浮栅做得更薄，除了可用电擦除外，系统编程能力更强，并具有软件和硬件保护能力，可按字节、区块(sector)或页面(page)进行擦除和编程操作，内部可以自行产生编程电压($V_{PP}$)，所以只用单电源$V_{CC}$供电即可。

EEPROM、闪存(也称flash ROM)原理上属于ROM型，但可随时改写信息，因此兼有RAM的部分功能。

图7.15分别为2764A(EPROM)、28C64B(EEPROM)和W29EE011(flash ROM)的实物照片。

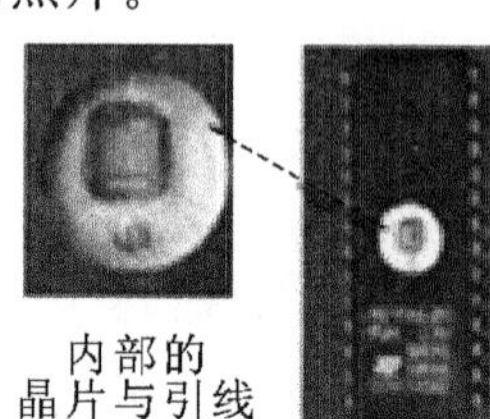


(a) EPROM 2764A

(b) EEPROM 28C64B

(c) flash ROM W29EE011

**图7.15　可编程ROM芯片**

RAM 和 ROM 可以共同构建计算机系统的内存，其中 ROM 通常用于存放计算机的基本输入/输出系统(BIOS)或监控(MON)程序，所以也是主存的重要组成部分。

## 7.2.3 存储器与 CPU 的连接

**1. 存储容量的扩展**

由于单片存储芯片的容量总是有限的，很难满足实际的需要，因此，必须将若干存储芯片连在一起才能组成足够容量的存储器，称为存储容量的扩展，通常有位扩展和字扩展。

1）位扩展

位扩展是指增加存储字长，例如，两片 1 K×4 位的芯片可组成 1 K×8 位的存储器，如图 7.16 所示。图 7.16 中两片 2114 的地址线 $A_9 \sim A_0$、$\overline{CS}$、$\overline{WE}$都分别连在一起，其中一片的数据线作为高 4 位 $D_7 \sim D_4$，另一片的数据线作为低 4 位 $D_3 \sim D_0$。构成了一个 1 K×8 位的存储器。

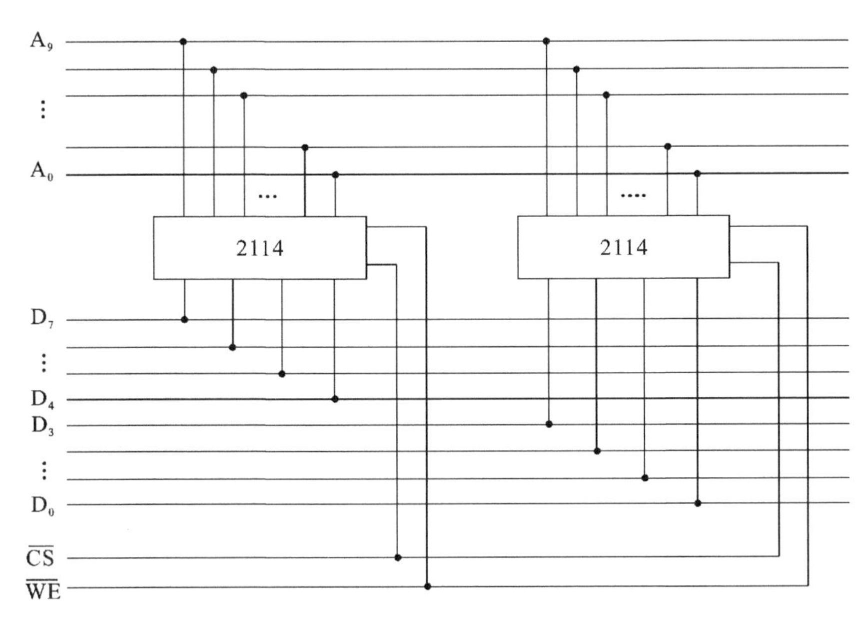


**图 7.16 由两片 1 K×4 位的芯片组成 1 K×8 位的存储器**

又如，将八片 16 K×1 位的存储芯片连接，可组成一个 16 K×8 位的存储器，如图 7.17 所示。

2）字扩展

字扩展是指增加存储器字的数量。例如，用两片 1 K×8 位的存储芯片可组成一个 2 K×8 位的存储器，即存储字增加了一倍，如图 7.18 所示。

在此，将 $A_{10}$ 用作片选信号。由于存储芯片的片选输入端要求低电平有效，故当 $A_{10}$ 为低电平时，$\overline{CS_0}$有效，选中左边的 1 K×8 位芯片；当 $A_{10}$ 为高电平时，反相后$\overline{CS_1}$有效，选中右边的 1 K×8 位芯片。

3）字、位扩展

字、位扩展是指既增加存储字的数量，又增加存储字长。图 7.19 所示为用八片 1 K×4 片组成 4 K×8 位的存储器。

由图 7.19 可见，每两片构成一组 1 K×8 位的存储器，四组便构成 4 K×8 位的存储器。

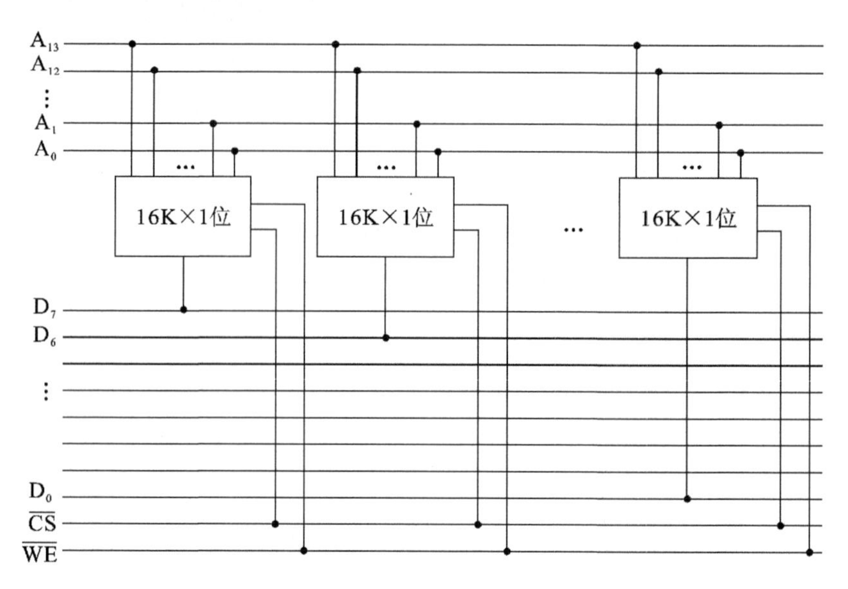


**图 7.17　由八片 16 K×1 位的芯片组成 16 K×8 位的存储器**

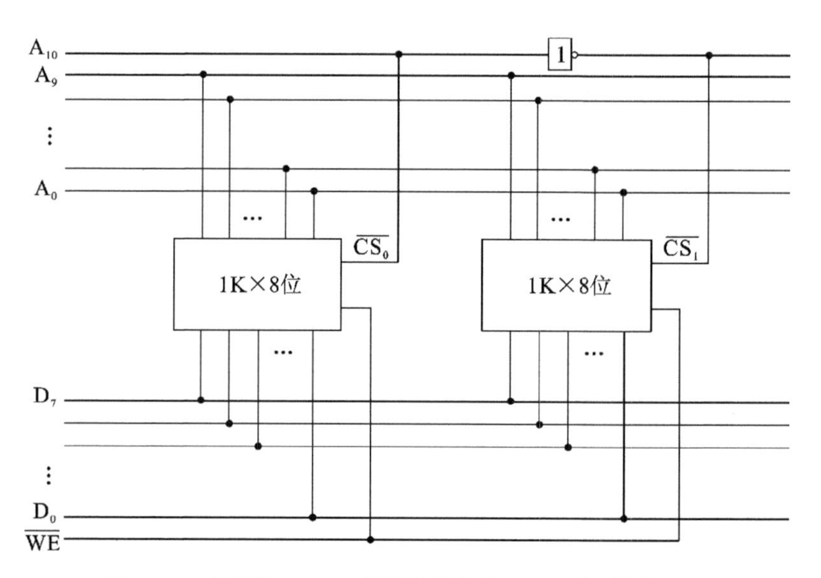


**图 7.18　由两片 1 K×8 位的芯片组成 2 K×8 位的存储器**

地址线 $A_{11}$、$A_{10}$ 经片选译码器得到四个片选信号 $\overline{CS_0}$、$\overline{CS_1}$、$\overline{CS_2}$、$\overline{CS_3}$，分别选择其中 1 K×8 位的存储芯片。$\overline{WE}$ 为读/写控制信号。



**2. 存储器与 CPU 的连接**

存储芯片与 CPU 芯片相连时，特别要注意片与片之间的地址线、数据线和控制线的连接。

1）地址线的连接

存储芯片的容量不同，其地址引脚数也不同，CPU 发出的地址信号位数往往比存储芯片的地址引脚数多。通常总是将 CPU 发出的地址信号的低位部分经地址线与存储芯片的地址引脚相连。CPU 发出的地址信号的高位部分，或在存储芯片扩充时用，或作他用，如片选信号等。例如，设 CPU 发出的地址信号为 16 位 $A_{15}$～$A_0$，1 K×4 位的存储芯片仅有 10

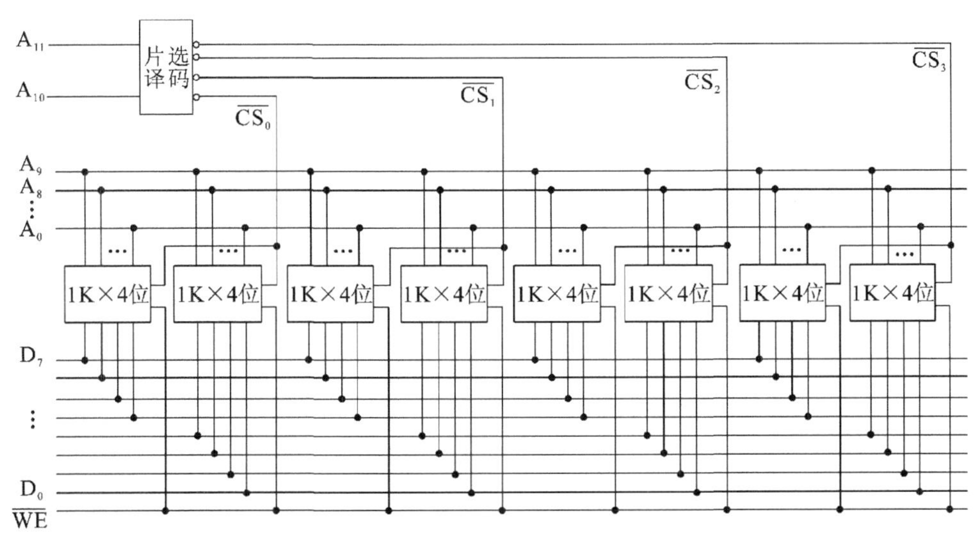


**图 7.19　由八片 1 K×4 位的芯片组成 4 K×8 位的存储器**

个地址引脚 $A_9 \sim A_0$，此时，可将 CPU 发出的低位地址 $A_9 \sim A_0$ 经地址线与存储芯片地址引脚 $A_9 \sim A_0$ 相连。又如，当用 16 K×1 位存储芯片时，则其地址引脚有 14 个 $A_{13} \sim A_0$，此时，可将 CPU 发出的低位地址 $A_{13} \sim A_0$ 经地址线与存储芯片地址引脚 $A_{13} \sim A_0$ 相连。

2) 数据线的连接

同样，连接 CPU 的数据线数与存储芯片的数据引脚数也不一定相等。此时，必须对存储芯片扩位，使其数据位数与连接 CPU 的数据线数相等。

3) 读/写命令线的连接

连接 CPU 的读/写命令线一般可直接与存储芯片的读/写控制端相连，通常高电平为读，低电平为写。

4) 片选线的连接

片选线的连接是 CPU 与存储芯片正确工作的关键。存储器由许多存储芯片组成，哪一片被选中完全取决于该存储芯片的片选控制端 $\overline{CS}$ 是否能接收到来自 CPU 的片选有效信号。

片选有效信号与 CPU 的访存控制信号 $\overline{MREQ}$（低电平有效）有关，因为只有当 CPU 要求访存时，才需选择存储芯片。若 CPU 访问 I/O，则 $\overline{MREQ}$ 为高电平，表示不要求存储器工作。此外，片选有效信号还和地址线有关，因为 CPU 发出的地址信号往往多于存储芯片的地址引脚，故那些未与存储芯片连上的高位地址必须和访存控制信号共同产生存储芯片的片选信号。通常需用到一些逻辑电路，如译码器及其他各种门电路，来产生片选有效信号。

5) 合理选择存储芯片

合理选择存储芯片主要是指存储芯片类型（RAM 或 ROM）和数量的选择。通常选用 ROM 存放系统程序、标准子程序和各类常数等。RAM 则是为用户编程而设置的。此外，选择芯片数量时，要尽量考虑使连线简单方便。

6) 注意连接芯片间的各条线的信号传输的方向

地址信号、控制信号都是由 CPU 发出流向各芯片；由于 RAM 是可读写的，所以 CPU 和 RAM 之间的数据信号可双向流动；ROM 是只读的，则数据只能是从 ROM 读出，单向流入 CPU，在这里未探讨可编程 ROM 的编程写入问题。

在实际应用 CPU 与存储芯片相连接时，还会遇到两者时序的配合、负载匹配等问题，下面用一个实例来剖析 CPU 与存储芯片的连接方式。

**【例 7.1】** 设 CPU 有 16 根地址线、8 根数据线，并用 $\overline{MREQ}$ 作为访存控制信号（低电平有效），用 $\overline{WR}$ 作为读/写控制信号（高电平为读，低电平为写）。现有下列存储芯片：1 K×4 位 RAM、4 K×8 位 RAM、8 K×8 位 RAM、2 K×8 位 ROM、4 K×8 位 ROM、8 K×8 位 ROM 及 74138 译码器和各种门电路，如图 7.20 所示。画出 CPU 与存储器的连接图，要求如下。

① 主存地址空间分配为：

- 6000H 至 67FFH 为系统程序区。
- 6800H 至 6BFFH 为用户程序区。

② 合理选用上述存储芯片，说明各选几片。

③ 详细画出存储芯片的片选逻辑图。

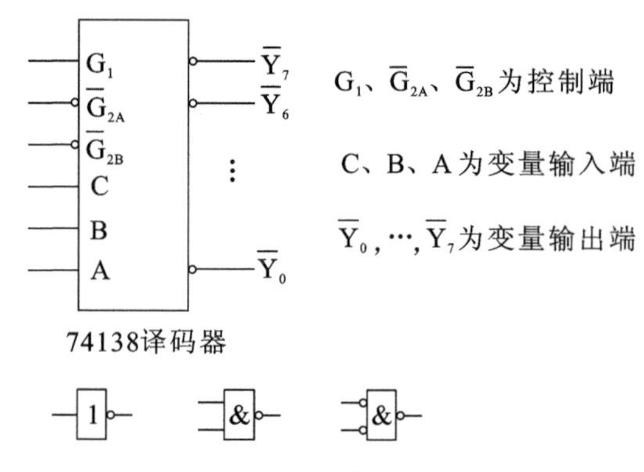


**图 7.20 译码器和门电路**

**【解】** 第一步，先将十六进制地址范围写成二进制地址码，并确定其总容量。

| $A_{15}$ | … | | $A_{12}$ | $A_{11}$ | … | | $A_8$ | $A_7$ | … | | $A_4$ | $A_3$ | … | | $A_0$ | |
|---|---|---|---|---|---|---|---|---|---|---|---|---|---|---|---|---|
| 0 | 1 | 1 | 0 | 0 | 0 | 0 | 0 | 0 | 0 | 0 | 0 | 0 | 0 | 0 | 0 | 系统程序区 |
| ⋮ | | | | | | | | | | | | | | | | 2 K×8 位 |
| 0 | 1 | 1 | 0 | 0 | 1 | 1 | 1 | 1 | 1 | 1 | 1 | 1 | 1 | 1 | 1 | |
| 0 | 1 | 1 | 0 | 1 | 0 | 0 | 0 | 0 | 0 | 0 | 0 | 0 | 0 | 0 | 0 | 用户程序区 |
| ⋮ | | | | | | | | | | | | | | | | 1 K×8 位 |
| 0 | 1 | 1 | 0 | 1 | 0 | 1 | 1 | 1 | 1 | 1 | 1 | 1 | 1 | 1 | 1 | |

第二步，根据地址范围的容量以及该范围在计算机系统中的作用，选择存储芯片。

根据 6000H～67FFH 为系统程序区的范围，应选择一片 2 K×8 位的 ROM，若选择 4 K×8 位或 8 K×8 位的 ROM，都超出了 2 K×8 位的系统程序区范围。

根据 6800H～6BFFH 为用户程序区的范围，选两片 1 K×4 位的 RAM 芯片正好满足 1 K×8 位的用户程序区要求。

第三步，分配 CPU 的地址线。

将 CPU 的低 11 位地址 $A_{10}$～$A_0$ 与 2 K×8 位的 ROM 地址引脚相连；将 CPU 的低 10 位地址 $A_9$～$A_0$ 与两片 1 K×4 位的 RAM 地址引脚相连。剩下的高位地址与访存控制信号 $\overline{MREQ}$ 共同产生存储芯片的片选信号。

第四步，片选信号的形成。

由图 7.20 给出的 74138 译码器输入逻辑关系可知，必须保证控制端 $G_1$ 为高电平，$\overline{G}_{2A}$

与$\overline{G}_{2B}$为低电平，才能使译码器正常工作。根据第一步写出的存储器地址范围得出，$A_{15}$始终为低电平，$A_{14}$始终为高电平，它们正好可分别与译码器的$\overline{G}_{2A}$（低）和$G_1$（高）对应。而访存控制信号$\overline{MREQ}$（低电平有效）又正好可与$\overline{G}_{2B}$（低）对应；剩下的$A_{13}$、$A_{12}$、$A_{11}$，可分别接到译码器的C、B、A输入端。其输出$\overline{Y}_4$有效时，选中一片ROM，$\overline{Y}_5$与$A_{10}$同时有效均为低电平时，与门输出选中两片RAM，如图7.21所示。图7.21中ROM芯片的$\overline{OE}$端接地。RAM芯片的读/写控制端与CPU的读/写命令端$\overline{WR}$相连。ROM的八根数据线直接与CPU的八根数据线相连，两片RAM的数据引脚分别与CPU数据总线的高4位和低4位相连。

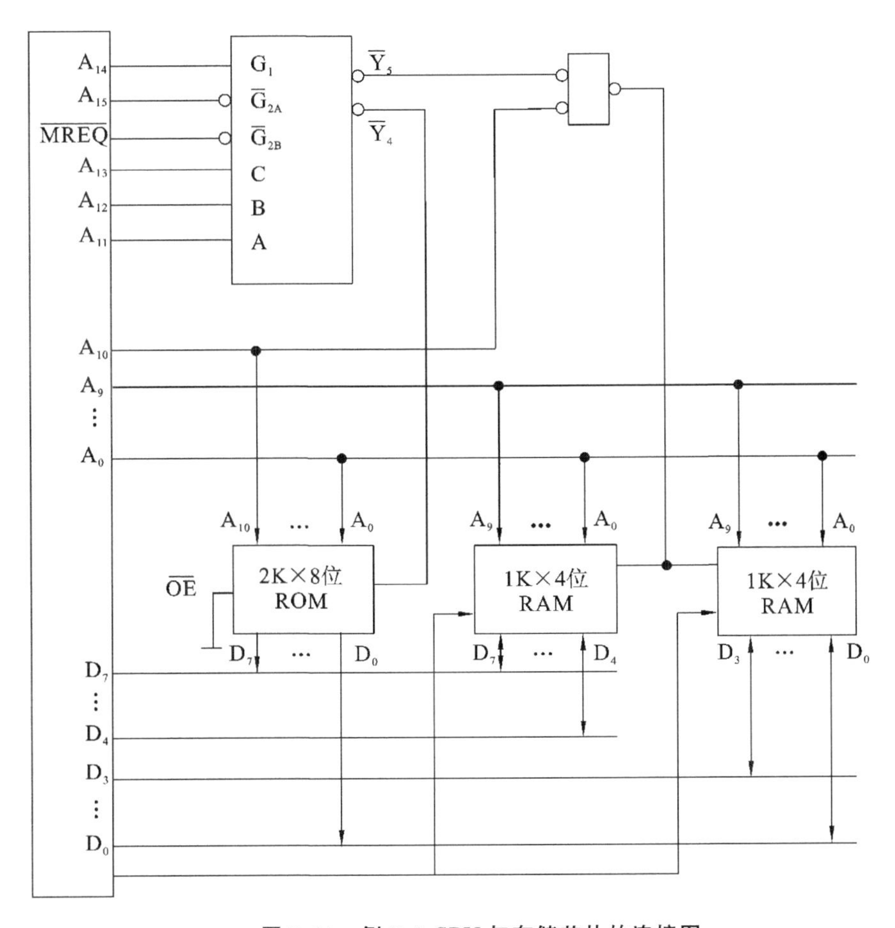


**图7.21　例7.1 CPU与存储芯片的连接图**

**【例7.2】** CPU及其他芯片假设同例7.1，画出CPU与存储器的连接图。要求主存的地址空间满足下述条件：最小8 K地址为系统程序区，与其相邻的16 K地址为用户程序区，最大4 K地址空间为系统程序工作区。详细画出存储芯片的片选逻辑并指出存储芯片的种类及片数。

**【解】** 第一步，根据题目的地址范围写出相应的二进制地址码。

| $A_{15}$ | … | $A_{12}$ | $A_{11}$ | … | $A_8$ | $A_7$ | … | $A_4$ | $A_3$ | … | $A_0$ | | | | | |
|---|---|---|---|---|---|---|---|---|---|---|---|---|---|---|---|---|
| 0 | 0 | 0 | 0 | 0 | 0 | 0 | 0 | 0 | 0 | 0 | 0 | 0 | 0 | 0 | 0 | 最小8 K×8位系统程序区 |
| ⋮ | | | | | | | | | | | | | | | | |
| 0 | 0 | 0 | 1 | 1 | 1 | 1 | 1 | 1 | 1 | 1 | 1 | 1 | 1 | 1 | 1 | |

|  |  |
|---|---|
| 0 0 1 0 0 0 0 0 0 0 0 0 0 0 0 0<br>⋮<br>0 0 1 1 1 1 1 1 1 1 1 1 1 1 1 1<br>0 1 0 0 0 0 0 0 0 0 0 0 0 0 0 0<br>⋮<br>0 1 0 1 1 1 1 1 1 1 1 1 1 1 1 1 | 相邻 16 K×8 位用户程序区 |
| ⋮ | |
| $A_{15}$ … $A_{12}$ $A_{11}$ … $A_8$ $A_7$ … $A_4$ $A_3$ … $A_0$ | |
| 1 1 1 1 0 0 0 0 0 0 0 0 0 0 0 0<br>⋮<br>1 1 1 1 1 1 1 1 1 1 1 1 1 1 1 1 | 最大 4 K×8 位系统程序工作区 |

第二步，根据地址范围的容量及其在计算机系统中的作用，确定最小 8 KB 系统程序区选择一片 8 K×8 位 ROM；与其相邻的 16 KB 用户程序区选择两片 8 K×8 位 RAM；最大 4 KB 系统程序工作区选择一片 4 K×8 位 RAM。

第三步，分配 CPU 地址线。

将 CPU 的低 13 位地址线 $A_{12} \sim A_0$ 与一片 8 K×8 位 ROM 和两片 8 K×8 位 RAM 的地址引脚相连；将 CPU 的低 12 位地址线 $A_{11} \sim A_0$ 与一片 4 K×8 位 RAM 的地址引脚相连。

第四步，形成片选信号。

将 74138 译码器的控制端 $G_1$ 接 +5V，$\overline{G}_{2A}$ 和 $\overline{G}_{2B}$ 接 $\overline{MREQ}$，以保证译码器正常工作。CPU 的 $A_{15}$、$A_{14}$、$A_{13}$ 分别接在译码器的 C、B、A 端，作为变量输入，则其输出 $\overline{Y}_0$、$\overline{Y}_1$、$\overline{Y}_2$ 分别作为 ROM、$RAM_1$ 和 $RAM_2$ 的片选信号。此外，根据题意，最大 4K 地址范围的 $A_{12}$ 为高电平，故经反相后再与 $\overline{Y}_7$ 相"与"，其输出作为 4 K×8 位 RAM 的片选信号，如图 7.22 所示。

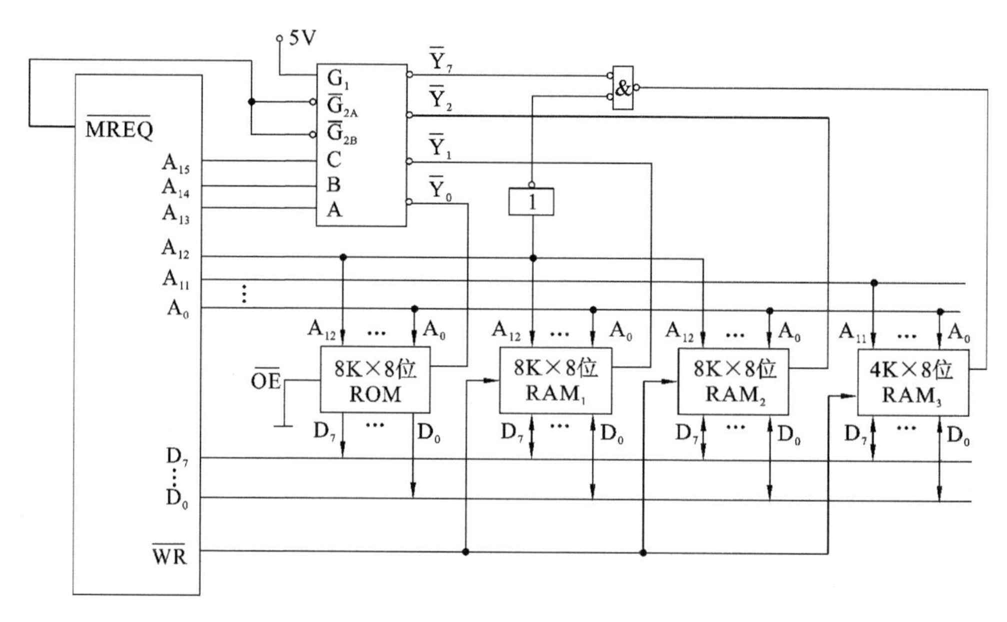


图 7.22　例 7.2 CPU 与存储芯片的连接图

【例 7.3】 设 CPU 有 20 根地址线和 16 根数据线，并用 $IO/\overline{M}$ 作为访存控制信号，$\overline{RD}$ 为读命令，$\overline{WR}$ 为写命令。CPU 可通过 $\overline{BHE}$ 和 $A_0$ 来控制按字节或字两种形式访存(如表 7.1 所示)。要求采用图 7.23 所示的芯片，门电路自定。试回答：

① CPU 按字节访问和按字访问的地址范围各是怎样的？

② CPU 按字节访问时需分奇偶体，且最大 64 KB 为系统程序区，与其相邻的 64 KB 为用户程序区。写出每片存储芯片所对应的二进制地址码。

③ 画出对应上述地址范围的 CPU 与存储芯片的连接图。

**表 7.1 例 7.3 CPU 访问形式与 $\overline{BHE}$ 和 $A_0$ 的关系**

| $\overline{BHE}$ | $A_0$ | 访问形式 |
| --- | --- | --- |
| 0 | 0 | 字 |
| 0 | 1 | 奇字节 |
| 1 | 0 | 偶字节 |
| 1 | 1 | 不访问 |

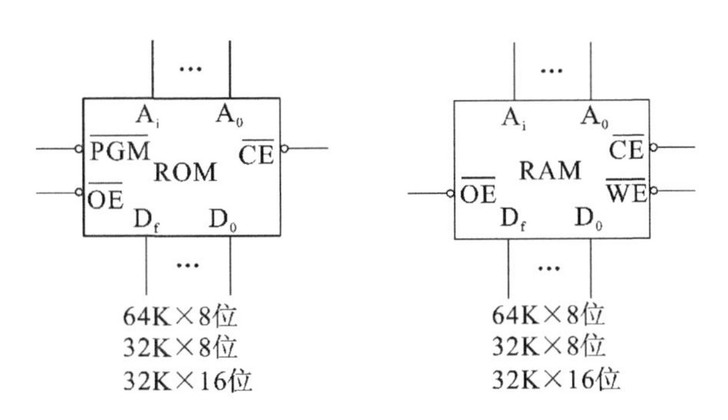


**图 7.23 例 7.3 芯片**

【解】 ① CPU 按字节访问的地址范围为 1 MB，CPU 按字访问的地址范围是 512 K 字。

② 由于 CPU 按字节访问时需区分奇偶体，并且还可以按字访问，因此如果选择 64 K×8 位的芯片，按字节访问时体现不出奇偶分体；如果选择 32 K×16 位的芯片，虽然能按字访问，但不能满足以字节为最小单位。故一律选择 32 K×8 位的存储芯片，其中系统程序区 64 KB 选择两片 32 K×8 位 ROM，用户程序区 64 KB 选择两片 32 K×8 位 RAM。它们对应的二进制地址范围如下。

| $A_{19}\cdots A_{16}$ | $A_{15}\cdots A_{12}$ | $A_{11}\cdots A_8$ | $A_7\cdots A_4$ | $A_3\cdots A_0$ | |
| --- | --- | --- | --- | --- | --- |
| 1 1 1 1 | 1 1 1 1 | 1 1 1 1 | 1 1 1 1 | 1 1 1 1 | 64 K×8 位 ROM |
| ⋮ | | | | | 其中一片 32 K×8 位(奇) |
| 1 1 1 1 | 0 0 0 0 | 0 0 0 0 | 0 0 0 0 | 0 0 0 0 | 一片 32 K×8 位(偶) |
| 1 1 1 0 | 1 1 1 1 | 1 1 1 1 | 1 1 1 1 | 1 1 1 1 | 64 K×8 位 RAM |
| ⋮ | | | | | 其中一片 32 K×8 位(奇) |
| 1 1 1 0 | 0 0 0 0 | 0 0 0 0 | 0 0 0 0 | 0 0 0 0 | 一片 32 K×8 位(偶) |

该例的难点在于片选逻辑。由于 CPU 按字访问还是按字节访问受 $\overline{BHE}$ 和 $A_0$ 的控制，因此可用 $\overline{BHE}$ 和 $A_0$ 分别控制 138 译码器的输入端 B 和 A，而 $A_{15}\sim A_1$ 与存储芯片的地址线

相连，余下的 $A_{16}$ 接 138 译码器的输入端 C。$A_{19}$、$A_{18}$、$A_{17}$ 作为与门的输入端，与门输出接至 138 译码器 $G_1$ 端，$\overline{G_{2A}}$ 和 $\overline{G_{2B}}$ 与 IO/$\overline{M}$ 相连，以确保 138 正常工作。具体连接图如图 7.24 所示。

图 7.24 中译码器输出 $\overline{Y_4}$ 有效时，同时选择 $ROM_1$ 和 $ROM_2$，CPU 以字形式访问；$\overline{Y_5}$ 有效时选择 $ROM_1$（奇体），$\overline{Y_6}$ 有效时选择 $ROM_2$（偶体），CPU 以字节形式访问。同理，译码器输出 $\overline{Y_0}$ 控制 CPU 可按字形式访问 $RAM_1$ 和 $RAM_2$。$\overline{Y_1}$ 和 $\overline{Y_2}$ 分别按字节访问 $RAM_1$（奇体）和 $RAM_2$。（偶体）。CPU 的读命令 $\overline{RD}$ 直接和 $ROM_1$、$ROM_2$ 的 $\overline{OE}$（允许输出端）相连，RAM 的 $\overline{OE}$ 端直接接地，CPU 的写命令 $\overline{WR}$ 直接和 RAM 芯片的 $\overline{WE}$（允许写输入端）相连。

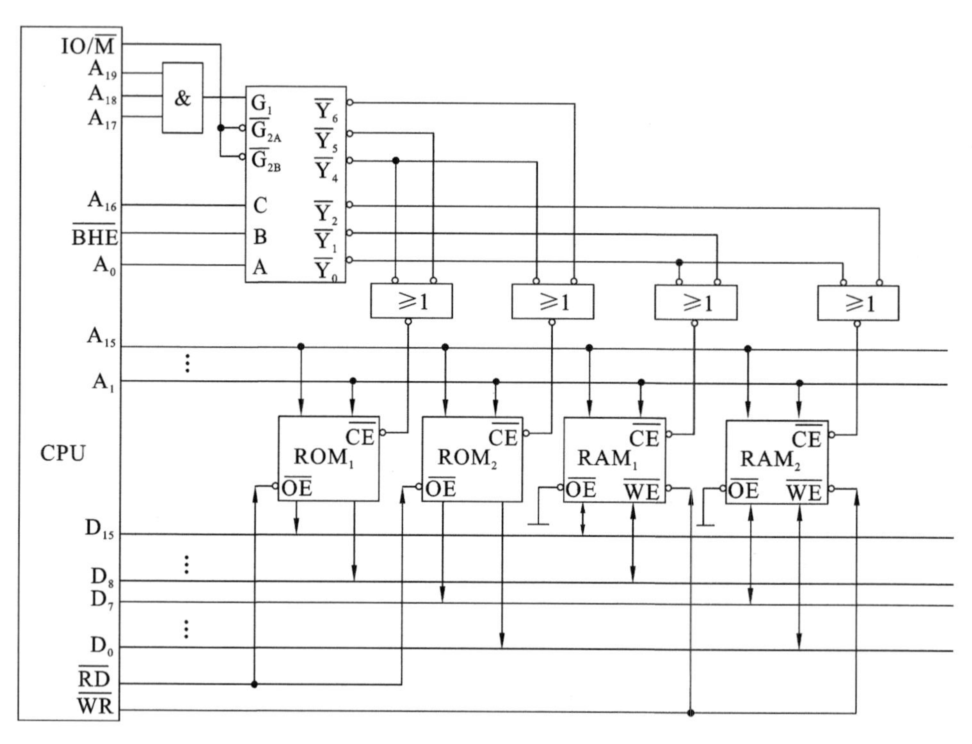


图 7.24 例 7.3 CPU 与存储芯片的连接图

### 7.2.4 提高存储器速度的技术

随着计算机应用领域的不断扩大，处理的信息量越来越多，对存储器的工作速度和容量要求也越来越高。此外，因 CPU 的功能不断增强，I/O 设备的数量不断增多，致使主存的存取速度已成为制约整个计算机系统速度提升的瓶颈。可见，提高访存速度已成为迫不及待的任务。为了解决此问题，除了寻找高速元件和采用层次结构以外，调整主存的结构也可以提高访存速度。

**1. 单体多字系统**

由于程序和数据在存储体内是连续存放的，因此 CPU 访存取出的信息也是连续的，如果可以在一个存取周期内，从同一地址取出四条指令，然后再逐条将指令送至 CPU 执行，即每隔 1/4 存取周期，主存向 CPU 送一条指令，这样显然增大了存储器的带宽，提高了单体存储器的工作速度，如图 7.25 所示。

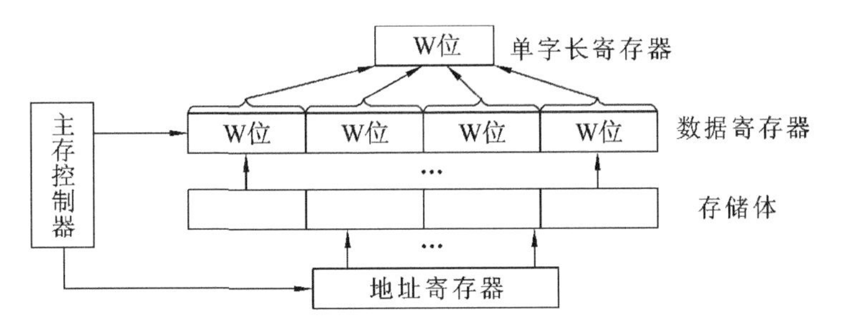


**图 7.25 单体四字结构存储器**

图 7.25 所示为一个单体四字结构存储器，每字 W 位。按地址在一个存取周期内可读出 4×W 位的指令或数据，使主存带宽提高到 4 倍。显然，采用这种办法的前提是：指令和数据在主存内必须是连续存放的，一旦遇到转移指令，或者操作数不能连续存放，这种方法的效果就不明显。

**2. 多体并行系统**

多体并行系统就是采用多体模块组成的存储器。每个模块有相同的容量和存取速度，各模块各自都有独立的地址寄存器(MAR)、数据寄存器(MDR)、地址译码、驱动电路和读/写电路，它们既能并行工作，又能交叉工作。

并行工作即同时访问 N 个模块，同时启动，同时读出，完全并行地工作(不过，同时读出的 N 个字在总线上需分时传送)。图 7.26 是适合于并行工作的高位交叉编址的多体存储器结构示意图，图中程序因按体内地址顺序存放(一个体存满后，再存入下一个体)，故又有顺序存储之称。显然，高位地址可表示体号，低位地址为体内地址。按这种编址方式，只要合理调动，使不同的请求源同时访问不同的体，便可实现并行工作。例如，当一个体正与 CPU 交换信息时，另一个体可同时与外部设备进行直接存储器访问，实现两个体并行工作。这种编址方式由于一个体内的地址是连续的，有利于存储器的扩充。

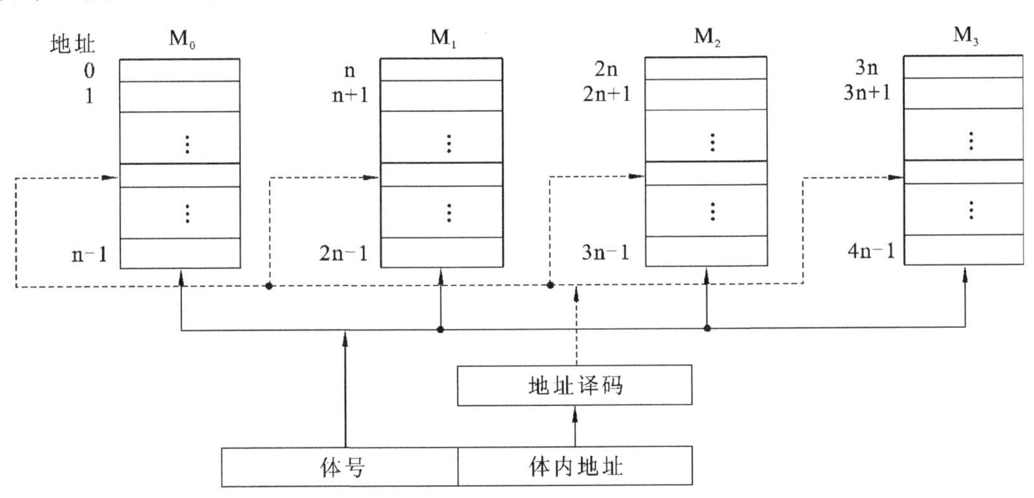


**图 7.26 高位交叉编址的多体存储器结构示意图**

图 7.27 是按低位交叉编址的多体模块结构示意图。由于程序连续存放在相邻体中，故又有交叉存储之称。显然低位地址用来表示体号，高位地址为体内地址。这种编址方法又称为模 M 编址(M 等于模块数)，表 7.2 列出了模 4 交叉编址的地址号。一般模块数 M 取 2 的方幂，以使硬件电路相对简单；有的机器为了减少存储器冲突，采用质数个模块，例如，我国银河机的 M 为 31，其硬件实现比较复杂。

表 7.2　模 4 交叉编址地址号

| 体　　号 | 体内地址序号 | 最低两位地址 |
|---|---|---|
| $M_0$ | 0,4,8,12,…,4i+0 | 00 |
| $M_1$ | 1,5,9,13,…,4i+1 | 01 |
| $M_2$ | 2,6,10,14,…,4i+2 | 10 |
| $M_3$ | 3,7,11,15,…,4i+3 | 11 |

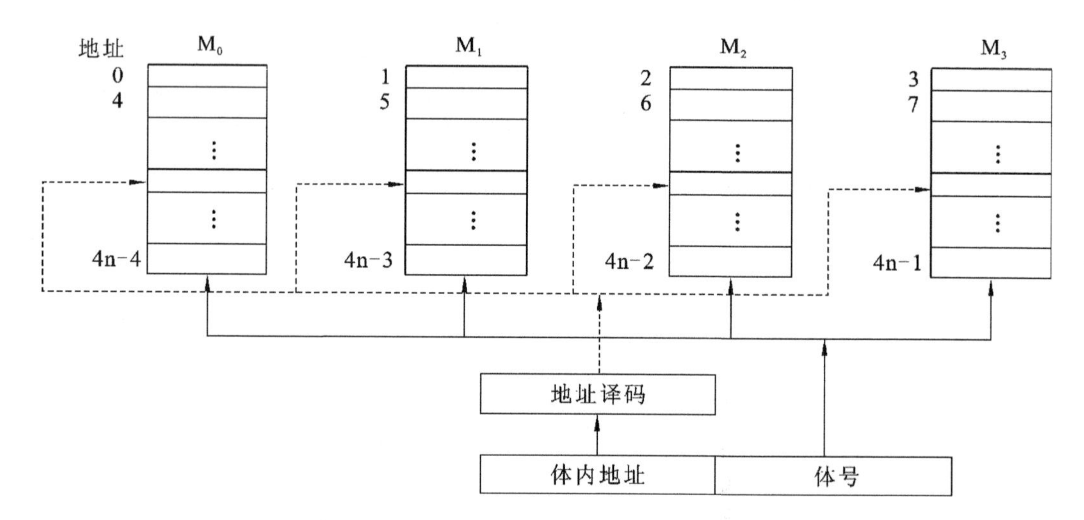


图 7.27　低位交叉编址的多体模块结构示意图

多体模块结构的存储器采用交叉编址后，可以在不改变每个模块存取周期的前提下，提高存储器的带宽。图 7.28 所示为 CPU 交叉访问四个存储体的时间关系，负脉冲为启动每个体的工作信号。虽然对每个体而言，存取周期均未缩短，但由于 CPU 交叉访问各存储体，使四个存储体的读/写过程重叠进行，最终在一个存取周期的时间内，存储器实际上向 CPU 提供了四个存储字。如果每个模块存储字长为 32 位，则在一个存取周期内(除第一个存取周期外)，存储器向 CPU 提供了 32 位×4=128 位二进制代码，大大增加了存储器的带宽。

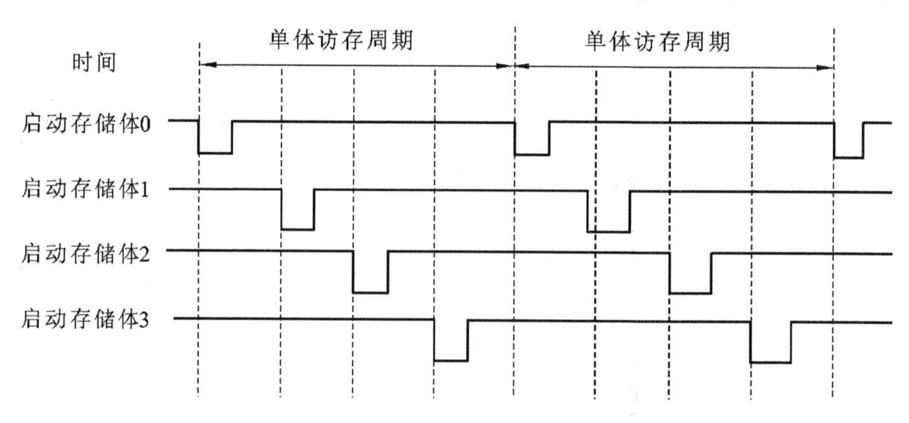


图 7.28　交叉访问四个存储体的时间关系

假设每个体的存储字长和数据总线的宽度一致，并假设低位交叉的存储器模块数为 n，存取周期为 T，总线传输周期为 τ，那么当采用流水线方式存取时，应满足 T=nτ。为了保证启动某体后，经 $n\tau$ 时间再次启动该体时，它的上次存取操作已完成，要求低位交叉存储器的模块数大于或等于 n。以四体低位交叉编址的存储器为例，采用流水方式存取的示意图如图 7.29 所示。

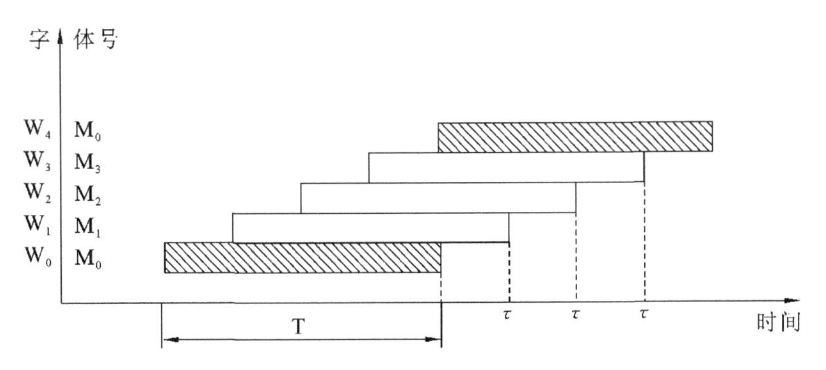


**图 7.29 四体低位交叉编址存储器流水线工作方式示意图**

可见，对于低位交叉的存储器，连续读取 n 个字所需的时间 $t_1$ 为：$t_1 = T + (n-1)\tau$。

若采用高位交叉编址，则连续读取 n 个字所需的时间 $t_2$ 为：$t_2 = nT$。

**【例 7.4】** 设有四个模块组成的四体存储器结构，每个体的存储字长为 32 位，存取周期为 200 ns。假设数据总线宽度为 32 位，总线传输周期为 50 ns，试求顺序存储和交叉存储的存储器带宽。

**【解】** 顺序存储（高位交叉编址）和交叉存储（低位交叉编址）连续读出四个字的信息量是 $32 \times 4 = 128$ 位。

顺序存储存储器连续读出四个字的时间为：

$$200\ \text{ns} \times 4 = 800\ \text{ns} = 8 \times 10^{-7}\ \text{ns}$$

交叉存储存储器连续读出四个字的时间为：

$$200\ \text{ns} + 50\ \text{ns} \times (4-1) = 350\ \text{ns} = 3.5 \times 10^{-7}\ \text{ns}$$

顺序存储器的带宽为：

$$128/(8 \times 10^{-7}) = 16 \times 10^{7}\ \text{b/s}$$

交叉存储器的带宽为：

$$128/(3.5 \times 10^{-7}) = 37 \times 10^{7}\ \text{b/s}$$

多体模块存储器不仅要与 CPU 交换信息，还要与辅存、I/O 设备，乃至 I/O 处理机交换信息。因此，在某一时刻，决定主存究竟与哪个部件交换信息必须由存储器控制部件（简称存控）来承担。存控具有合理安排各部件请求访问的顺序以及控制主存读/写操作的功能。图 7.30 是一个存控基本结构框图，它由排队器、控制线路、节拍发生器及标记触发器等组成。

1）排队器

当要求访存的请求源很多，而且访问都是随机的时，就有可能在同一时刻出现多个请求源请求访问同一个存储体的情况。为了防止发生两个以上的请求源同时占用同一存储体，并防止将代码错送到另一个请求源等各种错误的发生，在存控内需设置一个排队器，由它来确定请求源的优先级别。其确定原则如下。

① 对易发生代码丢失的请求源，应列为最高优先级，例如，外设信息最易丢失，故它的级别最高。

② 对严重影响 CPU 工作的请求源，给予次高优先级，否则会导致 CPU 工作失常。

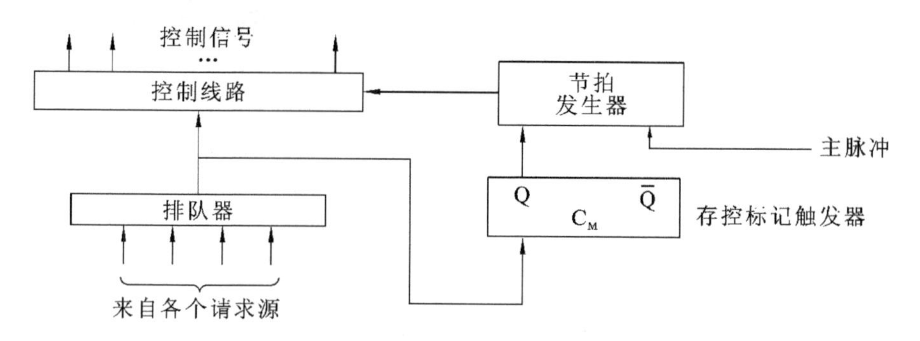


**图 7.30　存控基本结构框图**

例如，写数请求高于读数，读数请求高于读指令。若运算部件不能尽快送走已算出的结果，会严重影响后续指令的执行，因此，当发生这种情况时，写数的优先级比读数、读指令都高。若没有操作数参与运算，取出更多的指令也无济于事，故读数的优先级又应比读指令高。

2）存控标记触发器 $C_M$

它用来接受排队器的输出信号，一旦响应某请求源的请求，$C_M$ 被置"1"，以便启动节拍发生器工作。

3）节拍发生器

它用来产生固定节拍，与机器主脉冲同步，使控制线路按一定时序发出信号。

4）控制线路

由它将排队器给出的信号与节拍发生器提供的节拍信号配合，向存储器各部件发出各种控制信号，用以实现对总线控制及完成存储器读/写操作，并向请求源发出回答信号，表示存储器已响应了请求等。

**3. 高性能存储芯片**

采用高性能存储芯片也是提高主存速度的措施之一。DRAM 集成度高，价格便宜，广泛应用于主存。其发展速度很快，几乎每隔 3 年存储芯片的容量就翻两番。为了进一步提高 DRAM 的性能，人们开发了许多对基本 DRAM 结构的增强功能，出现了 SDRAM、RDRAM 和 CDRAM。

1）SDRAM

SDRAM(Synchronous DRAM，同步 DRAM)与常用的异步 DRAM 不同，它与处理器的数据交换同步于系统的时钟信号，并且以处理器－总线的最高速度运行，而不需要插入等待状态。典型的 DRAM 中，处理器将地址和控制信号送至存储器后，需经过一段延时，供 DRAM 执行各种内部操作(如输入地址、读出数据等)，才能将数据从存储器中读出或将数据写入到存储器中。此时，如果 CPU 的速度与 DRAM 匹配，那么这个延时不会影响 CPU 的工作速度；如果 CPU 的速度更高，那么在这段时间内，CPU 只能"等待"，降低了 CPU 的执行速度。而 SDRAM 能在系统时钟的控制下进行数据的读出和写入，CPU 给出的地址和控制信号会被 SDRAM 锁存，直到指定的时钟周期数后再响应。此时 CPU 可执行其他任务，无须"等待"。例如，系统的时钟周期为 10 ns，存储器接到地址后需 50 ns 读出数据。对于异步工作的 DRAM，CPU 要"等待"50 ns 获得数据，而对同步工作的 SDRAM 而言，CPU 只需把地址放入锁存器中，在存储器进行读操作期间去完成其他操作，当 CPU 计时到 5 个时钟周期后，便可获得从存储器读出的数据。

SDRAM 还支持猝发访问模式，即 CPU 发出一个地址就可以连续访问一个数据块（通常为 32 字节）。SDRAM 芯片内还可以包含多个存储体，这些体可以轮流工作，提高访问速度。现在又出现了双数据速率的 SDRAM（Double Data Rate SDRAM，DDR-SDRAM），它是 SDRAM 的增强型版本，可以每周期两次向处理器送出数据。

2）RDRAM

由 Rambus 开发的 RDRAM（Rambus DRAM）采用专门的 DRAM 和高性能的芯片接口取代现有的存储器接口。它主要解决存储器带宽的问题，通过高速总线获得存储器请求（包括操作时所需的地址、操作类型和字节数），总线最多可寻址 320 块 RDRAM 芯片，传输率可达 1.6 GB/s。它不像传统的 DRAM 采用$\overline{RAS}$、$\overline{CAS}$和$\overline{WE}$信号来控制，而是采用异步的面向块的传输协议传送地址信息和数据信息。一个 RDRAM 芯片就像一个存储系统，通过一种新的互连电路 RamLink，将各个 RDRAM 芯片连接成一个环，数据通信在主存控制器的控制下进行，数据交换以包为单位。图 7.31 所示为 RamLink 体系结构。

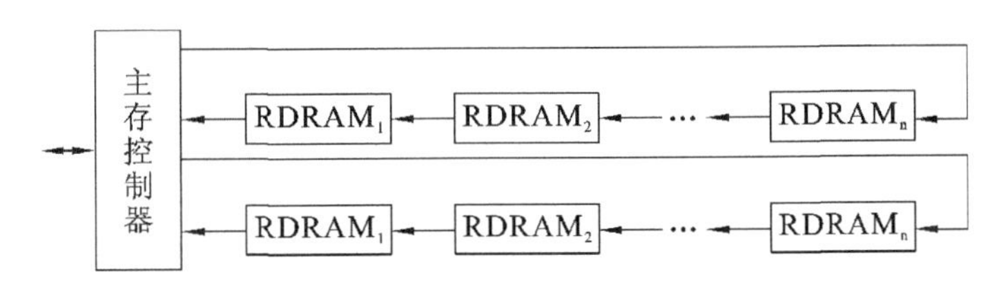


**图 7.31** RamLink **体系结构**

3）带 Cache 的 DRAM

带 Cache 的 DRAM（CDRAM）是在通常的 DRAM 芯片内又集成了一个小的 SRAM，又称增强型的 DRAM（EDRAM）。图 7.32 所示为 1 M×4 位 CDRAM 芯片结构框图，其中 SRAM 为 512×4 位，DRAM 排列成 2048×512×4 位的阵列。

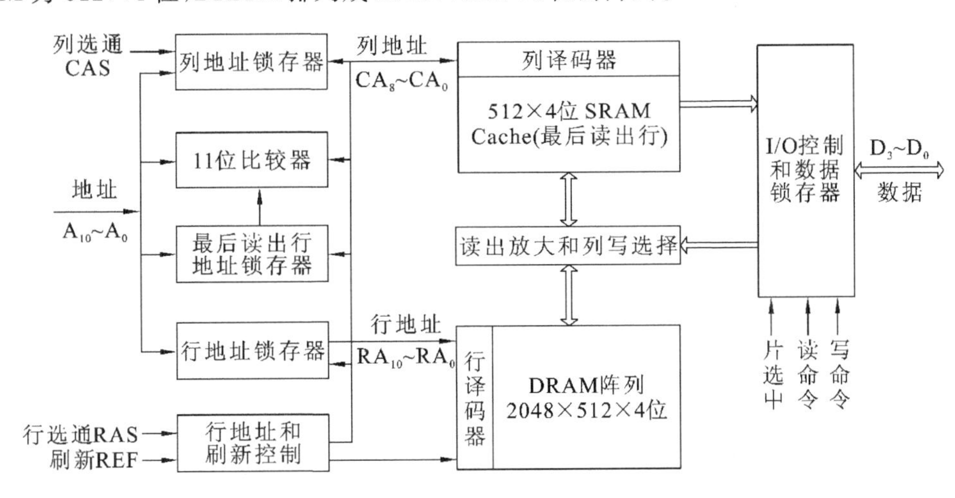


**图 7.32** 1M×4 **位** CDRAM **芯片结构框图**

由图 7.32 可见，地址引脚线只有 11 根（$A_{10}$～$A_0$），而 1M×4 位的存储芯片对应 20 位地址，此 20 位地址需分时送入芯片内部。首先在行选通信号作用下，高 11 位地址经地址引脚线输入，分别保存在行地址锁存器中和最后读出行地址锁存器中。在 DRAM 的 2048 行中，此指定行地址的全部数据 512×4 位被读到 SRAM 中暂存。然后在列选通信号作用下，低 9 位地址经地址引脚线输入，保存到列地址锁存器中。在读命令有效时，512 个 4 位组的

SRAM 中某个 4 位组被这个列地址选中，经数据线 $D_3 \sim D_0$，从芯片输出。

下一次读取时，输入的行地址立即与最后读出行锁存器的内容进行 11 位比较。若比较相符，说明该数据在 SRAM 中，再由输入列地址选择某个 4 位组输出；若比较不相符，则需驱动 DRAM 阵列更新 SRAM 和最后读出行地址锁存器中的内容，并送出指定的 4 位组。

由此可见，以 SRAM 保存一行内容的方法，当对连续高 11 位地址相同(属于同一行地址的数据进行读取时，只需连续变动 9 位列地址就可使相应的 4 位组连续读出，这被称为猝发式读取，对成块传送十分有利。

从图 7.32 所示的结构可见，芯片内的数据输出路径(由 SRAM 到 I/O)与数据输入路径(由 I/O 到读放大器和列写选择)是分开的，这就允许在写操作完成的同时启动同一行的读操作。此外，在 SRAM 读出期间可同时对 DRAM 阵列进行刷新。

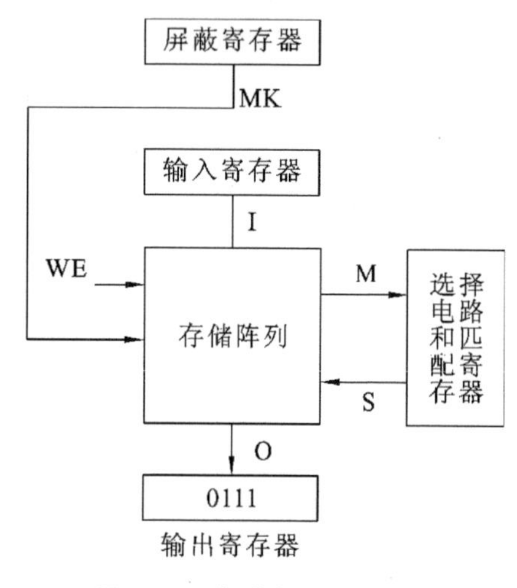


图 7.33 相联存储器的组成

**4. 相联访问技术**

相联存储器属于按内容访问的存储器，是一种通过对它的全部或部分内容进行比对再存取的随机存储器，所以也被称为 CAM(content addressed memory)。CAM 适用于快速查询的场合。

1) 相联存储器的组成与原理

图 7.33 所示为相联存储器的组成，由存储体(存储阵列)、输入(检索)寄存器、屏蔽寄存器、符合(匹配)寄存器、比较线路、代码(输出)寄存器、控制线路等组成。

(1) 输入寄存器：用来存放检索字，其位数和相联存储器的存储单元位数相等。

(2) 屏蔽寄存器：用来存放屏蔽码，其位数和检索寄存器的位数相同。

(3) 匹配寄存器：用于存放每行匹配的结果，其位数等于相联存储器的存储单元行数，每一位对应一个存储单元，位的序数即为相联存储器的单元地址。

(4) 比较线路：把检索项和从存储体中读出的所有单元内容的相应位进行比较，如果有某个存储单元和检索项匹配，就把匹配寄存器的相应位置"1"，表示该字已被检索。

(5) 基本存储单元 CELL：如图 7.34 所示为相联存储器的基本存储单元电路的内部结构，图 7.35 所示为该单元电路对应的外部结构，其中包括用于存放一位数据的 DFF、一个输入数据与所存数据比较的匹配电路以及对单元进行读写操作的电路。

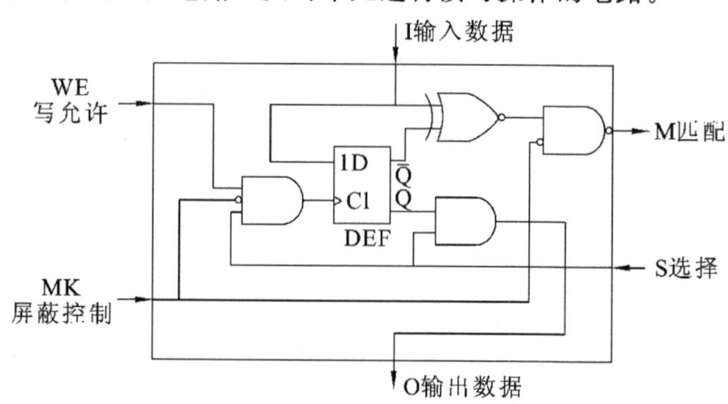


图 7.34 相联存储器基本存储单元电路的内部结构

引脚 I 为一位检索数据输入端；M 为比较结果输出端，其值为 1 表示匹配，是否进行匹配操作，由屏蔽信号 MK 控制；选择控制信号 S 通常为低电平，S=1 选择对单元进行读写操作，写操作时，S 也作为 DFF 的 CLK 信号，CLK 同时受 MK 和 WE 的控制，当写允许 WE=1、屏蔽 MK=0 时，才可将输入数据写入存储单元，S=0 时，O(输出数据)强制为 0。

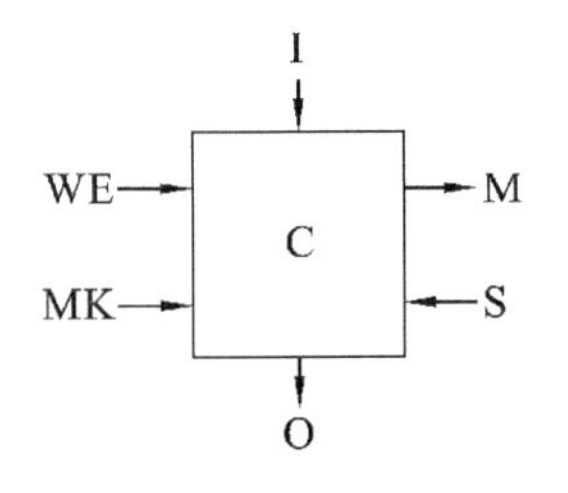


图 7.35　相联存储器基本存储单元电路的外部结构

存储阵列由高速半导体存储器构成，以进行快速存取。上述结构的相联存储器基本单元可以方便地组合成相联存储器阵列，如图 7.36 所示，为 4×4 的 Cell 组成的相联存储阵列。其中$WE_3$～$WE_0$为写允许输入，$I_3$～$I_0$为需要比较的数据输入，$MK_3$～$MK_0$为各行屏蔽信号的输入，$M_3$～$M_0$为匹配结果输出(是各行线与运算的结果，这在大规模集成电路中很容易实现)，$S_3$～$S_0$为选择输入，$O_3$～$O_0$为匹配的数据输出(是各列线或的结果，大规模集成电路中同样容易实现)。如果多个数据字相匹配，则由控制电路通过 S 决定输出哪个数据字或顺序输出。

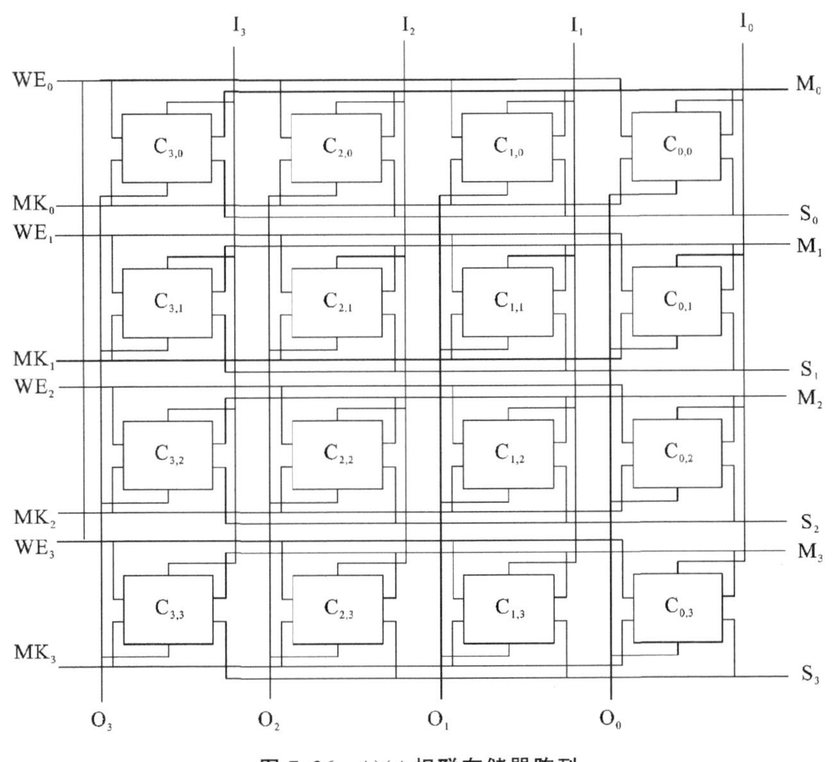


图 7.36　4×4 相联存储器阵列

(6) 输出寄存器：存储体中与比较字段相同的字，选择读出后存放在其中。

2) 基本单元的操作

(1) 比较操作。写允许 WE=0 和选择 S=0，由于

$$M=\overline{\overline{MK}\cdot\overline{(I\oplus\overline{Q})}}=MK+(I\oplus\overline{Q})\text{效果等同于 }MK+\overline{(I\oplus Q)}$$

此时，当 MK=1，M=1(与比较无关)；同理，当 MK=0，M 由比较结果决定，即 M=1(匹配)，否则 M=0(失配)。

(2) 比较结果输出。选择输入 S=0(即该行失配)，则输出数据 O=0。选择 S=1，因为写允许 WE=0(所以 S 不能作为时钟脉冲)，此时输出数据 O=Q。

(3) 写入操作。写允许 WE=1、屏蔽 MK=0，选择 S 由 0 变 1，即上升沿，Q=I，即数据

被写入。

3）相联存储器的实例分析

如图 7.36 所示的相联存储器阵列，$S_i$可以寻址阵列中的第 i 行，阵列中所有的存储字共享输入数据 $I_3$～$I_0$、屏蔽字 $MK_3$～$MK_0$，并进行匹配，也即依据屏蔽字第 i 位，输入数据第 $I_i$ 位可以同时被相联存储阵列中每个字的第 i 位进行比较，所有行同时将每个基本单元的匹配结果 $M_i$"线与"后输出，只有第 i 个字的每位 M 都为"1"，i=3～0，该行输出才为"1"，即 M=1。由图 7.37 还可以看出，屏蔽字 0011 中低两位为 11，输入寄存器中 4 位数据，要查找的是高两位 01，即屏蔽存储阵列中各行的低两位（使之不被操作）。因此，各行同时匹配的结果 $M_3M_2M_1M_0$=0010 送入匹配寄存器，也即第二行数据为 0111 满足匹配要求，该选中的数据由选择电路依据 $S_3S_2S_1S_0$=0100 选择输出到输出寄存器。

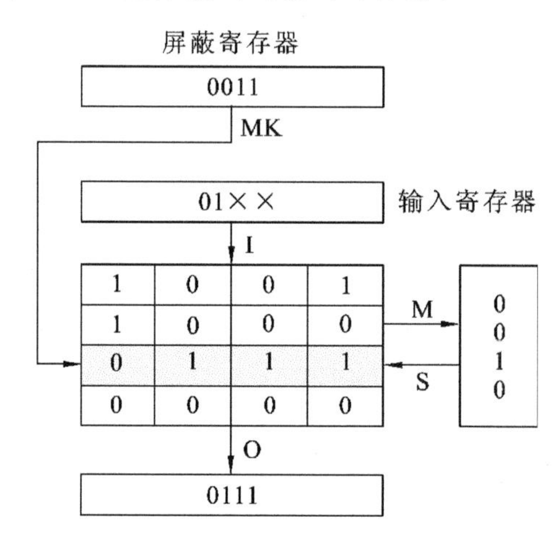


图 7.37 相联存储器实例

4）相联存储器的应用

由实例可知，相联存储器的访问操作特点是对整个存储阵列中的所有数据同时进行匹配操作，从而迅速地完成查找，这在普通的存储器中需要逐行进行，包括执行比较指令在内所需的时间远比相联存储器要长，也即相联存储器查找速度要快得多。

在计算机系统中，相联存储器主要用于在虚拟存储器中存放快表；在高速缓冲存储器中，相联存储器作为存放 Cache 系统中用于比较的表格；也用于高速的网络设备中（如桥接器），这是因为在这些应用中都需要快速查找。

然而，若相联存储器的容量较大，每次查找的时间也会增加，又由于相联存储器与 DRAM 相比，基本存储单元的晶体管数目约大一个数量级，成本、功耗和体积都迅速增加，所以相联存储器还没有被广泛采用。

## 7.3 高速缓冲存储器

### 7.3.1 概述

**1. 问题的提出**

在多体并行存储系统中，由于 I/O 设备向主存请求的级别高于 CPU 访存，这就出现了 CPU 等待 I/O 设备访存的现象，致使 CPU 空等一段时间，甚至可能等待几个主存周期，从而降低了 CPU 的工作效率。为了避免 CPU 与 I/O 设备争抢访存，可在 CPU 与主存之间加一级缓存，这样，主存可将 CPU 要取的信息提前送至缓存，一旦主存与 I/O 设备交换信息，CPU 可直接从缓存中读取所需信息，不必空等而影响效率。

从另一角度来看，主存速度的提高始终跟不上 CPU 的发展。据统计，CPU 的速度平均每年改进 60%，而组成主存的动态 RAM 速度平均每年只改进 7%，结果是 CPU 和动态 RAM 之间的速度间隙平均每年增大 50%，例如 100 MHz 的 Pentium 处理器平均每 10 ns 就执行一条指令，而动态 RAM 的典型访问时间为 60～120 ns。这也希望由高速缓存 Cache 来解决主存与 CPU 速度的不匹配问题。

Cache 的出现使 CPU 可以不直接访问主存，而与高速 Cache 交换信息。那么，这是否可能呢？通过大量典型程序的分析，发现 CPU 从主存取指令或取数据，在一定时间内，只是对主存局部地址区域的访问。这是由于指令和数据在主存内都是连续存放的，并且有些指令和数据往往会被多次调用（如子程序、循环程序和一些常数），即指令和数据在主存的地址分布不是随机的，而是相对的簇聚，使得 CPU 执行程序时，访存具有相对的局部性，这就称为程序访问的局部性原理。根据这一原理，很容易设想，只要将 CPU 近期要用到的程序和数据提前从主存送到 Cache，那么就可以做到 CPU 在一定时间内只访问 Cache。一般 Cache 采用高速的 SRAM 制作，其价格比主存贵，但因其容量远小于主存，因此能很好地解决速度和成本的矛盾。

**2. Cache 的工作原理**

图 7.38 是 Cache-主存存储空间的基本结构示意图。

主存由 $2^n$ 个可编址的字组成，每个字有唯一的 n 位地址。为了与 Cache 映射，将主存与缓存都分成若干块，每块内又包含若干个字，并使它们的块大小相同（即块内的字数相同）。这就将主存的地址分成两段：高 m 位表示主存的块地址，低 b 位表示块内地址，则 $2^m = M$ 表示主存的块数。同样，缓存的地址也分为两段：高 c 位表示缓存的块号，低 b 位表示块内地址，则 $2^c = C$ 表示缓存块数，并且 C 远小于 M。主存与缓存地址中都用 b 位表示其块内字数，即 $B = 2^b$ 反映了块的大小，称 B 为块长。

任何时刻都有一些主存块处在缓存块中。CPU 欲读取主存某字时，有两种可能：一种是所需要的字已在缓存中，即可直接访问 Cache（CPU 与 Cache 之间通常一次传送一个字）；另一种是所需的字不在 Cache 内，此时需将该字所在的主存整个字块一次调入 Cache 中（Cache 与主存之间是字块传送）。如果主存块已调入缓存块，则称该主存块与缓存块建立了对应关系。

上述第一种情况为 CPU 访问 Cache 命中，第二种情况为 CPU 访问 Cache 不命中。由于缓存的块数 C 远小于主存的块数 M，因此，一个缓存块不能唯一地、永久地只对应一个主存块，故每个缓存块需设一个标记（参见图 7.38），用来表示当前存放的是哪一个主存块，该标记的内容相当于主存块的编号。CPU 读信息时，要将主存地址的高 m 位（或 m 位中的一部分、与缓存块的标记进行比较，以判断所读的信息是否已在缓存中（参见图 7.43）。

Cache 的容量与块长是影响 Cache 效率的重要因素，通常用“命中率”来衡量 Cache 的效率。命中率是指 CPU 要访问的信息已在 Cache 内的比率。

在一个程序执行期间，设 $N_c$ 为访问 Cache 的总命中次数，$N_m$ 为访问主存的总次数，则命中率 h 为：

$$h = \frac{N_c}{N_c + N_m}$$

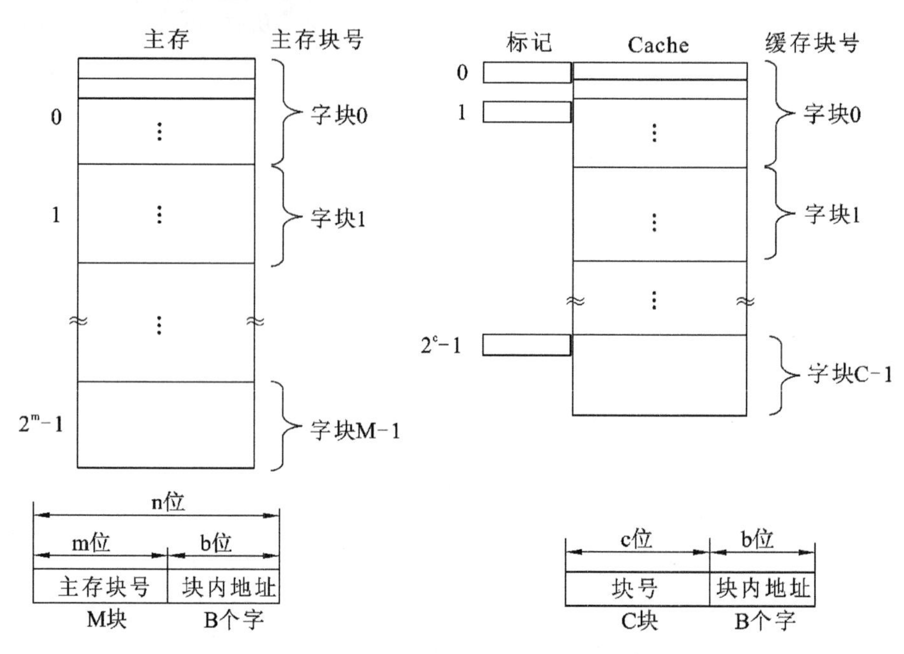


**图 7.38** Cache-**主存存储空间的基本结构示意图**

设 $t_c$ 为命中时的 Cache 访问时间，$t_m$ 为未命中时的主存访问时间，1－h 表示未命中率，则 Cache-主存系统的平均访问时间为 $t_a$ 为：

$$t_a = ht_c + (1-h)t_m$$

当然，以较小的硬件代价使 Cache-主存系统的平均访问时间 $t_a$ 越接近于 $t_c$ 越好。用 e 表示访问效率，则有：

$$e = \frac{t_c}{t_a} \times 100\% = \frac{t_c}{ht_c + (1-h)t_m} \times 100\%$$

可见，为提高访问效率，命中率 h 越接近 1 越好。

**【例 7.5】** 假设 CPU 执行某段程序时共访问 Cache 命中 2000 次，访问主存 50 次。已知 Cache 的存取周期为 50 ns，主存的存取周期为 200 ns。求 Cache-主存系统的命中率、效率和平均访问时间。

**【解】** (1) Cache 的命中率为：

$$2000/(2000+50) = 0.97$$

(2) 由题可知，访问主存的时间是访问 Cache 时间的 4 倍(200/50＝4)。

设访问 Cache 的时间为 t，访问主存的时间为 4t，Cache-主存系统的访问效率为 e，则

$$e = \frac{\text{访问 Cache 的时间}}{\text{平均访问时间}} \times 100\%$$

$$= \frac{t}{0.97 \times t + (1-0.97) \times 4t} \times 100\% = 91.7\%$$

(3) 平均访问时间为：

$$50\ \text{ns} \times 0.97 + 200\ \text{ns} \times (1-0.97) = 54.5\ \text{ns}$$

一般而言，Cache 容量越大，其 CPU 的命中率就越高。当然容量也没必要太大，太大会增加成本，而且当 Cache 容量达到一定值时，命中率已不因容量的增大而有明显的提高。因此，Cache 容量是总成本价与命中率的折中值。例如，80386 的主存最大容量为 4 GB，与其配套的 Cache 容量为 16 KB 或 32 KB，其命中率可达 95%以上。

块长与命中率之间的关系更为复杂，它取决于各程序的局部特性。当块由小到大增长时，起初会因局部性原理使命中率有所提高。由局部性原理可知，在已被访问字的附近，近期也可能被访问，因此，增长块长，可将更多有用字存入缓存，提高其命中率。可是，倘若继续增长块长，命中率很可能下降，这是因为所装入缓存的有用数据反而少于被替换掉的有用数据。由于块长的增长，导致缓存中块数减少，而新装入的块要覆盖旧块，很可能出现少数块刚刚装入就被覆盖，因此命中率反而下降。再者，块增长后，追加上的字距离已被访问的字更远，故近期被访问的可能性会更少。块长的最优值是很难确定的，一般每块取 4 至 8 个可编址单位（字或字节）较好，也可取一个主存周期所能调出主存的信息长度。例如，CRAY-1 的主存是 16 体交叉，每个体为单宽，其存放指令的 Cache 块长为 16 个字。又如，IBM 370/168 机主存是 4 体交叉，每个体宽为 64 位（8 字节），其 Cache 块长为 32 字节。

**3. Cache 的基本结构**

Cache 的基本结构原理框图如图 7.39 所示。

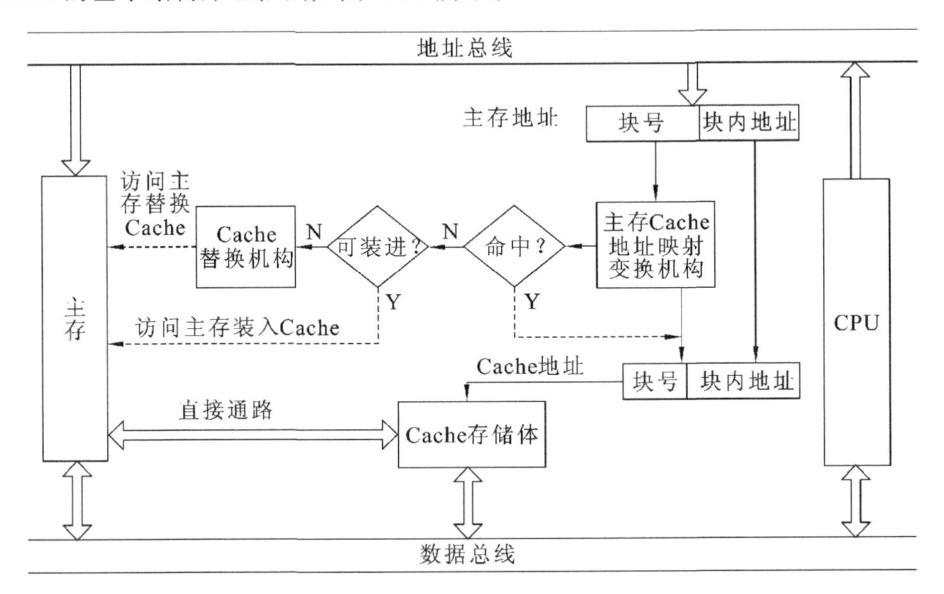


**图 7.39　Cache 的基本结构原理框图**

它主要由 Cache 存储体、地址映射变换机构、Cache 替换机构几大模块组成。

1）Cache 存储体

Cache 存储体以块为单位与主存交换信息，为加速 Cache 与主存之间的调动，主存大多采用多体结构，并且 Cache 访存的优先级最高。

2）地址映射变换机构

地址映射变换机构是将 CPU 送来的主存地址转换为 Cache 地址。由于主存和 Cache 的块大小相同，块内地址都是相对于块的起始地址的偏移量（即低位地址相同），因此地址变换主要是主存的块号（高位地址）与 Cache 块号间的转换。而地址变换又与主存地址以什么样的函数关系映射到 Cache 中（称为地址映射）有关。

如果转换后的 Cache 块已与 CPU 欲访问的主存块建立了对应关系，即已命中，则 CPU 可直接访问 Cache 存储体。如果转换后的 Cache 块与 CPU 欲访问的主存块未建立对应关系，即不命中，此刻 CPU 访问主存时，不仅将该字从主存取出，同时将它所在的主存块一并调入 Cache，供 CPU 使用。当然，此刻能将主存块调入 Cache 内，也是由于主存块要装入的

Cache 块未被占用。否则,已无法将主存块调入 Cache 内时,就得采用替换策略。

3) 替换机构

当主存块要装入的 Cache 块被占用,无法接受来自主存块的信息时,就由 Cache 内的替换机构按一定的替换算法来确定应从 Cache 内移出哪个块返回主存,而把新的主存块调入 Cache。有关替换算法详见 7.3.3 节。

特别需指出的是,Cache 对用户是透明的,即用户编程时所用到的地址是主存地址,用户根本不知道这些主存块是否已调入 Cache 内。因为,将主存块调入 Cache 的任务全由机器硬件自动完成。

4) Cache 的读写操作

读操作的过程可用图 7.40 来描述。当 CPU 发出主存地址后,首先判断该存储字是否在 Cache 中。若命中,直接访问 Cache,将该字送至 CPU;若未命中,一方面要访问主存,将该字传送给 CPU,与此同时,要将该字所在的主存块装入 Cache,如果此时 Cache 已装满,就要执行替换算法,腾出空位才能将新的主存块调入。

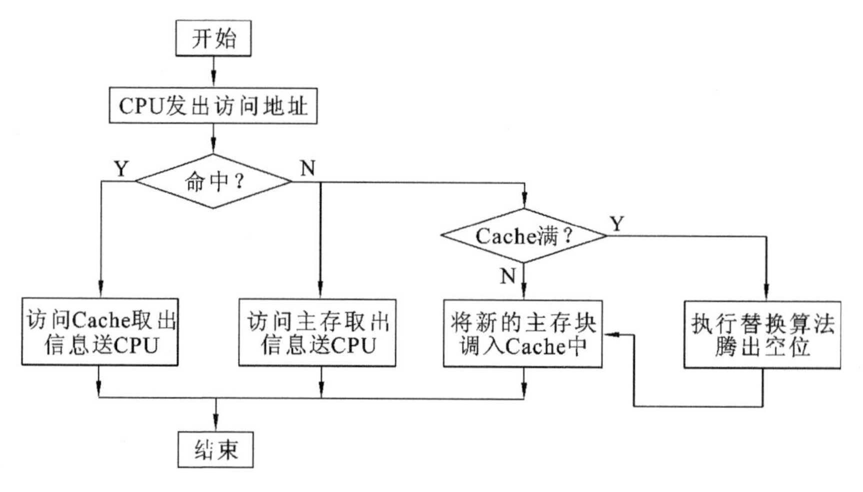


图 7.40　Cache 的读数操作流程

写操作比较复杂,因为对 Cache 块内写入的信息,必须与被映射的主存块内的信息完全一致。当程序运行过程中需对某个单元进行写操作时,会出现如何使 Cache 与主存内容保持一致的问题。目前主要采用以下几种方法。

(1) 写直达法(write-through),又称为存直达法(store-through),即写操作时数据既写入 Cache 又写入主存。它能随时保证主存和 Cache 的数据始终一致,但增加了访存次数。

(2) 写回法(write-back),又称为拷回法(copy-back),即写操作时只把数据写入 Cache 而不写入主存,但当 Cache 数据被替换出去时才写回主存。可见写回法 Cache 中的数据会与主存中的不一致。为了识别 Cache 中的数据是否与主存一致,Cache 中的每一块要增设一个标志位,该位有两个状态:“清”(表示未修改过,与主存一致)和“浊”(表示修改过,与主存不一致)。Cache 替换时,“清”的 Cache 块不必写回主存,因为此时主存中相应块的内容与 Cache 块是一致的。写 Cache 时,要将该标志位设置为“浊”,替换时此 Cache 块要写回主存,同时要使标志位为“清”。

写回法和写直达法各有特色。在写直达法中,由于 Cache 中的数据始终和主存保持一致,当读操作 Cache 失效时,只需选择一个替换的块(主存块)调入 Cache,被替换的块(Cache 块)不必写回主存。可见读操作不涉及对主存的写操作。因此这种方法更新策略比较容易实现。但是写操作时，既要写入 Cache 又要写入主存，因此写直达法的“写”操作时间就是访问主存的时间。

在写回法中，写操作时只写入 Cache，故“写”操作时间就是访问 Cache 的时间，因此速度快。这种方法对主存的写操作只发生在块替换时，而且对 Cache 中一个数据块的多次写操作只需一次写入主存，因此可减少主存的写操作次数。但当读操作 Cache 失效时要发生数据替换，引起被替换的块写回主存的操作，增加了 Cache 的复杂性。

对于有多个处理器的系统，各自都有独立的 Cache，且都共享主存，这样又出现了新问题，即当一个缓存中数据被修改时，不仅主存中相对应的字无效，连同其他缓存中相对应的字也无效(当然恰好其他缓存也有相应的字)。即使通过写直达法改变了主存的相应字，而其他缓存中数据仍然无效。显然，解决系统中 Cache 一致性的问题很重要。当今研究 Cache 一致性问题非常活跃，想进一步了解可查阅有关资料。

**4. Cache 的改进**

Cache 刚出现时，典型的系统只有一个缓存，近年来普遍采用多个 Cache。其含义有两方面：一是增加 Cache 的级数；二是将统一的 Cache 变成分立的 Cache。

1) 单一缓存和两级缓存

所谓单一缓存，是指在 CPU 和主存之间只设一个缓存。随着集成电路逻辑密度的提高，又把这个缓存直接与 CPU 制作在同一个芯片内，故又称为片内缓存(片载缓存)。片内缓存可以提高外部总线的利用率，因为将 Cache 制作在芯片内，CPU 直接访问 Cache 不必占用芯片外的总线(系统总线)，而且片内缓存与 CPU 之间的数据通路很短，大大提高了存取速度，外部总线又可更多地支持 I/O 设备与主存的信息传输，增强了系统的整体效率。例如，Intel 80486 CPU 芯片内就含 8 KB 的片内缓存。

可是，由于片内缓存在芯片内，其容量不可能很大，这就可能致使 CPU 欲访问的信息不在缓存内，势必通过系统总线访问主存，访问次数多了，整机速度就会下降。如果在主存与片内缓存之间再加一级缓存，称为片外缓存，由比主存动态 RAM 和 ROM 存取速度更快的静态 RAM 组成，而且不使用系统总线作为片外缓存与 CPU 之间的传送路径，使用一个独立的数据路径，以减轻系统总线的负担。那么，从片外缓存调入片内缓存的速度就能提高，而 CPU 占用系统总线的时间也就大大下降，整机工作速度有明显改进。这种由片外缓存和片内缓存组成的 Cache 称为两级缓存，并称片内缓存为第一级 Cache、片外缓存为第二级 Cache。随着芯片集成度的提高，已有一些处理器将第二级 Cache 结合到处理器芯片上，改善了性能。

2) 统一缓存和分立缓存

统一缓存是指指令和数据都存放在同一缓存内的 Cache；分立缓存是指指令和数据分别存放在两个缓存中，一个称为指令 Cache，一个称为数据 Cache。两种缓存的选用主要考虑如下两个因素。

其一，它与主存结构有关，如果计算机的主存是统一的(指令、数据存储在同一主存内)，则相应的 Cache 采用统一缓存；如果主存采用指令、数据分开存储的方案，则相应的 Cache 采用分立缓存。

其二，它与机器对指令执行的控制方式有关。当采用超前控制或流水线控制方式时，一般都采用分立缓存。

所谓超前控制，是指在当前指令执行过程尚未结束时就提前将下一条准备执行的指令取出，称为超前取指或指令预取。所谓流水线控制实质上是多条指令同时执行(详见第 5 章)，又可视为指令流水。当然，要实现同时执行多条指令，机器的指令译码电路和功能部件也需多个。超前控制和流水线控制特别强调指令的预取和指令的并行执行，因此，这类机器必须将指令 Cache 和数据Cache分开，否则可能出现取指和执行过程对统一缓存的争用。如果此刻采用统一缓存，则当执行部件向缓存发出取数请求时，一旦指令预取机构也向缓存发出取指请求，那么统一缓存只能先满足执行部件请求，将数据送到执行部件，而让取指请求暂时等待，显然达不到预取指令的目的，从而影响指令流水的实现。可见，这类机器将两种缓存分立尤为重要。

图7.41是PowerPC 620处理器框图。

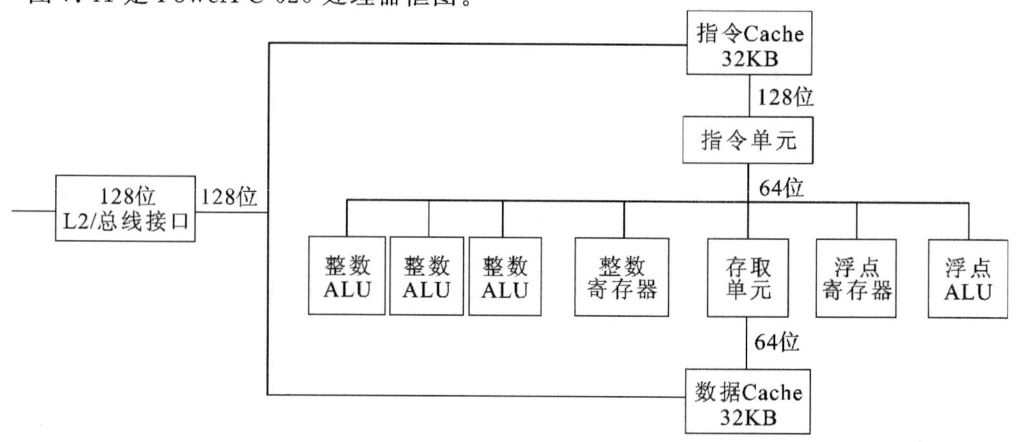


**图7.41** PowerPC 620 **处理器框图**

图7.41中有两个Cache。数据Cache通过存/取单元支持整数和浮点操作；指令Cache为只读存储器，支持指令单元。执行部件是三个可并行操作的整数ALU和一个浮点运算部件(有独立的寄存器和乘、加、除部件)。

图7.42为Pentium 4处理器框图。

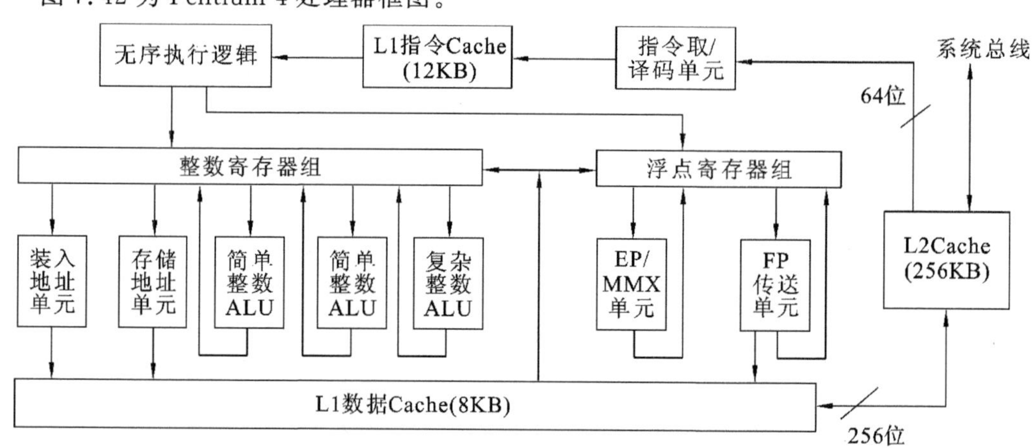


**图7.42** Pentium 4 **处理器框图**

图7.42中有两级共三个Cache，其中一级Cache分L1指令Cache和L1数据Cache，另外还有一个二级L2 Cache。

## 7.3.2 Cache-主存地址映射

由主存地址映射到Cache地址称为地址映射。地址映射方式很多，有直接映射(固定的映射关系)、全相联映射(灵活性大的映射关系)、组相联映射(上述两种映射的折中)。

**1. 直接映射**

图7.43所示为直接映射方式主存与缓存中字块的对应关系。

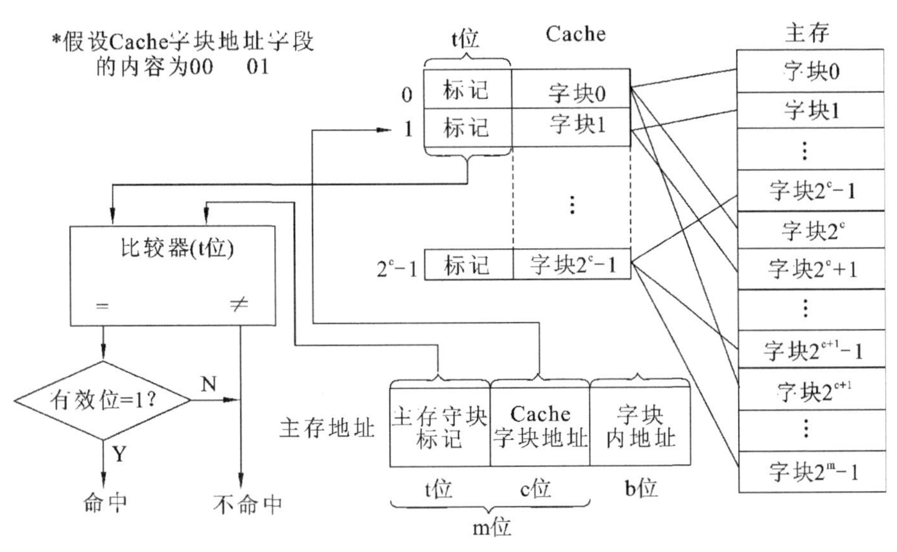


**图 7.43 直接映射**

图 7.43 中每个主存块只与一个缓存块相对应,映射关系式为:

$$i=j \bmod C \quad 或 \quad i=j \bmod 2^c$$

其中,i 为缓存块号,j 为主存块号,C 为缓存块数。映射结果表明每个缓存块对应若干个主存块,如表 7.3 所示。

**表 7.3 直接映射方式主存块和缓存块的对应关系**

| 缓 存 块 | 主 存 块 |
|---|---|
| 0 | $0,C,\cdots,2^m-C$ |
| 1 | $1,C+1,\cdots,2^m-C+1$ |
| … | … |
| $C-1$ | $C-1,2C-1,\cdots,2^m-1$ |

这种方式的优点是实现简单,只需利用主存地址的某些位直接判断,即可确定所需字块是否在缓存中。由图 7.43 可见,主存地址高 m 位被分成两部分:低 c 位是指 Cache 的字块地址,高 t 位($t=m-c$)是指主存字块标记,它被记录在建立了对应关系的缓存块的“标记”位中。缓存在接到 CPU 送来的主存地址后,只需根据中间 c 位字段(假设为 00…01)找到 Cache 字块 1,然后根据字块 1 的“标记”是否与主存地址的高 t 位相符来判断,若符合且有效位为“1”(有效位用来识别 Cache 存储块中的数据是否有效,因为有时 Cache 中的数据是无效的,例如,在初始时刻 Cache 应该是“空”的,其中的内容是无意义的),表示该 Cache 块已和主存的某块建立了对应关系(即已命中),则可根据 b 位地址从 Cache 中取得信息;若不符合,或有效位为“0”(即不命中),则从主存读入新的字块来替代旧的字块,同时将信息送往 CPU,并修改 Cache“标记”。如果原来有效位为“0”,还得将有效位置成“1”。

直接映射方式的缺点是不够灵活,因每个主存块只能固定地对应某个缓存块,即使缓存内还空着许多位置也不能占用,使缓存的存储空间得不到充分的利用。此外,如果程序恰好要重复访问对应同一缓存位置的不同主存块,就要不停地进行替换,从而降低命中率。

**2. 全相联映射**

全相联映射允许主存中每一字块映射到 Cache 中的任何一块位置上,如图 7.44 所示。

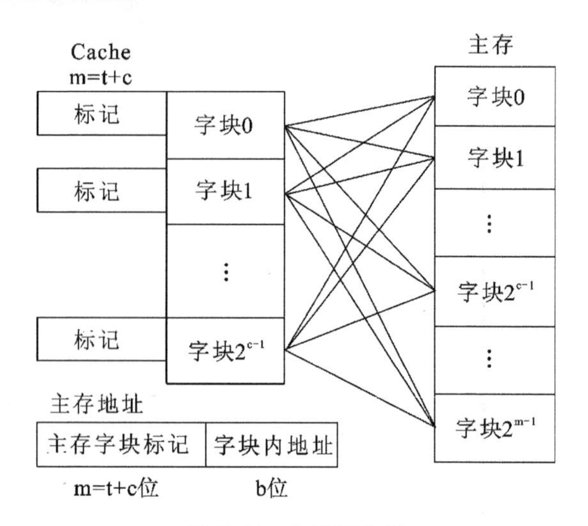


图 7.44 全相联映射

这种映射方式可以从已被占满的 Cache 中替换出任一旧字块。显然，这种方式灵活，命中率也更高，缩小了块冲突率。与直接映射相比，它的主存字块标记从 t 位增加到 t+c 位，这就使 Cache“标记”的位数增多，而且访问 Cache 时主存字块标记需要和 Cache 的全部“标记”位进行比较，才能判断出所访问主存地址的内容是否已在 Cache 内。这种比较通常采用“按内容寻址”的相联存储器来完成。

总之，这种方式所需的逻辑电路甚多，成本较高，实际的 Cache 还要采用各种措施来减少地址的比较次数。

### 3. 组相联映射

组相联映射是对直接映射和全相联映射的一种折中。它把 Cache 分为 Q 组，每组有 R 块，并有以下关系。

$$i=j \bmod Q$$

其中，i 为缓存的组号，j 为主存的块号。某一主存块按模 Q 将其映射到缓存的第 i 组内，如图 7.45 所示。

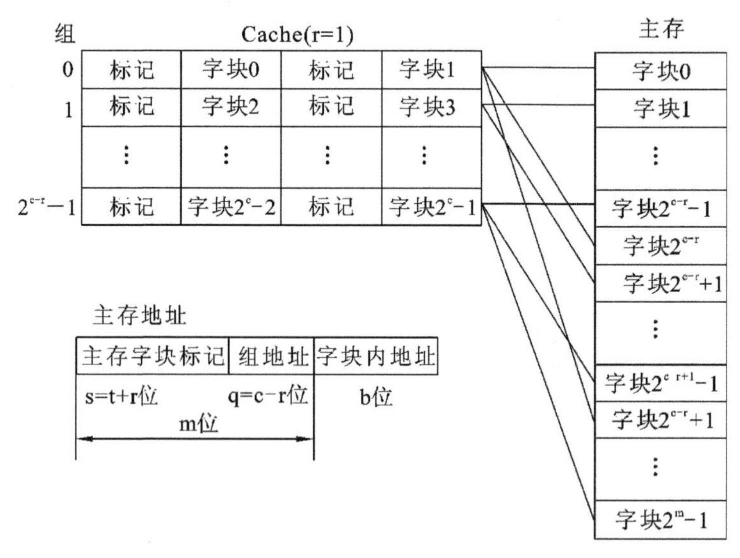


图 7.45 组相联映射

组相联映射的主存地址各段与直接映射(参见图 7.44)相比,还是有区别的。图 7.44 中 Cache 字块地址字段由 c 位变为组地址字段 q 位,并且 q=c−r,其中 $2^c$ 表示 Cache 的总块数,$2^q$ 表示 Cache 的分组个数,$2^r$ 表示组内包含的块数。主存字块标记字段由 t 位变为 s=t+r 位。为了便于理解,假设 c=5,q=4,则 r=c−q=1。其实际含义为:Cache 共有 $2^c$=32 个字块,共分为 $2^q$=16 组,每组内包含 $2^r$=2 块。组内 2 块的组相联映射又称为二路组相联。

根据上述假设条件,组相联映射的含义是:主存的某一字块可按模 16 映射到 Cache 某组的任一字块中。即主存的第 0、16、32……字块可以映射到 Cache 第 0 组两个字块中的任一字块;主存的第 15、31、47……字块可以映射到 Cache 第 15 组中的任一字块。显然,主存的第 j 块会映射到 Cache 的第 i 组内,两者之间一一对应,属直接映射关系;另一方面,主存的第 j 块可以映射到 Cache 的第 i 组内的任一块,这又体现出全相联映射关系。可见,组相联映射的性能及其复杂性介于直接映射和全相联映射两者之间,当 r=0 时是直接映射方式,当 r=c 时是全相联映射方式。

**【例 7.6】** 假设主存容量为 512 KB,Cache 容量为 4 KB,每个字块为 16 个字,每个字 32 位。

(1) Cache 地址有多少位?可容纳多少块?

(2) 主存地址有多少位?可容纳多少块?

(3) 在直接映射方式下,主存的第几块映射到 Cache 中的第 5 块(设起始字块为第 1 块)?

(4) 画出直接映射方式下主存地址字段各段的位数。

**【解】** (1)根据 Cache 容量为 4 KB($2^{12}$=4 K),Cache 地址为 12 位。由于每字 32 位,则 Cache 共有 4 KB/4 B=1 K 字。因每个字块 16 个字,故 Cache 中有 1 K/16=64 块。

(2) 根据主存容量为 512 KB($2^{19}$=512 K),主存地址为 19 位。由于每字 32 位,则主存共有 512 KB/4 B=128 K 字。因每个字块 16 个字,故主存中共 128 K/16=8192 块。

(3) 在直接映射方式下,由于 Cache 共有 64 块,主存共有 8192 块,因此主存的 5,64+5,2×64+5,…,$2^{13}$—64+5 块能映射到 Cache 的第 5 块中。

(4) 在直接映射方式下,主存地址字段的各段位数分配如图 7.46 所示。其中字块内地址为 6 位(4 位表示 16 个字,2 位表示每字 32 位),缓存共 64 块,故缓存字块地址为 6 位,主存字块标记为主存地址长度与 Cache 地址长度之差,即 19 位−12 位=7 位。

| 主存字块标记 | 缓存字块地址 | 字块内地址 |
| --- | --- | --- |
| 7位 | 6位 | 6位 |

**图 7.46　例 7.6 主存地址各字段的分配**

**【例 7.7】** 假设主存容量为 512 K×16 位,Cache 容量为 4096×16 位,块长为四个 16 位的字,访存地址为字地址。

(1) 在直接映射方式下,设计主存的地址格式。

(2) 在全相联映射方式下,设计主存的地址格式。

(3) 在二路组相联映射方式下,设计主存的地址格式。

(4) 若主存容量为 512 K×32 位,块长不变,在四路组相联映射方式下,设计主存的地址格式。

**【解】** (1)根据 Cache 容量为 4096=$2^{12}$ 字,得 Cache 字地址为 12 位。根据块长为 4,且访存地址为字地址,得字块内地址为 2 位,即 b=2,且 Cache 共有 4096/4=1024=$2^{10}$ 块,即 c=10。根据主存容量为 512 K=$2^{19}$ 字,得主存字地址为 19 位。在直接映射方式下,主存字块标记为 19 位−12 位=7 位。主存的地址格式如图 7.47(a)所示。

(2) 在全相联映射方式下，主存字块标记为 19 位－b＝19 位－2 位＝17 位，其地址格式如图 7.47(b)所示。

(3) 根据二路组相联的条件，一组内有 2 块，得 Cache 共分 1024/2＝512＝$2^q$ 组，即 q＝9，主存字块标记为 19 位－q－b＝19 位－9 位－2 位＝8 位，其地址格式如图 7.47(c)所示。

(4) 若主存容量改为 512 K×32 位，即双字宽存储器，块长仍为四个 16 位的字，访存地址仍为字地址，则主存容量可写为 1024 K×16 位，得主存地址为 20 位。由四路组相联，得 Cache 共分 1024/4＝256＝$2^q$ 组，即 q＝8。对应该条件下，主存字块标记为 20 位－8 位－2 位＝10 位，其地址格式如图 7.47(d)所示。

| 主存字块标记 | 缓存字块地址 | 字块内地址 |
|---|---|---|
| 7位 | 10位 | 2位 |

(a) 直接映射方式主存地址格式

| 主存字块标记 | 字块内地址 |
|---|---|
| 17位 | 2位 |

(b) 全相联映射方式主存地址格式

| 主存字块标记 | 组地址 | 字块内地址 |
|---|---|---|
| 8位 | 9位 | 2位 |

(c) 二路组相联映射方式主存地址格式

| 主存字块标记 | 组地址 | 字块内地址 |
|---|---|---|
| 10位 | 8位 | 2位 |

(d) 四路组相联映射方式主存地址格式

**图 7.47　例 7.7 主存地址格式**

**【例 7.8】**　假设 Cache 的工作速度是主存的 5 倍，并且 Cache 被访问命中的概率为 95%，则采用 Cache 后，存储器性能提高多少？

**【解】**　设 Cache 的存取周期为 t，主存的存取周期为 5t，则系统的平均访问时间为：

$$t_a = 0.95 \times t + 0.05 \times 5t = 1.2t$$

性能为原来的 5t/1.2t＝4.17 倍，即提高了 3.17 倍。

**【例 7.9】**　设某机主存容量为 16 MB，Cache 的容量为 8 KB。每字块有 8 个字，每字 32 位。设计一个四路组相联映射的 Cache 组织。

(1) 画出主存地址字段中各段的位数。

(2) 设 Cache 初态为空，CPU 依次从主存第 0，1，2，…，99 号单元读出 100 个字(主存一次读出一个字)，并重复此次序读 10 次，命中率是多少？

(3) 若 Cache 的速度是主存速度的 5 倍，则有 Cache 和无 Cache 相比，速度提高多少倍？

(4) 系统的效率为多少？

**【解】**　(1)根据每个字块有 8 个字，每个字 32 位，得出主存地址字段中字块内地址字段为 5 位，其中 3 位为字地址，2 位为字节地址。

根据 Cache 容量为 8 KB＝$2^{13}$B，字块大小为 $2^5$B，得 Cache 共有 $2^8$ 块，故 c＝8。根据四路组相联映射 $2^r$＝4，得 r＝2，则 q＝c－r＝8－2＝6。

根据主存容量 16 MB＝$2^{24}$ B，得出主存地址字段中主存字块标记为 24 位－6 位－5 位＝13 位。

主存地址字段各段格式如图 7.48 所示。

| 主存字块标记 | 组地址 | 字块内地址 |
| --- | --- | --- |
| 13位 | 6位 | 5位 |

**图 7.48　例 7.9 主存地址字段**

(2) 由于每个字块中有 8 个字，而且初态 Cache 为空，因此 CPU 读第 0 号单元时，未命中，必须访问主存，同时将该字所在的主存块调入 Cache 第 0 组中的任一块内，接着 CPU 读 1～7 号单元时均命中。同理，CPU 读第 8，16，…，96 号单元时均未命中。可见 CPU 在连续读 100 个字中共有 13 次未命中，而后 9 次循环读 100 个字全部命中，命中率为：

$$\frac{100\times10-13}{100\times10}=0.987$$

(3) 根据题意，设主存存取周期为 5t，Cache 的存取周期为 t，没有 Cache 的访问时间为 5t×1000，有 Cache 的访问时间为 t×(1000－13)＋5t×13，则有 Cache 和没有 Cache 相比，速度提高的倍数为：

$$\frac{5t\times1000}{t\times(1000-13)+5t\times13}-1\approx3.75$$

(4) 根据(2)求得的命中率 0.987，主存的存取周期为 5t，Cache 的存取周期为 t，得系统的效率为：

$$\frac{t}{0.987\times t+(1-0.987)\times5t}\times100\%=95\%$$

### 7.3.3　替换策略

当新的主存块需要调入 Cache 并且它的可用空间位置又被占满时，需要替换掉 Cache 的数据，这就产生了替换策略(算法)问题。在直接映射的 Cache 中，由于某个主存块只与一个 Cache 字块有映射关系，因此替换策略很简单。而在组相联和全相联映射的 Cache 中，主存块可以写入 Cache 中若干位置，这就有一个选择替换掉哪一个 Cache 字块的问题，即所谓替换算法问题：理想的替换方法是把未来很少用到的或者很久才用到的数据块替换出来，但实际上很难做到。常用的替换算法有先进先出算法、近期最少使用算法和随机法。

**1. 随机法**

随机法是随机地确定被替换的块，比较简单，可采用一个随机数产生器产生一个随机的被替换的块，但它也没有根据访存的局部性原理，故不能提高 Cache 的命中率。

**2. 先进先出**(first-in-first-out，FIFO)**算法**

FIFO 算法选择最早调入 Cache 的字块进行替换，它不需要记录各字块的使用情况，比较容易实现，开销小，但没有根据访存的局部性原理，故不能提高 Cache 的命中率。因为最早调入的信息可能以后还要用到，或者经常要用到，如循环程序。

**3. 近期最少使用**(least recently used，LRU)**算法**

LRU 算法比较好地利用访存局部性原理，替换出近期用得最少的字块。它需要随时记录 Cache 中各字块的使用情况，以便确定哪个字块是近期最少使用的字块。这种方法相对比较复杂，一般采用简化的方法，只记录每个字块最近一次使用的时间。LRU 算法的平均命中率比 FIFO 算法的高。

# 7.4 辅助存储器

## 7.4.1 概述

**1. 辅助存储器的特点**

辅助存储器作为主存的后援设备又称为外部存储器，简称外存，它与主存一起组成了存储器系统的主存-辅存层次。与主存相比，辅存具有容量大、速度慢、价格低、可脱机保存信息等特点，属“非易失性”存储器。而主存具有速度快、成本高、容量小等特点，而且大多数由半导体芯片构成，所存信息无法永久保存，属“易失性”存储器。

目前，广泛用于计算机系统的辅助存储器有硬磁盘、光盘、U 盘等。硬磁盘和现在用得越来越少的软盘和磁带属磁表面存储器。

磁表面存储器是在不同形状(如盘状、带状等)的载体上涂有磁性材料层，工作时，靠载磁体高速运动，由磁头在磁层上进行读/写操作，信息被记录在磁层上，这些信息的轨迹就是磁道。磁盘的磁道是一个个同心圆，如图 7.49(a)所示，磁带的磁道是沿磁带长度方向的直线，如图 7.49(b)所示。

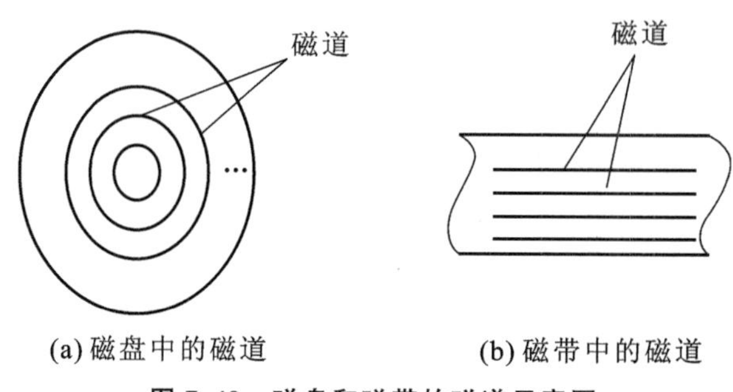


(a) 磁盘中的磁道　　(b) 磁带中的磁道

**图 7.49　磁盘和磁带的磁道示意图**

**2. 磁表面存储器的主要技术指标**

1) 记录密度

记录密度通常是指单位长度内所存储的二进制信息量。磁盘存储器用道密度和位密度表示；磁带存储器则用位密度表示。磁盘沿半径方向单位长度的磁道数为道密度，单位符号是 t/in(道每英寸)或 t/mm(道每毫米)。为了避免干扰，磁道与磁道之间需保持一定距离，相邻两条磁道中心线之间的距离称为道距，因此道密度 $D_t$ 等于道距 p 的倒数，即

$$D_t = \frac{1}{p}$$

单位长度磁道能记录二进制信息的位数，称为位密度或线密度，单位符号是 b/in(位每英寸)或 b/mm(位每毫米)。磁带存储器主要用位密度来衡量，常用的磁带有 800 b/in、1600 b/in、6250 b/in 等。对于磁盘，位密度 $D_b$ 可按下式计算：

$$D_b = \frac{f_t}{\pi d_{min}}$$

其中，$f_t$ 为每道总位数，$d_{min}$ 为同心圆中的最小直径。

在磁盘各磁道上所记录的信息量是相同的，而位密度不同，一般泛指磁盘位密度时，是指最内圈磁道上的位密度(最大位密度)。

2）存储容量

存储容量是指外存所能存储的二进制信息总数量，一般以位或字节为单位。以磁盘存储器为例，存储容量可按下式计算：

$$C=n\times k\times s$$

式中：C 为存储总容量；n 为存放信息的盘面数；k 为每个盘面的磁道数；s 为每条磁道上记录的二进制代码数。

磁盘有格式化容量和非格式化容量两个指标。非格式化容量是磁表面可以利用的磁化单元的数。格式化容量是指按某种特定的记录格式所能存储信息的总量，即用户可以使用的容量，它一般为非格式化容量的 60%～70%。

3）平均寻址时间

由存取方式分类可知，磁盘采取直接存取方式，寻址时间分为两个部分：其一是磁头寻找目标磁道的找道时间 $t_s$；其二是找到磁道后，磁头等待欲读/写的磁道区段旋转到磁头下方所需要的等待时间 $t_w$。由于从最外圈磁道找到最里圈磁道和寻找相邻磁道所需时间是不等的，而且磁头等待不同区段所花的时间也不等，因此，取其平均值，称为平均寻址时间 $t_a$，它是平均找道时间 $t_{sa}$ 和平均等待时间 $t_{wa}$ 之和：

$$t_a=t_{sa}+t_{wa}=\frac{t_{smax}+t_{smin}}{2}+\frac{t_{wmax}+t_{wmin}}{2}$$

平均寻址时间是磁盘存储器的一个重要指标。硬磁盘的平均寻址时间比软磁盘的平均寻址时间短，所以硬磁盘存储器比软磁盘存储器的速度快。

磁带存储器采取顺序存取方式，磁头不动，磁带移动，不需要寻找磁道，但要考虑磁头寻找记录区段的等待时间，所以磁带寻址时间是指磁带空转到磁头应访问的记录区段所在位置的时间。

4）数据传输率

数据传输率 $D_r$ 是指单位时间内磁表面存储器向主机传送数据的位数或字节数，它与位密度 $D_b$ 和记录介质的运动速度 V 有关：$D_r=D_b\times V$。

此外，辅存和主机的接口逻辑应有足够快的传送速度，用来完成接收/发送信息，以便主机与辅存之间正确无误地传送信息。

5）误码率

误码率是衡量磁表面存储器出错概率的参数，它等于从辅存读出信息时，出错信息位数和读出信息的总位数之比。为了降低出错率，磁表面存储器通常采用循环冗余码来发现并纠正错误。

## 7.4.2 磁记录原理和记录方式

### 1. 磁记录原理

磁表面存储器通过磁头和记录介质的相对运动完成读/写操作。写入过程如图 7.50 所示。写入时，记录介质在磁头下方匀速通过，根据写入代码的要求，对写入线圈输入一定方向和大小的电流，使磁头导磁体磁化，产生一定方向和强度的磁场。由于磁头与磁层表面间距非常小，磁力线直接穿透磁层表面，将对应磁头下方的微小区域磁化（称为磁化单元）。可以根据写入驱动电流的不同方向，使磁层表面被磁化的极性方向不同，以区别记录“0”或“1”。

读出时，记录介质在磁头下方匀速通过，磁头相对于一个个被读出的磁化单元做切割磁

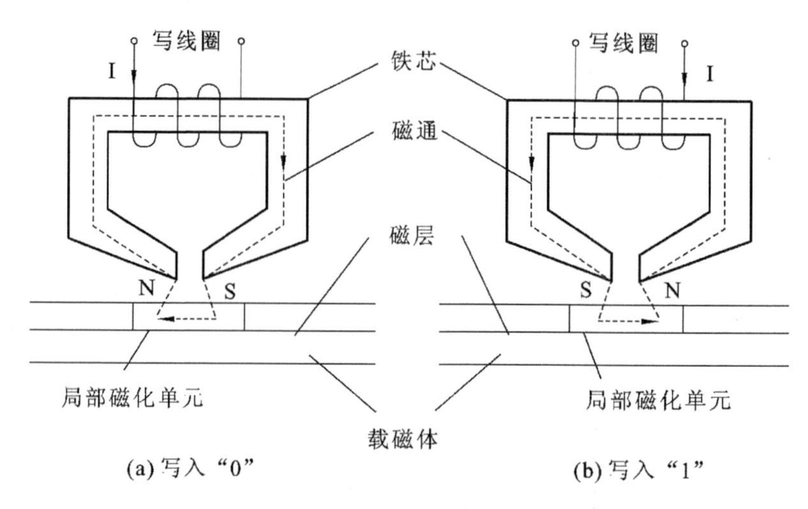


**图 7.50　磁表面存储器写入过程**

力线的运动，从而在磁头读线圈中产生感应电势 $e$，并且 $e=-n\frac{d\phi}{dt}$（n 为读出线圈匝数），其方向正好和磁通的变化方向相反。由于原来磁化单元的剩磁通 $\phi$ 的方向不同，感应电势方向也不同，便可读出"1"或"0"两种不同信息，如图 7.51 所示。

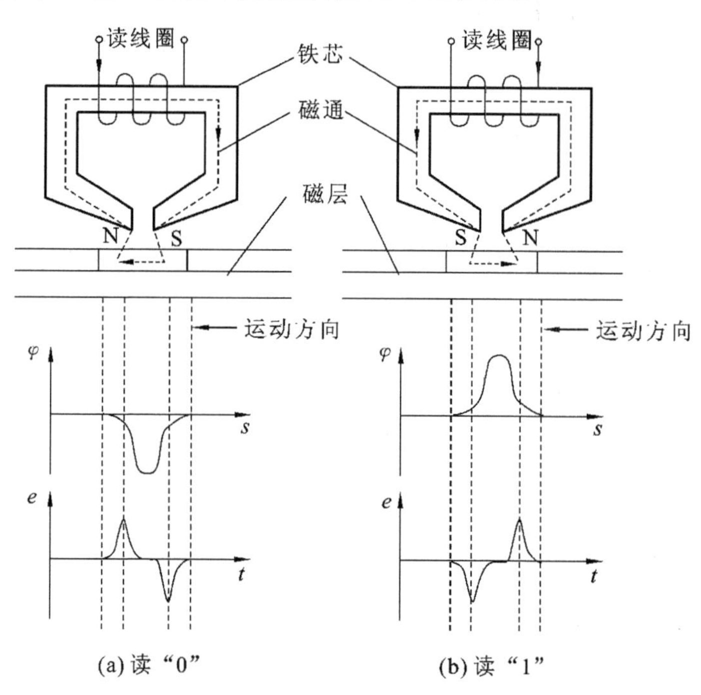


**图 7.51　磁表面存储器读出原理**



### 2. 磁表面存储器的记录方式

磁记录方式又称为编码方式，它是按某种规律将一串二进制数字信息变换成磁表面相应的磁化状态。磁记录方式对记录密度和可靠性都有很大影响，常用的记录方式有六种，如图 7.52 所示。

图 7.52 中波形既代表了磁头线圈中的写入电流波形，也代表磁层上相应位置所记录的理想的磁通变化状态。

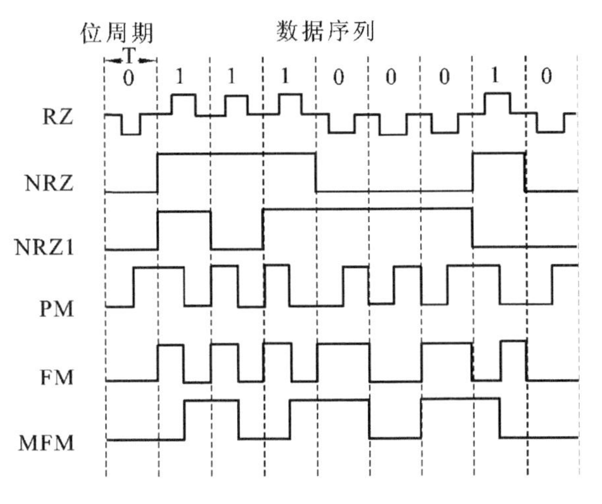


**图 7.52　六种磁记录方式的写入电流波形**

1）归零制(RZ)

归零制记录"1"时，通以正向脉冲电流，记录"0"时，通以反向脉冲电流。这样使其在磁表面形成两个不同极性的磁饱和状态，分别表示"1"和"0"。由于两位信息之间驱动电流归零，故称为归零制记录方式。在这种方式下写入信息时很难覆盖原来的磁化区域，所以为了重新写入信息，在写入前，必须先抹去原存信息。这种记录方式原理简单、实施方便，但由于两个脉冲之间有一段间隔没有电流，相应的该段磁介质未被磁化，即该段空白，故记录密度不高，目前很少使用。

2）不归零制(NRZ)

不归零制记录信息时，磁头线圈始终有驱动电流，不是正向，便是反向，不存在无电流状态。这样，磁表面层不是正向被磁化，就是反向被磁化。当连续记录"1"或"0"时，其写电流方向不变，只有当相邻两信息代码不同时，写电流才改变方向，故称为"见变就翻"的不归零制。

3）"见 1 就翻"的不归零制(NRZ1)

"见 1 就翻"的不归零制记录信息时，磁头线圈也始终有电流。但只有在记录"1"时电流改变方向，使磁层磁化方向发生翻转，记录"0"时，电流方向保持不变，使磁层的磁化方向也维持原来状态，因此称为"见 1 就翻"的不归零制。

4）调相制(PM)

调相制又称为相位编码(PE)，其特点是记录"1"或"0"的相位相反。如：记录"0"时，写电流由负变正；记录"1"时，写电流由正变负(也可以相反定义)。而且电流变化出现在一位信息记录时间的中间时刻，它以相位差为 180°的磁化翻转方向来表示"1"和"0"。因此，当连续记录相同信息时，在每两条相同信息的交界处，电流方向都要变化一次；若相邻信息不同，则两个信息位的交界处电流方向维持不变。调相制在磁带存储器中用得较多。

5）调频制(FM)

调频制的记录规则是：以驱动电流变化的频率不同来区别记录"1"还是"0"。当记录"0"时，在一位信息的记录时间内电流保持不变；当记录"1"时，在一位信息记录时间的中间时刻，使电流改变一次方向。而且无论记录"0"还是"1"，在相邻信息的交界处，线圈电流均变化一次，因此：写"1"时，在位单元的起始和中间位置都有磁通翻转；写"0"时，仅在位单元起始位置有翻转。显然，记录"1"的磁翻转频率为记录"0"的两倍，故又称为倍频制。调频制记录方式被广泛应用在硬磁盘和软磁盘中。

6）改进型调频制（MFM）

这种记录方式基本上同调频制，即记录“0”时，在位记录时间内电流不变；记录“1”时，在位记录时间的中间时刻电流发生一次变化。两者不同之处在于，改进型调频制只有当连续记录两个或两个以上的“0”时，才在每位的起始处改变一次电流，不必在每个位起始处都改变电流方向。由于这一特点，当写入同样数据序列时，MFM 比 FM 磁翻转次数少，在相同长度的磁层上可记录的信息量将会增加，从而提高了磁记录密度。FM 制记录一位二进制代码最多要两次磁翻转，MFM 制最多只要一次翻转，记录密度提高了一倍，故又称为倍密度记录方式。倍密度软磁盘即采用 MFM 记录方式。

此外还有一种二次改进的调频制（$M^2$FM），它是在 MFM 基础上改进的，其记录规则是：当连续记录“0”时，仅在第一个位起始处改变电流方向，以后的位交界处电流方向不变。

**3. 评价记录方式的主要指标**

评价一种记录方式的优劣标准主要反映在编码效率和自同步能力等方面。

1）编码效率

编码效率是指位密度与磁化翻转密度的比值，可用记录一位信息的最大磁化翻转次数来表示。例如，在 FM、PM 记录方式中，记录一位信息最大磁化翻转次数为 2，因此编码效率为 50%；而 MFM、NRZ、NRZ1 三种记录方式的编码效率为 100%，因为它们记录一位信息磁化翻转最多一次。

2）自同步能力

自同步能力是指从单个磁道读出的脉冲序列中所提取同步时钟脉冲的难易程度。从磁表面存储器的读出可知，为了将数据信息分离出来，必须有时间基准信号，称为同步信号。同步信号可以从专门设置用来记录同步信号的磁道中取得，这种方法称为外同步，如 NRZ1 制。图 7.53 画出了 NRZ1 制驱动电流、记录磁通、感应电势、同步脉冲、读出代码等几种波形的理想对应关系（图 7.53 中未反映磁通变化的滞后现象）。读出时将读线圈获得的感应信号放大（负波还要反相）、整形，这样，对于每个记录的“1”都会得到一个正脉冲，再将它们与同步脉冲相“与”，即可得读出代码波形。

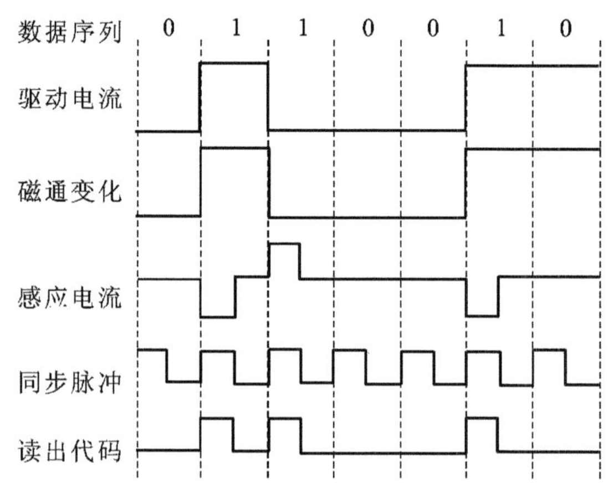


**图 7.53　NRZ1 的读出代码波形**

对于高密度的记录系统，可直接从磁盘读出的信号中提取同步信号，这种方法称为自同步。

自同步能力可用最小磁化翻转间隔和最大磁化翻转间隔之比值 R 来衡量。R 越大，自同步能力也越强。例如，NRZ 和 NRZ1 方式在连续记录“0”时，磁层都不发生磁化磁转，而 NRZ 方式在连续记录“1”时，磁层也不发生磁化翻转，因此，NRZ 和 NRZ1 都没有自同步能力。而 PM、FM、MFM 记录方式均有自同步能力。FM 记录方式的最大磁化翻转间隔是 T（T 为一位信息的记录时间），最小磁化翻转间隔是 T/2，所以 $R_{FM}=0.5$。

影响记录方式的优劣因素还有很多，如读分辨力、信息独立性（即某一位信息读出时出现误码而不影响后续其他信息位的正确性）、频带宽度、抗干扰能力以及实现电路的复杂性等。

除上述所介绍的六种记录方式外，还有成组编码记录方式，如 GCR(5.4)编码，它广泛用于磁带存储器，游程长度受限码（RLL 码）是近年发展起来的用于高密度磁盘上的一种记录方式，在此均不详述。

### 7.4.3 硬磁盘存储器

硬磁盘存储器是计算机系统中最主要的外存设备。第一个商品化的硬磁盘是由美国 IBM 公司于 1956 年研制而成的。近 60 年来，无论在结构还是在性能方面，磁盘存储器有了很大的发展和改进。

**1. 硬磁盘存储器类型**

硬磁盘存储器的盘片是由硬质铝合金材料制成的，其表面涂有一层可被磁化的硬磁特性材料。硬磁盘存储器按磁头的工作方式可分为固定磁头磁盘存储器和移动磁头磁盘存储器两类，按磁盘是否具有可换性又可分为可换盘磁盘存储器和固定盘磁盘存储器两类。

固定磁头的磁盘存储器，其磁头位置固定不动，磁盘上的每一个磁道都对应一个磁头，如图 7.54(a)所示，盘片也不可更换。其特点是省去了磁头沿盘片径向运动所需寻找磁道的时间，存取速度快，只要磁头进入工作状态即可进行读/写操作。

移动磁头的磁盘存储器存取数据时，磁头在盘面上做径向运动，这类存储器可以由一个盘片组成，如图 7.54(b)所示。也可由多个盘片装在一个同心主轴上，每个记录面各有一个磁头，如图 7.54(c)所示。

图 7.54(c)中含有六个盘片，除上下两外侧为保护面外，共有 10 个盘面可作为记录面，并对应 10 个磁头（有的磁盘组最外两侧盘面也可作为记录面，并分别与一个磁头对应）。所有这些磁头连成一体，固定在一个支架上可以移动，任何时刻各磁头都位于距圆心相等距离的磁道上，这组磁道称为一个柱面。目前，这类结构的硬磁盘存储器应用最广泛。最典型的就是温切斯特磁盘。

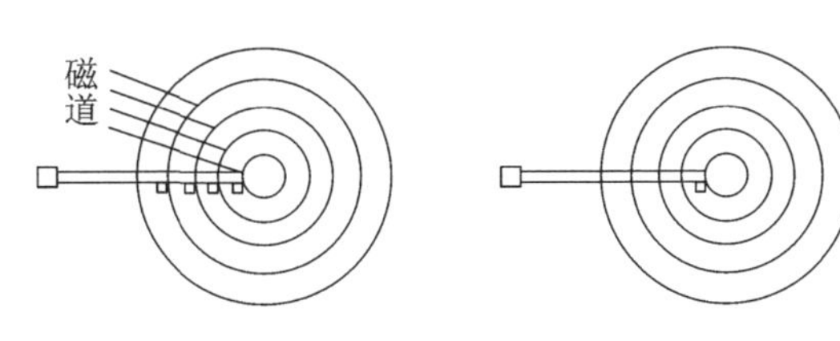


(a)固定磁头　　(b)移动磁头单盘片磁盘

**图 7.54　固定头和移动头磁盘**

可换盘磁盘存储器是指盘片可以脱机保存。这种磁盘可以在互为兼容的磁盘存储器之间交换数据，便于扩大存储容量。盘片可以只换单片，如在 4 片盒式磁盘存储器中，3 片磁盘固定，只有1片可换。也可以将整个磁盘组(如6片、11片、12片等)换下。

固定盘磁盘存储器是指磁盘不能从驱动器中取下，更换时要把整个头盘组合体一起更换。

温切斯特磁盘是一种可移动磁头固定盘片的磁盘存储器，简称温盘，是目前用得最广、最有代表性的硬磁盘存储器。它于1973年首先应用在IBM 3340硬磁盘存储器中。其特点是采用密封组合方式，将磁头、盘片、驱动部件以及读/写电路等制成一个不能随意拆卸的整体，称为头盘组合体。因此，它的防尘性能好，可靠性高，对环境要求不高。过去有些普通的硬磁盘存储器要求在超净环境中应用，往往只能用在特殊条件的大中型计算机系统中。

**2. 硬磁盘存储器的结构**

硬磁盘存储器由磁盘驱动器、磁盘控制器和盘片三大部分组成，如图7.55所示。

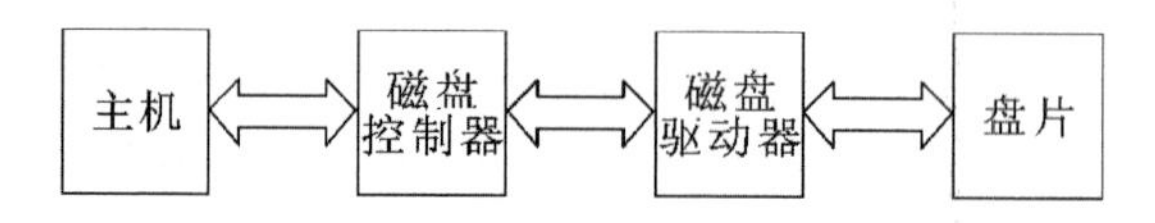


**图7.55 磁盘存储器基本结构示意图**

1) *磁盘驱动器*

磁盘驱动器是主机外的一个独立装置，又称磁盘机。大型磁盘驱动器要占用一个或几个机柜，温盘只是一个比砖还小的小匣子。驱动器主要包括主轴、定位驱动及数据控制等三部分。图7.56示意了磁盘驱动器的主轴系统和定位驱动系统。

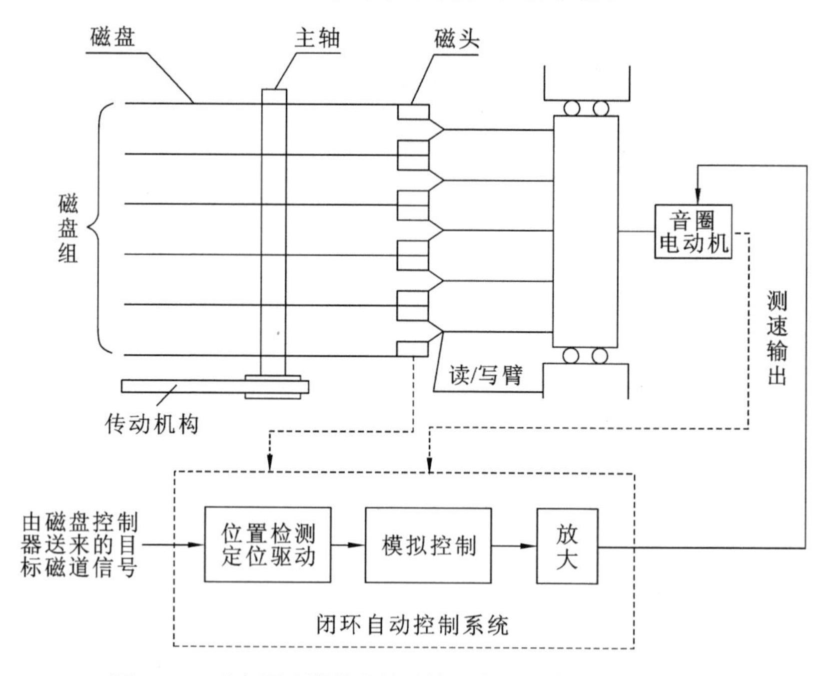


**图7.56 磁盘驱动器的主轴系统及定位驱动系统的示意图**

图7.56中主轴上装有6片磁盘，主轴受传动机构控制，可使磁盘组做高速旋转运动。磁盘组共有10个有效记录面，每一面对应1个磁头。10个磁头分装在读/写臂上，连成一体，固定在小车上，犹如一把梳子。在音圈电动机带动下，小车可以平行移动，带着磁头做盘的径向运动，以便找到目标磁道。磁头还具备浮动的特性，即当盘面

做高速旋转时，依靠盘面形成的高速气流将磁头微微"托"起，使磁头与盘面不直接接触而形成微小的气隙。

整个驱动定位系统是一个带有速度和位置反馈的闭环调节自控系统，由位置检测电路测得磁头的即时位置，并与磁盘控制器送来的目标磁道位置进行比较，找出位差；再根据磁头即时平移的速度求出磁头正确运动的方向和速度，经放大送回给线性音圈电动机，以改变小车的移动方向和速度，由此直到找到目标磁道为止。

数据控制部分主要完成数据转换及读/写控制操作。写操作时，首先接收选头选址信号，用以确定道地址和扇段地址。再根据写命令和写数据选定的磁记录方式，并将其转化为按一定变化规律的驱动电流注入磁头的写线圈中。按 7.4.2 节所述的工作原理，便可将数据写入到指定磁道上。读操作时，首先也要接收选头选址信号，然后通过读放大器及译码电路，将数据脉冲分离出来。

2）磁盘控制器

磁盘控制器通常制作成一块电路板，插在主机总线插槽中。其作用是接收由主机发来的命令，将它转换成磁盘驱动器的控制命令，实现主机和驱动器之间的数据格式转换和数据传送，并控制驱动器的读/写。可见，磁盘控制器是主机与磁盘驱动器之间的接口。其内部又包含两个接口：一个是对主机的接口，称为系统级接口，它通过系统总线与主机交换信息；另一个是对硬盘（设备）的接口，称为设备级接口，又称为设备控制器，它接收主机的命令以控制设备的各种操作。一个磁盘控制器可以控制一台或几台驱动器。图 7.57 是磁盘控制器接口的示意图。

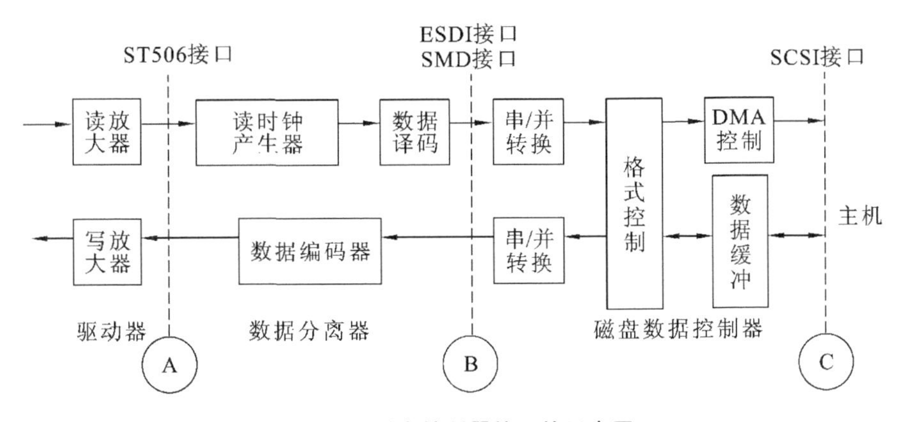


**图 7.57　磁盘控制器接口的示意图**

磁盘控制器与主机之间的界面比较清晰，只与主机的系统总线打交道，即数据的发送或接收都是通过总线完成的。磁盘存储器属快速外部设备，它与主机交换信息通常采用直接存储器访问（DMA）的控制方式，图 7.57 中所示的 SCSI 标准接口即可与系统总线相连。

磁盘控制器与驱动器的界面可设在图 7.57 的 A 处，则驱动器只完成读写和放大，如 ST506 接口就属于这种类型。如果将界面设在 B 处，则将数据分离电路和编码、解码电路划入驱动器内，磁盘控制器仅完成串/并（或并/串）转换、格式控制和 DMA 控制等逻辑功能，如 SMD 和 ESDI 等接口就属于这种类型。如果界面设在 C 处，则磁盘控制器的功能全部转入到设备之中，主机与设备之间便可采用标准通用接口，如 SCSI 接口。现在的发展趋势是后两类，增强了设备的功能，使设备相对独立，图 7.58(a)是采用了 SCSI 接口的系统结构示意图，其接口信号线如图 7.58(b)所示。

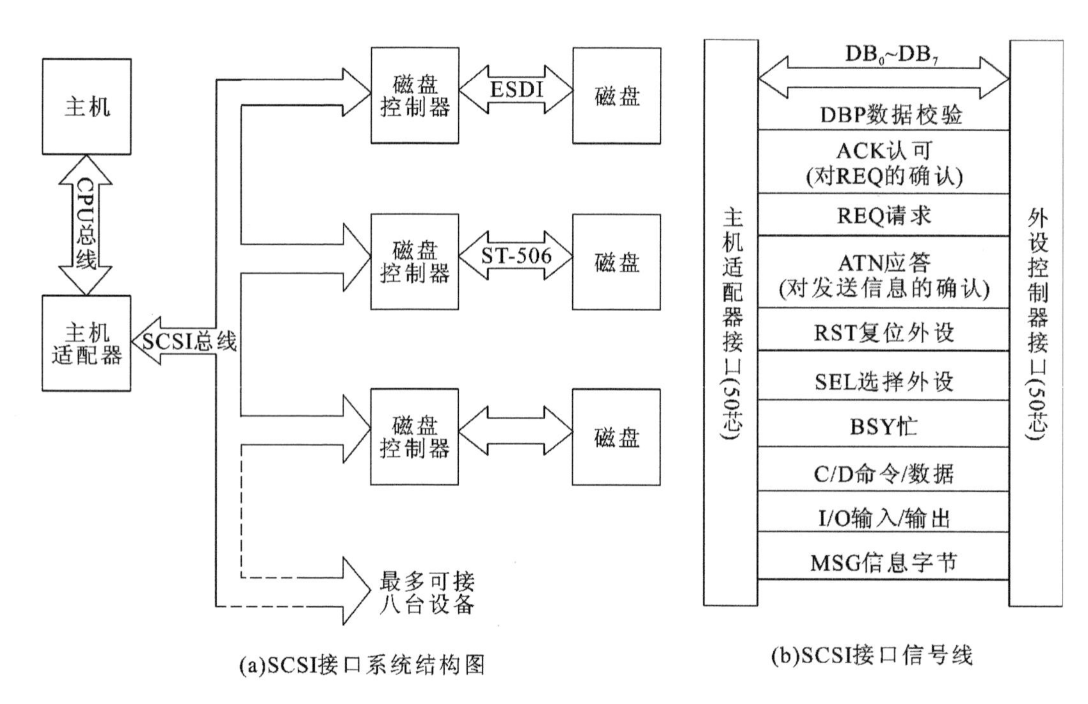


**图 7.58　SCSI 接口系统结构的接口信号线**

3）盘片

盘片是存储信息的载体，随着计算机系统的不断小型化，硬盘也在朝着小体积和大容量的方向发展。十几年来商品化的硬盘盘面的记录密度已增长了 10 倍以上。表 7.4 列出了 1991 年以来正在研制或投产的各种硬盘某些主要指标所达到的水平(实际上这些指标都高于商品化硬盘指标)。

**表 7.4　几种硬盘的某些指标**

| 硬盘直径/in | 5. 25 | 3.5 | 2. 5 | 1. 8 |
|---|---|---|---|---|
| 驱动器容量 | 3.7 GB | 1.4 GB | 181.3 MB | 20 MB |
| 数据传输率/(MB/s) | 20 | 14.5 | 6 | 2 |
| 平均存取时间/ms | 11 | 8.5 | 14.5 | 20 |

## 3. 硬磁盘存储器的发展动向

1）半导体盘

半导体盘是用半导体材料制成的“盘”，它既没有盘，也没有其他运动部件，它是以半导体芯片为核心，加上接口电路和其他控制电路，在功能上模拟硬盘，即按硬盘的工作方式存取数据。如 EEPROM，它可用电信号改写，断电时其原存信息也不丢失，因此，它就可以做成半导体盘，其存取速度比硬盘要快得多，在 0.1 ms 以下。

Flash Memory 是在 EPROM 和 EEPROM 基础上产生的一种新型的具有性能价格比和可靠性更高的可擦写、非易失性的存储器。大容量的 Flash Memory 既能长期反复使用，又不丢失信息，因此它可以用来替代磁盘。2006 年韩国三星电子公司开发的 Flash 存储芯片的容量已达 32 GB。

2）提高磁盘记录密度

为提高磁盘记录密度，通常可采用以下技术。

(1) 采用高密度记录磁头。

(2) 采用先进的处理技术，克服由高密度带来的读出信号减弱和信号干扰比下降的缺点。

(3) 降低磁头浮动高度和采用高性能磁头浮动块。

(4) 改进磁头伺服跟踪技术。

(5) 采用高性能介质和基板的磁盘。

(6) 改进编码方式。

3）提高磁盘的数据传输率和缩短平均存取时间

为实现磁盘高速化，可采用如下措施。

(1) 提高主轴转速，从过去的 2 400 r/min、3 600 r/min 提高到 4 400 r/min、4 500 r/min、5 400 r/min和 6 300 r/min。例如，美国 Maxtor Corp 开发的 MXT-1240S 型的 3.5 英寸硬盘，主轴转速为 6 300 r/min，旋转等待时间为 4.76 ms，平均存取时间为 8.5 ms。

(2) 采用超高速缓冲存储器 Cache 芯片作为读/写操作控制电路。例如，IBM 3990 型 14 英寸硬盘以及 Quantum、Conner、日立制作所的 3.5 英寸硬盘的 Cache 容量已达 256 KB。

4）采用磁盘阵列 RAID

尽管磁盘存储器的速度有了很大的提高，但与处理器相比，差距仍然很大。这种状态使磁盘存储器成了整个计算机系统功能提高的瓶颈。于是又出现了磁盘阵列 RAID（Redundant Array of Independent Disks）。它的基本原理是将并行处理技术引入到磁盘系统。使用多台小型温盘构成同步化的磁盘阵列，将数据展开分放在多台盘上，而这些盘又能像一台盘那样操作，使数据传输时间为单台盘的 1/n（n 为并行驱动器个数）。有关 RAID 的内容，读者可查阅相关资料。

**4. 硬磁盘的磁道记录格式**

盘面的信息串行排列在磁道上，以字节为单位，若干相关的字节组成记录块，一系列的记录块又构成一个“记录”，一批相关的“记录”组成了文件。为了便于寻址，数据块在盘面上的分布遵循一定规律，称为磁道记录格式。常见的有定长记录格式和不定长记录格式两种。

1）定长记录格式

一个具有 n 个盘片的磁盘组，可将其 n 个面上同一半径的磁道看成一个圆柱面，这些磁道存储的信息称为柱面信息。在移动磁头组合盘中，磁头定位机构一次定位的磁道集合正好是一个柱面。信息的交换通常在圆柱面上进行，柱面个数正好等于磁道数，故柱面号就是磁道号，而磁头号则是盘面号。

盘面又分若干扇区，每条磁道被分割成若干个扇段，数据在盘片上的布局如图 7.59 所示。扇段是磁盘寻址的最小单位。在定长记录格式中，在台号决定后，磁盘寻址定位首先确定柱面，再选定磁头，最后找到扇段。因此寻址用的磁盘地址应由台号、磁道号、盘面号、扇段号等字段组成，也可将扇段号用扇区号代替。

CDC 6639 型、7637 型、ISOT-1370 型等磁盘都采用定长记录格式。ISOT-1370 型磁盘的磁道记录格式如图 7.60 所示。

ISOT 盘共有 12 个扇区，每个扇段内只记录一个数据块，每个扇段开始由扇区标志盘读

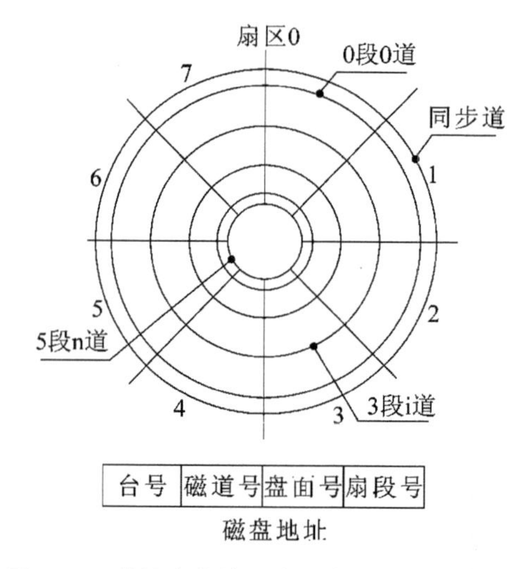


**图 7.59　数据在盘片上的分布及磁盘地址定位**

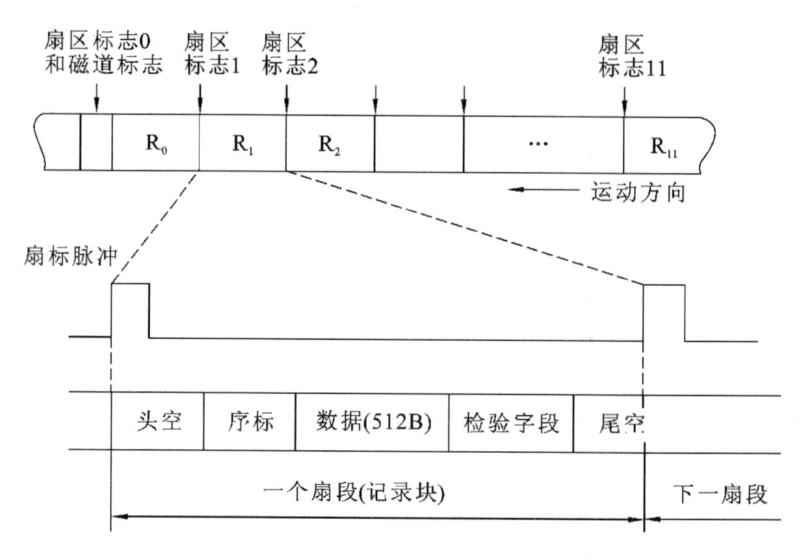


**图 7.60　ISOT 型磁盘的磁道记录格式**

出一个扇标脉冲，标志一个扇段的开始，0 扇区标志处再增加一个磁道标志，指明是起始扇区。

每个扇段的头部是空白段，起到隧道清除作用。序标段以某种约定代码作为数据块的引导数据。数据段可写入 512 B，若不满 512 B，该扇段余下部分为空白；若超过 512 B，则可占用几个扇段。检验字段写一个校验字，常用循环冗余码（CRC）检验，尾空白段为全 0 或空白区以示数据结束。

这种记录格式结构简单，可按磁道号（柱面号）、盘面号、扇段号进行直接寻址，但记录区的利用率不高。

**【例 7.10】**　假设磁盘存储器共有 6 个盘片，最外两侧盘面不能记录，每面有 204 条磁道，每条磁道有 12 个扇段，每个扇段有 512 B，磁盘机以 7 200 r/min 速度旋转，平均定位为 8 ms。

（1）计算该磁盘存储器的存储容量。

（2）计算该磁盘存储器的平均寻址时间。

**【解】** (1) 6 个盘片共有 10 个记录面，磁盘存储器的总容量为：

$$512B\times12\times204\times10=12533760B\approx12\ MB$$

(2) 磁盘存储器的平均寻址时间包括平均寻道时间和平均等待时间。其中，平均寻道时间即平均定位时间为 8 ms，平均等待时间与磁盘转速有关。根据磁盘转速为 7 200 r/min，得磁盘每转一周的平均时间为：

$$[60\ s/(7200\ r/min)]\times1/2\approx4.165\ ms$$

故平均寻址时间为：

$$8\ ms+4.165\ ms=12.165\ ms$$

**【例 7.11】** 一个磁盘组共有 11 片，每片有 203 道，数据传输率为 983 040 B/s，磁盘组转速为 3 600 r/min。假设每个记录块有 1 024 B，且系统可挂 16 台这样的磁盘机，计算该磁盘存储器的最大容量并设计磁盘地址格式。

**【解】** (1)由于数据传输速率＝每一条磁道的容量×磁盘转速，且磁盘转速为 3 600 r/m＝60 r/s，故每一磁道的容量为：983 040/60＝16 384 B。

(2) 根据每个记录块(即扇段)有 1 024 B，故每个磁道有 16 384 B/1 024 B＝16 个扇段。

(3) 该磁盘存储器的最大容量为：16 394 B×203×20×16＝1 015 MB。

(4) 磁盘地址格式如图 7.61 所示。其中：台号 4 位，表示有 16 台磁盘机；磁道号 8 位，能反映 203 道；盘面号 5 位，对应 11 个盘片共有 20 个记录面；扇段号 4 位，对应 16 个扇段。

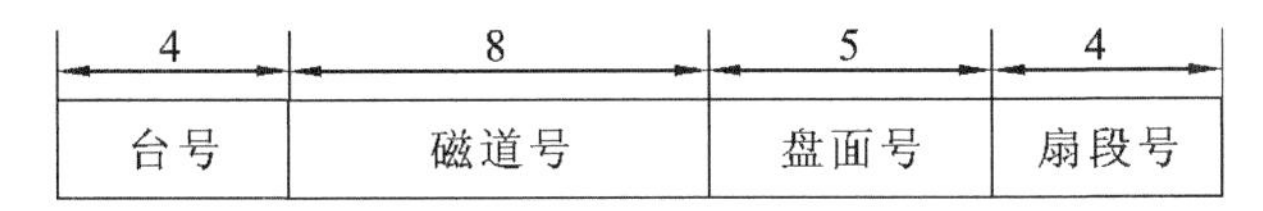


**图 7.61　例 7.11 磁盘地址格式**

**【例 7.12】** 对于一个由六个盘面组成的磁盘存储器，若某个文件长度超过一个磁道的容量，应将它记录在同一个存储面上，还是记录在同一个柱面上？

**【解】** 如果文件长度超过一个磁道的容量，应将它记录在同一柱面上，因为不需要重新找道，寻址时间减少，数据读/写速度快。

2) 不定长记录格式

在实际应用中，信息常以文件形式存入磁盘。若文件长度不是定长记录块的整数倍时往往造成记录块的浪费。不定长记录格式可根据需要来决定记录块的长度。例如，IBM 2311、IBM 2314 等磁盘驱动器采用不定长记录格式，图 7.62 是 IBM 2311 磁盘不定长度磁道记录格式的示意图。

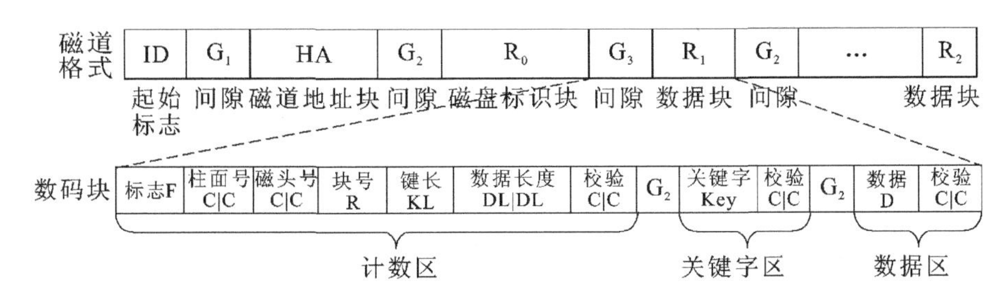


**图 7.62**　IBM 2311 **磁盘不定长度磁道记录格式的示意图**

图 7.62 中 ID 是起始标志，又称索引标志，表示磁道的起点。间隙 $G_1$ 是一段空白区，占 36～72 个字节长度，其作用是使连续的磁道分成不同的区，以利于磁盘控制器与磁盘机之间的同步和定位。磁道地址块 HA 又称为标识地址或专用地址，占七个字节，用来表明四个

方面的状况，即磁道是否完好、柱面逻辑地址号、磁头逻辑地址号和校验码。间隙 $G_2$ 占 18～38 个字节长度。$R_0$ 是磁道标识块，用来说明本磁道的状况，不作为用户数据区。间隙 $G_3$ 包含一个以专用字符表示的地址标志，指明后面都是数据记录块。数据记录块 $R_1$ 由计数区、关键字区和数据区三段组成，这三段都有循环校验码。一般要求一个记录限于同一磁道内，若设有专门的磁道溢出手段，则允许继续记录到同一柱面的另一磁道内。数据区长度不定，实际长度由计数区的 DL 给定，通常为 1～64 KB。从主存调出数据时，常常带有奇偶校验位，写入磁盘时，由磁盘控制器删去奇偶校验码，并在数据区结束时加上循环校验位。当从磁盘读出数据时，需进行一次校验操作，并恢复原来的奇偶校验位。可见，在磁盘数据区中，数据是串行的，字节之间没有间隙，字节后面没有校验码。

### 7.4.4 光盘存储器

**1. 概述**

光盘(optical disk)是利用光学方式进行读/写信息的圆盘。光盘存储器是在激光视频唱片和数字音频唱片基础上发展起来的。应用激光在某种介质上写入信息，然后再利用激光读出信息，这种技术称为光存储技术。如果光存储使用的介质是磁性材料，即利用激光在磁记录介质上存储信息，就称为磁光存储。通常把采用非磁性介质进行光存储的技术称为第一代光存储技术，它不能把内容抹掉重写新内容。磁光存储技术是在光存储技术基础上发展起来的，称为第二代光存储技术，主要特点是可擦除重写。根据光存储性能和用途的不同，光盘存储器可分为三类。

1) 只读型光盘(CD-ROM)

这种光盘内的数据和程序是由厂家事先写入的，使用时用户只能读出，不能修改或写入新的内容。它主要用于电视唱片和数字音频唱片，可以获得高质量的图像和高保真的音乐。在计算的领域里，主要用于检索文献数据库或其他数据库，也可用于计算机的辅助教学等。因它具有 ROM 特性，故称为 CD-ROM(Compact Disk-ROM)。

2) 只写一次型光盘(WORM)

这种光盘允许用户写入信息，写入后可多次读出，但只能写入一次，而且不能修改，故称其为“写一次型”(write once read many，WORM)，主要用于计算机系统中的文件存档，或写入的信息不再需要修改的场合。

3) 可擦写型光盘

这种光盘类似磁盘，可以重复读/写。从原理上来看，目前仅有光磁记录(热磁反转)和变相记录(晶态—非晶态转变)两种。它是很有前途的辅助存储器。1989 年下半年可擦写型 5.25 英寸的光盘，双面格式化的容量达到 500～650 MB。2004 年索尼公司的 Pro DATA 光盘单面容量已高达 25 GB，读取速度 11 MB/s，刻录速度 9 MB/s。



**2. 光盘的存取原理**

光盘存储器利用激光束在记录表面上存储信息，根据激光束和反射光的强弱，可以实现信息的读/写。由于光学读/写头和介质保持较大的距离，因此，它是非接触型读/写的存储器。

对于只读型和只写一次型光盘而言，写入时，将光束聚焦成直径为小于 1 $\mu$m 的微小光点，使其能量高度集中，在记录的介质上发生物理或化学变化，从而存储信息。例如，激光束以其热作用熔化盘表面的光存储介质薄膜，在薄膜上形成小凹坑，有坑的位置表示记录“1”，没坑的位置表示“0”。又比如，有些光存储介质在激光照射下，使照射点温度升高，冷却后晶体结构或晶粒大小会发生变化，从而导致介质膜光学性质发生变化(如折射率和反射率)，利用这一现象便可记录信息。

读出时，在读出光束的照射下，在有凹处和无凹处反射的光强是不同的，利用这种差别，可以读出二进制信息。由于读出光束的功率只有写入光束的 1/10，因此不会使盘面熔出新的凹坑。

可擦写光盘利用激光在磁性薄膜上产生热磁效应来记录信息(称为磁光存储)。其原理是：在一定温度下，对磁介质表面加一个强度高于该介质矫顽力的磁场，就会发生磁通翻转，便可用于记录信息。矫顽力的大小是随温度而变的。倘若设法控制温度，降低介质的矫顽力，那么外加磁场强度便很容易高于此矫顽力，使介质表面磁通发生翻转。磁光存储就是根据这一原理来存储信息的。它利用激光照射磁性薄膜，使其被照处温度升高，矫顽力下降，在外磁场 HR 作用下，该处发生磁通翻转，并使其磁化方向与外磁场 HR 一致，就可视为寄存“1”。不被照射处或 HR 小于矫顽力处可视为寄存“0”。通常把这种磁记录材料因受热而发生磁性变化的现象称为热磁效应。

图 7.63(a)表示在记录方向外加一个小于矫顽力的磁场 HR，其介质表面不发生翻转；图 7.63(b)表示激光照射处温度上升，外加的磁场 HR 大于矫顽力，而使其发生磁通翻转；图 7.63(c)表示照射后，将磁通翻转保持下来，即写入了信息。

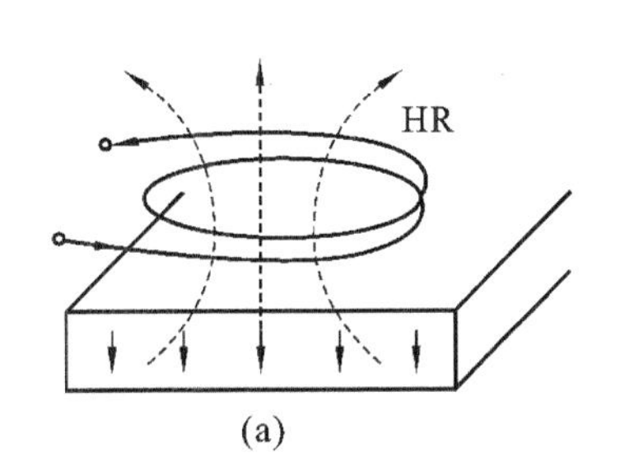


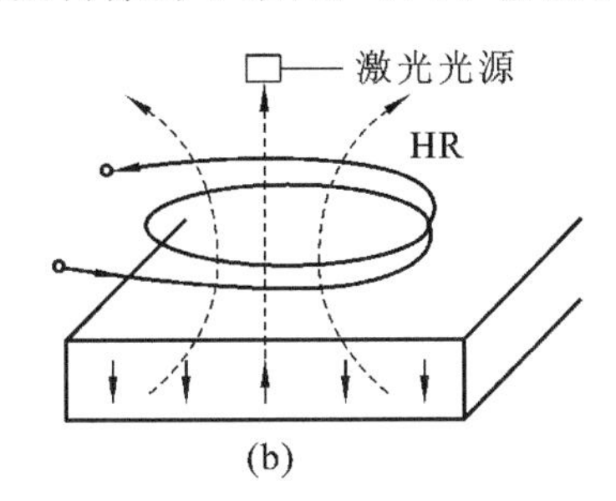


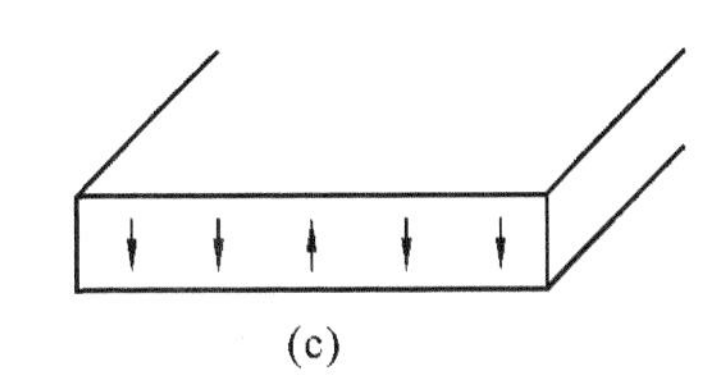


**图 7.63　磁光记录原理**

擦除信息和记录信息原理一样，擦除时外加一个和记录方向相反的磁场 HR，对已写入的信息用激光束照射，并使 HR 大于矫顽力，那么，被照射处又发生反方向磁化，使之恢复为记录前的状态。

这种利用激光的热作用改变磁化方向来记录信息的光盘称为磁光盘。

**3. 光盘存储器的组成**

光盘存储器与磁盘存储器很相似，它也由盘片、驱动器和控制器组成。驱动器同样有读/写头、寻道定位机构、主轴驱动机构等。除了机械电子机构外，还有光学机构。图 7.64 是写一次型光盘光学系统的示意图。

图 7.64 中激光器产生的光束经分离器分离后，其中 90%的光束用作记录光束，10%的光束作为读出光束。记录光束经调制器，由聚焦系统向光盘记录信息。读出光束经几个反射镜射到光盘盘片，读出光信号再经光电二极管输出。

光盘盘片的形状与磁盘盘片类似，但记录材料不同。只读型光盘与只写一次型光盘都是三层式结构。第一层为基板，第二层为涂覆在基板上的一层铝质反射层，最上面一层为很薄的金属膜。反射层和金属薄膜的厚度取决于激光源的波长 λ，两者厚度之和为 λ/4。金属膜的材料一般是碲(Te)的合金组成，这种材料在激光源的照射下会熔成一个小凹坑，用以表

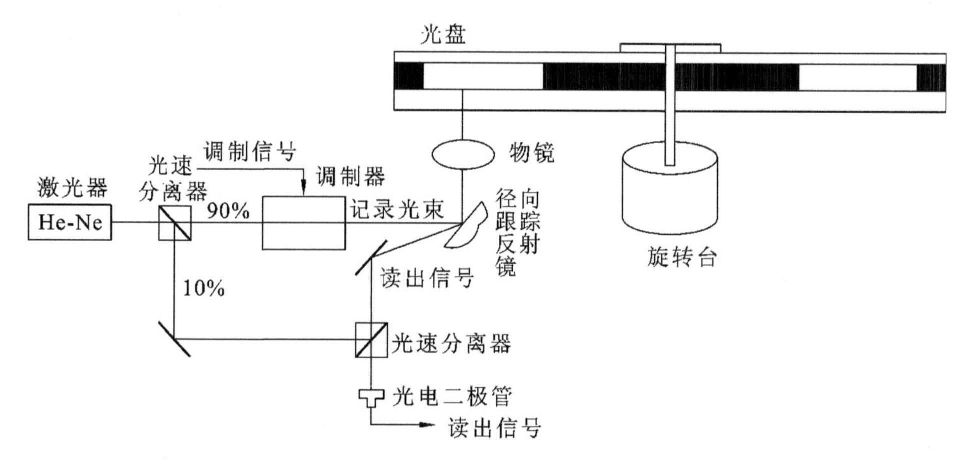


**图 7.64　写一次型光盘光学系统的示意图**

示“1”或“0”。

**4. 光盘存储器与硬盘存储器的比较**

光盘和硬盘在记录原理上很相似，都属于表面介质存储器。它们都包括头、精密机械、马达及电子线路等。在技术上都可采用自同步技术、定位和校正技术。它们都包含盘片、控制器、驱动器等。但由于它们各自的特点和功能不同，使其在计算机系统中的应用各不相同。

光盘是非接触式读/写信息，光学头与盘面的距离几乎比磁盘的磁头与盘面的间隙大 1 万倍，互不摩擦，介质不会被破坏，大大提离了光盘的耐用性，其使用寿命可长达数十年以上。

光盘可靠性高，对使用环境要求不高，机械振动的问题甚少，不需要采取特殊的防震和防尘措施。

由于光盘是靠直径小于 1 μm 的激光束写入每位信息，因此记录密度高，可达 $10^8$ 位/平方厘米，为磁盘的 10～100 倍。

光盘记录头分量重、体积大，使寻道时间长 30～100 ms。写入速变低，约为 0.2 s，平均存取时间为 100～500 ms，与主机交换信息速度不匹配。因此，它不能代替硬盘，只能作为硬盘的后备存储器。

光盘的介质互换性好，存储容量大，可用于文献档案、图书管理等方面的应用。

硬磁盘存储器容量大，数据传输率比光盘高(采用磁盘阵列，数据传输率可达 100 Mb/s)，等待时间短。它作为主存的后备存储器，用以存放程序的中间和最后结果。



## 7.4.5　新型辅助存储器

除去前述的磁介质和光存储器，近年来又出现了许多新型的辅助存储器，这些存储器的共同特点是容量大、可更换、使用方便。

**1. 大容量可移动存储器**

随着操作系统和应用软件的逐渐增大，需要更多的空间来存储它们及其创建的数据。可移动的存储器有很多种，最常用的是磁介质，也有几种是结合使用磁和光介质。

当前流行的可移动驱动器是那些存储容量为 100 MB～70 GB 或更大的驱动器。这些驱动器的速度相当快，并且在可更换磁盘或磁带上可以存储几个数据文件或不常使用的程序,也可以存储整个硬盘的内容。除了备份,它们还可以非常容易地将庞大的数据文件从一台计算机传递到另一台计算机中,或者用户可以将机密数据装入可更换盒、带并将其带离办公室,以防泄露。

可移动介质有磁盘和磁带两种基本类型。磁盘介质的价格相对较贵,其容量一般来说也相对较小,在基于文件的系统中更容易使用,当复制少量文件时比较快,但当复制大量文件或者整个驱动器时则比较慢。磁带介质的价格总的来说比较便宜,其总容量也比较大,在图像或多文件系统中使用比较方便,用它来备份整个硬盘上的所有应用程序和数据非常合适,即适合于巨量备份,但复制单个文件时就比较费事了。

有两种常用的可更换磁盘驱动器,即磁介质和磁光介质驱动器。磁介质驱动器采用与软盘或硬盘驱动器非常相似的技术,对数据进行编码和存储。磁光介质驱动器在盘上对信息进行编码时,使用了磁和激光相结合的新技术。

1) *磁盘*

磁介质存储器通常以软、硬盘为基础。例如,流行的 Zip 驱动器是 Iomega 公司早期伯努利(Bernoulli)软盘驱动器的 3.5 英寸版本。3M 公司的新型 LS-120 驱动器也是一种基于软盘的驱动器,在一张盘上可以存储 120MB,而看上去非常像一个 1.44MB 的软盘。先前的 SyQuest 驱动器和现在的 Iomega Jaz 驱动器都是基于硬盘设计的。Iomega 和 SyQquest 设计都采用了专用的标准,而 LS-120 是一个许多公司都支持的真正的工业标准。可是在工业界,Iomega 公司的 Zip 驱动器已成为一个事实上的标准。目前许多新型微机销售时,Zip 驱动器已作为一个标准配置。尽管如此,由于目前所有新的系统都支持 LS-120 超级磁盘(Super Disk),将其看作可直接启动软驱的一个替代设备,并被许多销售商接纳为标准配置,期望市场会转向 LS-120 和其后续产品,并在将来成为事实上的标准。

对于主要的可更换驱动器,有几种连接方式可供选择。虽然 SCSI 一直是而且以后仍将是一种常用的方式,然而目前大多数可更换驱动器通过 IDE 接口、并行口或者 USB 口连接。并行口和 USB 口是外接的,这样就允许在多台不同的计算机之间共享一个驱动器。遗憾的是,并行口驱动器提供的性能相对较差,尽管 USB 口要稍好一些,但其仍然不能和 IDE 或 SCSI 的性能相比。若要求有高性能的连接,SCSI 仍是外置式大容量驱动器的一个最佳选择。虽然 SCSI 用作内置方式工作也很好,但由于 IDE 的价格便宜,大多数内置式驱动器采用 IDE 接口。

2) *磁光盘*

目前最常用的读写型光盘称为 MO(Magnet Optical)。它是光学与电磁学相结合实现的一种存储技术,所以 MO 光盘常常称为磁光盘。MO 盘的记录层很薄,采用对温度极为敏感的磁性材料制成,这些磁性材料在高温下可以被磁化。

磁光盘有 3.5 英寸和 5.25 英寸两种规格。3.5 英寸的容量可以达到 1.3 GB,而 5.25 英寸的容量都超过 5 GB 了。

磁光盘所用的磁层中存在着许多已磁化的磁畴,磁畴的磁化方向与介质表面垂直。初始时,在外界磁场的作用下,全部磁畴转向同一方向。当数据写入时,利用凸透镜进行聚焦,将高功率激光照射在 MO 盘记录层上形成极小的光点,当光点的温度上升到约 300 ℃(居里点)时,磁畴随外磁场的作用而改变其磁化方向。激光迅速移去后,磁畴温度恢复正常,数据被保存在 MO 盘上。

所谓居里温度是指材料可以在铁磁体和顺磁体之间改变的温度。低于居里温度时该物质称为铁磁体,此时材料的磁场很难改变;当温度高于居里温度时,该物质称为顺磁体,这时材料的磁场很容易随周围磁场的改变而改变。

数据的读取是利用低功率的激光探测盘片表面，通过分析反射回来的偏振光的偏振面方向是顺时针还是逆时针，来决定读取的数据是"1"还是"0"。

要进行数据重写时，需经过"擦"和"写"两步，先利用中功率激光照射拟擦除的位置，使磁畴翻转恢复到原来的方向，即通过写入"0"来抹去原存数据；然后再根据要求用高功率激光在需要的位置写入数据"1"，这样就完成了数据的重写。

3）*磁带*

磁带的价格要比磁盘便宜很多，整体容量也大一些。磁带是顺序访问的，用户要找一个文件，必须从磁带头开始，而且不能单独修改或移动磁带上的单个文件，必须将整盒磁带的内容删除，然后再全部重写。因此，磁带比较适合做整个磁盘程序或数据的备份存储器，即大容量的备份存储。

计算机上要备份的数据、要存储的档案可能需要大量的空间，一些用户每星期，甚至每天都需要备份他们的数据，即将这些数据转移到别的存储介质上，以便为机器留出更多的磁盘空间。

备份整个硬盘数据或修改数据的传统方法是使用磁带，如果磁带容量足够大，用磁带备份整个磁盘的数据是简单、有效的方法。在机器上装一个用于备份的磁带机，在机器里插入一卷磁带，选择要备份的驱动器和文件，然后开始备份，备份软件就开始将要备份的数据往磁带上复制，而用户就可以干别的事情去了。以后要修改磁带上的部分或全部数据时，将这盒磁带插入磁带机，启动备份程序，选择需要重新存入的文件，剩下的工作就由磁带机来做了。

价格便宜的磁带使用 QIC、QIC-wide、Travan 技术，它们可按 2∶1 的压缩率来存储数据，但随着磁盘容量的逐渐增大，它们渐渐显示出容量太小的问题，而高性能的 DAT 或 AIT 磁带机则仍在备份存储器的市场上处于重要的位置。

数字式音频磁带(DAT)采用数字存储技术(DDS)技术，DAT 驱动器因此也称为 DDS 驱动器。DDS 驱动器的容量可以达到 20GB/40GB，可靠性高，多数的 DDS 驱动器和 DDS 盘中引入了自动清洗磁头的特性。

高级智能磁带(AIT)是 DAT/DDS 的后继版本，它比 DAT 能处理更大容量的数据。提高备份和修改记录的速度和可靠性。盒内有个可选存储器，它可以记住磁带上用户需要还原的 256 个部分，所以在几秒内磁头就可以正确地定位到开始点。AIT 还有一个自动磁道跟踪的伺服磁道系统，用于精确地把数据写到磁道上和高级无数据丢失压缩。这种磁带驱动器还有一个特点，它的读写头是内部清洗的，当软故障达到一定的界限时，就开始清洗磁头。

**2. 闪存卡和 USB 电子盘**

作为移动存储介质，闪存卡和 USB 电子盘与磁盘、光盘等传统存储产品相比表现出更为旺盛的生命力。这种高速发展的半导体存储器属于非易失性存储器，保存数据时不需要消耗能量，在一定的电压下可以改写内部数据。它与普通以字节存储的 RAM 不一样，是分块存储的。



1）*闪存卡*

闪存卡是数码相机的最好搭档，所以也被称为数字"胶卷"，和普通的胶卷不同，它可以被擦除，然后可重新使用。对于闪存卡来说，最重要的指标是容量，其次是读写速度。写入速度高意味着数码相机可以迅速地把拍摄的数据传送到闪存卡中，准备好进行下一次拍摄。读出速度高的闪存卡可以缩短图像数据上传到计算机所需的时间。

闪存卡是相当特殊的存储介质，从接口规范和使用来看，它就像一块外置硬盘，但在内部，半导体存储器的特性相当突出。目前的闪存卡主要有六大类，即CF卡、SmartMedia卡、记忆棒、SD卡、XD卡和MMC卡。

(1) CF卡　从市场份额、容量、普及性而言，CF卡(Compact Flash)是目前市场上闪存阵营中当之无愧的"老大"。CF卡内置了ATA/IDE控制器，具备即插即用功能，可以兼容绝大部分操作系统。通过PC卡适配器，CF卡可以在任何PC卡驱动器里进行读写操作，与笔记本计算机配合使用非常方便。

(2) SmartMedia卡　又称为固态软盘卡(SSFDC)，大小与CF卡相似，与CF卡不同之处在于没有内置控制器，控制器集成在数码产品中，目前新推出的数码产品已很少采用SmartMedia卡。

(3) 记忆棒　从外形上看，标准的记忆棒比一块口香糖略小，它与驱动器的连接采用排列在单侧的10针接口。

(4) SD卡和MMC卡　SD卡在推出时是体积最小的存储媒体，它与许多便携式设备沿用的多媒体卡(MMC)具有一定的兼容性，但SD卡的容量大得多，且读写速度也比MMC卡快四倍。

(5) xD卡　不仅满足了现有数码相机用户对大存储容量及良好兼容性的需求，而且其袖珍的体积也为生产设计更精致小巧的数码相机打下了基础。在读写兼容性上，xD卡不仅拥有PC卡适配器和USB读卡器，非常容易与个人计算机连接，而且小巧的体积还让它可以插入CF适配器，在使用CF卡的数码相机中使用。

2) USB电子盘

USB电子盘简称U盘，这是一种基于闪速存储介质和USB接口的移动存储设备，被称为移动存储的新一代产品。U盘可长期保存数据，并具有写保护功能，擦写次数可达百万次以上。目前U盘已不满足于仅拥有移动存储的功能，许多U盘还具有特殊的功能，例如：

(1) 启动功能——可以以软盘、硬盘或USB-ZIP方式启动。

(2) 加密功能——可以把U盘分割成几个区域，有些区域没有保密功能，任何人都可以使用，有些区域具有保密功能，只有经过密码验证之后才能存取。

(3) 压缩功能——可以对存入的信息进行压缩，对取出的信息进行解压缩。

(4) 锁定计算机功能——充当电子钥匙。

除此之外，还有内置电子邮件工具、QQ软件、个人秘书等。

U盘采用USB接口，无须外接电源，可以实现即插即用。

## 7.5 虚拟存储器

### 7.5.1 虚拟存储器概述

一个容量相对较小的高速缓冲存储器与主存组成的Cache系统，大致弥合了CPU与主存的速度差距，但随着计算机处理能力的逐步增强，对存储器的容量要求也相应提高，程序员面对越来越复杂的问题和海量的数据，自然对存储器的容量也提出了海量的要求。于是，人们也希望用类似的方法来解决存储器容量的问题，这就是主存与辅存组成的虚拟存储系统。

虚拟存储器属于主存-外存层次，由存储器管理硬件和操作系统中存储管理软件支持，借助于硬盘等辅助存储器，并以透明方式提供给用户的计算机系统，使其具有辅存的容量，接近于主存的速度，单位容量的成本也和辅存差不多。当然，主存的实际容量还是会影响计算机性能的，如果程序较大而主存容量太小，则程序运行速度将明显下降。

1）三个地址空间

虚拟存储器有三种地址空间，如图7.65所示。虚拟地址空间或虚存空间，即程序员编写程序时使用的地址空间；主存地址空间或实地址空间，这个空间用于存放运行的程序和数据；辅存地址空间，即磁盘存储器的地址空间，用于存放暂时不能调入主存的程序和数据。

2）三个对应关系

即“虚”与“逻辑”、“实”与“物理”、“辅”与“盘”三种对应关系。

具体来说，虚拟地址空间，与此对应的地址称为虚地址或逻辑地址；主存地址空间，其对应的地址称为主存地址、物理地址或实地址；辅存地址空间，其对应的地址称为辅存地址或盘地址。

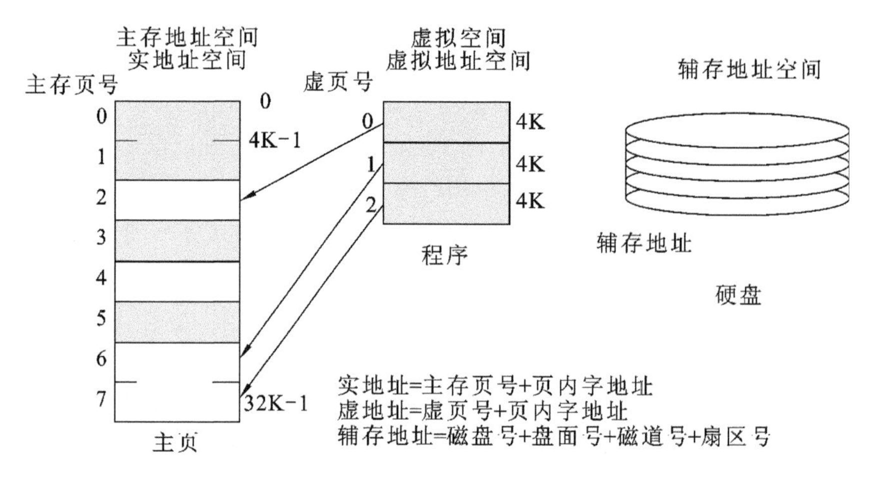


**图7.65 虚拟存储系统的三个存储空间**

为方便硬件实现，Cache块的大小是固定的，每块的容量也比较小。虚拟存储器基本的信息交换单位（粒度）有几种不同的方案，即段、页和段页，这样主存-外存层次的基本信息传送单位可采用段、页或段页三种不同的方案，这就形成了页式虚拟存储器、段式虚拟存储器、段页式虚拟存储器。下面简单介绍这三种虚拟存储器的实现与管理方案。

### 7.5.2 虚拟存储器的管理方式

在计算机系统中，将内存和外存视为一个整体，借助外存缓解内存容量不足的矛盾，这种将内、外存统一管理的存储管理机制就是虚拟存储管理。

**1. 页式虚拟存储器**

虚拟存储器基本思想是将存储器分成“页”（2K/4K），一部分映射到主存，其余映射到磁盘，并将频繁使用的“热”页保存在主存中。

页式虚拟存储器以页为信息传送单位，也就是说，在这种虚拟存储器中，不论是虚拟空间，还是主存空间都被分成大小相等的页（也称为页面），并以页为单位进行虚存和主存之间的数据交换。

虚存空间的逻辑页，其虚拟地址分为三个字段，分别是基号（操作系统为区分不同程序附加的地址字段，通常存放在基址寄存器中）、虚页号（也称逻辑页地址）和页内地址；主存空间的物理页，其实地址也分为两个字段，分别是物理页号（也称实页号）和页内地址，如图7.66所示。

页表是记录虚页与实页对照关系的表，页式虚拟存储器的地址映像如图7.66(a)所示，

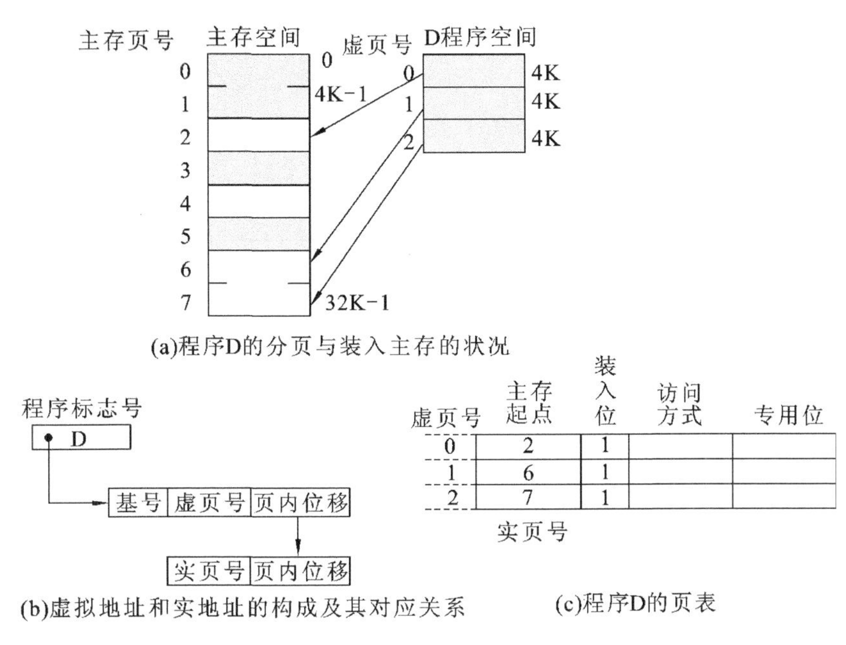


| 虚页号 | 主存起点 | 装入位 | 访问方式 | 专用位 |
|---|---|---|---|---|
| 0 | 2 | 1 | | |
| 1 | 6 | 1 | | |
| 2 | 7 | 1 | | |

**图 7.66　页式虚拟存储系统的地址映像**

页表的每条记录存放着一个虚页号和它所对应的实页号，把实页号和虚拟地址中的低位字段拼接在一起，就是所要访问的字的实际主存地址。页表记录中还包含装入位（表示该页是否已经装入到主存中）、专用位（表示该页的内容是否被修改）等控制信息。页表如图7.66(c)所示。

通常将页表存放在主存中，将虚拟地址转换成主存实地址是通过页表来实现的，页式虚拟存储器的地址变换如图 7.67 所示。当 CPU 提供虚地址，即虚存的逻辑地址，包括基号、虚页号和页内地址，通过页基址表中的页表基地址和页表长度，得到页表的基地址，从而访问页表，若被访问的页面命中，主存的字地址即为找到的物理页号加上页内地址，若未命中，启动 I/O 系统，从外存调入主存。

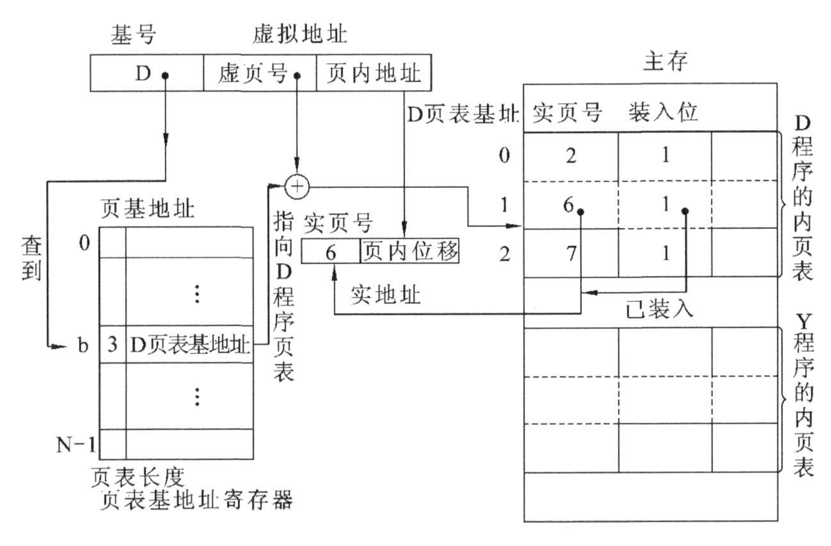


**图 7.67　页式虚拟存储器的地址变换**

### 2. 段式虚拟存储器

段式虚拟存储器是以程序的逻辑结构所形成的段(如过程、子程序等)作为主存空间分配单位的虚拟存储管理方式,由于各段的长度因程序而异,虚拟地址由段号和段内地址组成,如图 7.68 所示。

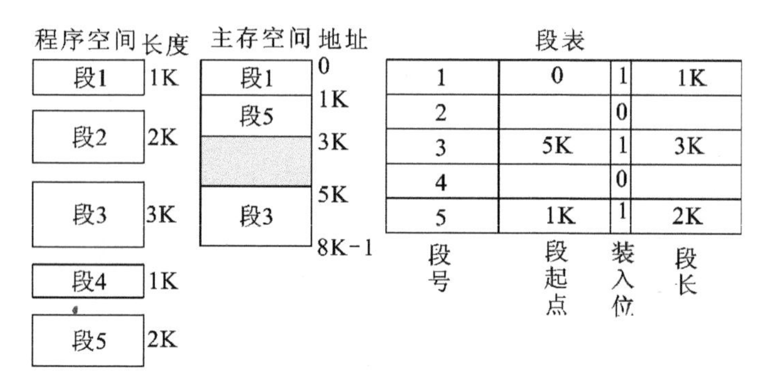


图 7.68 段式虚拟存储器的地址映像

为了把虚拟地址变换成实地址,需要一个段表,段表是表示虚段(程序的逻辑结构)与实段(主存中所存放的位置)之间关系的对照表,段表也是一个段,每一段驻留在主存中,也可存放在外存中,需要时再调入主存。虚存地址为段号+段内地址。

段式虚拟存储器的地址变换如图 7.69 所示。段式虚拟存储器的优势在于段的界线分明,也就是程序的自然分界;段易于编译、管理、修改和保护;便于多道程序共享;某些类似的段(如堆栈、队列)具有可变长度,允许自由调度,以便有效利用主存空间。它的不足是:由于段的长度各不相同,段的起点和终点不定,这给主存空间分配带来了麻烦,容易在段间留下许多空余的不能利用的零碎主存空间,造成空间的浪费。

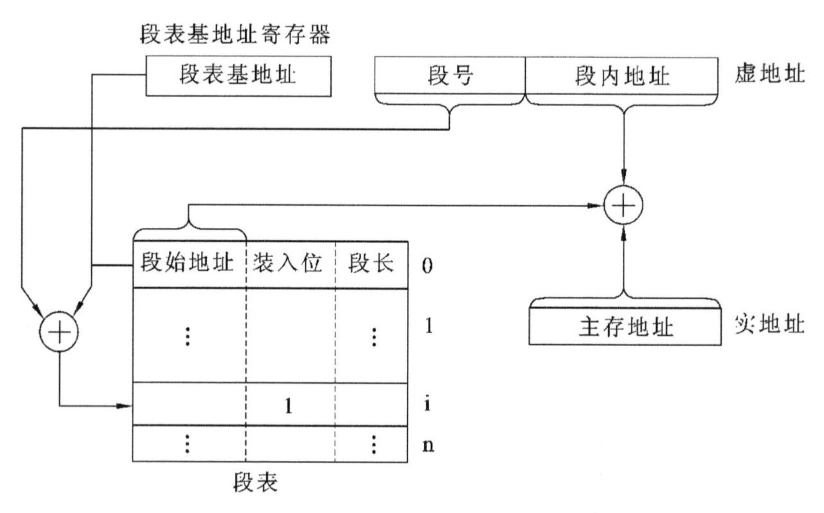


图 7.69 段式虚拟存储系统的地址变换

### 3. 段页式虚拟存储器

段页式虚拟存储器是段式和页式虚拟存储器的结合。在这种方式中,把程序按逻辑单位分段以后,再把段分成固定大小的页。程序在主存的调入、调出操作是按页为单位进行的,但又可以按段实现共享和保护。这种方式可兼顾页式和段式的优点,其不足是在地址变换过程中需要多次查表。

段页式虚拟存储器的地址变换，是通过为每个程序建立一个段表和一组页表进行定位的。段表中的每一个表目对应一个段，每个表目有一个指向该段的页表起始地址（页号）及该段的控制保护信息。由页表指明该段各页在主存中的位置以及是否已装入、已修改等状态信息。目前，大中型机一般都采用这种段页式存储管理方式。

### 7.5.3 快表和存储保护

**1. 快表**

(1) 快表（translation look-aside buffer，TLB，变换旁查缓冲器）是一个专用的高速缓冲器（通常用相联存储器实现），用于存放近期经常使用的页表项。

(2) 快表中的内容是页表部分内容的一个副本。

(3) 快表和页表同时查，快表中有，就能很快地找到对应的物理页号送入主存实地址寄存器，从而做到虽然采用虚存，但访问主存的速度几乎没有下降。

**2. 存储保护**

存储保护与操作系统相关，它包括两个方面，即存储区域保护和访问方式保护。

1) *存储区域保护*

当多个用户共享主存时，应防止由于一个用户程序出错而破坏其他用户的程序和系统软件，以及一个用户程序不合法地访问未分配给它的主存区域。

在虚拟存储系统中，存储区域保护通常采用三种保护方式，即页表/段表保护、键式保护和环式保护方式。对于页表/段表保护方式，因为每个程序的段表和页表都是由操作系统控制的，所以一旦出错，如页号越界，系统就会触发"越界中断"并加以处理，使错误影响限制在很小的范围内。对于键式保护方式，由操作系统为保护页面给每个用户所有的实页面配备相同的存储键，同时配给每个用户程序相应的访问键，程序运行中当需要访问某个页面时，操作系统先比较相应的两个键，如果两者不同，则拒绝访问，起到了保护的作用。对于环式保护方式，由操作系统根据系统程序和用户程序的级别及对整个系统正常运行的影响程度，对所有页面进行分层（也称环）编号，并在运行前将其存入页表中，然后把该程序的开始环号和上限环号分别送 CPU 的现行环号寄存器和相应的上限寄存器，运行中现行环号实时变化，并由操作系统进行比较，当出现非法越界访问时就进入出错保护处理过程。

2) *访问方式保护*

对主存信息的使用可以有三种方式，即读（R）、写（W）、执行（E），相应的访问方式保护就有 R、W、E 三者的逻辑组合，共八种，对不同用户给予不同的访问权限。这些访问方式通常作为程序状态字寄存器的保护位，并且和存储区域保护结合起来实现。

## 思考题和习题

1. 解释概念：主存、辅存、Cache、RAM、SRAM、DRAM、ROM、PROM、EPROM、EEPROM、CDROM、Flash Memory。

2. 计算机中哪些部件可用于存储信息，按其速度、容量和价格/位排序说明。

3. 存储器的层次结构主要体现在什么地方，为什么要分这些层次，计算机如何管理这些层次？

4. 说明存取周期和存取时间的区别。

5. 什么是存储器的带宽？若存储器的数据总线宽度为 32 位，存取周期为 200ns，则存储器的带宽是多少？

6. 某机字长为 32 位，其存储容量是 64 KB，按字编址其寻址范围是多少？若主存以字节编址，试画出主存字地址和字节地址的分配情况。

7. 一个容量为 16 K×32 位的存储器，其地址线和数据线的总和是多少？当选用下列不同规格的存储芯片时，各需要多少片？

1 K×4 位，2 K×4 位，4 K×4 位，16 K×1 位，4 K×8 位，8 K×8 位

8. 试比较静态 RAM 和动态 RAM。

9. 什么叫刷新？为什么要刷新？说明刷新有几种方法。

10. 半导体存储器芯片的译码驱动方式有几种？

11. 一个 8 K×8 位的动态 RAM 芯片，其内部结构排列成 256×256 形式，读/写周期为 0.1 μs。试问采用集中刷新、分散刷新及异步刷新三种方式的刷新间隔各为多少？

12. 画出用 1 024×4 位的存储芯片组成一个容量为 64 K×8 位的存储器逻辑框图：要求将 64 K 分成四个页面（将存储器分成若干个容量相等的区域，每一个区域可看作一个页面），每个页面分 16 组，共需多少片存储芯片？

13. 设有一个 64 K×8 位的 RAM 芯片，试问该芯片共有多少个基本单元电路（简称存储基元）欲设计一种具有上述同样多存储基元的芯片，要求对芯片字长的选择应满足地址线和数据线的总和为最小，试确定这种芯片的地址线和数据线，并说明有几种解答。

14. 某 8 位微型计算机地址码为 18 位，若使用 4 K×4 位的 RAM 芯片组成模块板结构的存储器，试问：

(1) 该机所允许的最大主存空间是多少？

(2) 若每个模块板为 32 K×8 位，共需几个模块板？

(3) 每个模块板内共有几片 RAM 芯片？

(4) 共有多少片 RAM？

(5) CPU 如何选择各模块板？

15. 设 CPU 共有 16 根地址线、8 根数据线，并用 $\overline{MREQ}$（低电平有效）作访存控制信号，R/$\overline{W}$ 作读/写命令信号（高电平为读，低电平为写）。现有如下存储芯片：ROM（2 K×8 位、4 K×4 位、8 K×8 位），RAM（1 K×4、2 K×8 位、4 K×8 位）及 74138 译码器和其他门电路（门电路自定）。

试从上述规格中选用合适的芯片，画出 CPU 和存储芯片的连接图。要求如下：

(1) 最小 4 K 地址为系统程序区，4096～16383 地址范围为用户程序区。

(2) 指出选用的存储芯片类型及数量。

(3) 详细画出片选逻辑。

16. CPU 要求假设同第 15 题，现有 8 片 8 K×8 位的 RAM 芯片与 CPU 相连。

(1)用 74138 译码器画出 CPU 与存储芯片的连接图。

(2) 写出每片 RAM 的地址范围。

(3) 如果运行时发现不论往哪片 RAM 写入数据，以 4000H 为起始地址的存储芯片都有与其相同的数据，分析故障原因。

(4) 根据(1)的连接图，若出现地址线 $A_{13}$ 与 CPU 断线，并搭接到高电平上，将出现什么后果？

17. 某机字长为 16 位，常规的存储空间为 64 K 字，若想不改用其他高速的存储芯片，而使访存速度提高到 8 倍，可采取什么措施？画图说明。

18. 设 CPU 共有 16 根地址线、8 根数据线，并用 $M/\overline{IO}$ 作为访问存储器或 I/O 的控制信号(高电平为访存，低电平为访 I/O)，$\overline{WR}$(低电平有效)为写命令，$\overline{RD}$(低电平有效)为读命令。设计一个容量为 64 KB 的采用低位交叉编址的 8 位并行结构存储器。画出 CPU 和存储芯片(芯片容量自定)的连接图，并写出图中每个存储芯片的地址范围(用十六进制数表示)。

19. 一个 4 体低位交叉的存储器，假设存取周期为 T，CPU 每隔 1/4 存取周期启动一个存储体，试问依次访问 64 个字需多少个存取周期？

20. 什么是程序访问的局部性？存储系统中哪一级采用了程序访问的局部性原理？

21. 计算机中设置 Cache 的作用是什么？能不能把 Cache 的容量扩大，最后取代主存，为什么？

22. Cache 制作在 CPU 芯片内有什么好处？将指令 Cache 和数据 Cache 分开又有什么好处？

23. 设主存容量为 256 K 字，Cache 容量为 2K 字，块长为 4 个字。

(1) 设计 Cache 地址格式，Cache 中可装入多少块数据？

(2) 在直接映射方式下，设计主存地址格式。

(3) 在四路组相联映射方式下，设计主存地址格式。

(4) 在全相联映射方式下，设计主存地址格式。

(5) 若存储字长为 32 位，存储器按字节寻址，写出上述三种映射方式下主存的地址格式。

24. 假设 CPU 执行某段程序时共访问 Cache 命中 4800 次，访问主存 200 次，已知 Cache 的存取周期是 30 ns，主存的存取周期是 150 ns，求 Cache 的命中率以及 Cache-主存系统的平均访问时间和效率，该系统的性能提高了多少？

25. 一个组相联映射的 Cache 由 64 块组成，每组内包含 4 块。主存包含 4096 块，每块由 128 字组成，访存地址为字地址。试问主存和 Cache 的地址各为几位？画出主存的地址格式。

26. 设主存容量为 1 MB，采用直接映射方式的 Cache 容量为 16 KB，块长为 4 个字，每字 32 位。主存地址为 ABCDEH 的存储单元在 Cache 中的什么位置？

27. 设某机主存容量为 4 MB，Cache 容量为 16 KB，每字块有 8 个字，每字 32 位，设计一个四路组相联映射(即 Cache 每组内共有 4 个字块)的 Cache 组织。

(1) 画出主存地址字段中各段的位数。

(2) 设 Cache 的初态为空，CPU 依次从主存第 0，1，2，…，89 号单元读出 90 个字(主存一次读出一个字)，并重复按此次序读 8 次，问命中率是多少？

(3) 若 Cache 的速度是主存的 6 倍，试问有 Cache 和无 Cache 相比，速度约提高多少倍？

28. 简要说明提高访存速度可采取的措施。

29. 反映主存和外存的速度指标有何不同？

30. 画出 RZ、NRZ、NRZ1、PF、FM 写入数字串 1011011 的写电流波形图。

31. 磁盘组有 6 片磁盘，最外两侧盘面可以记录，存储区域内径 22 cm，外径 33 cm，道密度为 40 道/厘米，内层密度为 400 位/厘米，转速 3 600 转/分。

(1) 共有多少存储面可用？

(2) 共有多少柱面？

(3) 盘组总存储容量是多少？

（4）数据传输率是多少？

32. 某磁盘存储器转速为 3 000 转/分，共有 4 个记录盘面，每毫米 5 道，每道记录信息 12288 字节，最小磁道直径为 230 mm，共有 275 道，求：

（1）磁盘存储器的存储容量。

（2）最高位密度（最小磁道的位密度）和最低位密度。

（3）磁盘数据传输率。

（4）平均等待时间。

33. 采用定长数据块记录格式的磁盘存储器，直接寻址的最小单位是什么？寻址命令中如何表示磁盘地址？

34. 磁表面存储器和光盘存储器记录信息的原理有何不同？

# 第8章 输入/输出系统



除了 CPU 和存储器两大模块外，计算机硬件系统的第三个关键部分是输入/输出模块，又称输入/输出系统。随着计算机系统的不断发展，应用范围的不断扩大，I/O 设备的数量和种类也越来越多，它们与主机的联络方式及信息的交换方式也各不相同。因此，输入/输出系统涉及的内容极其复杂，既包括具体的各类 I/O 设备，又包括各种不同的 I/O 设备如何与主机交换信息，本章重点分析 I/O 设备与主机交换信息的三种控制方式（程序查询、程序中断和 DMA）及其相应的接口功能和组成，使读者能对外围设备和主机间的信息交换有一个清晰的认识，对于具体的外围设备，将在下一章做详细介绍。

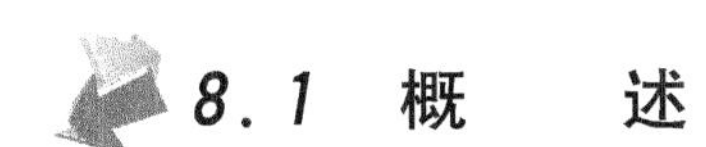

## 8.1 概　　述

### 8.1.1 输入/输出系统的发展概况

输入/输出系统的发展大致可分为四个阶段。

**1. 早期阶段**

早期的 I/O 设备种类较少，I/O 设备与主存交换信息都必须通过 CPU，如图 8.1 所示。

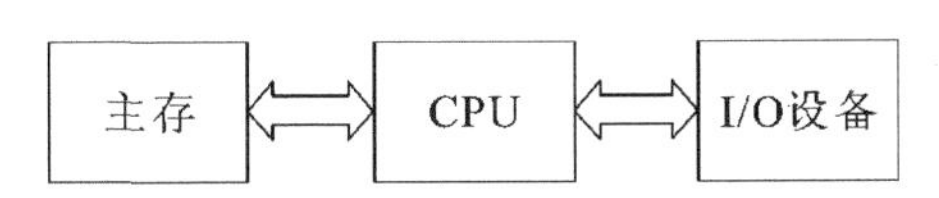


**图 8.1　I/O 设备通过 CPU 与主存交换信息**

这种方式沿用了相当长的时间。当时的 I/O 设备具有以下几个特点。

(1) 每台 I/O 设备都必须配有一套独立的逻辑电路与 CPU 相连，用来实现 I/O 设备与主机之间的信息交换，因此线路十分散乱、庞杂。

(2) 输入/输出过程是穿插在 CPU 执行程序过程中进行的，当 I/O 设备与主机交换信息时，CPU 不得不停止各种运算，因此，I/O 设备与 CPU 是按串行方式工作的，极浪费时间。

(3) 每个 I/O 设备的逻辑控制电路与 CPU 的控制器紧密构成一个不可分割的整体，它们彼此依赖、相互牵连，因此，欲增添、删减或更换 I/O 设备是非常困难的。

在这个阶段中，计算机系统硬件价格十分昂贵，机器运行速度不高，配置的 I/O 设备不多，主机与 I/O 设备之间交换的信息量也不大，计算机应用尚未普及。

**2. 接口模块和 DMA 阶段**

这个阶段 I/O 设备通过接口与主机相连，计算机系统采用了总线结构，如图 8.2 所示。

通常，在接口中都设有数据通路和控制通路。数据经过接口既起到缓冲作用，又可完成串-并变换。控制通路用以传送 CPU 向 I/O 设备发出的各种控制命令，或使 CPU 接收来自 I/O 设备的反馈信号。有的接口还能满足中断请求处理的要求，使 I/O 设备与 CPU 可按并行方式工作，大大提高了 CPU 的工作效率。采用接口技术还可以是多台 I/O 设备分时占用总线，使多台 I/O 设备互相之间也可实现并行工作方式，有利于整机效率的提高。

虽然这个阶段实现了 CPU 与 I/O 设备的并行工作，但是主机与 I/O 设备交换信息时，

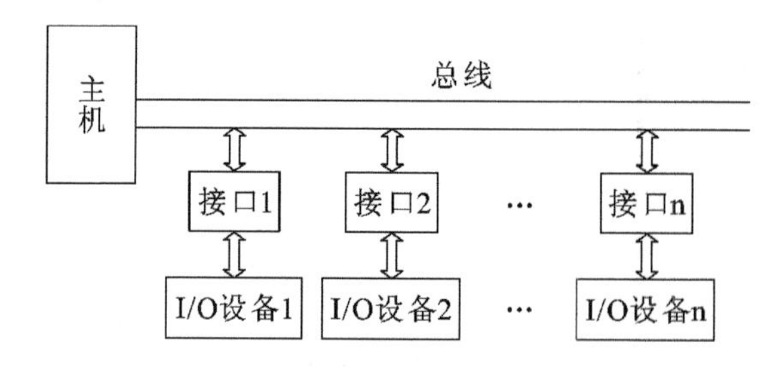


**图 8.2　I/O 设备通过接口与主机交换信息**

CPU 要中断现行程序，即 CPU 与 I/O 设备还不能做到绝对的并行工作。

为了进一步提高 CPU 的工作效率，又出现了直接存储器存取(DMA，Direct Memory Access)技术，其特点是 I/O 设备与主机之间有一条直接数据通路，I/O 设备可以与主存直接交换信息，使 CPU 在 I/O 设备与主存交换信息过程中能继续完成自身的工作，故资源利用率得到了进一步提高。

**3. 具有通道结构阶段**

在小型和微型计算机中，采用 DMA 方式可实现高速 I/O 设备与主机之间成组数据的交换，但在大中型计算机中，I/O 设备配置繁多，数据传送频繁，若仍采用 DMA 方式会出现一系列问题。

(1) 如果每台 I/O 设备都配置专用的 DMA 接口，不仅增加了硬件成本，而且为了解决众多 DMA 接口同时访问主存的冲突问题，会使控制变得十分复杂。

(2) CPU 需要对众多的 DMA 接口进行管理，同样会占用 CPU 的工作时间，而且因频繁进入周期挪用阶段，也会直接影响 CPU 的整体工作效率(详见后面关于 DMA 的介绍)。

因此在大中型计算机系统中，采用 I/O 通道的方式来进行数据交换。图 8.3 所示为具有通道结构的计算机系统。

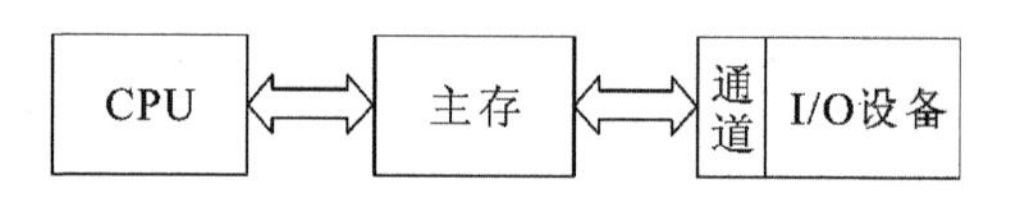


**图 8.3　I/O 设备通过通道与主机交换信息**

通道是用来负责管理 I/O 设备以及实现主存与 I/O 设备之间交换信息的部件，可以视为一种具有特殊功能的处理器。通道有专用的通道指令，能独立地执行用通道指令所编写的输入/输出程序，但不是一个完全独立的处理器。它依据 CPU 的 I/O 指令进行启动、停止或改变工作状态，是从属于 CPU 的一个专用处理器。依赖通道管理的 I/O 设备与主机交换信息时，CPU 不直接参与管理，故提高了 CPU 的资源利用率。

**4. 具有 I/O 处理机的阶段**

输入/输出系统发展到第四阶段，出现了 I/O 处理机。I/O 处理机又称为外围处理机，它基本独立于主机工作，既可完成 I/O 通道要完成的 I/O 控制，又可完成码制转换、格式处理、数据块检错等处理。具有 I/O 处理机的输入/输出系统与 CPU 工作的并行性更高，这说明 I/O 系统对主机来说具有更大的独立性。

本章主要介绍第二阶段的输入/输出系统，有关通道及 I/O 处理机的更详细介绍，读者可查阅相关书籍。

## 8.1.2 I/O设备与主机的联系方式

I/O设备与主机交换信息和CPU与主存交换信息相比，有许多不同点。例如，CPU如何对I/O设备编址；如何寻找I/O设备号；信息传送是逐位串行还是多位并行；I/O设备与主机以什么方式进行联络，使它们彼此都知道对方处于何种状态；I/O设备与主机是怎么连接的，等等。这一系列问题统称为I/O设备与主机的联系方式。

**1. I/O设备编址方式**

通常将I/O设备码看成地址码，对I/O地址码的编址可采用两种方式，即统一编址和独立编址。统一编址就是将I/O设备和存储器放在一起编址。独立编址就是I/O设备和存储器分开编址。采用统一编址的缺点是由于I/O设备码占用了主存的地址空间，减少了直接访问的主存容量，优点是不必单独设置I/O指令。采用独立编址时由于I/O设备码不占用主存空间，故不影响主存容量，但需设I/O专用指令。

**2. 传送方式**

在同一瞬间，n位信息同时从CPU输出至I/O设备，或由I/O设备输入到CPU，这种传送方式称为并行传送。其特点是传送速度快，但要求数据线多。

若在同一瞬间只传送一位信息，在不同时刻连续逐位传送一串信息，这种传送方式称为串行传送。其特点是传送速度较慢，但它只需一根数据线和一根地线。当I/O设备与主机距离很远时，采用串行传送较为合理，例如远距离数据通信。

不同的传送方式需配置不同的接口电路，如并行传送接口、串行传送接口或串并联用的传送接口等。用户可按需要选择合适的接口电路。

**3. 联络方式**

不论是串行传送还是并行传送，I/O设备与主机之间必须互相了解彼此当时所处的状态，如是否可以传送、传送是否已结束等。这就是I/O设备与主机之间的联络问题。按I/O设备工作速度的不同，可分为三种联络方式。

1）立即响应方式

对于一些工作速度十分缓慢的I/O设备，如指示灯的亮与灭、开关的通与断，当它们与CPU发生联系时，通常都已使其处于某种等待状态，因此，只要CPU的I/O指令一到，它们便立即响应，故这种设备无须特殊联络信号，称为立即响应方式。

2）异步工作采用应答信号联络

当I/O设备与主机工作速度不匹配时，通常采用异步工作方式。这种方式在交换信息前，I/O设备与CPU各自完成自身的任务，一旦出现联络信号，彼此才准备交换信息。图8.4所示为并行传送的异步联络方式。

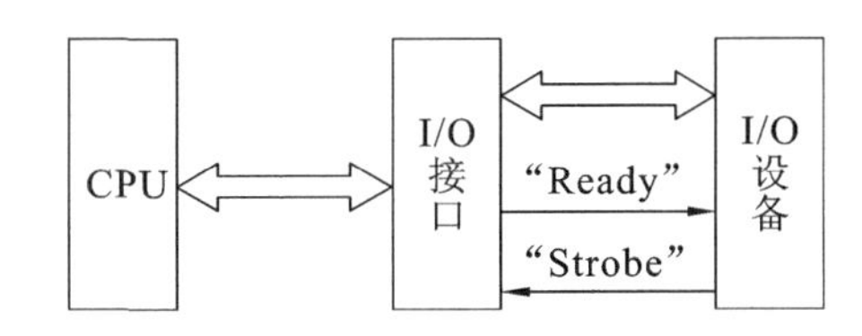


**图8.4 并行传送的异步联络方式**

如图8.4所示，当CPU将数据输出到I/O接口后，接口立即向I/O设备发出一个"Ready"(准备就绪)信号，高速I/O设备可以从接口内取数据。I/O设备收到"Ready"信号后，通常便立即从接口取出数据，接着便向接口回发一个“Strobe”信号，并让接口转告 CPU，接口中的数据已被取走，CPU 还可继续向此接口送数据。同理，倘若 I/O 设备需向 CPU 传送数据，则先由 I/O 设备向接口送数据，并向接口发“Strobe”信号，表明数据已送出。接口接到联络信号后便通知 CPU 可以取数，一旦数据被取走，接口便向 I/O 设备发“Ready”信号，通知 I/O 设备，数据已被取走，尚可继续传送数据。这种一应一答的联络方式称为异步联络方式。

3）同步工作采用同步时标联络

同步工作要求 I/O 设备与 CPU 的工作速度完全同步。例如，在数据采集过程中，若外部数据以 2 400 b/s 的速率传送至接口，则 CPU 也必须以 1/2400 s 的速率接收每一位数。这种联络互相之间还得配专有电路，用以产生同步时标控制同步工作。

## 8.2 I/O 设备与主机信息传送的控制方式

I/O 设备与主机交换信息时，共有五种控制方式：程序查询方式、程序中断方式、直接存储器存取方式（DMA）、I/O 通道方式、I/O 处理机方式。本节重点介绍前三种方式。

### 8.2.1 程序查询方式

**1. 程序查询方式工作的原理**

程序查询方式是由 CPU 通过程序不断查询 I/O 设备是否已做好准备，从而控制 I/O 设备与主机交换信息。采用这种方式实现主机和 I/O 设备交换信息，要求 I/O 接口内设置一个能反映 I/O 设备是否准备就绪的状态标记，CPU 通过对此标记的检测，可得知 I/O 设备的准备情况。图 8.5 所示为 CPU 从某一 I/O 设备读取数据块至主存的查询方式流程。

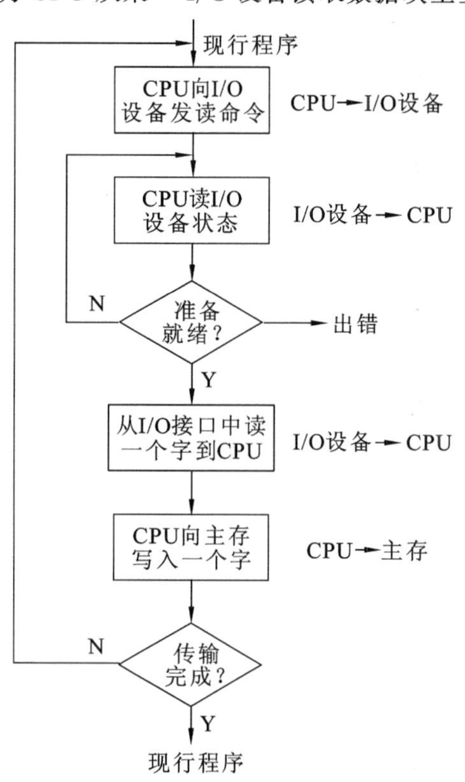


图 8.5 程序查询方式流程

当现行程序需启动某 I/O 设备工作时,即将此程序流程插入到运行的程序中。由图8.5 可知,CPU 启动 I/O 设备后便开始对 I/O 设备的状态进行查询。若查得 I/O 设备未准备就绪,就继续查询;若查得 I/O 设备准备就绪,就将数据从 I/O 接口送至 CPU,再由 CPU 送至主存。这样一个字一个字地传送,直至这个数据块的数据全部传送结束,CPU 又重新回到现行程序继续运行。

由这个查询过程可见,只要一启动 I/O 设备,CPU 便不断查询 I/O 设备的准备情况,从而终止了原程序的执行。CPU 在反复查询的过程中,犹如就地"踏步"。另一方面,I/O 设备准备就绪后,CPU 要一个字一个字地从 I/O 设备取出,经 CPU 送至主存,此刻 CPU 也不能执行原程序,可见这种方式使 CPU 和 I/O 设备处于串行工作状态,CPU 的工作效率不高。

**2. 程序查询方式的接口**

接口可以看成是两个系统或两个部件之间的交接部分,它既可以是两种硬设备之间的连接电路,也可以是两个软件之间的共同逻辑边界。I/O 接口通常是指主机与 I/O 设备之间设置的一个硬件电路及其相应的软件控制。

由于主机和外围设备之间进行数据传送的方式不同,因而接口的结构也相应有所不同。程序查询方式的接口如图 8.6 所示。

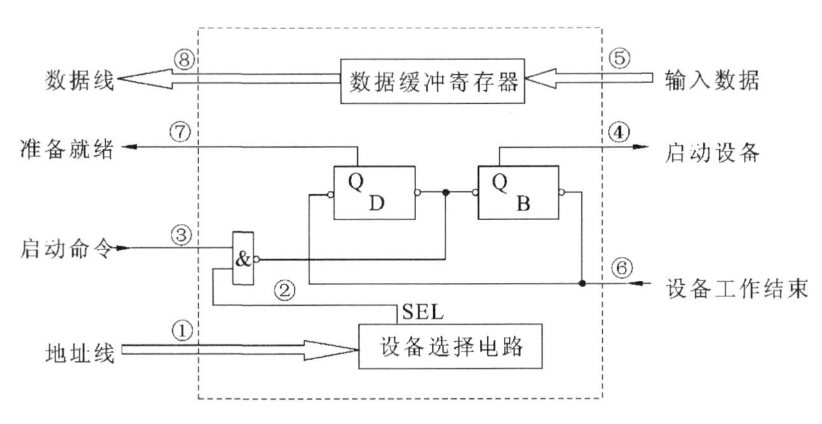


**图 8.6　程序查询方式输入接口电路的基本组成**

图 8.6 中设备选择电路用以识别本设备地址,当地址线上的设备号与本设备号相符时,SEL 有效,可以接收命令;数据缓冲器用于存放欲传送的数据;D 是完成触发器,B 是工作触发器。该输入接口的工作如下。

(1) 当 CPU 通过 I/O 指令启动输入设备时,指令的设备码字段通过地址线送至设备选择电路。

(2) 若该接口的设备码与地址线上的代码吻合,其输出 SEL 有效。

(3) I/O 指令的启动命令经过"与非"门将工作触发器 B 置"1",将完成触发器 D 置"0"。

(4) 由 B 触发器启动设备工作。

(5) 输入设备将数据送至数据缓冲寄存器。

(6) 由输入设备发设备工作结束信号,将 D 置"1"。B 置"0",表示外围设备准备就绪。

(7) D 触发器以"准备就绪"状态通知 CPU,表示"数据缓冲器满"。

(8) CPU 执行输入指令,将数据缓冲寄存器中的数据送至 CPU 的通用寄存器,再存入主存相关单元。

### 8.2.2 程序中断方式

**1. 中断的基本概念**

计算机在执行程序的过程中，当出现异常情况或特殊请求时，计算机停止现行程序的运行，转向对这些异常情况或特殊请求的处理，处理结束后再返回到现行程序的间断处，继续执行原程序，这就是“中断”。中断是现代计算机能有效合理地发挥效能和提高效率的一个十分重要的功能。通常又把实现这种功能所需的软硬件技术统称为中断技术。

中断概念的出现，是计算机系统结构设计中的一个重大变革。在程序中断方式中，某一外围设备的数据准备就绪后，它“主动”向 CPU 发出请求中断的信号，请求 CPU 暂时中断目前正在执行的程序而进行数据交换。当 CPU 响应这个中断时，便暂停运行主程序，并自动转移到该设备的中断服务程序。中断服务程序结束以后，CPU 又回到原来的主程序。这种原理和调用子程序相仿，不过，这里要求转移到中断服务程序的请求是由外围设备发出的。中断方式特别适合于随机出现的服务。

**2. 程序中断方式工作的原理**

I/O 设备与主机交换信息时，由于设备本身机电特性的影响，其工作速度较低，与 CPU 无法匹配，因此，CPU 启动设备后，往往需要等待一段时间才能实现主机与 I/O 设备之间的信息交换。如果在设备准备的同时，CPU 不做无谓的等待，而继续执行现行程序，只有当 I/O设备准备就绪向 CPU 提出请求时，再暂时中断 CPU 现行程序转入 I/O 服务程序，这便产生了 I/O 中断。

图 8.7 所示为打印机引起 I/O 中断时，CPU 与打印机并行工作的时间示意图。

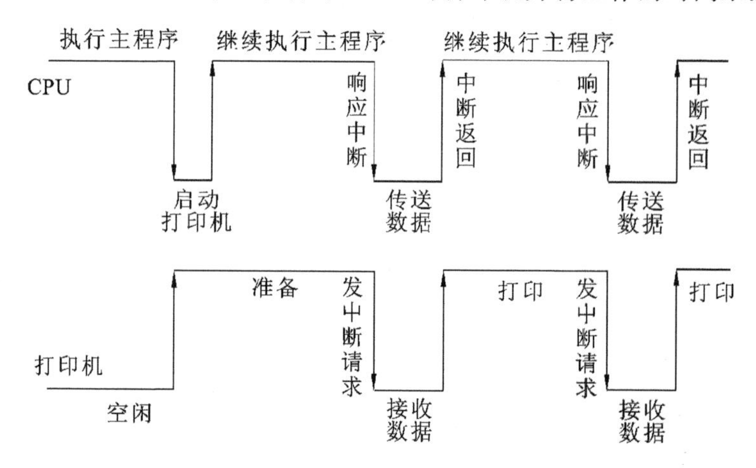


**图 8.7　CPU 与打印机并行工作的时间示意图**

实际的中断过程还要复杂一些，图 8.8 所示为中断处理过程流程图。当 CPU 执行完一条现行指令时，如果外围设备向 CPU 发出中断请求，那么 CPU 在满足响应条件的情况下将发出中断响应信号，与此同时关闭中断（“中断屏蔽”触发器置“1”），表示 CPU 将不再受理另外一台设备的中断。这时，CPU 将寻找中断请求源是哪一台设备，保留 CPU 当前程序计数器（PC）的内容。然后，它将转移到处理该中断源的中断服务程序。进入中断服务程序后首先需要 CPU 保存原程序的现场信息，然后进入设备服务（如交换数据），最后再恢复原程序的现场信息。在这些动作完成以后，开放中断（“中断屏蔽”触发器置“0”），并返回到原来被中断的主程序的下一条指令。

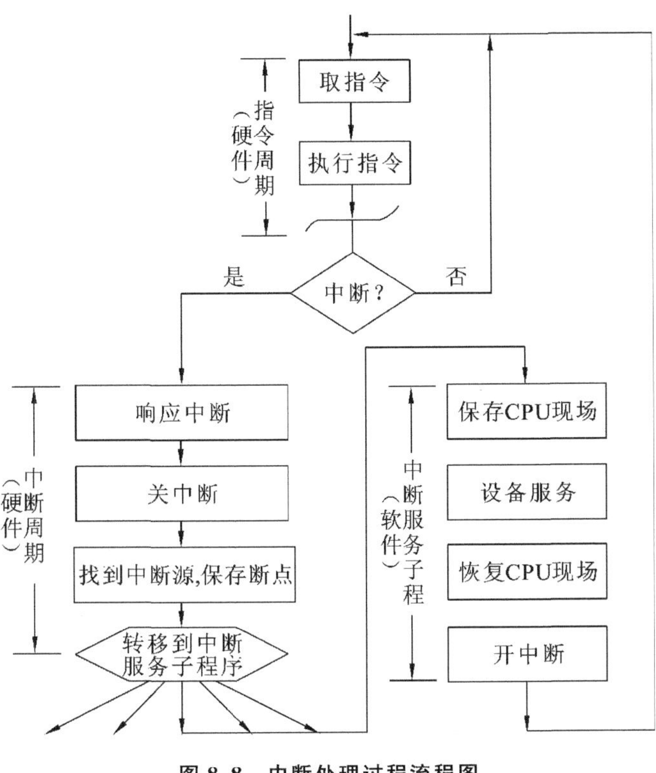


图 8.8 中断处理过程流程图

以上是中断处理的大致过程，但是有一些问题需要进一步加以说明。

(1) 尽管外界中断请求是随机的，但 CPU 只有在当前一条指令执行完毕后，即转入公共操作时才受理设备的中断请求，这样才不至于使当前指令的执行受到干扰。所谓公共操作，是指一条指令执行结束后 CPU 所进行的操作，如中断处理、直接内存传送、取下条指令等。

(2) 为了在中断服务程序执行完毕后能返回到原来主程序继续执行，必须把程序计数器 PC 的内容，以及当前指令执行结束后 CPU 的状态(包括寄存器的内容和一些状态标志位)都保存起来。

(3) 当 CPU 响应中断后，还未执行中断服务程序时，可能有另一个新的中断源向它发出中断请求。为了不致造成混乱，在 CPU 的中断管理部件中必须有一个"中断屏蔽"触发器，它可以在程序的控制下置"1"(设置屏蔽)，或置"0"(去掉屏蔽)。只有在"中断屏蔽"标志为"0"时，CPU 才可以受理中断。当一条指令执行完毕 CPU 接受中断请求并作出响应时，它一方面发出中断响应信号，另一方面把"中断屏蔽"标志置"1"，即关闭中断。这样，CPU 不能再受理其他中断源发来的中断请求。只有在 CPU 把中断服务程序执行完毕以后，它才重新使"中断屏蔽"标志置"0"，即开放中断，并返回主程序。因此，用户如果想实现中断嵌套，必须在进入中断服务程序后，用开中断指令将"中断屏蔽"置"0"。

(4) 中断处理过程是由硬件和软件结合来完成的。如在图 8.8 中，"中断周期"由硬件实现，而中断服务程序由软件实现。

**3. 程序中断方式的基本接口**

为处理 I/O 中断，在 I/O 接口电路中必须配置相关的硬件电路。

1) 中断请求触发器和中断屏蔽触发器

每台外围设备都必须配置一个中断请求触发器 INTR，当其为"1"时，表示该设备向

CPU 提出中断请求。但是设备欲提出中断请求时，其设备本身必须准备就绪，即接口内的完成触发器 D 的状态必须为“1”。

由于计算机的应用范围越来越广泛，向 CPU 提出中断请求的原因也越来越多，除了各种 I/O 设备外，还有其他许多突发事件都是引起中断的因素，为此，把凡能向 CPU 提出中断申请的各种因素统称为中断源。当多个中断源向 CPU 提出中断申请时，CPU 必须坚持一个原则，即在任何瞬间只能接受一个中断源的请求。所以，当多个中断源同时提出请求时，CPU 必须对各中断源的请求进行排队，且只能接受级别最高的中断源的请求，不允许级别低的中断源中断正在运行的中断服务程序。这样，在 I/O 接口中需设置一个屏蔽触发器 MASK，当其为“1”时，表示被屏蔽，即封锁其中断源的请求。可见中断请求触发器和中断屏蔽触发器在 I/O 接口中是成对出现的。

2）排队器

如上所述，当多个中断源同时向 CPU 提出请求时，CPU 只能按中断源的不同性质对其排队，给与不同等级的优先权，并按优先等级的高低予以响应。就 I/O 中断而言，速度越高的 I/O 设备，优先级越高，因为若 CPU 不及时响应高速 I/O 的请求，其信息可能会很快丢失。设备优先级的处理可以采用软件查询方法（CPU 查询的先后顺序决定了设备的优先级别的高低），也可采用硬件方法，硬件排队器的实现方法很多，既可在 CPU 内部设置一个统一的排队器，对所有中断源进行排队，也可在接口电路内分别设置这个设备的排队器，图 8.9 所示是设在各个接口电路中的排队器电路，又称为链式排队器。

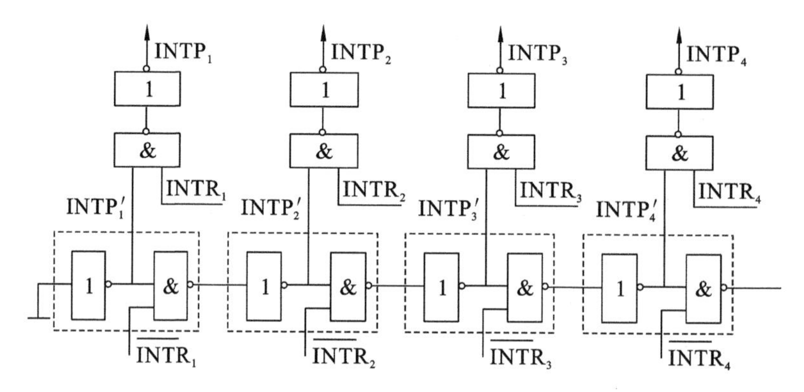


**图 8.9　链式排队器**

图 8.9 中下面的一排电路是链式排队器的核心。每个接口中有一个反向器和一个“与非门”（如图 8.9 中虚线框内所示），它们之间犹如链条一样串接在一起，故称为链式排队器。该电路中级别最高的中断源是 1 号，其次是 2 号、3 号、4 号。不论是哪个中断源（一个或多个）提出中断请求，排队器输出端 $INTP_i$ 只有一个高电平。

当各中断源均无中断请求时，各个 $\overline{INTR_i}$ 为高电平，$INTP'_i$（i=1,2,3,4）均为高电平。一旦某个中断源提出中断请求时，就迫使比其优先级低的中断源 $INTP'_i$ 变为低电平，封锁其发中断请求。例如，当 2 号和 3 号中断源同时有请求时（$INTR_2=1$，$INTR_3=1$），经分析可知 $INTP'_1$ 和 $INTP'_2$ 均为高电平，$INTP'_3$ 及往后各级的 $INTP'_i$ 均为低电平。各个 $INTP'_i$ 再经图中上面一排两个输入头的“与非门”，便可保证排队器只有 $INTP_2$ 为高电平，表示 2 号中断源排队选中。

3）中断向量地址形成

CPU 一旦响应了 I/O 中断，就要暂停现行程序，去执行该设备的中断服务程序。不同的设备有不同的中断服务程序，每个服务程序都有一个入口地址(中断向量)，CPU 必须找到这个入口地址。中断向量地址就是中断服务程序入口地址(中断向量)的存放地址。

通常有硬件向量法和软件查询法两种方法寻找入口地址。

(1) 硬件向量法就是利用硬件产生向量地址，再由向量地址找到中断服务程序的入口地址。向量地址由中断向量地址形成部件产生，这个电路可分散设置在各个接口电路中，也可以设置在 CPU 内。

由向量地址寻找中断服务程序的入口地址通常采用两种方法。一种方法是在向量地址内存放一条无条件转移指令，CPU 响应中断时，只要将向量地址送至 PC，执行这条指令，便可转向对应的中断服务程序的入口地址。另一种是设置向量地址表，该表在存储器内，存储单元的地址为向量地址，存储单元的内容为入口地址。

(2) 软件查询法是指用软件寻找中断服务程序入口地址的方法，当查到某一中断源有中断请求时，接着安排一条转移指令，直接指向此中断源的中断服务程序入口地址，机器便能自动进入中断处理。至于各中断源对应的入口地址，则由程序员(或系统)事先确定。这种方法不涉及硬设备，但查询时间长。计算机可具备软、硬件两种方法寻找入口地址，使用户使用更方便、灵活。

**4. 中断服务程序的流程**

不同设备的服务程序是不相同的，可它们的程序流程又是类似的，一般中断服务程序的流程分保护现场、中断服务、恢复现场和中断返回四大部分。

1) *保护现场*

保护现场有两个含义，其一是保存程序断点；其二是保存通用寄存器和状态寄存器的内容。前者由系统通过硬件自动完成，后者要靠中断服务程序这个软件来完成。具体而言，可在中断服务程序的起始部分安排若干条存数指令，将寄存器的内容存至存储器中保存，或用进栈指令将各寄存器的内容推入堆栈保存，即将程序中断时的“现场”保存起来。

2) *中断服务(设备服务)*

这是中断服务程序的主体部分，对于不同的中断源，其中断服务操作的内容是不同的，例如，打印机要求 CPU 将需打印的一行字符代码，通过接口送入打印机的缓冲存储器中以供打印机打印。又如，显示设备要求 CPU 将需要显示的一屏字符代码通过接口送入显示器的显示存储器中。

3) *恢复现场*

这是中断服务程序的结尾部分，要求在退出服务程序前，将原程序中断时的“现场”恢复到原来的寄存器中。通常可用取数指令或出栈指令，将保存在存储器(或堆栈)中的信息回送到原来的寄存器中。

4) *中断返回*

中断服务程序的最后一条指令通常是一条中断返回指令，使其返回到原程序的断点处，以便继续执行原程序。

计算机在处理中断的过程中，有可能出现新的中断请求，此时如果 CPU 暂停现行的中断服务程序，转去处理新的中断请求，这种现象称为中断嵌套，或多重中断。倘若 CPU 执行中断服务程序时，对新的中断请求不予理睬，这种中断称为单重中断。

CPU 一旦响应了某中断源的中断请求后，便由硬件线路自动关中断，以确保该中断服务程序的顺利执行。因此如果不用“开中断”指令打开中断，则 CPU 不能响应其他任何一个中断源的中断请求。对于单重中断，开中断指令设置在最后“中断返回”之前，意味着在整个中断处理过程中，不能再响应其他中断源的请求。对于多重中断，开中断指令提前至“保护现场”之后，意味着在保护现场后，若有级别更高的中断源提出请求（这是实现多重中断的条件），CPU 也可以响应，即再次中断现行的服务程序，转至新的中断服务程序，这是单重中断与多重中断的主要区别。

综上所述，从宏观上分析，程序中断方式克服了程序查询方式中的 CPU“踏步”现象，实现了 CPU 与 I/O 的并行工作，提高了 CPU 的资源利用率。但从微观操作分析，发现 CPU 处理中断服务程序时仍需暂停原程序的正常运行，尤其是当高速 I/O 设备或辅助存储器频繁地、成批地与主存交换信息时，需不断地打断 CPU 执行主程序而执行中断服务程序。为此，人们探索能使 CPU 效率更高的 DMA 控制方式。

### 8.2.3 DMA 方式

**1. DMA 的基本概念**

直接内存访问（DMA），是一种完全由硬件执行交换的工作方式。在这种方式中，DMA 控制器完全接管 CPU 对总线的控制，数据交换不经过 CPU，而直接在内存和 I/O 设备之间进行。DMA 方式一般用于高速传送成组数据。DMA 控制器将向内存发出地址和控制信号，修改地址。对传送的字的个数计数，并且以中断方式向 CPU 报告传送操作的结束。

DMA 方式的主要优点是速度快。由于 CPU 根本不参加传送操作，因此就省去了 CPU 取指令、取数、送数等操作。在数据传送过程中，没有保护现场、恢复现场之类的工作。内存地址修改、传送字个数的计数等，也不是由软件实现的，而是用硬件线路直接实现的。所以 DMA 方式能满足高速 I/O 设备的要求，也有利于 CPU 效率的发挥。正因为如此，包括微型机在内，DMA 方式在计算机中被广泛采用。

目前由于大规模集成电路工艺的发展，很多厂家直接生产大规模集成电路的 DMA 控制器。虽然 DMA 控制器复杂度差不多接近于 CPU，但使用起来非常方便。

DMA 的种类很多，但多种 DMA 至少能执行以下一些基本操作：

（1）向 CPU 发出 DMA 请求；

（2）CPU 响应请求，DMA 控制器从 CPU 接管总线的控制；

（3）由 DMA 控制器对内存寻址，即决定数据传送的内存单元地址及数据传送个数的计数，并执行数据传送的操作；

（4）向 CPU 报告 DMA 操作的结束。

**注意：**

在 DMA 方式中，一批数据传送前的准备工作，以及传送结束后的处理工作，均由 CPU 承担，DMA 控制器仅负责数据传送的工作。



**2. DMA 传送方式**

DMA 技术的出现，使得外围设备可以通过 DMA 控制器直接访问内存，与此同时，CPU 可以继续执行程序。那么 DMA 控制器与 CPU 怎样分时访问内存呢？通常采用以下三种方法：停止 CPU 访问内存；周期挪用；DMA 与 CPU 交替访问内存。

1）停止 CPU 访问内存

当外围设备要求传送一批数据时，由 DMA 控制器发一个请求信号给 CPU，要求 CPU 放弃对地址总线、数据总线和有关控制总线的使用权，DMA 控制器获得总线控制权以后，开始进行数据传送。在一批数据传送完毕后，DMA 控制器通知 CPU 可以使用内存，并把总线控制权交还给 CPU。图 8.10(a)是这种传送方式的时间图。很显然，在这种 DMA 传送过程中，CPU 基本处于不工作状态或者说保持状态。



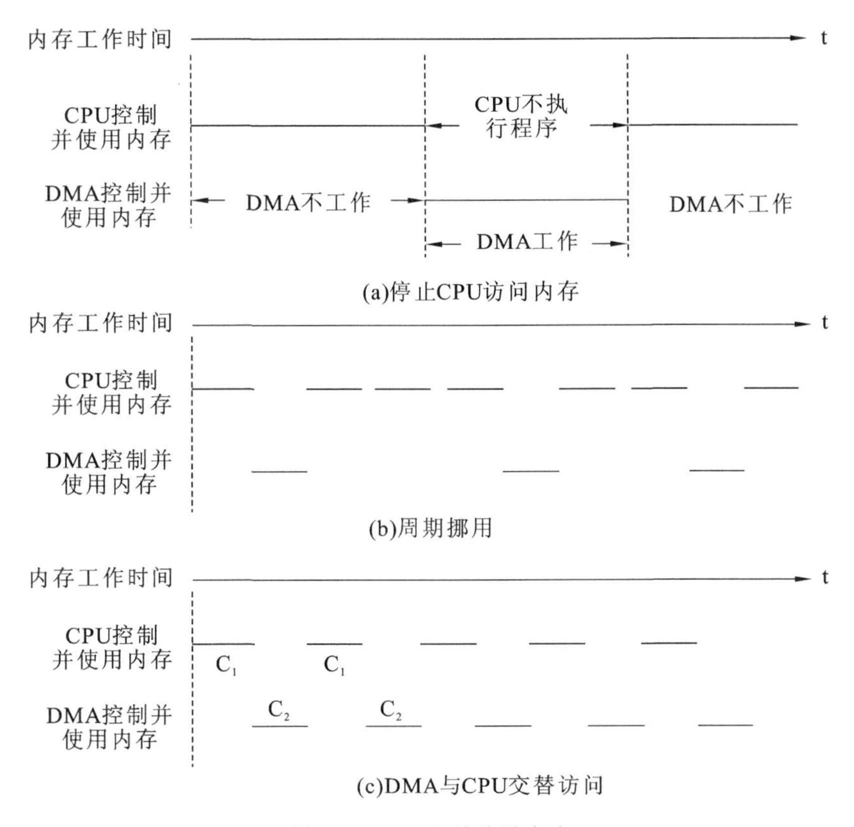


**图 8.10　DMA 的传送方式**

这种传送方法的优点是控制简单，它适用于数据传输率很高的设备进行成组传送。缺点是在 DMA 控制器访问内存阶段，内存的效能没有充分发挥，相当一部分内存周期是空闲的。这是因为，外围设备传送两个数据之间的间隔一般总是大于内存存储周期，即使高速 I/O设备也是如此。

2) 周期挪用

在这种 DMA 传送方法中，当 I/O 设备没有 DMA 请求时，CPU 按程序要求访问内存；一旦 I/O 设备有 DMA 请求，则由 I/O 设备挪用一个或几个内存周期。I/O 设备要求 DMA 传送时可能遇到两种情况：一种是此时 CPU 不需要访问内存，如 CPU 正在执行乘法指令，由于乘法指令执行时间较长，此时 I/O 访问内存与 CPU 访问内存没有冲突，即 I/O 设备挪用一两个内存周期，对 CPU 执行程序没有任何影响；另一种情况是，I/O 设备要求访问内存的时候，CPU 也要求访问内存，这就产生了访问内存冲突，在这种情况下 I/O 设备访问内存优先，因为 I/O 访问内存有时间限制，前一个 I/O 数据必须在下一个访问内存请求到来之前存取完毕。显然，在这种情况下 I/O 设备挪用一两个内存周期，意味着 CPU 延缓了对指令的执行，或者更明确地说，在 CPU 执行访问内存指令的过程中插入 DMA 请求，用了一两个内存周期。图 8.10(b)是周期挪用的 DMA 方式示意图。

与停止 CPU 访问内存的 DMA 方法比较，周期挪用的方法既实现了 I/O 传送，又较好地发挥了内存和 CPU 的效率，是一种广泛采用的方法。但是 I/O 设备每一次周期挪用都要经过申请总线控制权、建立总线控制权和归还总线控制权的过程，所以传送一个字对内存来说要占用一个周期，但对DMA控制器来说一般需要若干个内存周期。因此，周期挪用的方法适用于I/O设备读写周期大于内存存储周期的情况。

3) DMA与CPU交替访问内存

如果CPU的工作周期比内存存取周期长很多，此时采用交替访问内存的方法可以使DMA传送和CPU同时发挥最高的效率，其原理示意图如图8.10(c)所示。一个CPU周期可分为$C_1$和$C_2$两个分周期，其中$C_1$专供CPU访问内存，$C_2$供DMA控制器访问内存。

这种方式不需要总线使用权的申请、建立和归还过程，总线使用权是通过$C_1$和$C_2$分的。CPU和DMA控制器各自有自己的访问内存地址寄存器、数据寄存器和读/写信号等控制寄存器。在$C_2$周期中，如果DMA控制器有访问内存请求，可将地址、数据等信号送到总线上。在$C_1$周期中，如CPU有访问内存请求，同样传送地址、数据等信号。事实上，对于总线，是通过用$C_1$、$C_2$来完成控制的一个多路转换器，这种总线控制权的转移几乎不需要什么时间，所以对DMA传送来讲效率是很高的。

这种传送方式又称为"透明的DMA"方式，其来由是这种DMA传送对CPU来说，如同透明的玻璃一般，没有任何感觉或影响。在透明的DMA方式下工作，CPU既不停止主程序的运行，也不进入等待状态，是一种高效率的工作方式。当然，相应的硬件逻辑也就更加复杂。

**3. 基本的DMA控制器**

1) DMA控制器的基本组成

一个DMA控制器，实际上采用了DMA方式的外围设备与系统总线之间的接口电路。这个接口电路是在中断接口的基础上再加上DMA机构组成。

图8.11所示为一个最简单的DMA控制器组成示意图，它由以下逻辑部件组成。

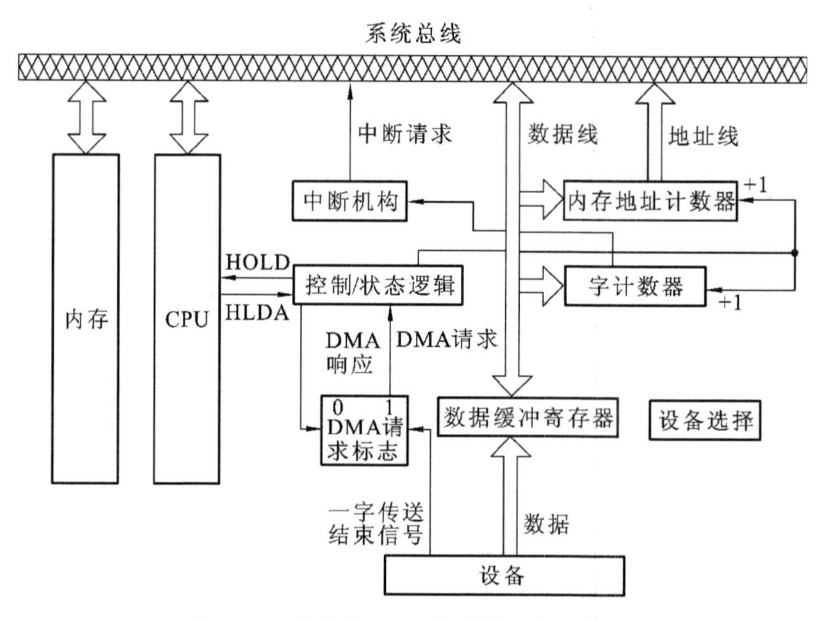


**图8.11 简单的DMA控制器组成示意图**

(1) 内存地址计数器，用于存放内存中要访问的内存单元的地址。在DMA传送前，CPU需通过程序将数据在内存中的起始位置(首地址)送到内存地址计数器。而当DMA传送时，每交换一次数据，将地址计数器加"1"，从而以增量方式给出内存中要交换的一批数据的地址。

(2) 字计数器，用于记录传送数据块的长度(多少字数)。其内容也是在数据传送之前由 CPU 通过程序预置。当 DMA 传送时，每传送一个字，字计数器就减"1"，当计数器减至 0 时，表示这批数据传送完毕，于是引起 DMA 控制器向 CPU 发中断信号。

(3) 数据缓冲寄存器，用于暂存每次传送的数据(一个字)。当输入时，由设备(如磁盘)送往数据缓冲寄存器，再由缓冲寄存器通过数据总线送到内存。反之，输出时，由内存通过数据总线送到数据缓冲寄存器，然后再送到设备。

(4) DMA 请求标志。每当设备准备好一个数据字后给出一个控制信号，使"DMA 请求"标志置"1"。该标志置位后向"控制/状态"逻辑发出 DMA 请求，后者又向 CPU 发出总线使用权的请求(HOLD)，CPU 响应此请求后发回响应信号 HLDA，"控制/状态"逻辑接收此信号后发出 DMA 响应信号，使"DMA 请求"标志复位，为交换下一个字做好准备。

(5) 控制/状态逻辑，控制/状态逻辑由控制和时序电路以及状态标志等组成，用于修改内存地址计数器和字计数器，指定传送类型(输入或输出)，并对"DMA 请求"信号和 CPU 响应信号进行协调和同步。

(6) 中断机构。当字计数器减为 0 时，意味着一组数据交换完毕，由计数结束信号触发中断机构，向 CPU 提出中断请求。这里的中断与前面介绍的 I/O 中断所采用的技术相同，但中断的目的不同，前面是为了数据的输入或输出，而这里是为了报告一组数据传送结束。因此它们是 I/O 系统中不同的中断事件。

2) DMA 数据传送过程

DMA 的数据块传送过程可分为传送前预处理、正式传送和传送后处理三个阶段。

预处理阶段由 CPU 执行几条输入/输出指令，测试设备状态，向 DMA 控制器的设备地址寄存器送入设备号并启动设备，向内存地址计数器送入起始地址，向字计数器送入交换的数据字个数。在这些工作完成后，CPU 继续执行原来的主程序。

当外围设备准备好发送数据(输入)或接受数据(输出)时，它发出 DMA 请求，由 DMA 控制器向 CPU 发出总线使用权的请求(HOLD)。图 8.12 所示为停止 CPU 访问内存方式的 DMA 传送数据的流程图。当外围设备发出 DMA 请求时，CPU 在指令周期执行结束后响应该请求，并使 CPU 的总线驱动器处于高阻状态。之后，CPU 与系统总线相脱离，而 DMA 控制器接管数据总线与地址总线的控制，并向内存提供地址；于是，在内存和外围设备之间进行数据交换，每交换一个字后，便完成对地址计数器和字计数器的修改，当计数值到达零时，DMA 操作结束，接着 DMA 控制器向 CPU 发送中断报告。

DMA 的数据传送是以数据块为基本单位进行的，因此，每次 DMA 控制器占用总线后，无论是数据输入操作，还是输出操作，都是通过循环来实现的。当进行输入操作时，外围设备的数据(一次一个字或一个字节)传向内存；当进行输出操作时，内存的数据传向外围设备。

DMA 的后处理进行的工作是，一旦 DMA 的中断请求得到响应，CPU 停止主程序的执行，转去执行中断服务程序，做一些 DMA 的结束处理工作。这些工作包括校验送入内存的数据是否正确；决定继续用 DMA 方式传送下去，还是结束传送；测试在传送过程中是否发生了错误等。

3) DMA 小结

与程序中断方式相比，DMA 方式有如下特点。

(1) 从数据传送看，程序中断方式靠程序传送，DMA 方式靠硬件传送。

(2) 从 CPU 响应时间看，程序中断方式是在一条指令执行结束时响应，而 DMA 方式可

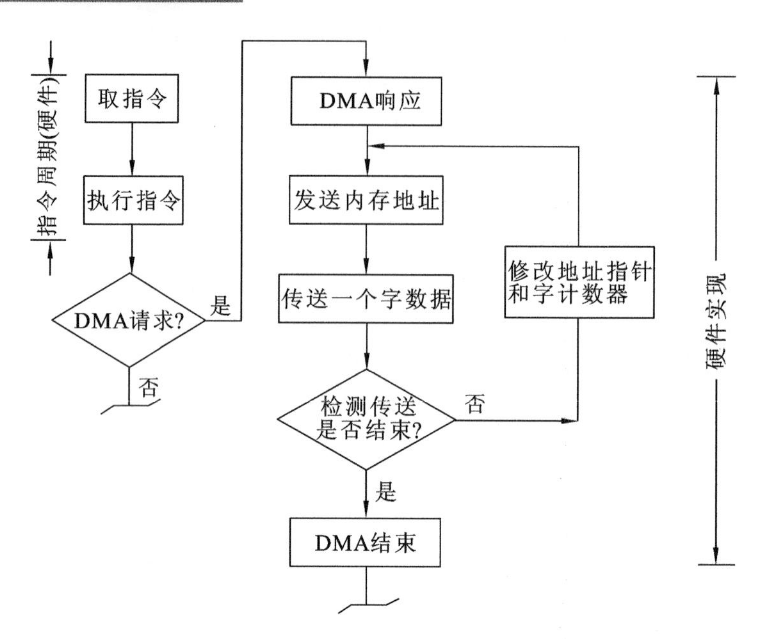


**图 8.12　DMA 传送数据的流程图**

在指令周期内的任一存取周期结束时响应。

(3) 程序中断方式有处理异常事件的能力,DMA 方式没有这种能力,主要用于大批数据的传送,如硬盘存取、图像处理、高速数据采集系统等,可提高数据吞吐量。

(4) 程序中断方式需要中断现行程序,故需保护现场;DMA 方式不中断现行程序,无须保护现场。

(5) DMA 的优先级比程序中断的优先级高。

## 思考题和习题

1. I/O 设备有哪些编址方式,各有何特点?

2. 简要说明 CPU 与 I/O 设备之间传递信息可采用哪几种联络方式,它们分别用于什么场合。

3. I/O 设备与主机交换信息时,共有哪几种控制方式? 简述它们的特点。

4. 试比较程序查询方式、程序中断方式和 DMA 方式对 CPU 工作效率的影响。

5. 在什么条件下,I/O 设备可以向 CPU 提出中断请求?

6. 什么是中断允许触发器? 它有何作用?

7. 在什么条件和什么时间,CPU 可以响应 I/O 的请求?

8. 某系统对输入数据进行采样处理,每抽取一个输入数据,CPU 就要中断处理一次,将取样的数据存至存储器的缓冲器中,该中断处理需 P 秒。此外,缓冲区内每存储 N 个数据,主程序就要将其取出进行处理,这个处理需 Q 秒。该系统每秒可以跟踪到多少次中断请求?

9. 中断向量通过什么总线送至什么地方? 为什么?

10. 程序查询方式和程序中断方式都是通过“程序”传送数据,两者的区别是什么?

11. 调用中断服务程序和调用子程序有何区别?

# 第9章 计算机外围设备



外围设备(又称外部设备)是计算机系统中不可缺少的重要组成部分,本章将重点介绍键盘、打印机、显示器等常见的输入/输出设备的工作原理。

## 9.1 外围设备概述

中央处理器(CPU)和主存储器(MM)构成计算机的主机。除主机以外,那些围绕着主机设置的各种硬件装置称为外部设备或外围设备。它们主要用来完成数据的输入、输出、存储以及对数据的加工处理。

### 9.1.1 外围设备的分类

外围设备的种类很多,从它们的功能及其在计算机系统中的作用来看,可以分为以下五类。

**1. 输入/输出设备**

从计算机的角度出发,向计算机输入信息的外围设备称为输入设备;接收计算机输出信息的外围设备称为输出设备。

输入设备有键盘、鼠标、扫描仪、数字化仪、磁卡输入设备、语音输入设备等。输出设备有显示设备、绘图仪、打印输出设备等。

另外,还有一些兼有输入和输出功能的复合型输入/输出设备。

**2. 辅助存储器**

辅助存储器是指主机以外的存储装置,又称为后援存储器。辅助存储器的读写,就其本质来说也是输入或输出,所以可以认为辅助存储器也是一种复合型的输入/输出设备。

目前,常见的辅助存储器有软磁盘存储器、硬磁盘存储器、磁带存储器及光盘存储器等。

**3. 终端设备**

终端设备由输入设备、输出设备和终端控制器组成,通常通过通信线路与主机相连。终端设备具有向计算机输入信息和接收计算机输出信息的能力,具有与通信线路连接的通信控制能力,有些还具有一定的数据处理能力。

终端设备一般分为通用终端设备和专用终端设备两类。专用终端设备是指专门用于某一领域的终端设备;而通用终端设备则适用于各个领域,它又可分为会话型终端、远地批处理终端和智能终端三类。

**4. 过程控制设备**

当计算机进行实时控制时,需要从控制对象取得参数,而这些原始参数大多数是模拟量,需要先用模数转换器将模拟量转换为数字量,然后再输入计算机进行处理。而经计算机处理后的控制信息,需先经数模转换器把数字量转换成模拟量,再送到执行部件对控制对象进行自动调节。模数、数模转换设备均是过程控制设备,有关的检测设备也属于过程控制设备。

**5. 脱机设备**

脱机设备是指在脱离主计算机的情况下，可由设备本身初步完成数据加工的设备。例如，键盘-软盘数据站就是一种脱机设备。用户可以按要求利用键盘-软盘数据站完成原始数据的集中和修改，并将初步处理过的数据记录在软盘片上。以后再通过输入设备把软盘片上的数据成批地输入到主计算机中去。

### 9.1.2 外围设备的地位和作用

外围设备是计算机和外界联系的接口和界面，如果没有外围设备，计算机将无法工作。随着超大规模集成电路技术的发展，主机的造价越来越低，而外围设备的价格在计算机系统中所占的比例却越来越高。随着计算机系统的发展和应用范围的不断扩大，外围设备的种类和数量越来越多，外围设备在计算机系统中的地位变得越来越重要。

外围设备在计算机系统中的作用可以分为四个方面。

**1. 外围设备是人机对话的通道**

无论是微型计算机系统，还是小、中、大型计算机系统，要把数据、程序送入计算机或要把计算机的计算结果及各种信息送出来，都要通过外围设备来实现。因此，外围设备成为人机对话的通道。

**2. 外围设备是完成信息变换的设备**

人们习惯用字符、汉字、图形、图像等来表达信息的含义，而计算机内部却是以电信号表示的二进制代码。因此，人机对话交换信息时，首先需要将各种信息变成计算机能识别的二进制代码形式，然后再输入计算机；同样，计算机处理的结果也必须变换成人们所熟悉的表示方式，这两种变换只能通过外围设备来实现。

**3. 外围设备是计算机系统软件和信息的驻在地**

随着计算机技术的发展，系统软件、数据库和待处理的信息量越来越大，不可能全部存放在主存中，因此，以磁盘存储器或光盘存储器为代表的辅助存储器已成为系统软件、数据库及各种信息的驻在地。

**4. 外围设备是计算机在各领域应用的桥梁**

随着计算机应用范围的扩大，已从早期的数值计算扩展到文字、表格、图形、图像和语音等非数值信息的处理。为了适应这些处理，各种新型的外围设备陆续被制造出来。无论哪个领域、哪个部门，只有配置了相应的外围设备，才能使计算机在这些方面获得广泛的应用。

## 9.2 键盘输入设备



键盘是计算机系统不可缺少的输入设备，人们通过键盘上的按键直接向计算机输入各种数据、命令及指令，从而使计算机完成不同的运算及控制任务。

### 9.2.1 键开关与键盘类型

键盘上的每个按键起一个开关的作用，故又称为键开关：键开关分为接触式和非接触式两大类。

接触式键开关中有一对触点，最常见的接触式键开关是机械式键，它是靠按键的机械动作来控制开关开启的。当键帽被按下时，两个触点被接通；当释放时，弹簧恢复原来触点断开的状态。这种键开关结构简单、成本低，但开关通、断会产生触点抖动，而且使用寿命较短。

非接触式键开关的特点是：开关内部没有机械接触，只是利用按键动作改变某些参数或利用某些效应来实现电路的通、断转换。非接触式键开关主要有电容式键和霍尔键两种，其中电容式键是比较常用的，这种键开关无机械磨损，不存在触点抖动现象，性能稳定，寿命长，已成为当前键盘的主流。

按照键码的识别方法，键盘可分为编码键盘和非编码键盘两大类。

编码键盘是用硬件电路来识别按键代码的键盘，某键按下后，相应电路即给出一组编码信息（如ASCII码）送主机去进行识别及处理。编码键盘的响应速度快，但它以复杂的硬件结构为代价，并且其硬件的复杂程度随着键数的增加而增加。

非编码键盘是用较为简单的硬件和专门的键盘扫描程序来识别按键的位置，即在按下某键以后并不给出相应的ASCII码，而提供与按下键相对应的中间代码，然后再把中间代码转换成对应的ASCII码。非编码键盘的响应速度不如编码键盘的快，但是它通过软件编程可为键盘中某些键的重新定义提供更大的灵活性，因此得到广泛使用。

## 9.2.2 键盘扫描

在大多数键盘中，键开关被排列成M行×N列的矩阵结构，每个键开关位于行和列的交叉处。非编码键盘常用的键盘扫描方法有逐行扫描法和行列扫描法。

**1. 逐行扫描法**

图9.1是采用逐行扫描识别键码的8×8键盘矩阵，8位输出端口和8位输入端口都在键盘接口电路中，其中输出端口的8条输出线接键盘矩阵的行线（$X_0 \sim X_7$），输入端口的8条输入线接键盘矩阵的列线（$Y_0 \sim Y_7$）。通过执行键盘扫描程序对键盘矩阵进行扫描，以识别被按键的行、列位置。

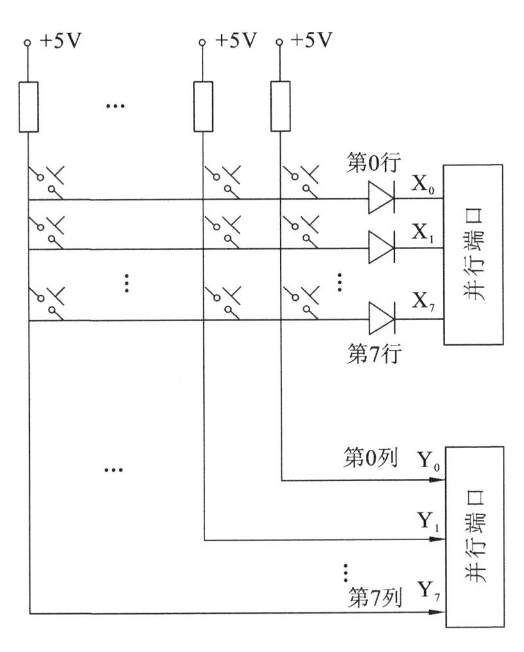


**图9.1 采用逐行扫描法的8×8键盘矩阵**

键盘扫描程序处理的步骤如下。

(1) 查询是否有键按下。首先由 CPU 对输出端口的各位置“0”。即使各行全部接地，然后 CPU 再从输入端口读入数据。若读入的数据全为“1”,表示无键按下,只要读入的数据中有一个不为“1”,表示有键按下,接着要查出按键的位置。

(2) 查询已按下键的位置。CPU 首先使 $X_0$ 为 0,$X_1$～$X_7$ 全为“1”,读入 $Y_0$～$Y_7$,若全为“1”,表示按键不在这一行;接着使 $X_1$ 为 0,其余各位全为“1”,读入 $Y_0$～$Y_7$……直至 $Y_0$～$Y_7$ 不全为“1”为止,从而确定了当前按下的键在键盘矩阵中的位置。

(3) 按行号和列号求键的位置码。得到的行号和列号表示按下键的位置码。

对于接触式键开关,为避免触点抖动造成干扰,通常采用软件延时的方法来等候信号稳定。具体的做法是:在检查到有键按下以后延时一段时间(约 20ms),再检查一次是否有键按下。若这一次检查不到,则说明前一次检查结果为干扰或者抖动;若这一次检查到有键按下,则可确认这是一次有效的按键。

**2. 行列扫描法**

当扫描每一行时,读列线,若读得的结果为全“1”,说明没有键按下,即尚未扫描到闭合键;若某一列为低电平,说明有键按下,而且行号和列号已经确定。然后用同样的方法,依次向列线扫描输出,读行线。如果两次所得到的行号和列号分别相同,则键码确定无疑,即得到闭合键的行列扫描码。

## 9.2.3 微型计算机键盘

从按键的数量上看,微型计算机的键盘有 83 键(PC/XT)、84 键(PC/AT)、101 和 102 键(386、486 机)、104 键(Pentium)、105 键、108 键、109 键等多种。

键盘通常通过设在主板上的键盘接口连到主机上,人们通过键盘输入的数据是在主机的 BIOS 程序的控制下,传送到主机的 CPU 中进行处理的。图 9.2 为 PC/XT 键盘与接口框图,图中虚线的左侧部分是 PC/XT 键盘,右侧部分是键盘接口,位于微机主板上。

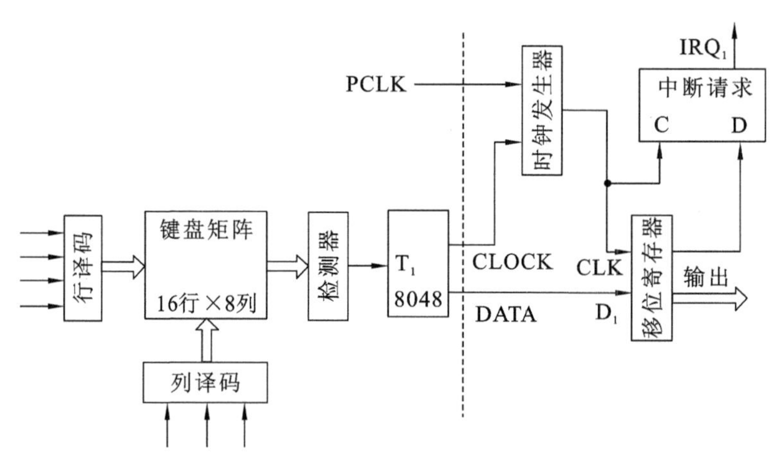


**图 9.2 PC/XT 键盘与接口**

**1. 键盘控制电路**

PC 系列键盘一般由键盘矩阵和以单片机或专用控制器为核心的键盘控制电路组成,被称为智能键盘。单片机通过执行固化在 ROM 中的键盘管理和扫描程序,对键盘矩阵进行扫描,发现、识别按下键的位置,形成与按键位置对应的扫描码,并以串行的方式送给微机主板上的键盘接口电路,供系统使用。

PC/XT 键盘(83 键)采用 16 行×8 列矩阵结构,由 8048 单片机实现闭合键检测、键码识别和与主机通信的控制。8048 通过译码器,分别产生 16 个行扫描信号和 8 个列扫描信号。扫描方式采用行列扫描法,即先逐列为“1”地进行列扫描,矩阵检测器输出送 8048 测试端 $T_1$,可判断是否有行线输出“1”,从而得到闭合键的列号。然后采用同样的方法,逐行为“1”地进行行扫描,得到闭合键的行号。8048 将列号和行号拼成一个 7 位的扫描码(列号为前 3 位,行号为后 4 位),例如第四列第七行键被按下,则得到闭合键的扫描码为 47H。

在 8048 中有一个 20 字节的缓冲队列,能暂存 20 个扫描码:当多键滚按时,若干按键的扫描码便被放入缓冲队列。按先进先出的原则从缓冲区取出扫描码送往接口,以免高速按键时主机来不及进行中断响应和处理,8048 的键盘扫描程序还能完成去抖动、延时自动拍发等复杂功能。

键盘内部的单片机根据按键位置向主机发送的仅是该按键位置的键扫描码。当键按下时,输出的数据称为接通扫描码;当键松开时,输出的数据称为断开扫描码。

对于 83 键键盘,由键盘扫描电路得到的接通扫描码与键号(键的位置编号)相等,用 1 个字节表示,断开扫描码也用 1 个字节表示,其值为接通扫描码加 80H。例如,“A”的键号为 30,接通扫描码为 1EH,断开扫描码为 9EH。

对于 84、101、102、104 扩展键盘,由于键位置发生变化,其接通扫描码与键号不相等。但是接通扫描码仍用 1 个字节表示,断开扫描码用两个字节表示,其值为接通扫描码前加 1 个字节的前缀 F0H。仍以“A”键为例,它的键号为 31,接通扫描码为 1CH,断开扫描码为 F0H、1CH。

**2. 键盘接口电路**

键盘接口电路一般在微机主板上,通过电缆与键盘连接,串行地接收键盘送来的扫描码,或者向键盘发送命令,要求键盘完成一定的工作(比如自检)。其功能主要有:

(1) 串行接收键盘送来的接通扫描码和断开扫描码,转换成并行数据并暂存。

(2) 收到一个完整的扫描码后,立即向主机发中断请求。

(3) 主机中断响应后读取扫描码,并转换成相应的 ASCII 码存入键盘缓冲区。对于控制键,设置相应的状态。

(4) 接收主机发来的命令,传送给键盘,并等候键盘的响应,自检时用以判断键盘的正确性。

对于 83 键键盘,键盘接口电路主要由 8255A-5 和 74LS322 移位寄存器构成,称为 PC 标准键盘接口。对于扩展键盘,键盘接口电路主要由单片机 8042/8742 构成,称为扩展键盘接口。由于扩展键盘的扫描码与系统扫描码不一致,因此 8042/8742 除了完成上述功能以外,还要完成由键盘扫描码到系统扫描码的转换。所谓系统扫描码就是与相应 83 键键盘中同字符的接通扫描码。

从键盘送来的串行扫描码在移位寄存器中由时钟控制依次右移,组装成并行扫描码,然后向主机 CPU 发出中断请求 IRQ1。主机 CPU 响应键盘中断请求后,执行由 BIOS 提供的键盘中断处理程序(09H 类型中断)。该程序首先以并行方式从接口取出扫描码,接着对收到的扫描码进行识别,判断按下的键是字符键还是控制键,由中断服务程序通过查表,将扫描码转换为相应的 ASCII 码或扩充码后送入键盘缓冲区,中断处理完毕返回主程序。当系统或用户需要键盘输入时,可直接在主程序中以软中断指令(INT 16H)的形式调用 BIOS 的键盘 I/O 程序,从键盘缓冲区中取走所需的字符。

在微机中,所有字母、数符由键盘输入后均以 ASCII 码的形式存放在键盘缓冲区,当存放时，每个键的编码占两个字节，其中高字节仍是系统扫描码，低字节是由中断服务程序转换成的 ASCII 码。另外，还有一些键没有对应的 ASCII 码，比如命令键、组合功能键，对于这些键则用扩充码表示。扩充码存放时高位字节是扩充码，低位字节是 00H。这就是说，BIOS 中断服务程序执行时首先检查输入的系统扫描码是否可以转换成 ASCII 码。如果可以，则转换成 ASCII 码，存入键盘缓冲区；如果不可以，则转换成扩充码，存入键盘缓冲区。

键盘缓冲区是一个先进先出的循环队列，其容量(16 个字)足以满足操作员快速输入键符的需要。键盘缓冲区是键盘中断程序(09H 类型中断)与键盘 I/O 程序(INT 16H)之间进行数据传递的媒介体，进队列即由 BIOS 中断服务程序将键盘输入的系统扫描码转换成 ASCII 码或扩充码，按“先进先出”的规则输入到键盘缓冲区中；出队列即由主机执行软件中断 INT 16H，按同样的原则读取键盘缓冲区中的 ASCII 码或扩充码予以处理或执行。

## 9.3 其他输入设备

目前，计算机系统常用的输入设备除键盘外，还有鼠标、扫描仪、光笔、数字化仪等。键盘输入的是字符和数字信息；鼠标主要输入矢量信息和坐标数据；而扫描仪主要输入图形、图像信息。

### 9.3.1 鼠标器

鼠标器是控制显示器光标移动的输入设备，由于它能在屏幕上实现快速精确的光标定位，可用于屏幕编辑、选择菜单和屏幕作图。随着 Windows 操作系统环境越来越普及，鼠标器已成为计算机系统中必不可少的输入设备。

鼠标器按其内部结构的不同可分为机械式、光机式和光电式三大类。尽管结构不同，但从控制光标移动的原理上讲三者基本相同，都是把鼠标器的移动距离和方向变为脉冲信号送给计算机，计算机再把脉冲信号转换成显示器光标的坐标数据，从而达到指示位置的目的。

**1. 机械式鼠标**

机械式鼠标的结构最为简单，由鼠标底部的胶质小球带动 X 方向滚轴和 Y 方向滚轴，在滚轴的末端有译码轮，译码轮附有金属导电片与电刷直接接触。鼠标的移动带动小球的滚动，再通过摩擦作用使两个滚轴带动译码轮旋转，接触译码轮的电刷随即产生与二维空间位移相关的脉冲信号。目前，纯粹的机械式鼠标已经基本消失，我们见到的底部带小球的鼠标都是光机式鼠标。

**2. 光机式鼠标**

光机式鼠标顾名思义就是一种光电和机械相结合的鼠标，在机械式鼠标的基础上，将磨损最厉害的接触式电刷和译码轮改为非接触式的 LED 对射光路元件。当小球滚动时，X、Y 方向的滚轴带动码盘旋转。安装在码盘两侧有两组发光二极管和光敏三极管，LED 发出的光束有时照射到光敏三极管上，有时则被阻断，从而产生了两组相位相差 90°的脉冲序列。脉冲的个数代表鼠标的位移量，而相位表示鼠标运动的方向。由于采用的是非接触部件，使磨损率下降，从而提高了鼠标的寿命，也能在一定范围内提高鼠标的精度。

**3. 光电式鼠标**

光电式鼠标内部有一个发光二极管，通过其发出的光线，照亮光电式鼠标底部表面，然后将反射回来的一部分光线，经过一组光学透镜，传输到一个光感应器件内成像。这样，当光电鼠标移动时，其移动轨迹便会被记录为一组高速拍摄的连贯图像。最后利用光电鼠标内部的一块专用图像分析芯片对移动轨迹上摄取的一系列图像进行分析处理，通过对这些图像上特征点位置的变化进行分析，来判断鼠标的移动方向和移动距离，从而完成光标的定位。

鼠标按键数可以分为双键、三键和多键鼠标。三键鼠标的中键在某些特殊程序中往往能起到事半功倍的作用；多键鼠标是新一代多功能鼠标，如有的鼠标上带有滚轮，使得上下翻页变得极其方便。有的新型鼠标上除了有滚轮，还增加了拇指键等快捷按键，进一步简化了操作程序。

### 9.3.2 其他定位设备

随着便携式计算机的出现，鼠标器已不能适应新的要求，因此又出现了一些新的定位设备。

**1. 轨迹球**

轨迹球的结构颇像一个倒置的鼠标，好像在小圆盘上镶嵌一颗圆球。轨迹球的功能与鼠标相似，朝着指定的方向转动小球，光标就在屏幕上朝着相应的方向移动。轨迹球可以独立使用，也常常嵌在键盘上，其优点是不像鼠标那样必须有可供滑动的较大的空间。

**2. 跟踪点**

跟踪点是一个压敏装置，只有铅笔上的橡皮大小，所以可嵌在按键之间，用手指轻轻推它，光标就朝着指点的方向移动。

**3. 触摸板**

触摸板是一种方便的输入设备，它的表面对压力和运动敏感，当手指轻轻在触摸板上滑动时，屏幕上的光标就同步运动。有的触摸板周围设有按钮，其作用与鼠标的按钮相同，另一些触摸板，则是通过轻敲触摸板表面完成与点击鼠标相同的操作。

### 9.3.3 扫描仪

扫描仪是一种光、机、电一体化的高科技产品。它是将各种形式的图像信息输入计算机的重要工具，是继键盘和鼠标之后的第三代计算机输入设备，也是功能极强的一种输入设备。从最直接的图片、照片、胶片到各类图纸图形以及文稿资料都可以用扫描仪输入到计算机中，进而实现对这些图像形式信息的处理、管理、使用、存储、输出等。配合文字识别软件，还可以将扫描的文稿转换成计算机能直接识别的文本形式。

**1. 扫描仪的组成部分及工作原理**

自然界每一种物体都会吸收特定的光波，而没有被吸收的光波就会被反射出去。扫描仪就是利用这种特性来完成对稿件的读取的。扫描仪在工作时会发出强光照射在稿件上，没有被吸收的光线将被反射到光学感应器上。光学感应器接收到这些信号后，再将这些信号传送到数模转换器，数模转换器再将其转换成计算机能够读取的信号，然后通过驱动程序转换成显示器上能看到的正确图像。欲扫描的稿件通常可以分为反射稿和透射稿两类。反射稿泛指一般的不透明文件，例如报纸、杂志等。透射稿包括幻灯片（正片）或底片（负片）。如果经常需要扫描透射稿，那就必须选择具备光罩（光板）功能的扫描仪。

扫描仪的光学读取装置相当于人的眼球，其重要性不言而喻。目前扫描仪所使用的光学读取装置有 CCD 和 CIS 两种。

1) CCD

CCD(Charge Coupled Device)的中文名称为电荷耦合装置。它采用CCD的微型半导体感光芯片作为扫描仪的核心。CCD与日常使用的半导体集成电路相似,在一片单晶硅上集成了几千到几万个光电三极管,这些光电三极管分为三列,分别用红、绿、蓝色的滤色镜罩住,从而实现彩色扫描。光电三极管受到光线照射时可以产生电流,经放大后输出。采用CCD的扫描仪技术经过多年的发展已经相当成熟,是目前市场上主流扫描仪主要采用的感光元件。CCD的优势主要在于:扫描的图像质量近年来提高很大;具有一定的景深,能够扫描凹凸不平的物体;温度系数比较低,对周围环境温度的变化可以忽略不计。CCD的缺陷主要有:由于数千个光电三极管的距离很近(微米级),在各光电三极之间存在着明显的漏电现象,各感光单元的信号产生干扰,降低了扫描仪的实际清晰度;由于采用了反射镜、透镜,会产生图像色彩偏差和像差,需要通过软件进行校正;由于CCD需要一套精密的光学系统,故扫描仪体积不可能做得很小。

2) CIS

CIS(Contact Image Sensor)的中文名称为接触式图像感应装置。它采用一种触点式图像感光元件(光敏传感器)来进行感光,在扫描平台下1～2 mm处,300～600个红、蓝、绿三色LED(发光二极管)传感器紧密排列在一起产生白色光源,取代了CCD扫描仪中的CCD阵列、透镜、荧光管和冷阴极射线管等复杂结构,把CCD扫描仪的光、机、电一体变为CIS扫描仪的机、电一体。但CIS技术也有不足之处:CIS固有的感光特性决定了这种扫描仪需要一次扫描、三次曝光,所以扫描速度比较慢;由于CIS没有景深的概念,原稿必须与感光元件靠得很近才行,这样无法进行实物扫描;而且目前CIS感光元件的性能决定了CIS扫描仪分辨率不高,加上CIS光源的均匀性不够好,使得CIS扫描仪的扫描图像质量和色彩真实度不是太好,甚至比不上一些低价位的CCD扫描仪。但是这类扫描仪具有体积小、质量小、器件少和抗震性较高的优点,而且生产成本很低。

**2. 扫描仪的主要性能指标**

1) 分辨率

分辨率通常是指图像每英寸有多少个像素(Pixel)。分辨率对图像的质量有很大的影响,通常分辨率越高,扫描输入的时间就越长。扫描仪的分辨率又可细分为光学分辨率和最大分辨率两种。

(1) 光学分辨率是扫描仪最重要的性能指标之一。它直接决定了扫描仪扫描图像的清晰程度。扫描仪的光学分辨率用每英寸长度上的点数,即DPI来表示。通常,低档扫描仪的光学分辨率为300×600DPI,中高档扫描仪的光学分辨率为600×1200DPI。

光学分辨率指的是扫描仪实际工作时的分辨能力,也就是在每英寸上它所能扫描的光学点数。通常这个数值是不变的,因为它由光学感应元件的性能决定。

(2) 最大分辨率又叫做软件分辨率,通常是指利用软件插值补点的技术模拟出来的分辨率。光学分辨率为300×600DPI的扫描仪一般最大分辨率可达4800DPI,而600×1200DPI的扫描仪则更高达9600DPI。这实际上是通过软件在真实的像素点之间插入经过计算得出的额外像素,从而获得的插值分辨率。插值分辨率对于图像精度的提高并无好处,事实上只要软件支持,而用户的机器配置又够高的话,这种分辨率完全可以做到无限大。

2) 色彩深度值

色彩深度值(或称为色阶,也叫做色彩位数)指的是扫描仪色彩识别能力的大小。扫描仪是利用R(红)、G(绿)、B(蓝)三原色来读取数据的,如果每个原色以8位数据来表示,总共就有 24 位，即扫描仪有 24 位色阶；如果每个原色以 12 位数据来表示，总共就有 36 位，即扫描仪有 36 位色阶，它所能表现出的色彩将会有 680 亿($2^{36}$)色以上。较高的色彩深度位数可以保证扫描仪反映的图像色彩与实物的真实色彩尽可能一致，而且图像色彩会更加丰富。一般光学分辨率为 300×600DPI 的扫描仪其色彩深度为 24 位、30 位，而 600×1200DPI 的为 36 位，最高的为 48 位。

3) 灰度值

灰度值是指进行灰度扫描时对图像由纯黑到纯白整个色彩区域进行划分的级数，又称为灰度动态范围。灰度值越高，扫描仪能够表现的暗部层次就越细。灰度值的大小对于扫描仪正负片通常会有较大的影响。编辑图像时一般都使用到 8 位，即 256 级，而主流扫描仪通常为 10 位，最高可达 12 位。

## 9.4 打印输出设备

打印机是计算机系统的主要输出设备之一，打印机的功能是将计算机的处理结果以字符或图形的形式印刷到纸上，转换为书面信息，便于人们阅读和保存。由于打印输出结果能永久性保留，故称为硬拷贝输出设备。

### 9.4.1 打印机概述

按照打印的工作原理不同，打印机分为击打式和非击打式两大类。击打式打印机是利用机械作用使印字机构与色带和纸相撞击而打印字符的，它的工作速度不可能很高，而且不可避免地要产生工作噪声，但是设备成本低，针式打印机就是使用最广泛的击打式打印机。非击打式打印机是采用电、磁、光、喷墨等物理或化学方法印刷出文字和图形的，由于印字过程没有击打动作，因此印字速度快、噪声低，但一般不能复制多份，目前主要有喷墨打印机、激光打印机等。

打印机按照输出工作方式可分为串式打印机、行式打印机和页式打印机三种。串式打印机是单字锤的逐字打印，打印一行字符时，不论所打印的字符是相同或不同的，均按顺序沿字行方向依次逐个字符打印，因此打印速度较慢，一般用字符每秒(CPS)来衡量其打印速度。行式打印机是多字锤的逐行打印，一次能同时打印一行(多个字符)，打印速度较快，常用行每分(LPM)来衡量其速度。页式打印机一次可以输出一页，打印速度最快，一般用页每分(PPM)来衡量其速度。

打印机按印字机构不同，可分为固定字模(活字)式打印和点阵式打印两种。字模式打印机是将各种字符塑压或刻制在印字机构的表面上，印字机构如同印章一样。可将其上的字符在打印纸上印出；而点阵式打印机则借助于若干点阵来构成字符。字模式打印的字迹清晰，但字模数量有限，组字不灵活。不能打印汉字和图形，所以基本上已被淘汰。点阵式打印机以点阵图拼出所需字形。不需固定字模，它组字非常灵活，可打印各种字符(包括汉字)和图形、图像等。现在人们普遍有一种误解，只把针式打印机看作点阵打印机，这是不全面的。事实上，非击打式打印机输出的字符和图形也是由点阵构成的。

打印机通常有两种工作模式，即文本模式(字符模式)和图形模式。

**1. 文本模式**

在这种方式中，主机向打印机输出字符代码(ASCII 码)或汉字代码(国标码)，打印机则依据代码从位于打印机上的字符库或汉字库中取出点阵数据，在纸上“打”出相应字符或汉字。与图形模式相比，文本模式所需传送的数据量少，占用主机 CPU 的时间少，因而效率较高，但所能打印的字符或汉字的数量受到字库的限制。

**2. 图形模式**

在图形模式中，主机向打印机直接输出点阵图形数据，有一个“1”就“打”一个点。在这种模式下，CPU 能灵活控制打印机输出任意图形，从而可打印出字符、汉字、图形、图像等。但图形模式所需传送的数据量大，占用主机大量的时间。例如打印一个 24×24 点阵的汉字，传送字符点阵图形的数据量(72 个字节)远大于传送字符代码时的数据量(2 个字节)。

### 9.4.2 打印机的主要性能指标

有关打印机的性能指标主要有分辨率、打印速度、打印幅面、接口方式和缓冲区的大小等。

**1. 分辨率**

打印机的打印质量是指打印出的字符的清晰度和美观程度，用打印分辨率表示，单位为每英寸打印多少个点(DPI)。大多数打印机的分辨率在垂直和水平方向上是相同的，目前激光打印机的分辨率为 600DPI，甚至可达 1200DPI，至于精密照排机，低档的在 700～2000DPI，高档的则可达 2000～3000DPI。

**2. 打印速度和打印幅面**

不同类型的打印机具有不同的打印速度，每种类型又有高、中、低速之分。

打印机的打印幅面有许多种，一般家庭用户使用 A4 幅面的就可以了。

**3. 接口方式**

打印机的接口可以是标准配置并行接口，也可以是 USB 接口。

**4. 缓冲区**

最简单的缓冲区只能存放一行打印信息，这一行信息打印完后，即清除掉缓冲区的信息，并告诉主机“缓冲区空”，主机将再发送新的信息给打印机，如此反复直到所有信息打印完毕为止。在 CPU 不断升级的情况下，为了解决计算机和打印机速度的差异，必须扩大打印机的缓冲区。缓冲区越大，一次输入数据就越多，打印机处理打印所需的时间就越长。因此，与主机的通信次数就可以减少，使主机效率提高。

### 9.4.3 针式打印机工作原理

针式打印机在打印机历史上曾经占有重要的地位，其价格便宜，耐用，可以打印多层纸，但它较低的打印质量和打印速度以及很大的工作噪声使它无法适应高质量、高速度的打印需要，所以在普通家庭及办公应用中逐渐被喷墨和激光打印机所取代。



针式打印机是由若干根打印针印出 m×n 个点阵组成的字符或汉字、图形。这里 m 表示打印的列数，n 表示打印的行数。点阵越密，印字的质量就越高。需要注意的是，字符由 m×n 个点阵组成，并不意味着打印头就装有 m×n 根打印针。串式针打的打印头上一般只装有一列 n 根打印针(也有的分为两列)，通常所讲的 9 针、24 针打印机指的就是打印头上打印针的数目。打印头是打印机的关键部件，打印机的打印速度、打印质量和可靠性在很大程度上取决于打印头的功能和质量。

在 9 针打印机中，将 9 根打印针排成纵向一列，每次打印一列，印完一列后打印头沿水平方向向右移动一步，m 步之后，形成一个 m×n 点阵的字形。在 24 针打印机中，一般交错排成两列，每列 12 根针，分别称为奇数号针和偶数号针。打印时，打印头从左到右打印，一列的 24 个点是分两次打印出来的。由于点的纵向间距非常小，甚至能相互覆盖一部分，所形成的图形轮廓连贯光滑，印字质量较 9 针打印机高。

打印头装在一个小车(称为字车)上，由步进电动机驱动，可进行水平移动与精确定位。打印头里的钢针在驱动电路的控制下，打击色带和纸，从而形成一行字符。在打印一行字符的过程中，打印纸不动。在打印完一行后，输纸机构带动打印纸向前推进一行，而色带传动机构也将色带转动一定尺寸，使打击次数均匀地分布在整盘色带上。针式打印机可以通过调整打印头与纸张的间距，适应打印纸的不同厚度，而且可以改变打印针的力度，以调节打印的清晰度。

针式打印机有单向打印和双向打印两种。若一行字符打印完，在输纸的同时，打印头左移返回到起始位置(回车)，重新由左向右打印，就称单向打印。而双向打印指的是自左向右一行字符打印完毕后，打印头无须回车，在输纸的同时，打印头再从右向左打印下一行，做反向打印。由于省去了空回车时间，所以双向打印机的打印速度较单向打印速度有很大提高。

针式打印机控制电路如图 9.3 所示。主机要输入打印信息时，首先要检查打印机所处的状态。当打印机空闲时，允许主机发送字符。打印机开始接收从主机送来的字符代码(ASCII 码)，先判断它们是可打印的字符还是只执行某种控制操作的控制字符(如："回车"、"换行"等)。如果是可打印的字符就将其代码送入打印行缓冲区(RAM)中，接口电路产生回答信息，通知主机发送下一个字符，如此重复，把要打印的一行字符的代码都存入数据缓冲区。当缓冲区接收满一行打印的字符后，停止接收，转入打印。

打印机的字符库中存放着所有字符的列点阵码。打印时，首先形成打印字符的首列点阵的地址，然后按顺序在字符库中一列一列地找出字符的点阵，送往打印头控制驱动电路，激励打印头出针打印。一个字符打印完，字车移动几列，再继续打印下一个字符。一行字符打印完后，请求主机送来第二行打印字符代码，同时输纸机构使打印纸移动一个行距。

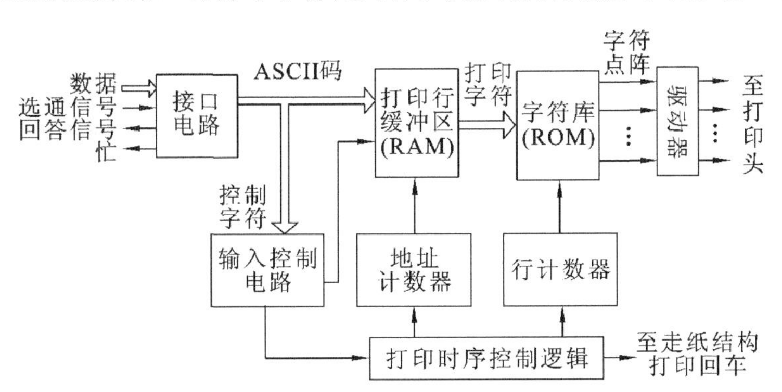


**图 9.3　针式打印机控制电路**

一般针式打印机内部只带西文字符库，它只能支持文本的打印。这种打印机若想打印中文，应使打印机处于图形模式。

针式打印机多为单色打印机，现在也出现了彩色针式打印机。彩色针式打印机的结构与单色打印机相同，只是增加了色彩功能控制。彩色打印机利用了三基色混色原理，使用的色带上除了有一条黑色带外，还有红、蓝、黄色三条色带，其他的颜色用红、蓝、黄三色混合多次打印组合而成。

彩色打印机的字车上所附的色带不仅能够在水平方向上横向往复运动，而且能够上下移动，这样就可以用一个打印头撞击不同颜色的色带进行彩色打印。为了实现多种颜色的打印，彩色打印机的打印控制电路还增加了色带选择电路及其他附属电路。彩色打印机打印时还是像单色打印机那样，对于每种颜色的色带都是按从左到右的顺序击打，不同的是它要选择相应的色带。如果打印的是色带上的三基色，则直接选择相应的色带打印即可；如果打印的不是色带上的三基色，则需要利用三基色进行配色，即在同一点上选择不同的色带击打，混合成各种颜色。

### 9.4.4 喷墨式打印机工作原理

喷墨式打印机也属于点阵式打印机的一种，它的印字原理是使墨水在压力的作用下，从孔径或狭缝尺寸很小的喷嘴喷出，成为飞行速度很高的墨滴，根据字符点阵的需要，对墨滴进行控制，使其在记录纸上形成文字或图形。喷墨打印机的喷墨方式有连续式和随机式两种。当前大幅面的喷墨打印机采用连续式喷墨技术，普通喷墨打印机多采用随机式喷墨技术。

**1. 连续式喷墨技术**

连续式是指连续不断地喷射墨水。首先给墨水加压，使墨水流通过喷嘴连续喷射而粒子化。因为墨水带有正离子，当粒子化的墨水穿过高压电场时，就发生偏转，故可用高压电场控制印字。

带有正离子的墨水由喷嘴喷出后，墨水束粒子化为小水滴，穿进偏转电极，要想印字，此时偏转电极上的电压为零，墨水小滴穿过挡板的小孔，喷射在记录纸上。如果不希望印字，就在偏转电极上加±400V的电压，使墨水滴发生偏转，喷射在挡板上，经墨水回收管流入废墨水瓶中。连续式喷墨系统具有频率响应高，可实现高速打印等优点，但这种打印机的结构比较复杂，对墨水需要加压装置、终端要有回收装置回收不参与印字的墨水滴，在墨水循环过程中需要设置过滤器以过滤混入的杂质和气体。

**2. 随机式喷墨技术**

随机式喷墨打印机的墨滴只有打印时才从喷嘴中喷出（又称按需式），因而不需要过滤器和复杂的墨水循环系统。由于受射流惯性的影响，墨水的喷射速度低于连续式。为了提高喷射速度，喷头一般由多个喷嘴组成，其结构和排列与针式打印机的打印头相似。随机式喷墨打印机又可分为压电式和气泡式两种。

压电式喷墨打印机的喷头内装有墨水，在喷嘴上下两侧各放置一块压电陶瓷，利用它在电压作用下会发生形变的原理，适时地把电压加到它的上面，使其变形产生压力，挤压喷头喷出墨滴，在输出介质表面形成图案。用压电喷墨技术制作的喷墨打印头成本比较高，为了降低用户的使用成本，一般都将打印头和墨盒做成分离的结构，更换墨水时不必更换打印头。

气泡式打印机在喷头上设置了加热元件。当脉冲作用于加热元件上时，加热元件急速升温，将喷头中的一部分墨汁气化，形成一个具有喷射力量的气泡，并将墨水顶出喷到输出介质表面，形成图案或字符。采用这种技术的打印喷头通常都与墨盒做在一起，更换墨盒时即同时更新打印头。为降低使用成本，在墨盒刚刚用完，可立即加注专用的墨水，只要方法得当，可以节约耗材费用。

通常所说的喷墨打印机是指液态喷墨打印机，它具有整机价格低、工作噪音低、耗电少、质量小、输出印字质量接近低档的激光打印机等优点，同时又能实现廉价的真彩色打印。与针式打印机相比，喷墨打印机对墨水的质量要求很高，使耗材的成本较高，而且墨水大多怕受潮。

除液态喷墨打印机外，还有一种固态喷墨打印机。固态喷墨技术是Tektronix(泰克)公司于1991年推出的专利技术，它所使用的相变墨在室温下可变为固态，打印时墨被加热液化后喷射到介质上，由于此种墨附着性好、色彩鲜亮、耐水性能好，并且不存在打印头因墨水干涸而造成的堵塞问题。但采用固态油墨的打印机目前因生产成本比较高，所以产品比较少。

### 9.4.5 激光打印机工作原理

激光打印机是一种光、机、电一体，高度自动化的计算机输出设备，其成像原理与静电复印机相似，结构比针式打印机和喷墨打印机都复杂得多。它主要由激光器、激光扫描系统、以碳粉与感光鼓为主的碳粉盒、字形发生器、电子照相转印机构和电路部分组成，如图9.4所示。

感光鼓是激光打印机的核心，这是一个用铝合金制成的圆筒，其表面镀有一层半导体感光材料，通常是硒，所以又常将它称为硒鼓。激光打印机的打印过程中包括充电、扫描曝光、显影、转印、定影和清除残像六步，上述步骤都是围绕感光鼓进行的。

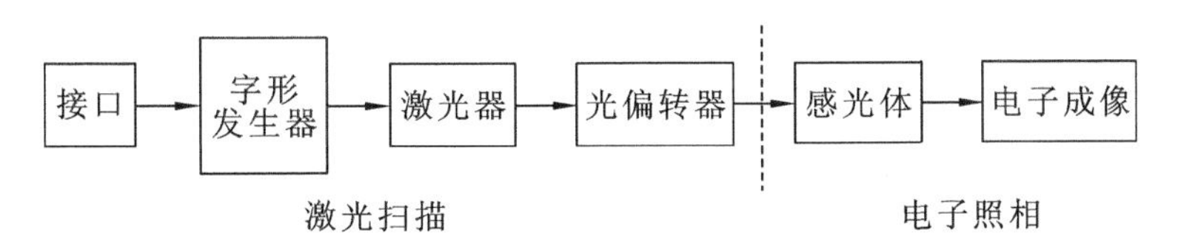


**图9.4 激光打印机的组成**

1）充电

对硒鼓进行充电，使其表面均匀地带上正(负)电荷。

2）扫描曝光

扫描曝光也可以叫做“书写”，由控制电路控制激光束对硒鼓表面进行扫描照射，在需印出内容的地方关闭激光束，在不需印出的地方打开激光束。随着带正(负)电荷的感光鼓表面的转动，遇有激光源照射时，鼓表面曝光部分变为良导体，产生光电流，使其失去表面电荷。而未曝光的鼓表面仍保留电荷，从而在硒鼓上形成静电“潜像”。

3）显影

带有“潜像”的硒鼓表面继续运动，通过碳粉盒时，带电荷的部分吸附上碳粉，从而在鼓面上显影成可见的字符碳粉图像。

4）转印

显影的表面同打印纸接触时，在外电场的作用下，碳粉被吸附到纸上，完成图像的转印。

5）定影

分离后的纸经定影热辊，碳粉在高温和高压下熔化而永久性地黏附在纸上，实现定影而得到最终的印字输出结果。

6）消除残像

完成转印后，硒鼓表面还留有残余的电荷和碳粉，先经过放电将电荷中和，然后经过清扫除去残留的碳粉。这样，便恢复原来的状态，以便进行下一次印字过程。

由于激光束扫描速度可以很高，而且打印输出是随硒鼓转动连续进行的，所以打印速度较快，是逐页输出的，因而激光打印机也常称为页式打印设备。

## 9.5 显示设备

显示设备是将电信号转换成视觉信号的一种装置。在计算机系统中，显示设备被用作输出设备和人机对话的重要工具。与打印机等硬拷贝输出设备不同，显示器输出的内容不能长期保存，当显示器关机或显示别的内容时，原有内容就消失了，所以显示设备属于软拷贝输出设备。

### 9.5.1 显示器概述

计算机系统中的显示设备，若按显示对象的不同可分为字符显示器、图形显示器和图像显示器。字符显示器是指能显示有限字符形状的显示器。图形和图像是既有区别又有联系的两个概念，图形是指以几何线、面、体所构成的图；而图像是指模拟自然景物的图，如照片等。从显示角度看，它们都是由像素（光点）所组成的。如果以点阵方式显示字符，则图形图像显示器也能覆盖字符显示器的功能。事实上目前常用的CRT显示器都具有字符方式和图形方式两种显示方式，所以它们既是字符显示器，又是图形图像显示器。

若按显示器件的不同可分为阴极射线管（CRT）、等离子显示器（PD）、发光二极管（LED）、场致发光显示器（ELD）、液晶显示器（LCD）、电致变色显示器（ECD）和电泳显示器（EPID）等。这些显示器件，按显示原理可分为两类：一类是主动显示器件，如CRT显示器、发光二极管等，它们是在外加电信号作用下，依靠器件本身产生的光辐射进行显示的，因此也叫光发射器件；另一类叫做被动显示器件，如液晶显示器，这类器件本身不发光，工作时需另设光源，在外加电信号的作用下，依靠材料本身的光学特性变化，使照射在它上面的光受到调制，因此这类器件又叫光调制器件。

目前，计算机系统中使用最广泛的是CRT显示器和液晶显示器：CRT显示器具有成本较低、亮度高、色彩鲜明真实、分辨率高、性能稳定可靠等优点；但也在着体积大、笨重、功耗大等缺点。液晶显示器则体积小、质量小、功耗低、辐射小，但亮度较低，色彩不够鲜明，且成本较高。

### 9.5.2 CRT显示器

随着计算机技术的发展和应用的拓展，CRT显示器的发展也很快，从20世纪80年代初到现在，CRT显示器的分辨率已从320×200发展到1024×768，有的达到1280×1024和1600×1200以上；颜色也由单色发展到16M色；显像管的点距从0.6 mm以上发展到0.21 mm以下；行扫描频率从15.8 kHz发展到120 kHz以上；显示屏幕尺寸从12英寸发展到20英寸以上；显示屏幕也越来越平面化。目前的CRT显示器已朝着高分辨率、高亮度、平面化、大屏幕、低辐射等方向发展。

CRT显示器由显示适配器（显卡）和显示器（监视器）两部分组成，显卡通常插在微机的总线插槽中，也有的微机主板上集成有显卡电路。显卡到显示器通过显示专用接口连接。

**1. CRT显示器的主要技术指标**

1）点距

点距（Dot Pitch）是指屏幕上两个相邻的同色荧光点之间的距离。点距有实际点距、垂直点距和水平点距的差别，严格意义上的点距是指实际点距。点距越小，显示的画面就越清晰、自然和细腻。用显示区域的宽和高分别除以水平点距和垂直点距，即得到显示器在水平和垂直方向上最高可以显示的点数(即极限分辨率)。如果超过这个模式，屏幕上的相邻像素会互相干扰，反而使画面模糊不清。早期的 14 英寸显示器的点距分为 0.28 mm、0.31 mm、0.39 mm 几种规格，目前高清晰度大屏幕显示器通常采用 0.20～0.28 mm 的点距。

2) 行频和场频

行频又称水平扫描频率，是电子枪每秒在屏幕上扫描过的水平线条数，以千赫兹为单位。场频又称垂直扫描频率，是每秒钟屏幕重复绘制显示画面的次数，以赫兹为单位。

由于显示器需要与显卡匹配，所以现在所有的显示器都是变频的(也称多扫描或多频)。频率的范围越大则显示器越贵，其用途也越广。场频决定了图像的稳定性，频率越高越好，典型的场频为 50～160 Hz，但是它还与分辨率密切相关，如当分辨率为 640×480 时，某显示器的场频可达到 100 Hz，而当分辨率为 1024×768 时，场频将降至 60 Hz。行频通常为 31.5～90 kHz或更高，目前比较主流的行频有 70 kHz、85 kHz、96 kHz 等。

3) 视频带宽

视频带宽是表示显示器显示能力的一个综合性指标，以兆赫兹为单位。它指每秒钟扫描的像素个数，即单位时间内每条扫描线上显示的点数的总和。带宽越大表明显示器显示控制能力越强，显示效果越佳。现在主流的 CRT 显示器的视频带宽都能达到 100 MHz 以上，高档显示器的带宽可达 200 MHz 以上。

视频带宽＝水平分辨率×垂直分辨率×刷新率×1.344

其中常数 1.344 表示电子枪扫描时扫过水平方向上的像素点数与垂直方向上的像素点数均应当高于理论值，这样才能避免信号在扫描边缘衰减，使图像四周同样清晰。

4) 最高分辨率

最高分辨率是定义显示器画面清晰度的标准，由每帧画面的像素数决定，以水平显示的像素个数乘以水平扫描线数表示，例如 800×600，表示一幅画面水平方向和垂直方向的像素点数分别是 800 和 600。最高分辨率不仅与显示尺寸有关，还受到点距和视频带宽等因素的制约。值得一提的是，一台显示器在 75 Hz 以上的刷新频率下所能达到的分辨率才是它真正的最高分辨率。

5) 刷新率

刷新率实际上就等于场频，刷新率越高，意味着屏幕的闪烁越小，对人眼睛产生的刺激越小。行频、场频、最高分辨率这几个参数息息相关。一般来说，行频、场频的范围越宽，能达到的最高分辨率也越高，相同分辨率下能达到的最高刷新率也越高。早期显示器只支持 50～60 Hz 的刷新率，现在 VESA(视频电子标准协会)规定 85 Hz 为无闪烁的刷新率，从保护眼睛的角度出发，刷新率越高越好。

6) 屏幕尺寸

屏幕尺寸指屏幕对角线长度，一般有 14、15、17、19、20、21 英寸等。

**2. CRT 显示原理**

1) CRT 显示器的扫描方式

CRT 显示器如同电视接收机一样，普遍采用光栅扫描方式，在光栅扫描方式中，电子束在水平和垂直同步信号的控制下有规律地扫描整个屏幕。扫描的方法如下：电子束从显示屏的左上角开始，沿水平方向从左向右扫描，到达屏幕右端后迅速水平回扫到左端下一行位置，又从左到右匀速地扫描。这样一行一行地扫描，直到屏幕的右下角，然后又垂直回扫，返回屏幕左上角，重复前面的扫描过程，当水平和垂直回扫时，电子束是“消隐”的，荧光屏上没有亮光显示。这样，在 CRT 的屏幕上形成了一条条水平扫描线，称为光栅。图 9.5 为光栅扫描示意图，图中的虚线表示消隐的水平和垂直回扫线。一幅光栅通常也叫做一帧，一帧画面的扫描行数越多，显示出来的画面就越清晰；但要使扫描行数增多，则须使行扫描频率增高。当要求太高时就难以实现。显示器中有逐行扫描与隔行扫描两种可能的方法。

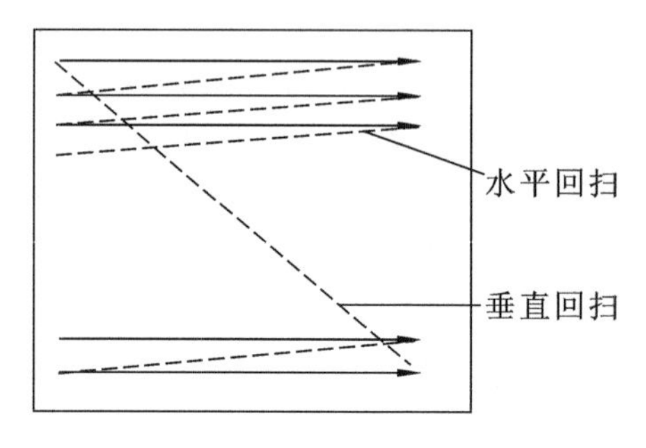


**图 9.5 光栅扫描**

从上向下依次顺序扫描出所有的行扫描线称为逐行扫描，扫完一场即为一帧。这种方式的控制比较简单，画面质量较好且稳定，但对行扫描频率要求较高。

将一帧画面分为奇数场和偶数场，奇数行组成奇数场，偶数行组成偶数场。第一场显示奇数行，第二场显示偶数行的过程称为隔行扫描，扫描一帧画面需要两场。如果每一帧总行数不变以维持所要求的分辨率，则每一场的行数将减少一半，相应的行扫描频率也将降低一半。由于一帧由两场合成，所以画面质量较逐行扫描方式稍差一些。目前微机显示器一般采用逐行扫描方式。

2) 显示器的显示模式

显示模式从功能上分为字符模式和图形模式两大类。

字符模式也称字母数字模式，即 A/N 模式(Alpha Number Mode)。在这种模式下，显示缓冲区中存放着显示字符的代码(ASCII 码)和属性。显示屏幕被划分为若干个字符显示行和列，如 80 列×25 行。

由于字符模式在 CRT 显示器上不是点控制，而是一个由 8 位代码(ASCII 码)控制的一块比如像 8×8、8×14 等大小的显示区域。因此显示缓冲区较小，显示更新的速度非常快，但缺点是无法显示图形。目前流行的所有显卡都包含有字符模式。

图形模式也称 APA 模式(All Points Addressable Mode)，即对所有点均可寻址。通常把它称为位图化的显示器，因为屏幕上的每个像素都对应显示缓冲区中的一位或多位。

3) 显示缓冲区

荧光屏上涂的是中短余辉荧光材料，否则会导致图像变化时前面图像的残影滞留在屏幕上，但如此一来，就要求电子枪不断地反复“点亮”、“熄灭”荧光点，即便屏幕上显示的是静止图像，也照常需要不断地刷新。



为了不断提供刷新画面的信号，必须把字符或图形信息存储在一个显示缓冲区中，这个缓冲区又称为视频存储器(VRAM)。显示器一方面对屏幕进行光栅扫描，一方面同步地从 VRAM 中读取显示内容，送往显示器件。因此，对 VRAM 的操作是显示器工作的软、硬件界面所在。

VRAM 的容量由分辨率和灰度级决定，分辨率越高，灰度级越高，VRAM 的容量就越大。同时，VRAM 的存取周期必须满足刷新率的要求。

分辨率由每帧画面的像素数决定，而像素具有明暗和色彩属性。黑白图像的明暗程度称为灰度，明暗变化的数量称为灰度级，所以在单色显示器中，仅有灰度级指标。彩色图像是由多种颜色构成的，不同的深浅也可算作不同的颜色，所以在彩色显示器中能显示的颜色种类称为颜色数。如果颜色数较少，不足以逼真地显示图像，则称为伪彩色显示。如果颜色数量多，显示逼真，则称为真彩色显示。真彩色一般要求调色板能达到显示 $2^{24}=16$ M（16770000）种颜色的能力。

在字符显示方式中，将一屏中可显示的最多字符数称为分辨率，例如 80 列×25 行，表示每屏最多可显示 25 行，每行可有 80 个字符。字符方式的 VRAM 通常分成字符代码缓存和显示属性缓存两部分。字符代码缓存中存放着显示字符的 ASCII 码，每个字符占一个字节；显示属性缓存中存放着字符的显示属性，一般也占一个字节。VRAM 的最小容量是由屏幕上字符显示的行、列规格来决定的。例如，一帧字符的显示规格为 80×25，那么 VRAM 中的字符代码缓存的最小容量就是 2 KB。缓存的容量也可以大于一帧字符数，用来同时存放几帧字符的代码。在这种情况下，通过控制缓存的指针就可以在屏幕上显示不同帧中的字符内容，实现屏幕的硬件滚动。

在图形显示方式中，将一屏中可显示的像素点数称为分辨率，图形方式的显示信息以二进制的形式存储在 VRAM 中，这些信息是图形元素的矩阵数组，在最简单的情况下，只需要存储两值图形，即用“0”表示黑色（暗点），用“1”表示白色（亮点）。用 VRAM 的一位表示一个点，所以 VRAM 的一个字节可以存放八个点。例如，一个 CRT 显示器的分辨率为 640×200，在无灰度级的单色显示器中，只需要 16KB 的 VRAM。彩色显示或单色多灰度显示时，每个点需要若干位来表示。例如，若用两位二进制代码表示一个点，那么每个点便能选择显示四种颜色，但是此时 VRAM 的一个字节只能存放四个点，如果显示器的分辨率不变，VRAM 的容量就要增加一倍。反之，若 VRAM 容量一定，随着分辨率的增高，显示的颜色数将减少。

### 9.5.3 字符显示器的工作原理

#### 1. 字符显示原理

字符显示器显示字符的方法也是以点阵为基础的。通常将显示屏幕划分成许多方块，每个方块称一个字符窗口，它包括字符显示点阵和字符间隔，一般的字符显示器可显示 80 列×25 行＝2000 个字符，字符窗口数目为 80×25，如图 9.6 所示。在单色字符显示方式下，每个字符窗口为 9×14 点阵。对应的分辨率为 80 列×25 行（720×350 点阵），其中字符本身点阵为 7×9，同一字符行中字符横向间隔两个点，不同字符行间的间隔为五个点。

屏幕上每个字符窗口对应于 VRAM 的一个字节单元，在实际的 VRAM 中，还需存入字符的显示属性，所以 VRAM 的容量还需增加一倍。VRAM 中存放的是字符的 ASCII 码，不是点阵信息。若要显示出字符的形状，还要有字符发生器（字符库）的支持。

显示器的字符库是用来存放各种字符的点阵字形辉亮数据的只读存储器。显示时，从 ROM 中读出有关的点阵信息送给 CRT 作为辉亮控制信号，以控制电子束的强弱，从而在屏幕上组成字符。显示器的字符库存放的是字符的行点阵码，字符库的高位地址来自 VRAM 的 ASCII 码，低位地址来自行计数器的输出 $RA_3 \sim RA_0$（行扫描线序号）。图 9.7 给出字符“A”的点阵字形，这是一个 7×9 的点阵，用二进制码中的“1”对应屏幕上的亮点，“0”对应暗点。对于字符“A”可用九个字节的行点阵码表示，从第一行到第九行分别为 10H、28H、44H、82H、82H、FEH、82H、82H、00H。从字符库中读出行点阵码，就能显示出该字符。

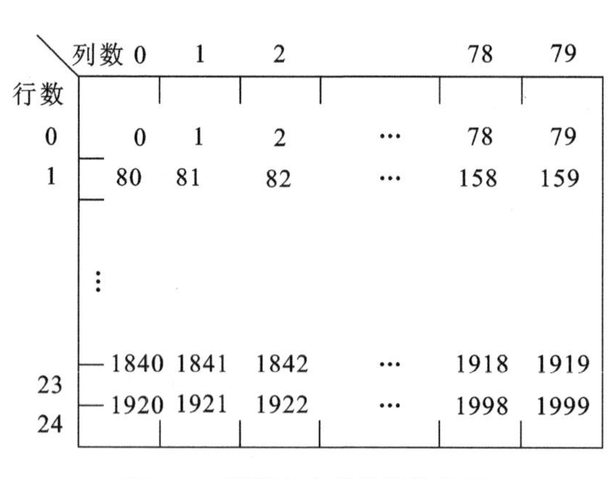


图 9.6 屏幕上字符位置的分配

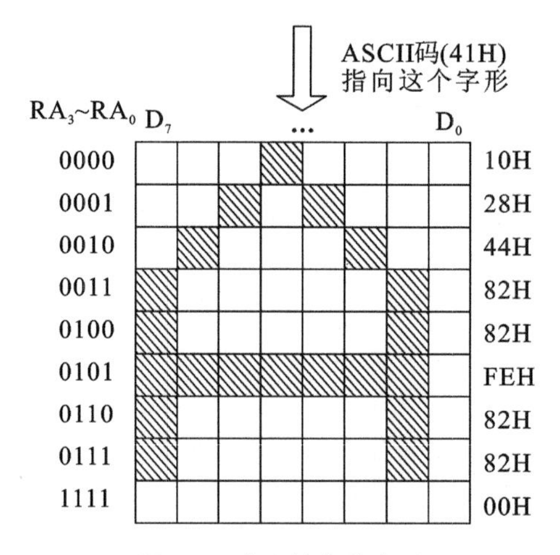


图 9.7 “A”的点阵字形

在屏幕上，每个字符行要显示多个字符，而电子束在光栅扫描时，采用的是逐行扫描法。按照这种扫描法，显示字符时，并不是对显示的每个字符单独进行点阵扫描(即扫描完一个字符的各行点阵，再扫描另一个字符的各行点阵)，而是采用对一排所有字符的点阵进行逐行依次扫描。例如，某字符行欲显示的字符是 A，B，C，…，T，显示电路首先根据各字符代码依次从字符发生器取出 A，B，C，…，T 各个字符的第一行点阵代码，并在字符行第一条扫描线位置上显示出这些字符的第一行点阵；然后再依次取出该排各个字符的第二行代码，并在屏幕上扫出它们的第二行点阵；如此循环，直到扫描完该字符行的全部扫描线，那么每个字符的所有点阵(例如 9 行点阵)便全部显示在相应的位置上，屏幕上就出现了一排完整的字符。当显示下一排字符时，重复上述的扫描过程。

**2. VRAM 的地址组织**

在字符显示器中，屏幕上每个字符位置对应 VRAM 中的一个字节，VRAM 中各字节单元的地址随着屏幕由左向右，自上而下的显示顺序从低向高安排。也就是说，VRAM 的 0 号单元存放的字符代码经字符发生器转换为字形点阵后，显示在屏幕第一行字符左边第一个位置上；1 号单元存放的字符代码转换后显示在屏幕第一行左边的第二个位置上；……VRAM 的最后一个单元存放的字符代码转换后显示在屏幕最后一行右边最末一个位置上。VRAM 的地址安排与屏幕位置的对应关系如图 9.8 所示。

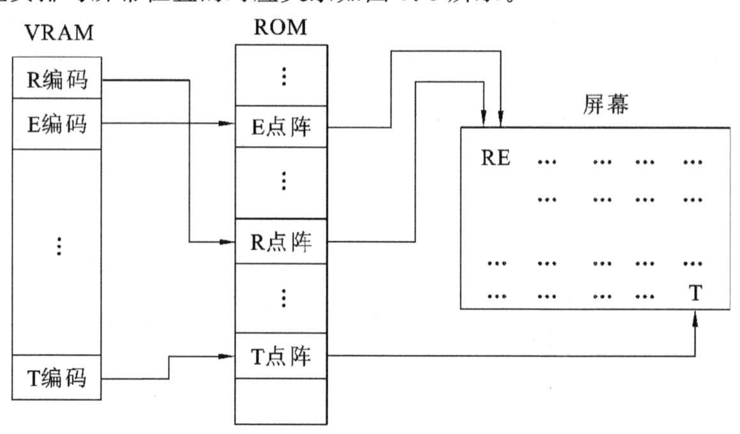


图 9.8 VRAM 的地址与屏幕位置的对应关系

### 3. 字符显示器的控制电路

图 9.9 是字符显示器的定时控制电路。它的核心是点计数器、字计数器(水平地址计数器)、行计数器和排计数器(垂直地址计数器),由它们来控制显示器的逐点、逐字、逐行、逐屏幕的刷新显示。为了避免扫描行和字符行这两个概念的混淆,在后文中把扫描行仍称为行,而把字符行称为排。

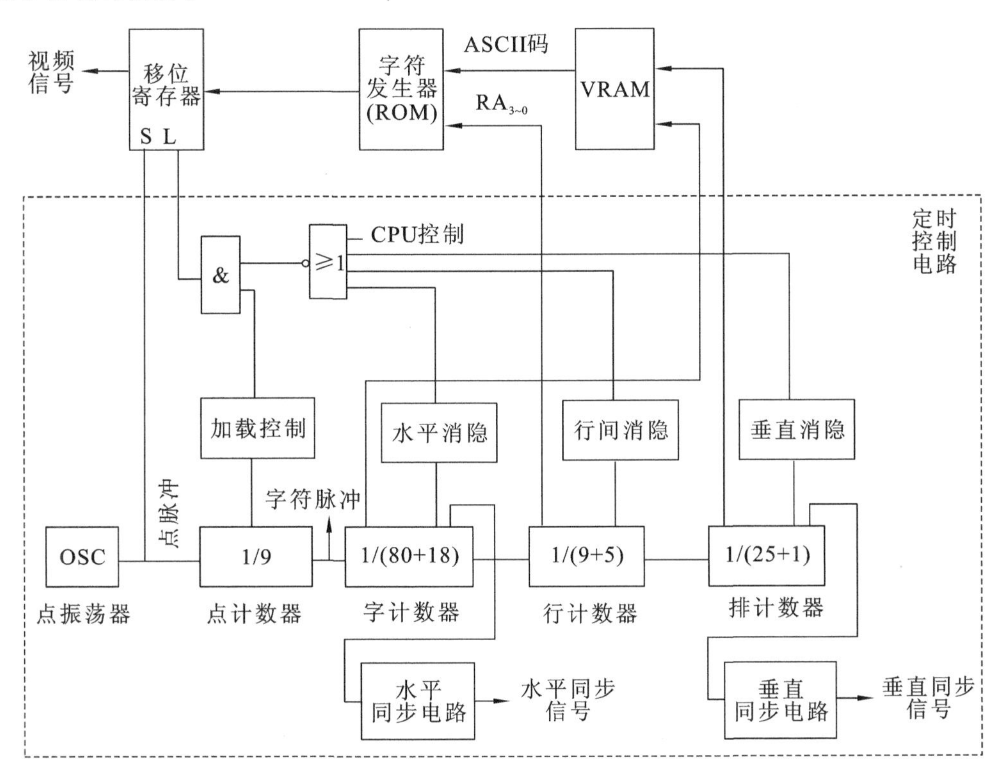


**图 9.9　字符显示器定时控制电路**

每次从字库中读出一行字符点数据 7 位,送入移位寄存器,然后在点脉冲控制下串行地移位输出,送往显示器作为亮度控制信号:“1”亮,“0”暗。移位寄存器实现并-串转换,每发一个点脉冲,屏幕上产生一个像点。

点计数器对一个字符的列数和字符横向间隔进行计数,为 9 分频,即输入九个点脉冲后完成一次计数循环,并向下一级计数器输出一个计数脉冲,这对应于一个字符横向七点,加上两点间距。

字计数器用来同步控制一条水平扫描线的正扫和回扫。由于一排可有 80 个字符,需在扫描正向过程中显示,所以当字计数器由 0 计到 79 时,光栅从左向右扫满一行。然后进入回扫逆程,设逆程需占 18 个字符扫描时间(折合值),因此字符计数器为 98(即 80+18)分频,即每输入 98 个计数脉冲完成一个计数循环。

行计数器对字符窗口的高度进行控制,字符窗口的高度所占的扫描线数为 14。CRT 每完成一次水平扫描,只能显示一排字符中的一行。只有依次扫描 9 行后,才能完整地显示出一排字符,再扫描 5 行并消隐之后,即形成排间的空白间距。所以行计数器为 14(即 9+5)分频。

排计数器对应于屏幕的垂直扫描及其回扫。正程显示 25 排字符,当排计数器从 0 计数到 24 时,光栅正好从上向下扫完一屏,然后进入回扫逆程,回到屏幕左上角。逆程时间等于扫描一排字符的时间,折合值为1,所以计数分频值为26(即25+1)。

显然排计数值体现了当前显示字符的排号,字计数值体现了当前显示字符的列号,它们决定了字符的显示位置。因此由排、列号可转换为VRAM的地址,据此找到对应的单元,取出字符代码(ASCII码)。该字符代码作为字符库的高位地址,而行计数值作为低位地址,据此可读出该字符点阵的对应行数据,经移位寄存器串行输出,放大后驱动CRT控制栅极,决定像点的亮度。

字计数器的一个循环,启动CRT行扫描电路开始新的一行水平扫描。排计数器的一个循环,启动CRT场扫描电路开始新的一场扫描。

### 9.5.4 图形显示器的工作原理

下面以某彩色图形显示器为例,介绍图形显示的基本原理。设该彩色图形显示器的分辨率为640×480,可同时显示16种颜色。VRAM中存放着显示的图形点阵数据,由于计算机只能以二进制方式存放数据,每位只有两种状态("0"或"1")。对于单色显示,VRAM中的每一位对应画面上的一个像素点,该位为"1"即表示画面上的这一点是亮点。而对于彩色显示(如16种颜色),就需要用VRAM中的4位来定义一种颜色。在彩色图形显示器中经常采用彩色位平面的存储结构来表示颜色信息。每个彩色位平面由单一位组成,并表示屏上某个可以显示的颜色。例如分辨率为640×480,则每个位平面含640×480位,即有307 200位的信息。由于要同时显示16种不同颜色,它就具有四个彩色位平面,故需要1 228 800位的VRAM,即153 600B。所以VRAM的总容量=640×480×4 b≈150 KB。它被分为四个位平面,每个位平面提供彩色代码中的一位,每个位平面的容量为37.5 KB。

从屏幕显示角度,每一行由四个位面中的80个字节来表示(640/8=80)。屏幕上的一个彩色像素点,需要用来自四个位平面上每个位平面的相同位置的一个存储位表示。

根据上述对应关系,可设计出显示器控制逻辑中的同步计数分频关系,如图9.10所示。

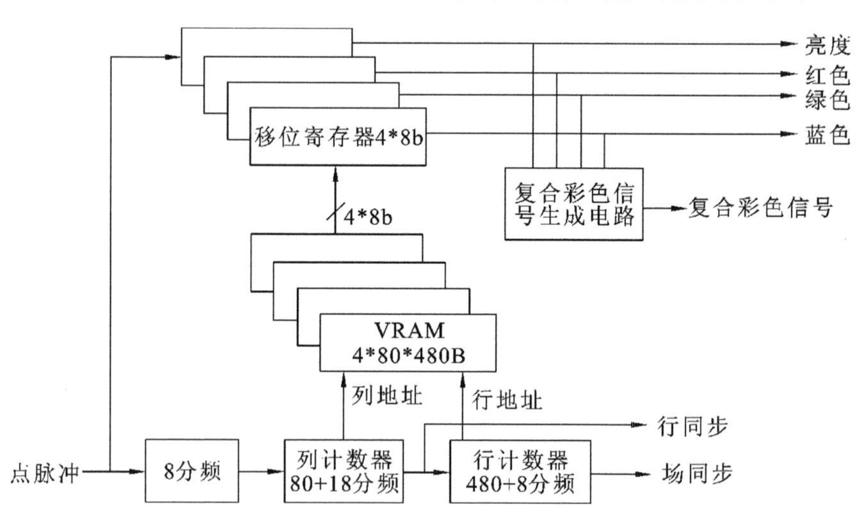


**图9.10 彩色CRT控制逻辑原理**

图形/图像以像素为单位,但在VRAM中以字节为单位按地址存储,即将一条水平线上自左向右,每八个点的代码作为一个字节,存放在一个编址单元中。因此点脉冲经点计数器8分频之后产生字节脉冲,每发一次字节脉冲就访问一次VRAM,从四个位平面中各读出一个字节(8点),送往移位寄存器,再串行输出形成亮度信号与红、绿、蓝三色信号,它们的组合决定了16色中的一种。若用于单色显示器,则将4位代码转换为16级亮度调制信号,用于控制像素的灰度。

列计数器又称字节计数器,98分频。计数值从0到79,光栅从左向右扫描一行,正程显示80个字节共640点。字节计数器所附加的18次计数,作为行线逆程回扫时间,逆程回扫应当消隐。

行计数器为488分频。计数值从0到479,对应于场正程扫描,显示480行;附加8次计数,对应于场逆程回扫,逆程回扫应消隐。

行计数值与列计数值决定了屏幕当前显示位置(8点一组),相应的VRAM地址为:行号×80+列号。按该地址同时访问四个位平面,取出四个字节的图形代码。列计数一个循环,输出一个行扫描同步信号;行计数一个循环,输出一个场扫描同步信号。这就使对VRAM的访问与CRT的扫描严格同步,能获得稳定的显示画面。

从以上的分析可以看出,分辨率、颜色数与VRAM容量密切相关。对于字符显示方式,如分辨率为c列×r行,而一个字符的编码与属性、颜色数共需占n个字节,则VRAM总容量应不少于c×r×n字节。对于图形显示方式,如果分辨率为c×r像素,而每个像素的颜色数用n位二进制代码表示,则VRAM容量应不少于c×r×n位。两种显示方式的c、r值不同,显然,图形方式所需的VRAM容量一般都大于字符方式。如果一台CRT显示器既可用作字符方式又可用作图形方式,且各有数种分辨率规格,则VRAM的容量计算应以最高分辨率图形方式为准。

一台显示器可显示的字符种类与字符点阵规格,决定了字符发生器ROM的容量大小,而VRAM的容量与此无关。

### 9.5.5 LCD显示器

LCD( Liquid Crystal Display)就是液晶显示器,LCD有低眩目的全平面屏幕,需要的功率很低,有源阵列的LCD面板的色彩质量实际上超过了大多数CRT显示器。

**1. LCD显示原理**

LCD显示器提供比同尺寸CRT显示器更大的可视图像,有四种基本的LCD选择,即无源阵列单色、无源阵列彩色、有源阵列模拟彩色和有源阵列数字彩色。无源阵列的单色和彩色显示屏主要是用作低档笔记本计算机的显示器或者工业用的桌面显示面板,与有源阵列模块相比,具有相对较低的价格和较强的耐用性。

大多数通用无源阵列显示器采用超级偏转向列型设计,因此这些面板经常被称为STN(Super Twist Nematic)。有源阵列显示器采用薄膜晶体管设计,因此称为TFT(Thin Film Transistor)。

在LCD中有两个偏振器,偏振器只允许与其方向相同的光波通过,经过偏振器后的光波都成同一方向。通过改变第二个偏振器的角度,允许通过的光数量可以改变。改变偏振角和控制通过的光数量,就是液晶单元所扮演的角色。在彩色LCD中,另有一个附加偏振器为每个像素分配三个单元,分别显示红、绿、蓝中的一种。

液晶单元是像液体一样可以流动的棒状分子,可以使光线直接通过,但是电荷可以改变晶体的方向及通过它的光线的方向。尽管单色LCD没有彩色偏振器,但是每个像素有多个单元来控制灰度的深浅。

在一个无源阵列的LCD中,每个液晶单元被两个晶体管的电荷所控制,它取决于晶体在屏幕上的行列位置。沿着屏幕水平和垂直边缘的晶体管数目决定了屏幕的分辨率。例如，一个具有 1024×768 分辨率的屏幕，在水平边界有 1024 个晶体管，在垂直边界有 768 个晶体管，总共有 1792 个。当液晶单元响应自己的两个晶体管的脉冲时，将对光波产生偏转，电荷越强，光波偏转得越厉害。

在无源阵列 LCD 中的电荷是脉冲式的，所以显示器缺少像有源阵列那样的亮度，为了增加亮度，先采用一种称为双扫描的新技术，将无源阵列屏幕分为上半部和下半部，让两个独立电路同时驱动显示器的上半部和下半部，减少每个脉冲之间的间隔时间。除了增加亮度，双扫描设计还提高了响应速度，使这种类型对于全动态视频或其他显示信息快速变化的应用更有用处。

在有源阵列 LCD 中，每个单元在显示屏之后有自己专用的晶体管，对其充电进而偏转光波。于是，一个 1024×768 的有源阵列显示器就有 786 432 个晶体管。提供比无源阵列显示器更亮的图像，因为各单元能够维持一个恒定的、较长时间的充电。然而，有源阵列技术的能耗比无源阵列大，有源阵列显示器制造起来比较困难，价格更高。

在有源和无源阵列 LCD 中，第二个偏振器控制通过每个单元的光量。这些单元把光线的波长偏转到接近匹配偏振器允许的波长。每个单元通过偏振器的光量越多，像素越高。

单色 LCD 显示器通过改变单元的亮度或者以开关模式高频振动单元来获得灰度级别(可到 64 级)，而彩色 LCD 高频振动三个彩色单元，并控制它们的亮度以获得屏幕上的不同颜色。

超偏转和三重超偏转 LCD 技术的出现使得用户能从更大的角度，以更好的对比度和亮度清晰地观看屏幕。为了在微光的情况下改善清晰度，一些便携机加入了背光和侧光也称为边光。背光屏幕从 LCD 后面的面板获取光线，侧光屏幕从安装在屏幕边缘的小的荧光管获取光线。

目前最好的彩色显示器是有源阵列 TFT LCD，其中每个像素都由三个晶体管驱动和控制(红、绿、蓝)，因此可以精确地控制每一个像素，获得高质量的图像。

**2. LCD 的技术指标**

由于显示原理与传统 CRT 显示器的显示原理根本不同，因此 CRT 显示器的耗电大、体积大、有辐射、有闪烁等弊端在 LCD 上将不复存在，LCD 的技术指标也有一些变化。

1) 像素间距

LCD 的像素间距类似于 CRT 显示器的点距，但 LCD 的像素间距对于产品性能的重要性远没有 CRT 的点距那么高。因为 LCD 的像素数量是固定的，在尺寸与分辨率都相同的情况下，大多数 LCD 的像素间距基本相同，主流的 LCD 像素间距在 0.3 mm 左右。

2) 分辨率

由于 LCD 的像素间距固定，所以分辨率不能任意调整。LCD 只有在最佳分辨率下，才能显现出最佳影像。目前 15 英寸 LCD 的最佳分辨率为 1024×768，17～19 英寸的最佳分辨率为 1280×1024，更大尺寸拥有更大的最佳分辨率。当呈现其他的分辨率显示模式时只能以扩展或压缩的方式将画面显示出来。如 LCD 呈现分辨率较低的显示模式时，应采用居中显示或扩展显示的方法。



3) 可视角度

可视角度是指人们清晰观察显示屏幕的范围，这是 LCD 的一个重要的指标，因为 LCD 从侧面观看时，亮度、对比度都会有明显的下降。可视角度参数可用水平(左右)、垂直(上下)参数来衡量，也可以用左/右、上/下参数分别来衡量。

4) 亮度

由于 LCD 是被动式发光，因此在亮度、对比度方面的指标可能不如主动发光的 CRT 显示器的。LCD的亮度取决于LCD的结构和背景照明的类型。亮度的测量单位通常为坎德拉每平方米(cd/m²),LCD的亮度普遍在200～500 cd/m²之间。

5) 对比度

对比度实际上就是亮度的比值,即白色画面(最亮时)下的亮度除以黑色画面(最暗时)下的亮度。在合理的亮度值下,对比度越高,其所能显示的色彩层次越丰富。目前主流LCD的对比度大多集中在400∶1至600∶1的水平上。

6) 响应时间

响应时间反映了液晶显示器各像素点对输入信号反应的速度,即每个像素由暗转亮或由亮转暗所需要的时间。响应时间一般分为上升时间和下降时间两部分,而表示时应以两者之和为准。从早期的25 ms到目前的16 ms再到12 ms甚至8 ms,响应时间在不断地缩短,响应时间越短则使用者在看动态画面时越不会有尾影拖曳的感觉。

7) 色彩数

色彩数就是屏幕上最多显示多少种颜色的总数。目前LCD的液晶板有8位和6位两种,前者由红绿蓝三原色,每种颜色8位色彩组成,组合起来就是24位真彩色,这种LCD的颜色一般标称为16.7 M;后者三原色每种只有6位色彩,液晶板通过"抖动"技术,局部快速切换相近颜色,利用人眼的残留效应获得缺失色彩,这种LCD的颜色一般标称为16.2 M。这是因为抖动技术不能获得完整的256色效果,通常只有253色,三个253相乘就是16.2 M色。不过两者实际视觉效果差别不算太大,目前高端LCD以16.7 M色占主流。

### 9.5.6 视频显示标准

PC系列微机的显示系统由显示器和显示适配器(显卡)构成,显示器和显卡必须配套使用。下面介绍PC系列微机的几种显示标准。

**1. MDA**

MDA(Monochrome Display Adapter)属于单色显示适配器,是IBM最早研制的视频显示适配器。MDA支持80列、25行字符显示,采用9×14点阵的字符窗口,对应的分辨率为720×350。MDA的字符显示质量高,但是不支持图形功能,也无彩色显示能力。

**2. CGA**

在MDA推出的同时,IBM也推出了彩色图形适配器(Color Graphics Adapter,CGA)。CGA支持字符、图形两种方式,在字符方式下又有80列25行和40列25行两种分辨率,但字符窗口只有8×8点阵,故字符质量较差。在图形方式下,有640×200和320×200两种分辨率,在最高分辨率的图形显示方式下的颜色数可达四种。

**3. EGA**

增强的图形适配器(Enhanced Graphics Adapter,EGA)是IBM公司推出的第二代图形显示适配器,它兼容了MDA和CGA全部功能。EGA的显示分辨率达到640×350,字符显示窗口为8×14点阵,使字符显示质量大大优于CGA而接近于MDA。在最高分辨率的图形显示方式下的颜色数可达16种。

**4. VGA**

视频图形阵列(Video Graphics Array,VGA)是IBM公司推出的第三代图形显示适配器,它兼容了MDA、CGA和EGA的全部功能。VGA的显示分辨率为640×480,可显示256种颜色。近年来又出现了超级VGA(SVGA)。在VGA中,显示颜色由D/A转换的输出位数和调色板的位数决定。其标准是：红绿蓝每一路视频信号均采用 6 位 D/A 转换，并使用 18 位的彩色调色板，因此最多可以组合出 $2^{18}$=256K 种颜色。但每次可以同时显示的颜色数还取决于每个像素在 VRAM 中的位数。当分辨率为 640×480 时，每个像素对应 4 位信息，因此可以从 256K 种颜色中选择 16 种颜色；当分辨率为 320×200 时，每个像素对应 8 位信息，可以从 256K 种颜色中选择 256 种颜色。VGA 的字符显示功能也比 EGA 有所改进，字符窗口为 9×16 点阵。

**5. TVGA**

TVGA 是美国 Trident Microsystems 公司开发的超级 VGA 标准，与 VGA 完全兼容。分辨率有 640×480、800×600、1024×768、1280×1024 等，可显示的颜色数有 16 色、256 色、64K 色和 16M 色等。

**6. XGA**

XGA(eXtended Graphics Array)是 IBM 公司继 VGA 之后推出的扩展图形阵列显示标准。其中配置有协处理器，属于智能型适配器。XGA 可实现 VGA 的全部功能，但运行速度比 VGA 快。

### 9.5.7 微型计算机的显示适配器

**1. 独立显卡和集成显卡**

显示适配器俗称显卡，目前台式微型计算机有独立显卡和集成显卡两类显卡可选择。

独立显卡上有自己的显示核心芯片(GPU)和显存，不占用 CPU 和主存，其优点是处理数据速度快，缺点是功耗比较高，且需要额外投资购买显卡。

集成显卡是指芯片组内集成了显示核心芯片，使用这种芯片组的主板可以在不需要独立显卡的情况下实现普通的显示功能。集成的显卡不带显存，使用系统的一部分主存作为显存，具体的容量可以由系统根据需要自动调整。显然，如果使用集成显卡运行需要大量占用显存的程序，对整个系统的影响会比较明显，此外，由于系统主存的频率通常比独立显卡上显存的频率低很多，因此集成显卡的性能比独立显卡要差。

**2. 显卡性能三要素**

在决定显卡性能的三要素中，首先是其所采用的显示芯片，其次是显存带宽(这取决于显存位宽和显存频率)，最后才是显存容量。一款显卡究竟应该配备多大的显存容量是由其所采用的显示芯片所决定的，也就是说显存容量应该与显示核心的性能相匹配才合理，显示芯片性能越高，其所配备的显存容量相应也应该越大，而低性能的显示芯片配备大容量显存对其性能是没有任何帮助的。

显存容量的大小决定着显存临时存储数据的能力，早期显存的容量只有 512 KB，但现在已发展到 128 MB、256 MB 和 512 MB 等，某些专业显卡甚至已经具有 1 GB 的显存了。所以说，显存容量曾经是影响最大分辨率的一个瓶颈，但目前早已经不再是影响最大分辨率的因素。

现在决定最大分辨率的其实是显卡的 RAMDAC(Random Access Memory Digital Analog Convertor)频率，RAMDAC 即随机存取内存数字模拟转换器，它的作用是将显存中的数字信号转换为显示器能够显示出来的模拟信号，其转换速率以兆赫兹为单位。目前主流显卡的 RAMDAC 能达到了 350 MHz 和 400 MHz，已足以满足和超过目前大多数显示器所能提供的分辨率和刷新率。

## 思考题和习题

1. 外围设备有哪些主要功能？可以分为哪些大类？各类中有哪些典型设备？

2. 键盘属于什么设备？它有哪些类型？如何消除键开关的抖动？简述非编码键盘查询键位置码的过程。

3. 针式打印和字模式打印有何不同？各有什么优缺点？

4. 什么是随机扫描？什么是光栅扫描？各有什么优缺点？

5. 什么是分辨率？什么是灰度级？它们各有什么作用？

6. 某字符显示器，采用 7×9 点阵方式，每行可显示 60 个字符，缓存容量至少为 1260B，并采用 7 位标准编码，问：

(1) 如改用 5×7 字符点阵，其缓存容量为多少？（设行距、字距不变——行距为 5，字距为 1）

(2) 如果最多可显示 128 种字符，上述两种显示方式各需多大容量的字符发生器 ROM？

7. 某 CRT 显示器可显示 64 种 ASCII 字符，每帧可显示 64 列×25 行，每个字符点阵为7×8，即横向 7 点，字间间隔 1 点，纵向 8 点，排间间隔 6 点，场频 50Hz，采用逐行扫描方式。问：

(1) 缓存容量有多大？

(2) 字符发生器(ROM)容量有多大？

(3) 缓存中存放的是字符的 ASCII 码还是字符的点阵信息？

(4) 缓存地址与屏幕显示位置如何对应？

(5) 设置哪些计数器以控制缓存访问与屏幕扫描之间的同步？它们的分频关系如何？

8. 某 CRT 字符显示器，每帧可显示 80 列×20 行，每个字符是 7×9 点阵，字符窗口 9×14，场频为 50 Hz。问：

(1) 缓存采用什么存储器，其中存放的内容是什么？容量应为多大？

(2) 缓存地址如何安排？若在 243 号单元存放的内容要显示出来，其屏幕上 X 和 Y 的坐标应是多少？

(3) 字符点阵存放在何处？如何读出显示？

(4) 主振频率以及点计数器、字计数器、行计数器、排计数器的分频频率各为多少？

9. 若用 CRT 作图形显示器，其分辨率为 640×200，沿横向每 8 点的信息存放在缓存中，场频为 60 Hz。问：

(1) 缓存的基本容量是多少？

(2) 地址如何安排？

(3) 点计数器、字节计数器、行计数器各为多少分频？

(4) 它和字符显示器有哪些不同？

10. 某字符显示器分辨率为 40 列×25 行，字符点阵 5×7，横向间隔 2 点，排间间隔 4 点，问：缓存 VRAM 容量至少应多大？应设置哪几级同步计数器？它们的分频关系如何？若要求场频为 60 Hz，则点频应为多少？何时访问一次 VRAM？地址如何确定？

11. 某图形显示器的分辨率为 800×600，若作单色显示且不要求灰度等级，则 VRAM 容量至少应多大？应设置哪几级同步计数器？它们的分频关系如何？若要求场频 60 Hz，则点频应为多少？何时访问一次 VRAM？地址如何确定？

12. 水平扫描频率（行频）的单位为千赫兹，垂直扫描频率（场频）的单位为赫兹，两者为何相差 1000 倍？

# 参考文献

[1] 唐朔飞.计算机组成原理[M].2版.北京:高等教育出版社,2008.
[2] 王诚,董长洪,宋佳兴.计算机组成原理[M].北京:高等教育出版社,2008.
[3] 蒋本珊.计算机组成原理[M].2版.北京:清华大学出版社,2008.
[4] 白中英.计算机组成原理[M].北京:科学出版社,2008.